| 3rd Edition |

Control Valve Handbook

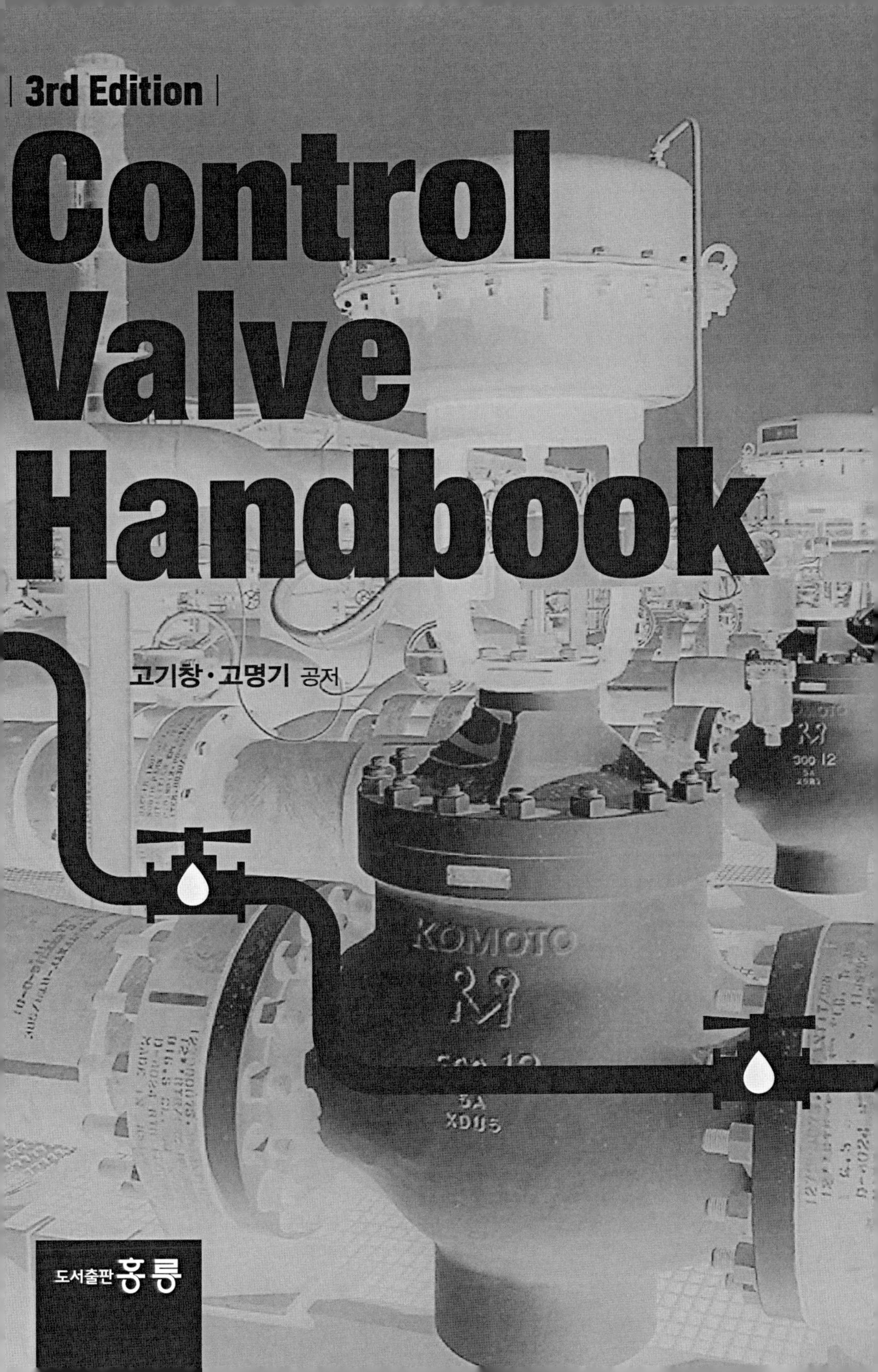

고기창 · 고명기 공저

도서출판 홍릉

Control Valve Handbook
제3판

1990년 9월 12일 초판 1쇄
1992년 9월 30일 초판 2쇄
1996년 10월 30일 개정판 1쇄
2003년 10월 28일 개정판 2쇄
2007년 8월 20일 개정증보판 1쇄
2015년 5월 15일 2차개정판 1쇄
2020년 12월 28일 제3판 1쇄

저 자: 고기창 · 고명기
발행인: 송 준
발행처: 도서출판 홍릉
주 소: 01093 서울시 강북구 인수봉로 50길 10
등 록: 1976년 10월 21일 제5-66호

전 화: 02-999-2274~5, 903-7037
팩 스: 02-905-6729
e-mail: hongpub@hongpub.co.kr
http://www.hongpub.co.kr
ISBN: 979-11-5600-810-1(93550)

정 가: 23,000원

제3판 머리말

1990년 초판 발행 후 연구소, 석유화학 공업 등 산업 현장의 요구에 의하여 1992년 재판 발행, 1996년 개정판, 2007년 개정 증보판을 발행 했다. 이제 다시 그동안의 전자 통신의 발달 등으로 변화한 내용을 반영 제3판을 발행하게 되었다.

밸브는 물리학, 재료학, 화학 등 기초 과학에 의하여 수천 년 간 발달 되어 온 제품으로서 크게 변화 한 것이 없으나 전자 통신이 발달됨에 따라서 석유화학, 가스, 유전, 발전 등 장치산업에서 더욱더 중요하게 되었다. 밸브의 작동 상태를 분석해서 AI에 의한 전체 공정상 문제점과 전후 단의 기계의 상태를 파악 할 수 있도록 발전되었기 때문이다. 또 압력, 온도 센서가 소형화 정밀화됨으로 밸브 자체가 하나의 독립된 제어 시스템으로 발전 되어 가고 있다. 이런 작발전의 핵심은 인공 지능 디지털 밸브 포지쇼너의 발달로 시작 되었다.

이번 3판에서는 고명기 한국 본산 대표이사의 자력식 압력 조정변(Self Pressure Regulator), 디지털 자동 제어 밸브(Digital Control Valve) 그리고 한국 및 세계 특허를 출원한 산업 안전 보건상 획기적인 팩킹 시스템(K-packing) 에 대하여 기술 하였다.

그동안 많은 도움과 협력해준 한국 본산 임직원께 감사를 드립니다.

2020년 12월

개정판 머리말

자동제어 밸브는 섬유, 석유화학, 제지, 발전소 등 대단위 중요장치 산업에 없어서는 안되는 필수품으로서 그 품질의 중요성은 아무리 강조해도 부족하다. 또한 기계적인 요소에 전기 전자 기술이 접합된 Mechatronics의 일종으로서 학문적인 접근은 유체역학, 금속공학, 기계공학, 화공학, 전자공학 등 여러 전문분야에 걸쳐 관계가 있다.

장치산업에서 자동밸브가 작동에 문제가 있을 경우 공장을 세워야 하는 위험성이 있기 때문에 엔지니어들은 사용해 본 경험이 있는 제품을 계속 사용하거나 세계 유명 몇몇 업체 제품만을 사용해 왔다. 따라서 신규 회사의 시장 진입은 매우 어려워 독일이나 일본 제조 회사도 이 분야에는 유명한 회사가 거의 없다.

이제 창사 40주년을 맞이하여 제 4판에서 미흡했거나 오자와 탈자를 수정하여 개정판을 다시 내게 되었습니다.

이제까지 40여 년간을 지켜봐주시고 사용해주신 고객여러분과 지난 20년간 겸임교수로 재직했던 한국산업협회·산업연수원 교수님 여러분께 감사를 드립니다.

이제 완전 개정판을 내면서 좀 더 충실히 하고자 노력했으나 쫓기는 세월 속에 아쉬움만 남습니다.

2015년 4월 30일

한국본산주식회사 대표 이사

한국자동밸브소장 고 기 창

CONTENTS

CONTENTS

CHAPTER 1 밸브의 분류 및 선정방법(개론)

CHAPTER 2 Valve Type 선정

••• CHAPTER 3 배관 내에 흐르는 유체 특성

CHAPTER 4 밸브 용량(CV) 계산

CHAPTER 5 소음계산(Noise Prediction)

CHAPTER 6 밸브 재질 선정

CHAPTER 7 구동부 선정

CHAPTER 8 밸브 Accessory 선정

CHAPTER 9 자동밸브 설치(Installation)

••• CHAPTER 10 자동밸브 누설에 관한 문제와 해결

••• CHAPTER 11 인공지능밸브 포지셔너의 기술혁명

CHAPTER 12 압력 조절 밸브

CHAPTER 13 디지털 자동제어밸브(Digital control valve)

CHAPTER 14 누설 제로인 밸브 팩킹(K-packing) 개발

부 록

CHAPTER 1

밸브의 분류 및 선정방법(개론)

1-1 서론

문명이 발달함에 따라서 산업 또한 발전하고 이에 따른 산업시설은 복잡해지고 다양화되고 있다. 이 다양하고 복잡한 생산 공정을 되도록이면 간단히 하고 자동화 하려고 하고 있다. 생산 공정의 단순화와 자동화는 생산성을 향상시켜 생산 원가를 절감하게 하며 제품의 균일성을 유지시켜 준다.

현대사회는 변화의 속도가 급격히 빨라지고 있다. 이러한 변화는 장치산업에서는 더욱 빠르게 가속화되고 있다. 지난날 설비를 하면서 10년 내내 모든 설비의 감가삼각을 했으나 이제는 5년 정도만 생각하게 되었고, 하루가 다르게 쏟아져 나오는 신제품에 대응하기 위해서는 다품종 생산과 언제나 전환할 수 있는 변화에 대처하는 설비가 중요하게 되었다. 특히 장치 산업의 특성상 대량 수요와 가격 경쟁력을 갖기 위하여 규모의 대형 화 고온 고압화 다양화 하고 있다. 산업설비의 변화는 생산성을 강조하던 설비에서 안정성을 강조하고 이에 대하여 환경까지 강조되는 설비로 변화하고 있다. 특히 환경과 인간을 생각할수록 자동화를 해야 하는 필연적인 설비가 중요하게 되었다.

전자 통신의 발전은 자동제어 산업에 많은 변화를 가져 오고 있다. 특히, 자동제어 밸브의 비약적인 발전은 비약적인 발전이 기대된다. 전자` 통신의 발전은 장치 산업에도 많은 변화를 가져오고 있다. 특히 인공 지능 포지셔너(Intelligent – smart – digital positioner)의 발전은 일방 통신에서 쌍방향 통신과 포지셔너 내의 중앙 제어 장치 (CPU)에 밸브 자체의 운전 상태를 기록 저장함으로서 밸브 전후에 설치된 장치의 운전 상태와 제조 설비의 가동 상태를 분석 할 수 있는 운전 장비의 진단 기능(diagnosis)을 수행 할 수 있다. 따라서 전자 산업의 향후 발전에 따라서 장치산업의 안전과 생산성향상, 생활환경 개선을 위한 기기의 발전이 기대된다.

대부분의 제품생산 공정에는 제품의 생산, 수송 등에 파이프라인이 필요하며 이 파이프 내부에 흐르는 유체를 조절하기 위해서는 밸브가 꼭 필요하다. 즉, 밸브의 역할은 파이프내의 유체의 흐름을 개폐하거나 유량과 압력을 조절하고 유체의 흐르는 방향을 바꿔준다.

자동 제어 밸브(Control Valve)란 하나의 공정을 제어하기 위하여는 유체의 흐름을 감지하는 감지기(Transmitter)와 설정된 제어 기준치에 감지기의 변위값을 대비 신호를 보내는 제어기(Controller), 감지기의 제어기로부터 오는 신호에 따라 움직이는 최종기기(Fimal ellment)인 자동제어 밸브(Control valve)로 이루어져 있다. 즉, 자동제조 공정에서 제어기(Controller), 검출기(Transmitter)와 같이 결합하여 사용하는 자동 조작 밸브를 말한다. 생산 시스템에서 Controller(제어기)가 두뇌에 해당한다면 검출기(Transmitter / Sensor) 는 감각기관, 밸브는 직접행위를 하는 손과 발의 역할을 한다. 즉, 밸브는 유체의 조건을 감지하여 전송기(Transmitter)의 감지된 양을 필요치와 대비하며 변위를 다른 신호로 바꿔 전송하는 제어기(Controller), 이 제어기의 지시에 의해서 개폐(On-Off) 또는 유량을 조절(Throttling)하는 최종 제어 구성요소(Final Control Element)이다.

그림1은 열교환기 자동연소 제어 공정으로서 온수의 온도(Hotwater Control)을 제어하는 냉수조립밸브 온수의 량을 조절하는 steam량 조정밸브의 공정도이다. 이와 같이 자동제어밸브는 감지전송기(Transmitter), 제어기(Controller)와 같이 하나의 루프(Loop)를 이루어 유체의 압력, 온도, 유량, 수위를 조절하는 기기이다.

따라서 밸브선정은 제품생산을 최적상태로 유지하고 에너지를 절감하며 주변 주요기기에 미치는 영향 등을 고려하여 선정하지 않으면 안 된다. 아무리 비싸고 좋은 밸브라도 선정이 잘못되면 유량제어가 잘 안되어 생산제품의 질이 균일하지 못하고 심하면 가동에 지장을 초래하여 막대한 손해를 가져온다. 또한 밸브는 모든 주된 파이프에 연결하여 제품의 생산 또는 수송에 사용하므로 일단 고장이 나면 전체 생산을 중단해야 하는 경우가 있기 때문에 대단히 중요하다.

본서에서는 다양한 형태의 모든 밸브의 특성을 설명하고 여러 가지 조건에 따른 가장 알맞은 밸브 선정을 할 수 있도록 하는 데 첫째 목적이 있으며 한편으로는 밸브를 구입할 때에 구매조건과 가격에 꼭 맞는 제품을 구입하는 데 도움을 주려고 하고 있다. 특히 본 서에서는 일반 수동밸브의 선택 방법은 물론 자동밸브 선정방법에 대하여 더욱 깊게 설명하였다. 그러나 자주식 밸브(Self Regulating Valve)는 지면관계상 생략했다.

1-2 밸브의 종류

분류하려는 관점에 따라서 한 가지 밸브를 가지고 여러 가지로 분류할 수 있다. 이 분류 관점은 일반적으로 모양, 압력, 재질, 작동방법 개폐부의 움직이는 형태 등이 있다. 여러 가지 분류 방법이 있으나 크게 분류하면 자동 밸브와 수동 밸브로 대별되며 모양에 따른 분류를 상업적으로 대별하여 많이 사용한다. 그 외 분류는 규격에 의한 분류로서 밸브 사양을 나타내기 위한 분류이다.

[1] 모양에 따른 분류

밸브의 개폐 부(Trim) 모양에 따라서 아래와 같이 분류한다. 개폐부란 유체가 통과하는 부분 중 유체의 흐름을 직접적으로 제어하는 부분을 말한다.

① Gate – 개폐부의 모양이 일종의 문과 같이 생긴 밸브 :
Wage Gate, Parallel Slide
Gate, Knife Gate, Flexible Disc Gate

② Globe– 개폐부의 모양이 둥근 모양(globe) 으로 생긴 밸브: Straight Globe, Angle Valve, Y–Type Valve, Needle Valve

③ Butterfly – 개폐부의 모양이 나비 날개와 같이 생긴 밸브 :
Wafer Type, Flange Type, Eccentric Disc, Concentric Disc

④ Ball – 개폐부의 모양이 볼 (ball) 모양으로 된 밸브 :
Full Bore, Reduced Bore, Segmented Ball

⑤ Diaphragm – 개폐부의 모양이 막(diaphragm)으로 된 밸브 :
Weir Type, Straight Type

⑥ Plug – 개폐부 모양이 쐐기 모양의 마개 (plug) 와 같이 생긴 밸브
:Full Bore, Reduce Bore

⑦ Check Valve – 개폐부 모양이 다양하나 기능상 역류를 방지 체크(check) 하여, 한 방향으로 흐르도록 된 밸브:
Swing Check, Lift Check, Duo Check

⑧ Pinch Valve – 개폐부가 고무와 같이 탄성으로 되어 있어 중간을 눌러서 막고 놓으면 파이프가 되는 구조.

① GATE VALVES

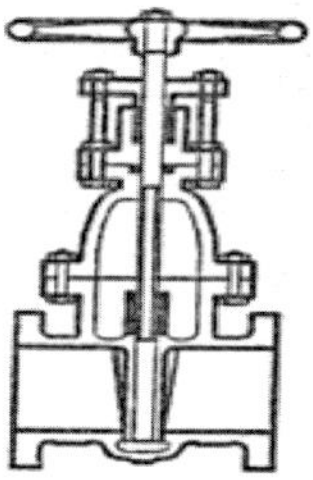

GATE VALVE-WEDGE

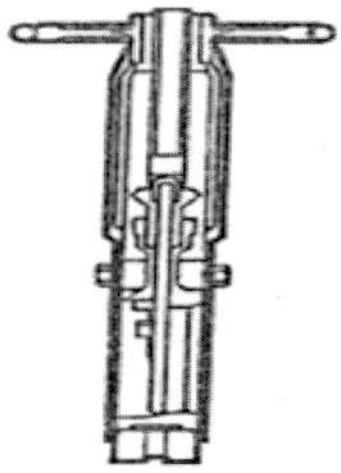

GATE VALVE-KNIFE

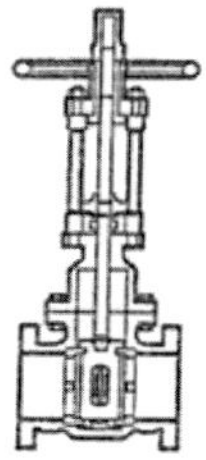

GATE VALVE-PARALLEL SLIDE

② GLOBE TYPE VALVES

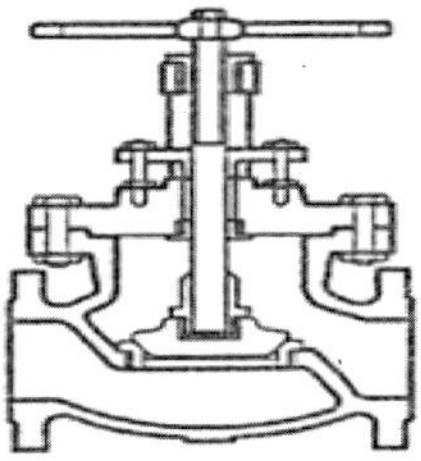

BYPASS VALVE

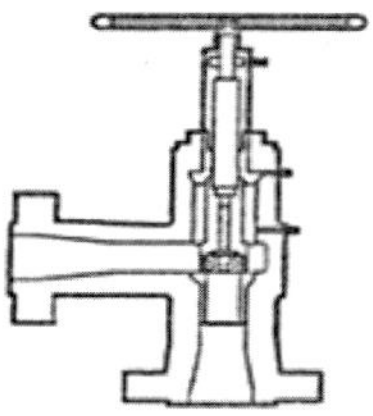

3-WAY VALVE

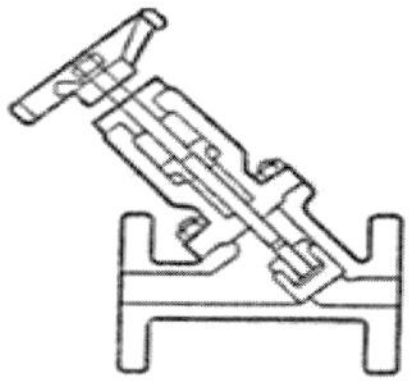

Y-TYPE VAVLE

③ BUTTERFLY VALVES

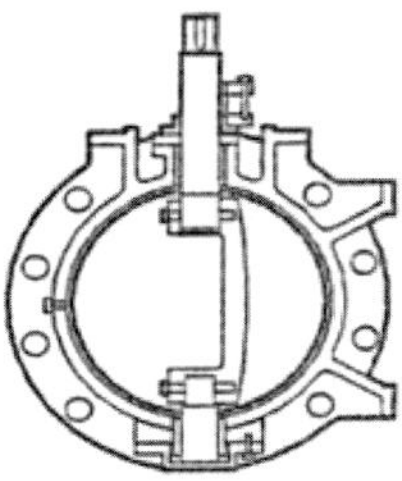

BUTTERFLY VALVE

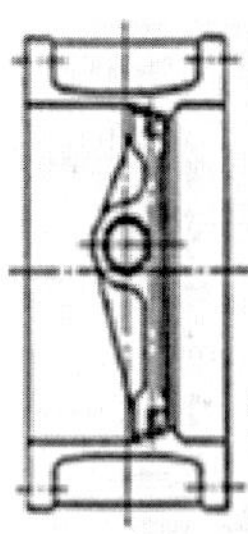

편심 버터플라이 (Eccenric) 밸브

④ BALL VALVE

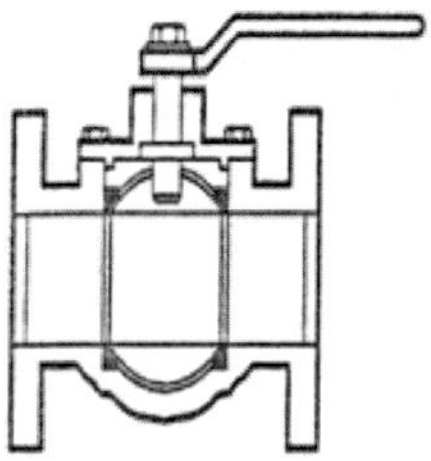

BALL VALVE

⑤ DIAPHRAGM VALVES

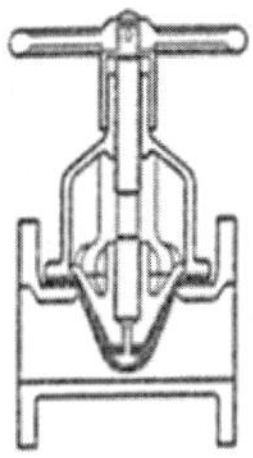

DIAPHRAGM VALVE-FULL BORE

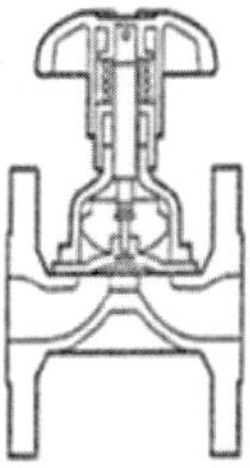

DIAPHRAGM VALVE-WEIR TYPE

⑥ PLUG VALVE

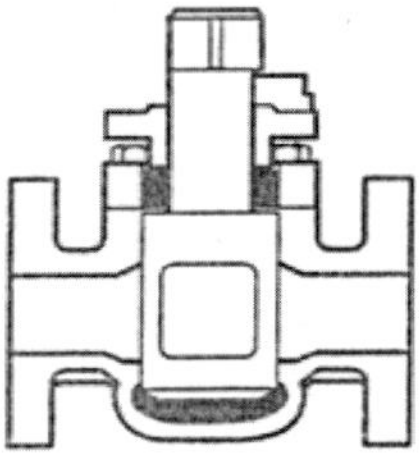

PLUG VALVE

⑦ CHECK VALVES

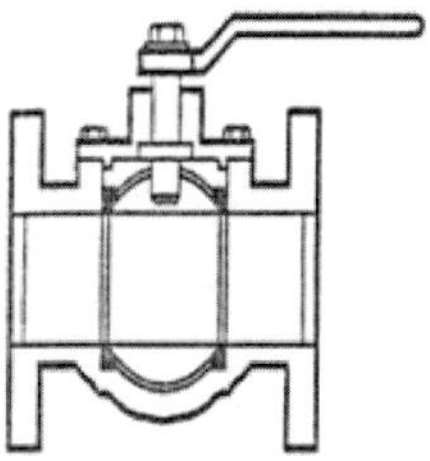

BALL VALVE

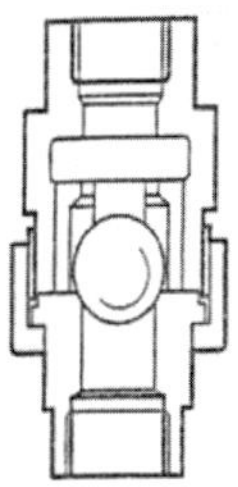

CHECK VALVE-LIFT WITH BALL DISK

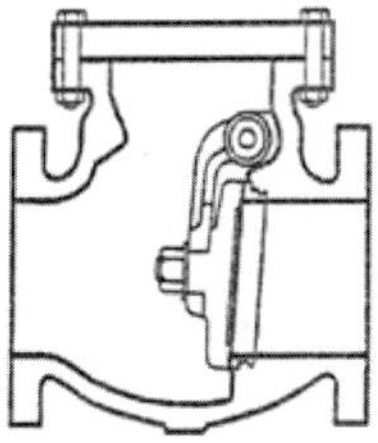

CHECK VALVE-SWING

⑧ PINCH VALVES

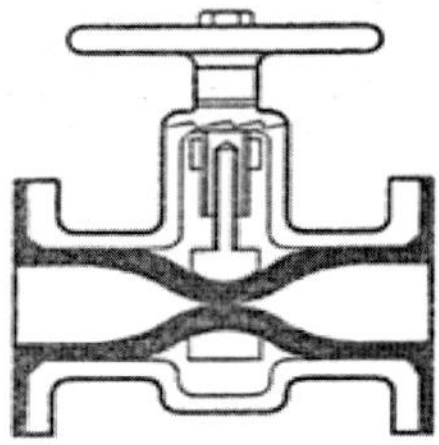

PINCH VALVE

| 그림 1 | 밸브의 종류

[2] 개폐부(Trim)가 움직이는 형태에 따른 분류

밸브는 개폐부가 어떻게 움직이는가를 기준으로 하여, 크게 직선운동(Linear Motion)하는 것과 회전운동(Rotary Motion)하는 것으로 나눈다.

① 직선 운동형(Linear Motion Valve)
밸브의 개폐부가 위아래로 직선으로 움직이는 밸브
Glove Valve, Y-Type Valve,
Gate Valve, Diaphragm Valve,
Angle Valve, Pinch Valve

② 회전 운동형(Rotory Motion Valve)
밸브 개폐부가 회전운동으로 작동하는 밸브
•Butterfly Valve,
•Ball Valve,
•Segmented Ball Valve,
•Plug Valve,

[3] 유체의 제어목적에 따른 분류

이 분류는 일반적인 밸브형태를 기준으로 한 것이며 특별히 개폐부(Trim)의 모양을 변경할 때는 단순 개폐(On-Off)용 밸브라도 제어용으로 사용할 수 있다.

① 유체의 흐름을 개폐(On-Off)하는 용도의 밸브
Gate, Plug, Ball Valve, Diaphragm Valve

② 유체 흐름의 양을 조절제어(Throttle)
Globe, Needle, Butterfly Valve

③ 유체 흐름의 방향을 제어
Three-Way Valve,
Four-Way Valve, Angle Valve

[4] 작동 방법에 따른 분류

밸브가 어떠한 힘(Energy)에 의하여

작동하는가에 따른 분류이다.

① 수동식 밸브(Manual Vale) - 사람의 힘에 의하여 작동하는 형태의 밸브

A) Hand Lever Type

B) Hand Wheel Type

C) Hand Gear Type

② 자동식 밸브(Control Valve) - 밸브 작동 에너지를 외부로부터 받아 움직이는 밸브

A) 공기 작동형(Pneumatic Operated Valve)-작동에너지가 공기

B) 유압 작동형(Hydraulic Operated Valve)-전기 모터를 사용 유압을 발생시켜 에너지로 사용

C) 전기 작동형 (Electric Motor Operated Valve)-전기 모터로 직접 밸브를 구동하는 형태

D) 자기식 밸브 (Solenoid Valve) - 전기에 의하여 전자석을 만들어 에너지로 사용

③ 자주식 밸브(Self Actuating Valve)- Self Regulating valve 라고도 부르며 일반적으로 Regulator 라 부른다. 밸브 내에 장치되어있는 스프링 힘과 흐르는 유체의 압력이나 온도에 의한 힘에 의하여 작동한다. 자주식 밸브는 밸브에 일정한 압력 또는 온도를 스프링을 조정하여 설정치(Setting Point)를 정하여 설정치 내에서 작동된다. 자동제어 밸브(Control Valve)와 다른 점은 자주식 밸브는 설정치를 임의로 변경하기 어렵고 정밀도가 떨어지며 고압이나 고온에서는 사용이 제한적이고, 온도나 압력변화가 심하면 사용할 수 없다. 따라서 건물의 온도 조절이나 수압 조절용으로 많이 사용되고 있으며 산업용으로는 사용이 제한적이다.

A) 안전변-기기나 배관의 압력을 일정한 설정치가 넘으면 열리게된 안전 밸브
Safety Valve, Safety Relief Valve, Breather Valve

B) 감압변-Pressure Regulator, Back Pressure Regulator

C) 감온변-Temperature Regulator

[5] 재질에 따른 분류

재질에 따라서 내 부식성, 내 마모성이 다르고 온도와 압력에 견디는 정도가 다르다. 일반적인 밸브 재질을 말할 때는 본체(Body & Bonnet) 재질을 말한다. 크게 나누면 금속 재질과 금속재질이 아닌 비철 금속으로 나누고, 금속에는 철이 함유한 철제와 철이 함유하지 않은 비철 금속이 있다. 좀더 자세한 사항은 재질 선정 편에서 기술한다.

① Cast Iron Valve (주철재)-탄소 함량이 2.0-6.7% 함유하는 철로서 주조성이나 가공성은 탄소강에 비하여 매우 좋으나 충격에 약하고 압축 강도가 크다. 따라서 잘 깨져서 산업용에는 잘 사용하지 않는다. 가격이 주

강에 비하여 50% 정도이며 건축용에 많이 사용한다. FC20, FC25, FCD, ASTM A126 CLASS B 등

② Cast Steel Valve (주강재)-철과 탄소의 합금으로서 탄소의 함량이 0.035% - 0.05% 미만내의 강을 말한다. 탄소의 함량은 열처리가 가능한 함량으로서 900℃ 경계로 조직이 변화 하는데 900℃ 이하를 펠라트(체심 입방격자)라하며 비교적 연하나 열 처리를 하면 단단해 진다. 더 910℃ 이상으로 가열하면 면심입방 격자로 변하는데 이를 오스텐나이트 (Austenite) 강 이라한다.
SCPH2, SCPH21, ASTM A216 WCB,등

③ Forged Steel Valve (단조강)
SF45, ASTM A182, A105 등

④ Stainless Steel Vavle
SCS13, SCS14, SUS304, SUS316, ASTM A351 CF8, CF8M

⑤ Alloy Steel Valve (합금강제 Valve)-철과 탄소의 합금강에 강의 특수한 성질릉 갖도록 Cr. Ni, Mn, Mo, W, 등과 같은 특수 원소를 합금하여 만든 재질로서 내마모성 재질, 내 부식성 재질을 만들 때 많이 사용한다.
Alloy 20, Hastelloy B/C, Monel, Inconel

⑥ 비철금속제 밸브
Bronze, Brass, Aluminum 등

⑦ 비금속제 밸브
Plastic, Teflon Valve 등

[6] 압력에 따른 분류

최고 온도일 때 최고 사용 압력을 표시한 것으로서 온도가 낮을 때는 허용사용 압력이 높아진다.

사용 압력은 충분한 안전성을 고려하여 규정한 것으로서 비록 압력 레이팅이 정해져 있다고 해도 온도에 따라서 사용할 수 있는 압력이 다르다.

(재질 선정 편 참고)
Ks(Jis) [Kg / Cm²] – 10K, 20K, 40K, 63K, 100K
ANSI – [Lbs/In²] – 125Lbs, 150Lbs, 300Lbs, 600Lbs, 900Lbs, 1500Lbs, 2500Lbs, 3000Lbs 등

[7] 접속부에 따른 분류

접속부의 형태에 따른 분류로서 각각의 특색이 있다. 이 부분은 다음에 더 자세히 설명하겠다.

① Screwed Type
② Flanged Type
③ Welded Type
④ Wafer Type

일반적으로 밸브의 분류는 여러 가지 관점에 따라서 분류할 수 있기 때문에 몇 가

지 분류 방법을 복합적으로 사용, 표시한다. 예를 들면 Ks 10K Flanged Carbon Steel Control Valve 개념 / Pneumatic Diaphragm Operated, Carbon Steel, ANSI 150 Class, Flanged End Globe Valve와 같이 표기한다.

1-3 Control Valve의 선정방법

배관(Pipe Line)을 흐르는 유체를 제어하는 방법에는

① 가압펌프(Speed Drive Pump)
② 용량펌프(Volume Positive Displacement Type Pump)
③ 자동밸브(Control Valve)가 있다.

가압펌프에 의한 유체 제어방식은 유체의 양적 제어에 의한 일전한 양을 수송하는데 필요하며, 자동밸브에 의한 유량 제어는 정밀하고 제어범위가 크고 제어속도가 빠르다.

가속펌프나 용량펌프에 의한 유체제어는 유체에 직접 에너지를 가하여 가속시키는 방법이며 자동밸브에 의한 방법은 밸브를 작동시키는 제 3의 에너지원이 필요하며 유체의 Energy 일부를밸브내부의 마찰로 흡수하여 이 결과 출구쪽 유체의 온도가 미세하나마 상승하고 압력은 떨어진다.

공정제어용 밸브는 대개 컨트롤러(Controller)의 출력신호에 따라서 움직인다. 그림 2는 분산제어(Distributing Control System)에 의한 자동 연소제어 공정으로, 수증기 압력제어 신호를 주신호로 하여 연료 유량 조절계와 공기 조절계의 설정치를 결정, 가스유량 조절밸브, 중유 유량조절 밸브, 급수 유량조절 밸브, 공기 유량조절 밸브에 신호를 보내 조절한다.

자동밸브 선정 시에는

① 작동이(Performance) 최적이어야 하고
② 에너지를 절약하며
③ 유지보수가 간단하고
④ 보건 환경에 적합해야 하고
⑤ 가격이 적당해야 한다.

자동 밸브를 선정할 때 고려해야 할 요소는 다음과 같다.

① 유체 조건(Fluid Condition)으로서 정상적인 운전 상태(Normal)뿐만 아니라 시 운전시의 조건 및 운전 시 최악의 상태 (Maximum, Minimum)일 때를 생각해야 한다.

② 주위환경조건(Environmental Condition)으로서 유체가 흐를 때 밸브에 미치는 주위 온도, 먼지, 습도 및 주변기기에 미치는 영향 등을 고려해야 한다.

③ 알아야 하는 유체의 조건에는
ⓐ 압력
ⓑ 온도
ⓒ 유량
ⓓ 비중

ⓔ 점도
ⓕ 밸브 전, 후단의 압력 차
ⓖ 유체의 이화학적 성질
등이 있다.

④ 추가 고려 사항

ⓐ 밸브의 구동부 에너지원이 차단되었을 시에 밸브가 열린 상태로 있을 것인가 닫힌 상태로 있을 것인가를 알아야 하고, 유체의 낭비, 갑작스러운 유체의 흐름에 대하여 어떻게 대처해 나갈 것인가를 염두에 두어야 한다.
ⓑ 필요한 제어속도
ⓒ 밸브 작동에 필요한 Energy원
ⓓ 방폭 필요성
ⓔ 밸브가 닫혔을 때 허용 누출유무, 또는 최대 누출 허용량.
ⓕ 관계 법령-식품 위생법, 산업 안전 관리법, 고압가스 안전 관리법 등

일반적으로 자동 밸브 선정 순서는 다음과 같다.

① 필요 유량 (Cv) 계산
② 밸브 종류 선정
③ 유량 특성 선정
④ 밸브 및 Port 크기 선정
⑤ 소음 계산
⑥ 밸브 Body, Trim 재질 선정
⑦ Actuator 선정
⑧ Accessory 선정

밸브 선정 시에는 크게 아래의 여섯 가지를 선정해야 한다.

① 밸브 Type 선정
② 밸브 크기 선정(Sizing)
③ 유량 특성 선정
④ 재질 선정
⑤ 구동부의 선정
⑥ Accessory의 선정

동일한 유체를 제어하는 데도 여러 가지의 밸브 type이나 재질이 채택될 수 있다. 그러나 각각의 재질이 밸브 type에 제한되는 범위가 다르고 제어하는 정확도가 똑같지 않으며 가격이 서로 다르기 때문에 제어공정을 이해하여, 알맞고 경제적인 밸브를 선정해야 한다.

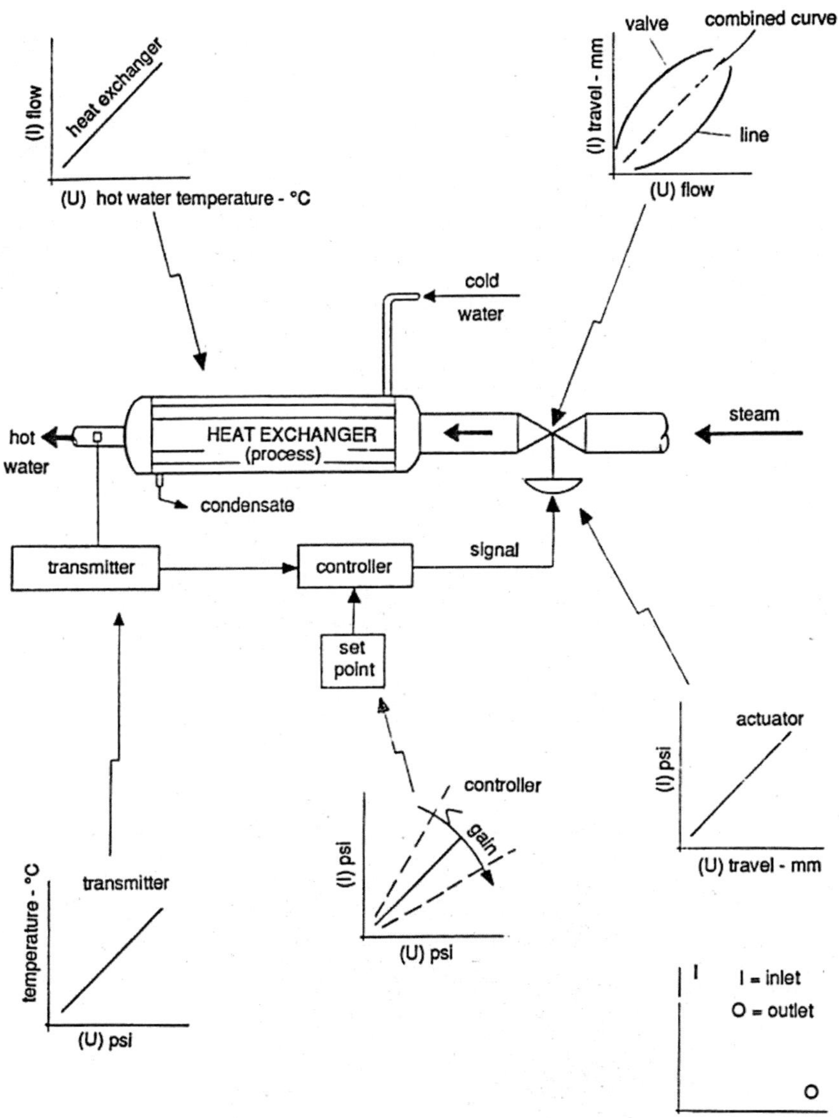

Heat exchanger control schematic – Single components and total loop gain.

| 그림 2 | 열 교환기 자동 연소제어 공정도

Chapter 2

Valve Type 선정

2-1 밸브 몸체부(Valve Body) Type 선정

밸브 형태에 따라서 유체의 저항이 달라 흐르는 유체의 유량특성이 다르다. 또 가격도 각각 다르기 때문에 어떠한 종류의 밸브를 선택할 것인가는 매우 복잡한 문제이다.

이제까지 유량을 조절하는 자동밸브는 대체로 Globe 밸브를 사용하여 왔으나 점점 Butterfly형이나 Ball 밸브도 증가추세에 있다. 이것은 유체의 조건에 따라서 경제적이면서 사용조건과 목적을 만족하는 밸브를 선택하기 때문이다.

각 밸브의 특성과 장단점은 다음과 같다.

[1] Gate Valve (Stop Valve)

Port부가 문(Gate)과 같이 생겨 Gate 밸브라 하며 개폐(On-Off)용으로 사용하여 Stop 밸브라고도 한다. 유체 저항이 적어, 압력손실이 적다. Globe 밸브에 비하여 면간 거리가 짧고 중량이 적어 대구경에도 사용할 수가 있다. 그러나 Life (Stroke)가 길어 높은 공간을 차지한다.

Gate 밸브의 특징은 완전히 열렸을 때는 전혀 유체저항이 없어 압력손실이 거의 없다. 그러나 유속이 빠른 유체일 때 조금 연 상태에서는 Disc의 진동과 소음이 일어나 Seat가 마모(Erosion)된다. 따라서 일반적인 Gate 밸브는 유량조절(Throttling)용으로써는 사용할 수 없다.

결론적으로 일반적인 Gate 밸브는 유량조절을 하지 않는 곳의 완전 개폐용으로 적당하다.

(1) Wedge Gate

Gate Valve 중 가장 일반적인 것으로 Disc의 형태가 쐐기(Wedge)모양으로 되어 있다.

① Solid Wedge Disc - Disc가 통째로 되어있는 것으로 범용으로 사용되는데 무난하다.

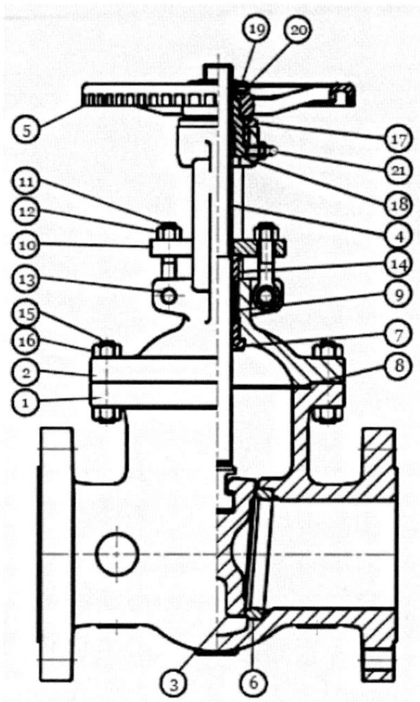

NO.	PART NAME
1	BODY
2	BONNET
3	WEDGE
4	STEM
5	HAND WHEEL
6	BODY SEAT RING
7	BACK SEAT RING
8	GASKET
9	PACKING
10	GLAND FLANGE
11	HINGE BOLT
12	NUT
13	HINGE PIN
14	PACKING GLAND
15	BONNET BOLT
16	NUT
17	YOKE CAP
18	YOKE SLEEVE
19	HANDLE NUT
20	SET SCREW
21	NIPPLE

| 그림 1 | Gate 밸브 구조도

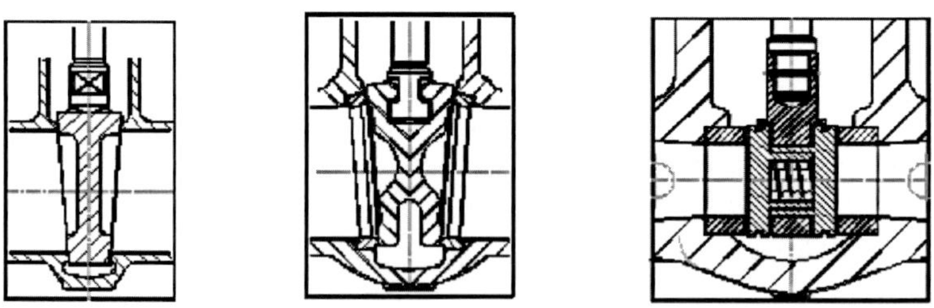

Solid Wedge Gate Flexible Wedge Gate Parallel Slide Gate

| 그림 2 | Gate Valve Disc

그러나 온도 변화가 심한 곳에서는 Valve Body와 Disc가 유체의 열에 의하여 팽창하므로 Disc 작동이 곤란할 경우도 있다. 따라서 고온에는 적당하지 않다.

일반적으로 청동제 밸브, 주물제 밸브로서 상하 수도용이나 건축용으로 많이 사용한다.

② Double Disc－Disc가 독립된 2장으로 되어 있어 Disc 중간에 쐐기모양의 Stem이 힘을 가하면 Disc를 밖으로 밀어내게 설계된 것으로 폐수나 불순물이 혼합된 유체에 좋다.
그러나 증기나 압력이 높은 유체에서는 Disc가 2장으로 되어, 서로 달리 움직이는 부분이 많아 유격이 심하여 소음이 많아 좋지 않다.

③ Flexible Wedge Disc－Disc의 가운데 파진 것으로 열팽창에 의한 마찰을 최대한으로 막을 수 있는 것으로 온도 변화가 심한 곳에 좋다.

(2) Parallel Slide gate

두개의 평행으로 된 판으로 되어 있어 열팽창과 압력 변화의 영향을 최소한으로 줄일 수 있어서 가스, 증기, 액체의 양을 조절하는데 사용한다. Gate Valve는 On-Off로 사용되나 이 구조는 유량조절(Throttle)용으로도 사용된다. 이것은 Valve Disc가 두 개의 평행한 판으로 되어있어 움직이는 동안 언제나 Seat와 Disc가 미끄러지면서 Disc가 Seat와 떨어지지 않고 딱 붙어서 유량제어가 가능하다.

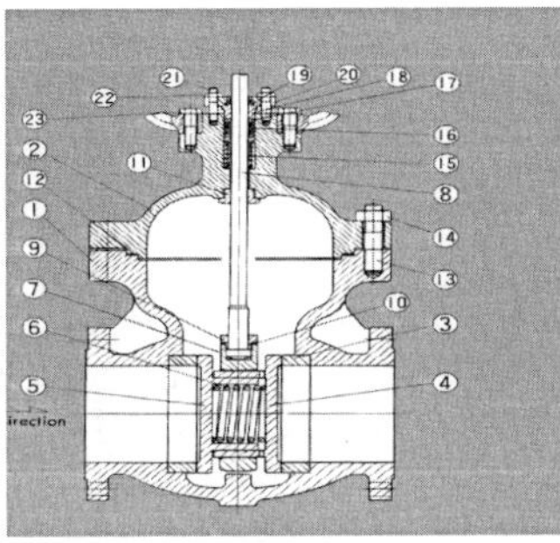

Item	Name of parts
1	body
2	bonnet
3	seatring
4	disc (downstream)
5	disc (upstream)
6	spring
7	disc holder
8	valve stem
9	stem holder
10	washer
11	guide bush
12	gasket
13	bolt
14	nut
15	gland spring
16	gland packing
17	adapter
18	gland bushing
19	wiper
20	gland flange
21	gland bolt
22	nut
23	bolt

| 그림 3 | Parallel Slide Gate

(3) Knife Gate

Gate Disc끝이 칼날과 같이 날카로워서 점도가 높은 물질이나 구형과 같은 고체, 고형물질이 포함된 유체에 좋다.

Seat 밑 부분이 V형으로 되어 있는 것도 있으며 Disc가 움직임에 따라 특별한 유량특성을 갖는다. 제지공정, 분말의 개폐용으로 사용되나 DISC의 모형을 만들면 유량제어도 가능하다.

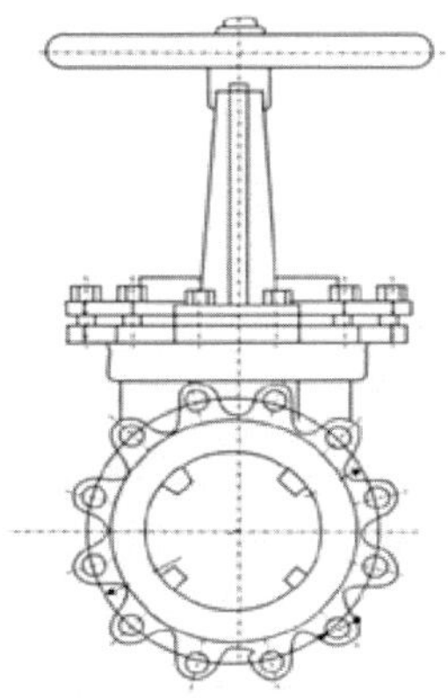

| 그림 4 | Knife Gate

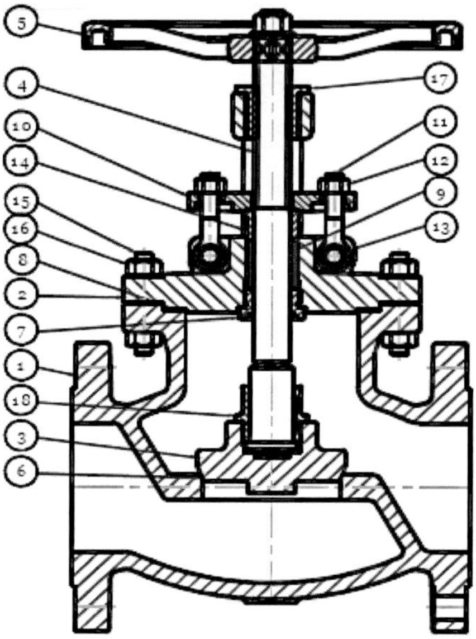

NO.	PARTNAME
1	BODY
2	BONNET
3	DISC
4	STEM
5	HAND WHEEL
6	BODY SEAT
7	BLACK SEAT RING
8	GASKET
9	PACKING
10	GLAND FLANGE
11	HINGE BOLT
12	NUT
13	HINGE PIN
14	PACKING GLAND
15	BONNET BOLT
16	NUT
17	YOKE BUSH
18	LOCK NUT
19	YOKE SLEEVE
20	NIPPLE

| 그림 5 | Globe Valve 구조도

[2] Globe Valve

유체의 양을 조절하는 대표적인 밸브로서 Seat나 Disc의 손상을 최소화하고 유량을 미세하게 조절할 수 있다. Plug와 Guide가 언제나 접촉하여 고압에도 사용할 수 있고 Disc의 움직이는 범위가 짧아 작동시간이 Gate Valve에 비하여 빠르다. Disc와 Seat는 언제나 Valve를 Pipe Line에서 떼어 내지 않고 수리할 수 있어서 편리하다. 그러나 Valve Seat가 유체의 흐르는 길(Path)이 S자 형으로 되어 있어 유체의 방향을 변경시켜 유체 압력 손실이 크고 와류현상이 일어난다.

따라서 압력손실이 문제가 되는 저압의 유체의 개폐용으로는 적당하지 않다. 또 같은 구경일 때 Gate Valve에 비하여 무겁고 가격이 비싸다.

결론적으로 Globe Valve는 유량조절용으로 밸브를 빈번히 사용하고 압력손실의 문제가 없는 곳에 유량 조절용으로 사용하면 좋다.

Globe valve 부류에는 (Straight) Globe, niddle valve, Y-type valve, Angle valve 가 있다.

Seat 설계는 이 장에서는 기본적인 것만 기술하고 자세한 것은 2-4장 Inner Valve (Trim) 선정에서 설명한다.

(1) (Straight) Globe Valve

일반적으로 가장 많이 쓰이는 타입으로 일반적으로 Straight를 생략하고 Globe Valve 라고 표기한다.

① Contoured Plug Type

Plug가 유선형(Contour)으로 되어 있어 Seat와 의 간격에 따라서 유량이 변하는 구조로서 닫는 면적이 작고 간격이 커서 범용 유체에 적당하다.

ⓐ Single Seat(Port)

유량을 차단하는 Port 부분이 하나인 것으로 누출(Leaking)이 Double Seat에 비하여 적다. 그러나 압력의 평형이 되지 않아(Unbalanced Port) 작동에 많은 힘(Force)이 필요하다. 따라서 압력차가 큰 곳에서는 구동부가 커져야 하기 때문에 적당하지 않다. 제어용 밸브로는 2" 까지 사용하는 것이 일반적이다.

Plug의 Guide가 위에만 있는 Top Guide 와 위, 아래로 있는 Top And Bottom Guide가 있다.

ⓑ Double Seat(Port)

Seat가 위와 밑 부분에 있으며 유량을 차단하는 Port가 두 개가 있어 Plug 주위에 압력이 평행을 이루어 (Balanced Port) 작은 구동부로도 작동이 가능하다. 그러나 Leakage 가 Single Seat에 비하여 심하다.

ⓒ Cage Type

원통의 Tube가 Guide Ring 전체를 이루고 있어 Plug를 지지한다. 저압에서 고압까지 사용할 수 있으나 점도가 많거나 고체를 제어하는 곳은 좋지 않다.

일반적으로 점도가 200CP 이하에는 사용해도 무방하다.

Port 위에 구멍이 있어 유체압력의 균형을 이루어주는 Balanced Cage, 구멍이 없어 유체압력이 균형이 안 되는 Unbalanced Cage, Port, Seat가 서로 밀착하는 부분(Port)이 하나인 Single Port, Port가 둘인 Double Port가 있다.

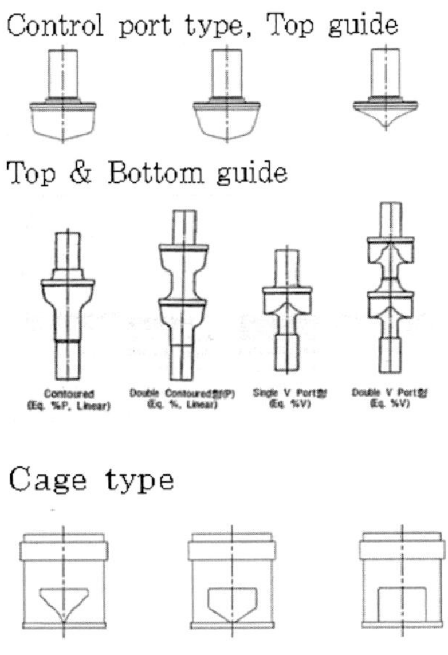

| 그림 6 | Globe valve Plug와 Cage

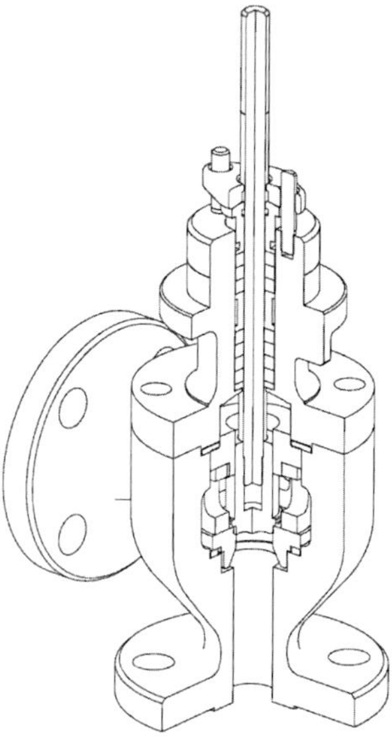

| 그림 7 | Angle Valve

(2) Y-Pattern Globe Valve는 유로가 Y자 형 으로 되어있어 유체저항이 적으면서 Globe Valve와 같이 유량 조절을 할 수 있는 Valve이다. 기능면에서 Gate Valve와 Globe Valve를 합한 형태이다.

(3) Angle Valve

유체가 90도 각도로 꺾이고 Globe Valve가 필요할 때 관 이음쇄(Fitting)를 절약하고 Globe Valve 역할을 할 수 있는 구조이다.

Disc는 Globe Valve와 같은 형태로 할 수 있으며 Globe Valve에 비하여 와류현상과 압력손실이 적다. 따라서 유체의 압력차가 큰 곳에서 사용한다.

[3] Butterfly Valve

회전 운동식(Rotary Motion) 밸브의 대표적인 형태이다. 중량이 가볍고 크기가 작아 취급하기가 좋다.

유량 특성이 좋고 유체 저항이 적어 대구경 밸브의 유체제어에 적당하다. Seat를 Teflon, 고무 등 연질(Elastomer)을 사용하면 완전누출을 완전히 막을 수가 있으나 고온조건에는 견디지 못해 저온에 사용한다.

그러나 Metal Seat가 개발되어 고온에도 사용할 수 있지만 이것도 고압에는 적당하지가 않다. 또 구조의 특성으로 인하여 50A이하 작은 크기의 밸브는 제조가 곤란하다. On-Off일 때는 90° 회전변을, Throttle일 때는 60° 회전변을 사용하는데 60° 이상이 되면 유체의 증가가 기하급수적으로 변하고 유체의 동적인 힘(Dynamic Force)도 크게 발생하여 70° 이상에서 유량조절에는 적당하지 않다. 70° 까지는 유량특성이 Eq % 특성과 유사하다.

간단히 Butterfly Valve 의 장점을 요약하면 다음과 같다.

① 완전히 열면 유체 저항이 작다.
② 90°만 돌리면 완전개폐가 가능, 작동속도가 빠르다.
③ 구조가 간단, 무게가 가볍고 크기가 크다.
④ 소구경에서 대구경까지 제조가 가능하다.
⑤ 부식성을 방지하기 위한 Lining이

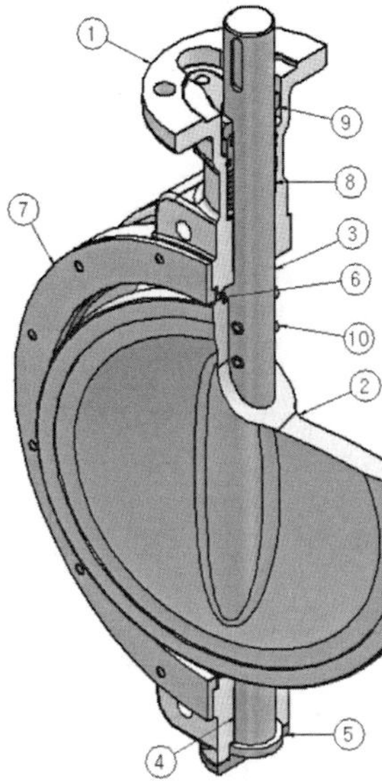

No.	Part Name	Material
1	BODY	SCPH2
2	VANE [DISC]	SCS14
3	SPINDLE	SUS304
4	DU BUSH	BC6
5	BOTTEM COVER	S25C
6	SEAT RING	SUS316
7	RETAINER	SUS304
8	PACKING	GRAPHITE
9	GLAND FLANGE	SCPH2
10	PIN	S45C

| 그림 8 | Butterfly Valve 구조도

간단하다.

⑥ 유량제어가 가능하다.

⑦ 용량(Cv)이 크고 위의 장점으로 인하여 경제적이다.

단점으로는 유량제어용으로는 미세한 제어가 곤란하며 구조상 고온, 고압에는 적당하지 않다.

(1) Lined Body와 Unlined Body

① Lined Body

Body가 탄성물질로 둘러싸여 있어 완전밀폐와 부식방지가 가능하다. 물론 Body Lining 대신 Coating하는 경우가 가격이 저렴하나 현장에서 보수가 곤란하다.

Lining은 몸체에 끼우는 것(Slip In)과 Key와 같은 것으로 고정(Locked In)시키는 방법이 있다. Lined Body는 Lining과 Disc의 마찰로 인하여 큰 힘의 구동부가 필요하다.

② Unlined Body

Body에 탄성물질로 Lining을 하지 않은 것으로서 유체와 Body가 직접 접촉, 부식성에 유의해야 한다.

(2) Wafer Body와 Flanged Body

① Wafer Body (Flangeless)

Pipe Flange와 Flange 사이에 밸브를 끼우고 긴 Stud Bolt로 조립하여 사용한다. 몸체에 Flange가 없어 가볍고 몸체가 짧아 온도차로 인한 변화가 심하지 않다. 다만 Pipe의 진동이 심하거나 고온, 고압에는 적당하지 않다.

② Flanged Body
밸브에 Flange가 달려 Flange Bolt로 고정할 수 있도록 몸체가 길다. 따라서 Wafer Type에 비하여 무게가 무겁고 작업하는데 시간이 더 걸린다. 그러나 Pipe 진동이 있거나 고압 고온에는 Flanged Body가 사용된다. Flanged Body 중에는 대구경일 경우 설치시 편리를 위해 wafer body 에 비규격 Flange를 사용한 Double Flanged Butterfly Valve 가 있으며 이 경우 체결 방법은 wafer와 같이 플랜지 사이에 넣고 체결한다.

(3) Soft Seat와 Metal Seat

① Soft Seat
Valve Seat 재질이 EPDM, Teflon, Viton, 고무 등의 연질(Elastomer)로 된 것으로 밀폐성은 좋으나 고온, 고압에는 적당하지 않으며 10kg/cm²G 이하의 저압에서 사용한다.

② Metal Seat
Seat 재질이 Stainless등 Metal로 된 것으로서 이물질이 많이 섞인 유체, 점성이 있는 유체, 고온의 유체에 적합하다. 압력에 따라 다르나 500°C까지도 사용할 수 있다.

(4) Eccentric Type과 Concentric Type

① Eccentric Type
High performance Butterfly valve 라고도 한다.
Disc가 편심 가공된 밸브로서 Seat 재질을 Soft 또는 Metal로 선택하여 사용할 수 있다. 편심이 두 곳인 양 편심(double eccentric)과 세 곳인 삼 편심(threeple eccentric) 밸브가 있다. 양 편심 밸브는 soft saet 에 많이 사용한다. 제작이 쉬운 반면 seat 와 disc의 닿는 면이 넓어 토크가 삼 편심에 비하여 많이 걸린다.
삼 편심 밸브는 Disc가 Seat와 닿지 않고 회전 마지막의 닫히는 점에서만 접촉이 되므로 Seat의 마모가 없고 밸브 자체의 회전 토크가 적다. 제조시 정밀 가공이 필요하며 근래에 개발 되었다.

② Concentric Type
Disc의 정중앙에 밸브축이 있어 Disc를 360도 회전할 수 있는 형태로서 대개 Lined된 Butterfly 밸브나 damper용 밸브에서 많이 사용한다.

(5) Damper Type Butterfly

공기 조절용 밸브로서 대개 1기압 미만의 압력의 공기 조절에 많이 사용한다. 보일러 등의 고온에 사용. 밀폐성이 중요하지 않아도 된다. Seat도 Metal로서 Disc와 밀착되지 않는다. 일반적으로 저압에 사용 철판을 가공 용접하여 제조한다.

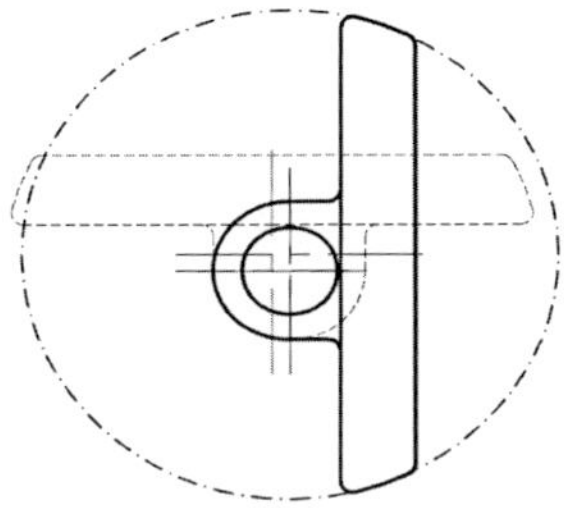

| 그림 9 | 편심형 Butterfly Valve Disc

[4] Ball Valve

Plug가 구(Ball)형으로 되어있으며 가운데 유체의 통로가 나있다. 특성은 90도만 회전시켜도 밸브의 개폐가 가능하며 Globe Valve에 비하여 중량이 적다. 체적이 작아 좁은 공간에서도 사용할 수 있으며 또 저압에서 간단한 유량 제어용으로도 사용이 가능하다.

Trunnion Ball valves

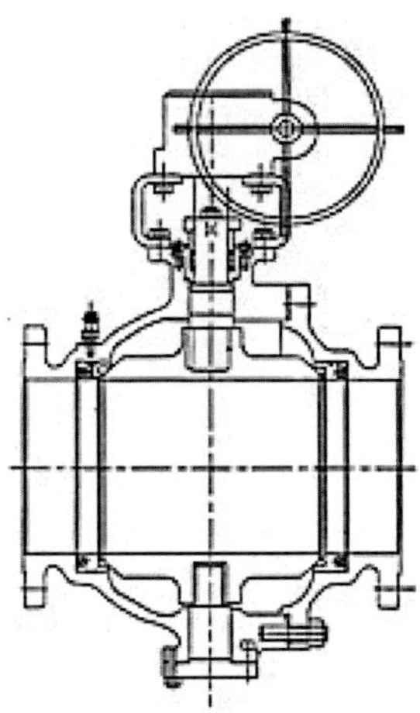

| 그림 10 | Ball Valve 구조도

Ball Valve가 점점 Control Valve로 사용되는 추세에 있다. 지금까지 문제는 Seat의 재질 때문에 고온 고압에 사용이 제한되어 왔으며, Ball과 Stem이 분리 되어 구동부와 동력 전달이 미세한 부분에서는 잘 조절되지 않는 부분(Dead Band)이 있었으나, Seat 재질을 향상시켜 Metal Seat가 개발되고 Ball도 Stem과 같이 붙어있는 One Piece Ball (Stem Ball)이 나와 Globe Valve보다 가격이 저렴하고 유리한 점이 많아 자동 밸브로 사용이 증가하고 있는 추세에 있다. 단지 Ball Valve는 회전각도에 따라서 유량이 급격하게 변하여 미세한 유량과 압력제어에는 적당하지 않다. 또 밸브 회복 계수 (밸브를 통과하는 유체 압력의 손실계수)가 낮아 자동 제어 밸브로 사용하면 와류 현상이 일어나고 소음이 심하게 발생하는 단점이 있다.

Ball의 구경에 따라 Standard, Full Bore, Reduced Bore Ball이 있다.

① Standard Ball
Ball 구경이 제조회사에 의하여 표준화된 것으로 제조회사마다 조금씩 다르다.

② Full Bore
Ball 구경이 밸브호칭 구경과 같은 크기, 즉 밸브 입·출구쪽 크기(Body 구경)와 Ball의 구경이 같다.

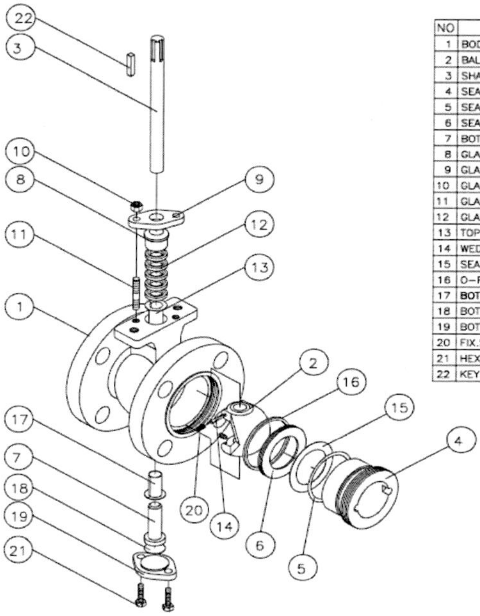

NO	품 명
1	BODY
2	BALL
3	SHAFT
4	SEAT RETAINER
5	SEAT RING
6	SEAT HOLDER
7	BOTTOM SHAFT
8	GLANG FLANGE
9	GLAND FOLLOWER
10	GLAND NUT
11	GLAND BOLT
12	GLAND PACKING
13	TOP BEARING
14	WEDGE KEY
15	SEAT GASKET
16	O-RING
17	BOTTOM BEARING
18	BOTTOM GASKET
19	BOTTOM FLANGE
20	FIX.SCREW
21	HEX.HEAD BOLT
22	KEY

| 그림 11 | Segmented Ball Valve 부품도

③ Reduced Bore

Ball의 구경이 Body 구경보다 작은 것으로서 일반적으로 Body Size보다 한 단계 작다.

④ Segmented Ball Valve

Trim이 완전한 구(Ball)형인 대신 Ball의 일부분을 사용, 유체를 조절하는 방식으로 구형(Port)를 변경하여 여러 가지 특성을 가지게 한다. 또한 Ball 속에 남아있는 유체를 없게 하여 부패물이 굳는 것을 방지한다. 일반적으로 표준형 Ball Valve는 Ball과 본체사이에 공간(Pocket)이 생겨 이 공간에 유체의 고형물질이 끼거나 이물질이 들어가 굳어 Ball에 상처를 내거나 작동하지 않는 경우가 발생한다.

그러나 Segmented Ball 밸브는 원형의 Ball이 아니라 반원형이기 때문에 이런 문제는 발생하지 않는다. 따라서 분체, 슬러리나 이물질이 많은 유체에도 적당하다.

⑤ V-Notch Ball

Segmented Ball Valve의 일종으로 Ball의 일부분을 V자형으로 만든 것으로서 제어비 (Rangeability)가 좋아 제어용으로 많이 사용한다.

또한 일반 Ball Valve는 밸브와 볼 사이에 공간이 생겨 유체가 잔류하여 유체가 부패하거나 굳어지는 경향이 있으나 이 형태는 이런 단점이 없다. 볼의 V자로 파진 부분부터 유체가 흐르기 시작, 미세한 유량부터 제어가 가능해서 일반 Ball Valve보다 유량제어 정밀도 (Range Ability)가 크다. 또한 V자형이 칼날과 같이 날카로워 이물질이 끊어진다.
따라서 이 형태의 밸브는 펄프, 종이 산업, 슬러리 등의 유체 적합하다.

간단히 장점을 요약하면
ⓐ 용량(Cv)이 일반 Globe 밸브에 비하여 크기 때문에(약 3배) 경제적이다.
ⓑ 같은 구경이면 Globe Valve에 비해무게가 가볍다. (약 20%)
ⓒ 일반 볼밸브, Butterfly Valve보다 제어 정밀도 (Rangeability)가 좋다. 그러나 Globe Valve보다는 미세 제어에 좋다고 볼 수 없다.
ⓓ 일반유체는 물론 펄프, 슬러리, 고형 물질 함유 유체에 좋다.

⑥ Quiet Ball
Ball Valve는 유체가 Ball 첫 부분과 끝부분에서 감압되는데 차압이 크면 소음이 심하게 발생한다. 따라서 소음을 줄이기 위해 Ball 내에 다공판을 설치하여 몇 단계로 나누어 감압이 되도록 설계한 Ball Valve로서 소음이 일반 Ball Valve에 비해 월등히 적다. 따라서 대구경 Steam Line 중에서 고압일 경우는 이 밸브가 Globe Valve에 비하여 중량이 가볍고 가격이 저렴하여 많이 사용되고 있다.

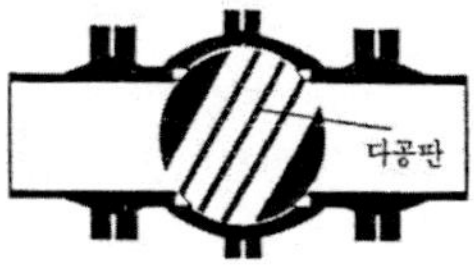

| 그림 12 | 저소음 볼 밸브

⑦ Metal Seat Ball Valve
Seat가 Metal로 되어있어 이물질이 많은 유체나 고온, 고압에도 사용할 수 있다.

⑧ Soft Seat Ball Valve
대개 Seat가 연질인 Teflon으로 되어있어 저압, 저온 유체에서 사용한다. 그러나 특수한 Carbon을 사용 -200°C부터 +500°까지 사용할 수 있는 Seat도 개발되었다.
ⓐ PTEF : 순수 테프론 으로서 저압, 저온 (약 150°C이하)에 사용.
ⓑ Glass Teflon : 순수 테프론에 유리성분을 함유하여 경도가 강하다. 따라서 사용 빈도가 많거나 이물질이 함유된 유체에 사용.
ⓒ Carbon Teflon : 순수 테프론에 카본을 넣어 만든 테프론으로 고온에서 사용할 수 있다.
ⓓ Graphite Teflon : 순수 테프론에 그레파 이트를 넣은 것으로 500°C 까지도 사용.
ⓔ TFA - 테프론의 일종으로 저온

에서 변형이 잘 되지 않아 극 저온용 밸브 Seat 로 많이 사용.

⑨ Floating ball 과 Trunnion ball

ⓐ Floating Ball valve :Ball 에 stem이 위에만 있는 Ball Valve로서 유체에 의하여 볼이 움직인다. 보통 작은 사이즈에 많이 사용한다.

ⓑ Trunnion Ball valve : stem이 위 아래 두 개로 고압용이나 10" 이상 대구경 밸브에 많이 사용한다.

⑩ Three Way Ball Valve

질 및 구조는 일반 Ball Valve와 거의 같으나 유체의 흐름의 길을 바꿀 수 있는 구조의 Valve이다.

Three Way에는 2가지 형태가 있는데 Mixing Type(T Port)은 2가지의 유체를 혼합, 한 방향으로 보내거나 한 방향의 유체를 2방향으로 나누어 보낼 수 있으며, Diverting Type (L Port)는 유체의 방향을 어느 한쪽으로 바꾸는 데 사용된다.

Seat 형태에 따라 4-Seat Type과 2-Seat Type이 있다. 전자는 Seat가 4개 있는 것으로서 Inlet를 어느 쪽이나 상관없이 사용할 수 있으며 2-Seat Type은 Seat가 2개로서 Seat가 없는 쪽이 언제나 유체의 입구가 된다.

Ball의 모양은 L-Port와 T-Port가 있으며, L-Port는 Diverting만 할 수 있으며 T-Port는 Diverting과 Mixing에 모두 사용할 수 있다.

[5] Diaphragm Valve

처음 개발한 사람의 이름을 따서 Sander's Valve 라고도 한다. 유체가 점액상태이거나 유체 속에 고형물질 또는 덩어리 등이 들어있는 유체를 제어하는 데 적당하다.

이 밸브의 형태는 유체를 차단키 위하여 유동적인 판막(Flexible Diaphragm)이 상하로 움직여 작동하는 밸브이다. 유체와 접촉하는 부분은 고무, Glass, Plastic, Teflon 등으로 Lining 할 수 있다.

따라서 부식성이 강한 유체나 고형물이 많이 함유한 유체로서 저압용에 적당하다. 화학 공장에 많이 사용하고 있다.

유체가 닿는 면이 비금속으로 되어있

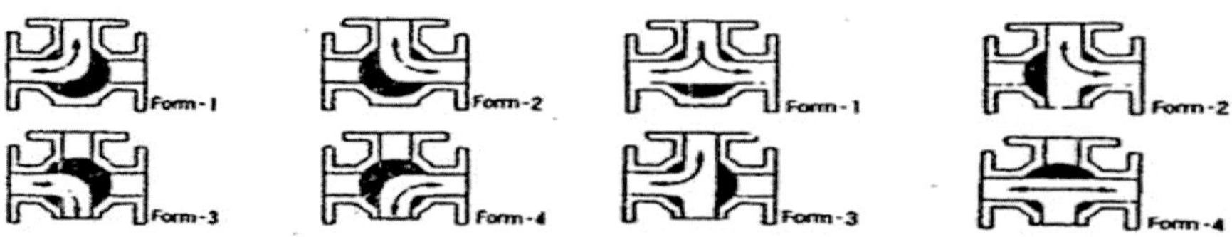

3-Wav-L Port 3-Wav-T Port

| 그림 13 | 3Way 밸브 방향도

어 대부분 주물에 Lining 하여 사용한다.

(1) Weir Type – Saunder's Valve 라고도 한다.

Diaphragm의 Seating 면이 뚝(Weir)과 같은 모양으로 되어 있어 작동 방법은 Diaphragm 뒷면에 부착된 쇠로 된 누름 판에 힘을 가하여 Weir 면에 밀착하여 완전 폐쇄된다.

- Dual Range : 조금 열렸을 때 조절(Throttling) 특성을 좋게 하기 위하여 누름 판이 두 부분으로 되어있어 Diaphragm 중앙부가 Diaphragm이 완전히 들리기 전에 Weir에서 떨어져 올라온다.

(2) Straight Way

뚝(Weir)이 없고 Diaphragm이 Bag 모양으로 완전 차단하여 유체의 길을 막는다. 이 구조는 큰 덩어리 등이 통과할 수 있으나 Diaphragm의 탄성이 좋아야 한다. 부식성인 유체, 점액성 유체, 고형물질이 함유된 유체에 사용된다.

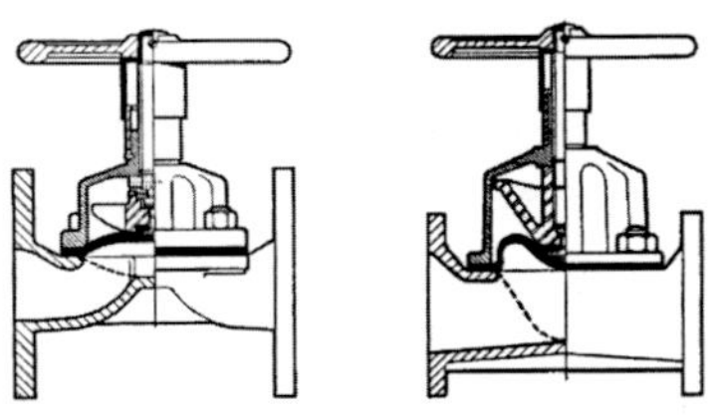

| 그림 14 | Diaphragm Valve

[6] Plug Valve (Cock Valve)

가장 오래된 Valve의 형태이다. Plug가 원추형이다. 보수가 간단하고 가격이 저렴하다. 그러나 Plug와 Seat의 마찰이 크고 Seat 설치에 구조적인 어려움이 있어 고압에는 적당하지 않다. Gate Valve와 같이 개폐용으로 많이 사용 한다.

좁은 장소에 설치할 수 있고, 조작 이 90°만 돌리면 개폐가 되어 간단하다. Plug의 구멍이 Body와 같은 Full Bore와 Body의 70%, 40%인 Reduced Port가 있다. 장점으로는 구조가 간단하여 Lining 하기가 좋고 부식성이 강한 유체에 많이 사용한다. 배관 상에서 수리가 용이하다. 가스용 기기에 많이 사용한다.

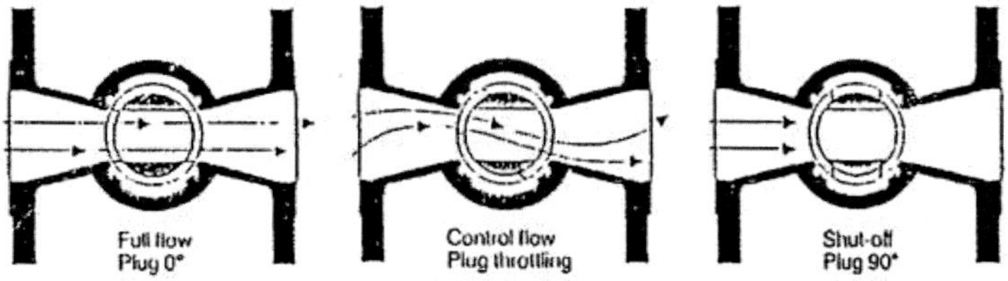

| 그림 16 | Plug Valve 작동도

[7] Check Valve

유체의 역류 현상을 막는 일종의 안전 밸브로서 유체의 압력과 Disc의 무게에 의하여 작동한다. 때에 따라서 유압 또는 다른 구동 부를 이용하여 유체 특성에 맞게 사용한다.

(1) Swing Check Valve

Gate Valve 특성과 같이 유체의 저항을 최소로 하며 압력손실이 적다. Gate Valve와 같이 사용한다.

(2) Lift Check Valve

Valve 특성이 Globe Valve와 같아 압력손실이 크다. Globe Valve와 함께 사용하며 수평배관에만 사용할 수 있다.(그림16)

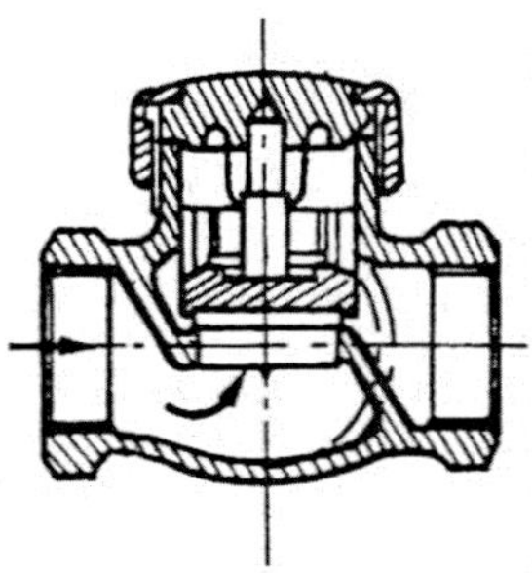

| 그림 16 | Lift Check Valve

(3) Ball check valve

일종의 lift check로서 유로 부분이 ball로 되어 있다.

[8] Pinch Valve

밸브 몸체가 수축성이 많은 고무 관으로되어 있고 위 아래 누름 판이 있어 압력을 가하여 개폐 하는 밸브로서 분체, 스러리, 또는 덩어리가 함유된 유체에 사용 한다.

[9] Jacketed Valve Body

이제까지 열거한 여러 형태의 밸브 바디에 Jacket을 설치하여 밸브 바디와 Jacket 사이를 진공을 하든가Jacket 내에 증기, 냉매 등을 통과시켜 Valve 몸체의 온도를 조절하기 위한 형태이다.

Semi-jacket과 Full Jacket 으로 분류 할 수 있으며 Semi-jacket 는 몸체 부분만 jacket으로 하고 full jacket는 몸체 와 bonnet 까지 전체를 jacket으로 한다.

[10] Digital Valve

On-Off Valve 여러 가지를 하나로 묶어 컴퓨터의 지시에 의하여 하나 또는 여러 개를 개폐하여 유량을 조절할 수 있도록 고안된 밸브로서 아직은 비경제적이다. 만일 밸브 8개를 사용한다면 Rangeability는 255:1이 된다.

밸브 Type 선정은 유체의 특성에 따라서 경제성과 정밀성, 안전성 등을 고려하여 선정한다.

(1) 부식성 유체(저온, 저압) 제어

Teflon, 고무 등 유체와 접촉 부위가 비금속 제품으로 쉽게 만들 수 있는 Diaphragm Valve, Plug Valve 등이 적당하다. 그러나 유량제어 정밀도는 Diaphragm Valve가 많이 떨어지고 이에 비하여 Plug Valve는 조금 나으나 Globe보다는 떨어진다. 따라서 정밀도를 원한다면 Globe Valve를 Teflon으로 제조해야 하나 Port 등 기술적인 문제가 있다.

(2) 고온, 고압 유체 제어

Globe Type이나 Angle Valve가 적당하다.

(3) 많은 양의 유체를 제어

Butterfly Valve나 Ball Valve가 적당하나 정밀제어가 Globe에 비하여 많이 떨어진다.

(4) 개폐 전용 밸브

Gate, Ball, Butterfly 밸브를 많이 사용한다. 압력 손실에 별 문제가 없고 사용중 언제나 기밀이 필요하지 않은 경우

VALVE SELECTION GUIDE

VALVE TYPE			GLOBE			BALL	BUTTERFLY	DIAPHRAGH	DISCHARGE	V-NOTCH
			CONTOURED	CAGE	ANGLE					
VALVE BODY MODEL			07SG	07CB 07CD	2	41	10	51/52	61/62	43
FLUID	LIQUID	CLEAN	A	A	A	A	A	A	A	A
		DIRTY	B	C	B	A	A	A	B	A
		VISCOSITY	B	C	A	B	C	B	C	B
		SLURRY	C	C	A	B	C	A	C	A
		FLASHING	C	A	A	A	C	C	C	C
	GAS		A	A	A	C	C	C	C	C
	STEAM		A	A	A	B	B	C	C	A
CAPACITY	SMALL FLOW		A	B	B	C	C	B	C	B
	MID. CAPACITY		B	A	A	A	B	A	B	A
	LARGE CAPACITY		C	C	C	B	A	C	C	B
	HIGH RANGEABILITY		B	A	C	B	C	C	C	A
PRESSURE	VACUUM		A	B	A	C	C	B	C	C
	MID. PRESS		A	A	A	B	A	B	B	B
	HIGH PRESS		A	A	A	C	B	C	C	C
	VERY HIGH PRESS		B	A	A	C	B	C	C	C
PRESS DROP	MID. PRESS DROP		A	A	A	A	B	B	B	A
	HIGH PRESS DROP		B	A	A	C	C	C	C	C
	LOW NOISE		B	A	A	C	C	C	C	C
TEM.	LOW TEMPERATURE		A	A	A	B	B	C	C	B
	HIGH TEMPERATURE		B	B	A	B	B	C	C	B
	THROTTLING		A	A	A	B	B	B	C	A

A : GOOD B : FAIR C : CAUTION

| 표 1 | 유체조건에 따른 밸브 선정표

는 globe 밸브를 사용하는 경우도 있다.

밸브 형태의 선정은 유체에 따라 선정해야하며 같은 유체라도 온도, 압력에 따라 다르다. 대략 요약하면 표 1과 같다.

2-2 Bonnet Type 선정

Bonnet Type은 밸브의 형식, 압력, 유체의 조건에 따라서 각각 다르기 때문에 적당한 형태의 것을 선택하여야 한다. 수동형 밸브의 Bonnet은 자동형 밸브의 Bonnet와 내부의 Grand Packing은 비슷하나 다음과 같은 차이점이 있다.

첫째, 수동밸브는 손으로 손잡이를 돌려, 작동하므로 힘(Torque, Force)에 영향을 받지 않아 힘이 균일하지 않아도 되나, 자동 형 밸브는 구동부의 크기를 정해야 하기 때문에 되도록이면 힘이 들지 않도록 Stem은 가늘고 좀 더 매끄럽게 설계되었으며, 둘째, Bonnet의 외형상으로는 수동밸브는 손잡이를 부착할 수 있도록 간단하게 되어있으나, 자동형 밸브는 무거운 구동부를 장치할 수 있도록 Yoke가 따로 설계되어있다.

[1] Union Bonnet

Bonnet과 Valve Body가 Union으로 결합되어 있으며 쉽게 분해하여 수리할 수 있다. 여러 번 수리해도 꼭 잠글(Tight Seal)수가 있다. 쉽게 마모되는 Soft Seat나 여러 개로 복합하여 이루어진 Disc(Composition Disc)의 수동밸브에 많이 사용한다.
일반적으로 저압, 저온에 많이 사용한다.

[2] Screwed Bonnet

가장 간단한 방법으로서 Bonnet부위와 Valve Body가 나사로 되어있는 형태로서, 작은 구경의 저압용 수동 Valve에 많이 사용한다. Bonnet이 몸체

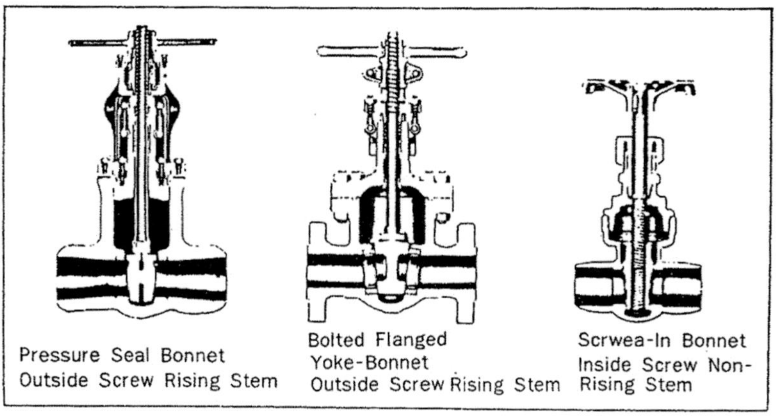

| 그림 17 | Bonnet 종류

(Body)안으로 나사가 되어있는 것(Screwed-In Bonnet)과 밖으로 된 것(Screwed-Out Bonnet)이 있다. 가장 간단하고 가격이 제일 싸다.

[3] Bolted Flanged Yoke-Bonnet

Bonnet와 Body Neck Flange가 Bolt로 결합되는 형태로서 Stem과 Yoke부에 나사가 있어 손잡이를 돌리면 Stem이 손잡이 위로 올라와 밸브 개폐 상태를 확인할 수 있다. 약자로 OS & Y (Out Side Screw Rising Stem And Yoke)라 한다. Stem의 나사부분이 Valve의 바깥부분에 있어 유체와 접촉하지 않아 부식될 염려가 없다. 수동형 밸브에 사용한다.

[4] Bolted Flanged Bonnet

Bonnet와 밸브 몸체의 Flange가 Bolt로 결합되어 있고 Yoke는 없다.

(1) Inside Screw Rising Stem

Globe, Angle Valve에 사용되는 형식으로 Union Bonnet가 곤란한 대구경에 사용되는 것으로서 역시 분해수리가 용이하다. 나사가 Stem과 Bonnet에 있어 손잡이를 돌리면 Stem이 손잡이와 함께 위로 올라간다.

(2) Inside Screw Non-Rising Stem

나사가 Stem과 Disc속으로 나있어 손잡이를 돌리면 Disc속으로 Stem이 들어가 밸브가 열려 Stem이나 손잡이가 위로 올라가지 않는다. Gate 밸브에만 있으며 높이가 제한된 장소에 사용한다.

(3) Outside Screw Rising Stem

OS & Y 밸브와 같으나 yoke 가 없고 밸브를 개폐할 때 스템이 위 아래로 움직인다.

[5] Pressure Seal Bonnet

Bonnet내에 압력을 흡수할 수 있는 Ring이 있다. 고압, 고온에 많이 사용한다.

Bonnet밑에 있는 링이 밸브내의 압력으로 인하여 Bonnet 위쪽으로 밀리면서 압력에 의한 Seal(Pressure Seal)이 되며 윗부분에 있는 Soft Metallic Gasket을 보호한다.

다음 기술하는 Bonnet 형태는 자동밸브에 많이 사용하나 일반 수동밸브에도 사용한다.

[6] Plain Bonnet

일반적으로 자동밸브에서 Bonnet의 길이가 짧은 형식을 말하는 것으로 일반적인 온도에서 많이 사용한다.
-20°C에서 230°C 까지 사용한다.

[7] Fin Bonnet

유체 온도가 너무 높을 때는 Packing Box 내의 온도가 올라가 Gland Packing이 변형되기 쉽다. 이것을 막기 위해서 열을 발산하는 Fin을 Packing Box 밑에 설치한다. 대체로 200 C 이상과 -20°C ~ 0°C내에서 사용한다. 그러나 최근에는 Gland Packing 재질이 발전하여 230°C 까지는 Fin이 없이도 사용 할 수가 있다. 따라서 최근에는 Fin Bonnet가 없어지고 단순히 Bonnet의 길이를 길게한 Extension Bonnet를 사용한다.

[8] Extension Bonnet

(1) Long Extension Bonnet
(Cryogenic Bonnet)

밸브내의 유체가 액화수소, LNG등 -20 C 이하 저온일 때 대기 중에 습기 때문에 Packing이나 Stem 주위에 얼음이 어는 것을 방지하고 Packing Box내의 온도를 높이기 위해 사용한다.액화 질소, 액화 산소, 천연가스, LPG 등 초 저온용으로 많이 사용하나다.

(2) Short Extension Bonnet
(Extension Bonnet)

250°C 이상 높은 온도의 유체에서 Fin Bonnet 대신 Short Extension을 많이 사용한다. 유체의 온도를 방열하여 Packing Box 온도를 상온에 가깝도록 하기 위한 설계이다. 또 -20°C ~ -100°C 까지의 저온에서도 많이 사용한다.

[9] Bellows Seal Bonnet

Stem에 Bellows가 부착된 것으로 적은 누출도 허용되지 않는 유독성, 폭발성, 고온, 방사능 함유 유체 등에 사용한다. 작업장의 공기 오염을 방지하는 유독성 유체에는 필수적으로 사용 하고 작업상 안전이 필요할 때 많이 사용한다. Bellow 위에는 Gland Packing Box가 있어 이중으로 누출을 방지할 수 있다. 실제적으로는 Bellow내의 압력이 공정 압력과 같기 때문에 사용할 수 있는 범위가 한정되어 있고 쉽게 고장이 나고 다른 Packing 재료와 방법이 발전하여 점점 사용 용도가 국한되고 있다.

[10] Special Seal Bonnet

고압용 유체에서 압력 때문에 Bellows를 사용할 수 없을 때 Gland packing 내에 공정압력과 같은 압력을 넣어 이 압력의 힘에 의하여 밖으로 못나오게 하는 방법과 액체를 Lantern ring 쪽에 설치 가스가 밖으로 나오는 것을 막는 시스템이다.

2-3 Packing Box 선정

Bonnet 윗부분에 Valve Stem을 싸고 있으면서 유체가 새지 않도록 Packing이 들어있는 곳을 Packing Box라 한다. Packing은 용도에 따라서 저온용, 일반용, 보통용, 고온용, 진공용이 있다. Packing은 밸브 Stem이 움직여 Packing 내에 유체가 대기로 새어나올 수 있는 곳으로 대기 오염, 화재 등이 생길 수 있는 밸브에서 가장 취약한 부분이다. 따라서 Packing 선정은 대단히 중요하다. 이 부분에 대하여는 10장 자동 밸브 누설에 관한 문제와 해결 에서 자세히 설명하겠다. 또한 Packing 재질선정에 대하여는 6-3 Packing 재질 편에서 언급하겠다.

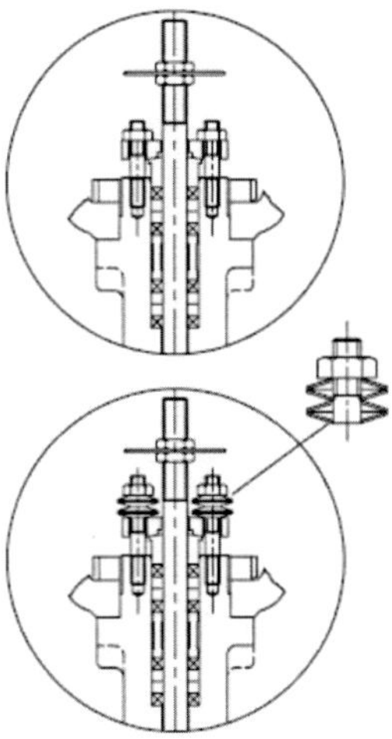

| 그림 18 | General Packing 과 Live loading Packing 의 비교

○ Applicable Item

		Spiral gasket	
		TEF	Flexible graphite
General	Gage type	○	○
	Purpose type	○	○
For high temperature			○
For low temperature		○	○
For strict sealing			○

| 표 2 | Packing 재질선정

FEATURE \ FLUID	1					2			3					4		
	VAPER	HIGH TEMP GAS	WATER	ORAIN	SIMILAR ONES	AIR GAS	SEA WATER	OIL	LPG	LPG	LPG	PERTRPLILMPROUOTS	SIMILAR ONES	OXYGEN	PRESS LIMIT kgf/cm²	TEMP LIMIT ℃
HIGH TEMP & PRESS	○	○	○	○	○										350	650
HIGH TEMP									○	○	○	○	○			300
STANDARD			○	○	○	○	○	○	○	○	○	○	○	○	40	200
VACUUM			○	○	○	○	○	○	○	○	○	○	○	○	40	200

| 표 3 | 유체조건에 따른 Packing 종류선정

2-4 Inner Valve(Trim) 선정

Inner Valve(Trim)란 밸브에서 Body, Bonnet, Body Flange, Gaskets을 제외한 유체와 접촉하는 부위를 말한다.

예를 들면, 첫째, Globe Type에서는 Plug, Seat, Stem, Guide, Bushing, Cage 등을 말하며, Packing Box도 Trim의 부속품으로 간주하여 Packing Ring, Lantern Ring, Gland Follower도 이에 속한다.

둘째, Rotary Type(Ball, Butterfly Valve)에서는 Seat, Stem, Ball(Vane), Bushing, Bearing등이 속한다.
그러나 일반적으로 트림이라 함은 seat, port (ball, vane)을 말하며 구체적으로 사양 서에는 seat, port, stem을 명시, 구체적으로 지정하는 경우가 많다.

Inner Valve 설계는 유량의 개폐는 물론 유량조절 이외에 밸브의 작동범위(Travel), 용량(Capacity), 작동 힘(Force, Torque), 진동(Vibration), 뒤틀림 등을 고려하며 마모(Erosion), 부식(Corrosion), Cavitation, Flushing 등을 고려하여야 한다.

[1] Inner valve 명칭

밸브 내에 Stem에 붙어 움직이며 유체를 개폐하거나 유량을 조절하는 역할을 하는 것으로서 Globe, Angle Valve 에서는 Plug (Port)라고 하고, Gate, Check Valve에서는 Disc 라고 하며, Ball Valve에서는 Ball 이라고 부르고, Butterfly Valve 에서는 Disc 또는 Vane 이라고 한다.

[2] Full port와 Reduced port

대부분 Full Port (Seat의 구경이 밸브 구경과 같은 크기)를 사용하나 Seat가 밸브 구경보다 작은 Reduced Port를 사용하는 경우가 있다.
개폐용 (On-Off)용 밸브는 압력 손실이 문제가 되므로 full port를 사용한다.

■ 제어용 밸브에서 Reduced Port를 사용하는 예

① 차후 밸브용량이 증가할 것을 대비 Port와 Seat만 교체가 가능하도록

② Flashing이 발생하는 유체에서 진동이나 소음을 방지하기 위하여 유속을 감소해야 할 때

③ 고-차압용 밸브에서는 밸브 내부의 마모나 파손을 방지하기 위하여 필요한 장치(Anti-cavitation Trim)나 소음을 방지하기 위한 장치 (Noise Trim)가 필요할 때.

④ Reducer를 사용하는 것보다 밸브를 배관 크기로 하는 것이 경제적일 때 (따라서 자동밸브는 1" 이하는 대개 1" 몸체에 Port만을 줄인다.)

⑤ 면간 거리관계상 Reducer를 사용할 수 없을 때.

⑥ 제작관계상 3/4"이하는 모두 3/4" 밸브에 Port만 줄인다.

[3] Plug 형식과 유량특성

Plug는 밸브의 Seat와 접촉하여 유량을 제어하는 가장 중요한 부품으로써 모양에 따라서 Guide와의 마찰, Seat와의 마찰이 다르고 흐르는 유체의 정압 또는 동적인 압력을 조절할 수가 있다.

(1) Guide 방법

여기에서는 자동밸브에 대부분을 차지 하고 있는 Globe 밸브에 대하여 기술한다.

① Top Guide : 일반적으로 Balance가 되지 않는 contourd plug에서, 저압용 밸브, 작은 크기에서 밸브에서 사용한다. Guiding 방법으로 Port를 잡아주는 곳이 위쪽 한곳이라 Top guide라 한다.

② Top And Bottom Guide : Guide가 위, 아래 두 곳에 있어 차압이 크거나 대구경 Globe 밸브에서 사용한다.

③ Cage Guide : Plug가 Cage type일 때 Cage가 Port를 지지함으로써 가장 안정적인 Guide 형태이다.

(2) Plug의 종류

① Globe Valve

ⓐ Contoured Plug : 일반적으로 많이 사 용하는 Plug형태로서 Plug모양이 유선형으로 되어 있다. 고점성 유체, 섬유질이나 슬러지가 많이 함유된 유체에 사용한다. Stellate가 용이하며 Rangeability가 50:1 정도 된다.

ⓑ Cage Plug : Plug를 잡아주는 Guide가 Piston 형태로서 고압에서도 사용할 수가 있다. Cage에 여러 가지 모양(Eq%, Linear, On-Off등)의 구멍을 만들어 유량을 조절한다.

ⓒ On-Off Plug : Plug의 모양이 평평하여 기존 Travel의 1/4만 열어도 유량이 전체가 흐르는 형태로서 On-Off용으로 사용된다.

ⓓ V-Skirt Plug : Plug를 V자형으로 만들어 유량특성을 갖게 만든 Plug로서 밸브 Travel이 짧고 Rangeability를 높게 만들고자 할 때 사용한다.

ⓔ Shaped Plug : 기타 유체 특성을 갖게 하기 위해서 Plug를 특별한 모양으로 변형 사용한다.

ⓕ Needle Type : Port가 바늘과 같이 되어있으며 Cv가 작을 때에 사용한다. Port 구경이 약 3mm에 Taper가 되어있어 정밀 가공을 하고 수작업으로 연마하여 Cv를 맞춰야 한다.

② Ball Valve Plug

ⓐ Floating Ball : Ball이 유체 압력에 따라서 움직(Float)일 수 있도록 되어있다.
일반적으로 저압용 10"이하 Ball 밸브에 많이 쓰인다. 유체에 압력을 가하면 Check 밸브처럼 볼

이 밀려 Seat와 접촉하여 누출이 방지된다.

ⓑ Trunnion Ball : Ball의 Stem이 위와 아래 두 곳에 있다. Floting Ball에 비하여 Torque가 작고 대구경일 때는 Ball의 무게를 Ball 밑의 Stem에 의존할 수 있다. 따라서 고압이거나 대구경의 Ball 밸브일 때 많이 사용한다.

ⓒ Segmented Ball : Ball 모양이 반원형으로서 Ball을 반쪽만 사용하고 끝부분에 V자형으로 파내어 Control용으로 사용한다. 기존 Ball Trim은 Ball 밸브의 특성상 유량변화가 심하여 정밀제어가 곤란하지만 V자로 만들어져서 Rangeability가 높아 정밀제어가 가능하다. 또한 V자로 된 끝이 날카로워 칼날 역할을 하여 점성유체, Pulp, Paper Stock등에 많이 사용된다.

③ Diaphragm Type : 유체가 부식성이 심하거나 완전밀폐(Tight Shut-off)가 필요하거나 공용일 때 많이 사용하나 Rangeability가 작아 Control 정도가 떨어진다.

(3) Balanced Plug와 Unbalanced Plug

① Unbalanced Plug : Plug 내에 압력의 평형을 이루는 구멍이 없는 형태로서 유체의 차압이 작거나 소형 밸브에서 사용한다.

② Balanced Plug : Plug내에 Balance를 이루도록 평형구멍(Balanced Hole)을 설치 하는 것과 Pilot Plug를 설치하여 압력 Balance를 이루도록 설계되어 있는 Plug, 고압이면서 고온인 경우, Soft Seat가 적당치 않을 경우, Leak를 줄이기 위하여 Single Seat로 하고 대용량인 경우는 구동부의 힘의 한계가 있어 Balance를 이루도록 하기 위해서 Balance Hole 다시 Single Seat의 Pilot 밸브를 설치한다.

(4) Single Port와 Double Port

① Single Port : Plug에 Seat와 접촉하는 면이 하나인 Plug로서 Leakage가 작다. 그러나 Contoured Plug는 대부분 유체 압력에 규형을 이룰 수 없는 Unbalance Type로서 많은 힘이 요구되며 큰 구동부가 필요하고 Cage Plug는 대부분 Balance Type으로 적은 힘으로 작동이 가능하나 Seal에 O- Ring을 사용하므로 고온, 고압에 사용할 수가 없다.

② Double Port : Plug에 Seat와 접촉하는 Port가 두개가 있는 것으로 유체의 Balance는 되나 두 개의 Sealing부가 있어 Leakage가 많다. 고온, 고압용 유체에 사용할 수가 있다.

일반적인 모양의 밸브에서는 밸브 종류에 따라 유량특성을 가지나, 유체를 조절하는 Plug, Orifice, Cage의 모양에 따라 서 유량특성이 다르다. 형식에는 크게 On-Off, Throttling Type으로 분류할 수 있으며, Throttling Type에는 Plug 형식을 변형, Linear, Equal %, Parabolic Type으로 고유의 유량특성을 갖도록 변형하여 사용한다.

Plug로는 Contoured, Cage Plug가 있고 Contoured Plug는 2″이하 범용으로 사용할 수 있으며, Cage Plug는 조절범위가 넓고 고압에도 사용할 수 있으나, 점도가 많은 유체에는 적당치 않다. 소구경의 Valve에서는 조절 범위를 넓게 하여 위하여 V형으로 된 V-Port를 사용하는 경우도 있다.

[4] 고유 유량 특성 (Inherent Flow Characteristic)

차압이 일정할 때 밸브의 Plug가 열림에 따라 통과유량이 크게 변화하는데 이 변화 곡선을 고유 유량 특성(Inherent Flow Characteristic)이라 하는데 여기에는 Linear, Quick Opening, Equal %, Modified Parabolic 등이 있다.

(1) Quick Opening (On-Off Type)

Globe Valve에서 Plug의 모양이 평평한 모양으로 둥근 Orifice와 같이 되어 있어 처음 밸브가 열릴 때 유량변화가 심하고 끝부분에서는 거의 변하지 않는다.

Valve Port 구경(Orifices)의 1/4만 Plug가 열리면 Full Open한 것과 같이 유량이 흐른다. 따라서 대부분 On-Off 용으로 사용한다.

(2) Linear

유량이 밸브의 열림에 따라서 비례적으로 증가한다. 이 비례관계는 차압(Pressure Drop)이 일정할 때 비례곡선은 일직선을 그리고 밸브는 언제나 똑같은 유량을 갖게 된다. Valve Plug의 열리는 비율에 따라서 유량증가 비율이 얻어진다. 이 형태의 Plug는 일반적으로 Liquid Level Control이나 일정한 변화를 요하는 곳에 사용한다.

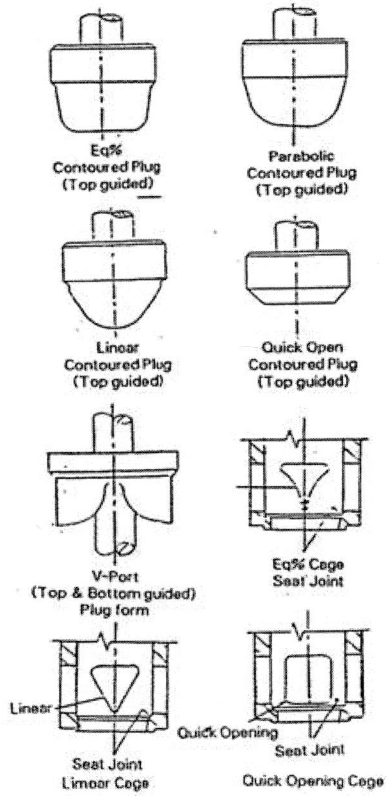

| 그림 19 | PLUG 종류

(3) Equal Percentage

밸브 열림이 일정하게 변화함에 따라서 유량이 일정한 Percentage로 변화한다. 유량변화는 직전 Plug 위치의 유량에 지수적으로 비례하여 변한다. 즉 밸브 열림의 변화에 대한 유량 변화의 비율이 밸브 열림 전 유량에 비례한다.

Valve Plug가 Seat 가까이 있을 때는 유량의 변화가 적고 멀리 있을 때는 유량변화가 크다. Eq% Valve는 일반적으로 압력조절에 사용되고, 차압이 대부분 시스템에서 흡수되고 차압이 Control Valve에 적게 걸릴 때, 유량이 심하게 변하는 곳에 사용된다.

(4) Modified Parabolic

Linear와 Eq%의 중간선으로서 적게 열렸을 때 미세하게 유량 조절을 할 수 있으며, 많이 열렸을 때는 대략 Linear 특성을 갖는다. Eq%에 대용으로 많이 사용된다.

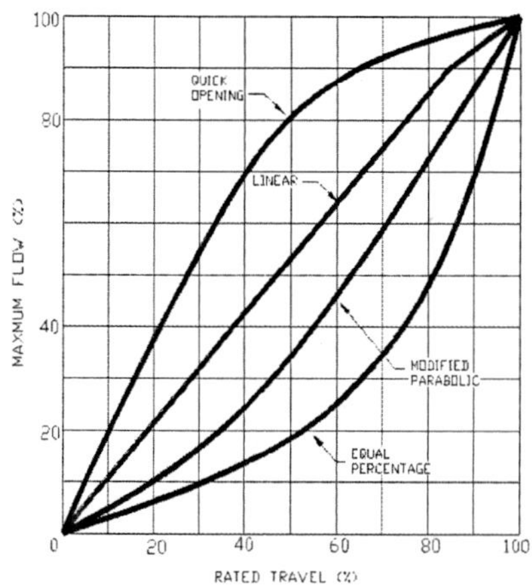

| 그림 20 | 유량 고유특성

[5] 실제유량특성 (Installed Flow Characteristic)

유량 고유특성은 압력손실(Pressure Loss)이 밸브에서 전량 일어난다고 가정했을 때 계산적 그래프로서 실제압력손실은 파이프 라인에서 Reducer등 압력손실이 일어나는 경우가 많아 실제적인 유량특성은 계산상의 경우와 많이 다르다.

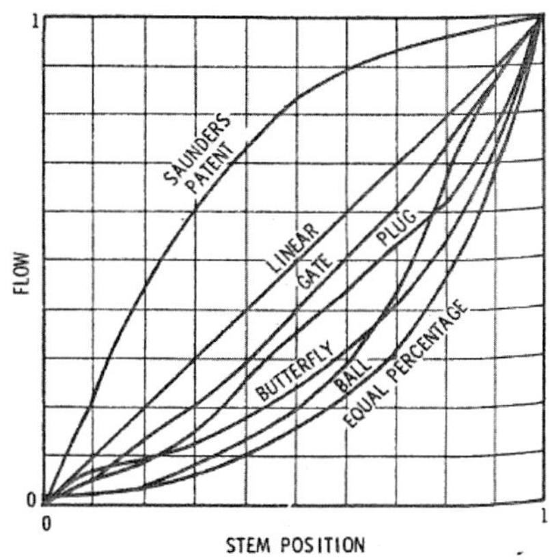

| 그림 21 | 밸브별 유량 고유특성

[6] 유량특성 선정방법

공정제어 System을 안정적으로 흔들림 없이 운전하기 위해서는 System 전체 변위(Total Gain)를 일정한 비례로 변화시키는 것이 필요하다. 전체 변위는 각각의 계기(Transmitter, Controller, Control Valve, Positioner, Actuator)의 변위를 합한 것이다. 따라서 Controller의 변동을 최소화하기 위해서는 계기 전체 변위를 일정하게 유지하는 것이 필요하다.

① Control Flow Processes

FLOW MEASURE MENT SIGNAL TO CONTROLLER	LOCATION OF CONTROL VALVE INRELATION TO MEASURING ELEMENT	BEST INIERENT CHRICTERISTIC	
		Wide Range of Flow Seat Point	Small Range of Flowbut LargeΔP Change at Valve with Increasing Load
Propprotional To Flow	Ln Series	Linear	Equal-Percentage
	Ln Bypass	Linear	Equal-Percentage
Proportion To Flow Squared	In Series	Linear	Equal-Percentage
	In Bypass	Linear	Equal-Percentage
* When control valve closes. flow rate increases in measuring element			

| 표 4 | 유량특성 선정방법

② Liquid Level Systems

Best Inherent Chracteristic	Control Valve Pressure Drop
Quick Opening	Increasing Load. ΔP at Maximum Load 200% of Minimum LoadΔP
Linear	Conatant ΔP Decreasing ΔP wich increasing Load ΔP at Maximum Load 200% of Minimum load ΔP Icreasing ΔP wich Increasing Load. AΔP at Maxmum Load 200% of Mininum LoadΔP
Equal-Percentage	Decreaing ΔP with Increaing Load. ΔP at Maximum Load 20% of Minumum Load ΔP

③ Pressure Control Systems

Best Inherent Characteristic	A pplication
Equal-Percentage	Liquid Porcess Gas Process, Small Volume, less than 10 ft. of Pipe between control Valve and Load Valve. Gas Process, Large Volum. Decreasing ΔP with Increasing Load. ΔP at Maximum Load 20% of Minimum Load ΔP
Linear	Gas Process. Large Volume (Process has a Receiver. Distridution System or Transmission Line Exceding 100ft of Nominal pipe Volume)Decreasing ΔP with Incresing Load. ΔP Maximum Load>20% of Minimum Load ΔP

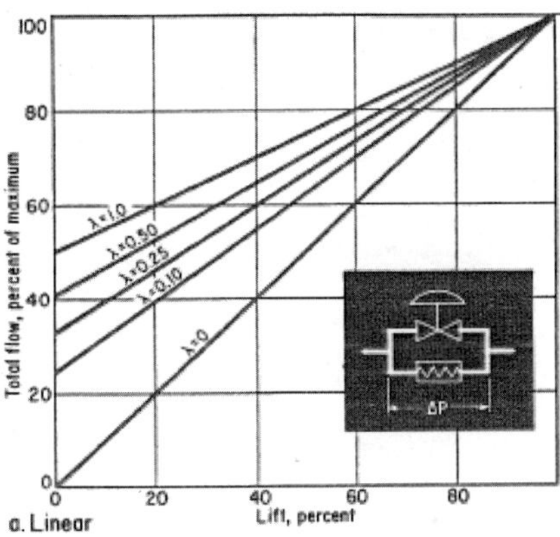

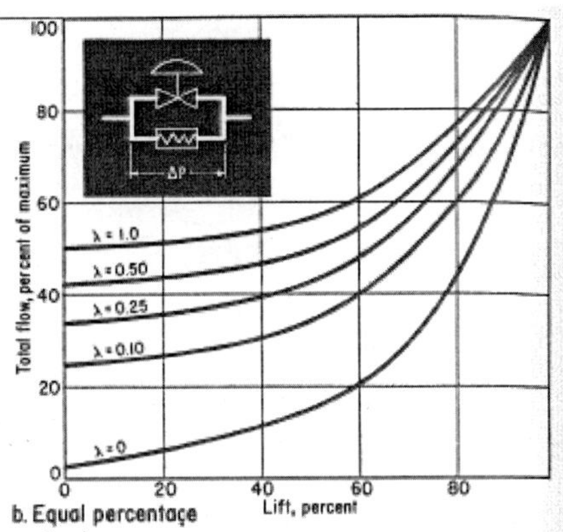

| 그림 22 | 유량 곡선 실체

특히 밸브의 유량특성은 똑같은 신호 변화에도 유량 및 압력변화가 심하여 선정에 주의해야 한다.
완전한 역학적인 분석에 따라서 유량특성 선정에 일정한 기준이 있다. 그러나 이 기준 중에서 경우에 따라서는 예외가 있다. 비록 Linear 특성이 선정된 때라도 Quick Opening Plug Valve가 사용될 수 있다. 그러나 이때는 Controller가 보다 비례적으로 넓은 조절범위 내에서 작동하지 않으면 안되며 Control 정도는 같다.

대체적으로 Liquid Level Control은 Linear 특성을 Pressure Control은 Eq% 특성을 선정하고 있다. 또한 Flow Control은 폭넓은 조절범위가 필요할 때는 Linear, 압력변화가 심하고 유량 변화는 심하지 않은 곳은 Equal Percentage 특성을 선정하고 있다. 경험에 의한 일반적인 선정방법은 다음과 같다.
△pv/△ptot = λ라 하면 λ값의 변화에 따라 많이 변한다.

λ의 값이 크면 클수록 밸브 고유 유량 특성에 가깝다.

△Pv = 밸브자제 압력손실

△Ptot = 라인상 전체 압력손실

① 밸브 압력손실이 전체압력 손실의 40%보다 많을 때는 Linear 고유특성을 선택한다. 이때 EQ% 특성을 선택하면 밸브괘도가 변함에 따라 유량 변화가 심하여 시스템이 불안정하다.

② 밸브 압력손실 λ가 25% 미만일 때는 EQ%를 선택하는 것이 좋다.

③ λ가 25% - 40%일 때는 Square Root형이 좋다.

④ λ값이 확실하지 않을 때는 Square Root형이 좋다.

⑤ Cv가 큰 회전식 밸브는 Globe 밸브에 비하여 배관 압력손실의 영향을 많이 받는다. 따라서 배관압력 손실에 대한 자료가 없을 때는 Globe 밸브를 택하는 것이 좋다.

[7] Seat

Plug, Disc, Ball과 접촉하는 부위로서 Globe Valve일 경우는 Single Seat와 Double Seat가 있다. 또 재질에 따라서 Soft Seat와 Metal Seat로 구분한다. Control Valve에서는 누수는 자동밸브 전후에 수동 밸브가 대체로 있기 때문에 별문제가 없으나 꼭 밀폐가 필요한 경우가 있기도 하다. Soft Seat는 밀폐는 가능하나 현재 개발된 재질로서는 고온, 고압에서는 사용이 곤란하다.

(1) Single Seat

Globe Valve에서 Seat가 하나있는 것으로서 누출(Leakage)이 Double Seat에 비하여 적으나, Contoure Plug에서는 유체압력의 평행이 이루어지지 않는다. 따라서 같은 용량의 밸브일 때는 Double Seat에 비하여 구동부의 힘이 큰 것이 필요하다.

ANSI B16.104-1976	Maximum Leakge				Test Medium	Pressure and Temperature
Class II	0.15%valve calacity at full travel				Air	Service ΔPor50psid(3.5 bar diffenrential) whichever is lower. at(50*to125* F(10*to52°C)
Class III	0.1%valve capacity at full travel				Air	Service ΔPor50psid(3.5 bar diffenrential) whichever is lower. at(50*to125* F(10*to52°C)
Class IV	0.01%valve capacity at full travel				Air	Service ΔPor50psid(3.5 bar diffenrential) whichever is lower. at(50*to125* F(10*to52°C)
Class V	5×10^{-4} ml/min/psid/ in.port dia. (5×10^{-12} /sec/bar diffrential/min qort dia.)					Service ΔP at 60* to 125* (10* to52°C)
Class VI	Nominal port Diameter		Buddles Minute	mℓ per Minute	Air	Service ΔPor50psid(3.5 bar diffenrential) whichever is lower. at(50*to125* F(10*to52°C)
	In	mm				
	1	25	1	0.15		
	1-1/2	38	2	0.30		
	2	51	3	0.45		
	2-1/2	64	4	0.60		
	3	76	6	0.90		
	4	102	11	1.70		
	6	152	27	4.00		
	8	203	45	6.75		
* Copynght 1976 Fluid Controls Instuture Inc. Repnnted with permission						

| 표 5 | Control Valve Leakage Class

(2) Double Seat

Seat가 위, 아래 2개가 있는 것으로서 유체의 누출은 좀 많으나, 작동이 안정적이고 작동힘이 적게 든다.

(3) Soft Seat

Seat의 재질이 연질인 Teflon, Vitom, Rubber 등으로 되어있는 것으로서 Tight Shut-off가 가능하나 고온, 고압에 사용이 곤란하다.

(4) Metal Seat

Seat의 재질이 Metal로 된 것으로서 Tight Shut-off가 곤란하나 고온, 고압에 사용된다.

[8] Leakage

ANSI B 104-1976에 Control Valve 규정에 의하면 Cv가 0.1이상일 때 6가지로 구분된다. 이 표준은 제조품질의 균일을 위한 것이며 실제 조건하에서 기밀을 측정하거나 밸브를 설치하고 기밀이 유지되어야 하는 것을 나타내는 것은 아니다. 왜냐하면 많은 물리적 특성의 복잡한 상호작용과 실제 조건보다도 더 작은 기밀성능으로 잘못 인식될 수 있기 때문이다. Manual Valve에서는 규정이 따로 있다.

Class II는 Double Port 또는 Piston Ring Seal인 Single Port에서 Metal To Metal Seat일 때 공기나 물이 45 ~ 60 PSIG일 경우 허용기밀은 밸브용량(Full Cv)의 0.5% 내이다.

Class III는 Class II와 같은 시험조건에서 기밀이 밸브 Cv의 0.1% Class IV

는 Class II와 같은 시험조건에서 기밀이 밸브 Cv의 0.01% Class V는 Class III과 같으나, 시험유체는 물로서 100 PSIG보다 크거나 상용하는 압력하에서 초당 1 Bar일 때 Port 직경 1mm당 기밀이 $5\times10^{-12}ml$

Class VI는 시험유체를 공기나 질소가스를 사용했을때 차압(△p)이 50 PSI, 온도가 50 ~ 125°F(10~50°C)일 때의 누출량(ml/min)

2-5 End Connection 선정

Valve가 Pipe와 연결하는 방법은 여러 가지가 있다. 일반적으로 자동 밸브에서는 수리 할 경우를 감안하여 Flanged형이 많이 쓰인다. 그 외 체결 방법에는 나사형(Threaded Type), 용접형(Welded Type), Wafer Type (Flangeless)이 있다.용접형은 교환이 요구되는 자동 밸브에서는 사용하지 않는다.

[1] 나사형(Thread Type)

자동밸브는 2"(50mm)까지 나사형(Female Thread)이 가능, 1"(25mm) 이하의 일반밸브는 나사형이 보통 표준형이다. 작은 밸브에서는 다른 형태보다 가격이 저렴하고 설치가 간단하여 좋으나, 고온과 온도변화가 심한 부위, 떨림(Vibration)이 심한 곳에서는 연결 부위가 느슨하게 되기 쉽기 때문에 사용이 곤란하다. 교환이 요구되는 자동밸브에서는 사용하지 않는다.

[2] Flanged Type

대부분 자동밸브는 Flange Type이 많다. 비록 밸브 크기가 1"(25mm)이하더라도 대부분의 기술자들은 이 형태를 요구한다. 왜냐하면 고장이 났을 때 떼어서 수리가 편리가 편리하기 때문이다.

Flange에는 FF(Flat Face), RF (Raised Face), RTJ(Ring Joint), LTG(Large Tongue Groove), STG(Small Tongue Groove)등이 있다. 그러나 주의할 점은 Class 150(보통 150Lb라 한다) Flange라고 할 때 사용압력은 온도에 따라 다르다. 예를 들면 일반적으로 ANSI 150 Lbs Flange에서 사용온도 100°F(38°C)일 때 안전하게 사용할 수 있는 사용압력은 285 PSIg(19.4kg/cm²G)이나 600°F(316°C) 일 때는 140 PSIG(10kg/cm²G)이다.

(1) FF Flange - Flat Face Flange

Flange면이 평평한 것으로서 16kg/cm² 이하에 많이 사용하는 주로 주철제(Cast Iron) Valve에서 많이 사용한다. 왜냐하면 면이 올라온 RF Flange를 쓰면 재질상 주철은 깨지기 쉽기 때문이다.

(2) RF Flange - Raised Face Flange

16kg/cm²G 이상의 주강제 밸브에서 많이 사용하며 Flange 닿는 면이 약간 튀어나와, 여기에 가스켓을 넣고 체결하

기 때문에 FF 프렌지에 비하여 단위 면적당 압력이 높아 체결력이 크고 누수가 적다. 여기에는 홈(Groove)이 있는 것과 없는 것이 있다

(3) RTJ Flange - Ring Joint

40kg/cm²G 이상의 고온 고압의 증기일 때 주로 사용한다.

(4) LTG/STG Flange

Flange 연결부위에 밀폐를 철저히 하기 위하여 사용한다.

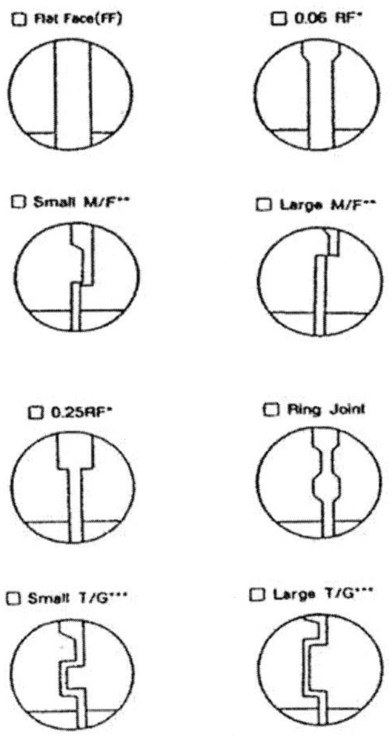

| 그림 23 | Flange Type

[3] Wafer Type (Flangeless)

Butterfly Valve나, Ball Valve, Sliding Gate와 같이 면간 거리가 짧고, 압력이 낮고, 진동이 적은 곳에서 많이 사용한다. pipe Flange와 pipe Flange 사이에 밸브를 넣고 긴 Bolt로 고정시킨다. 이 방법은 밸브에 Flange가 없기 때문에 밸브 무게가 가벼워 Pipe에 무리한 힘을 가하지 않고 밸브 재료가 적게 들고 가공이 용이하여 밸브 가격이 싸다. 그러나 밸브가 무겁거나, 진동이 심하거나, 고압에서는 좋지 않다.

[4] Welded Ends

이 연결 방법은 고온, 고압 유체와 위험성 유체에 많이 사용된다. 특히 증기 배관에서 많이 사용한다. 또 유체의 온도변화가 심한 곳 (지역 난방등)에서 많이 사용한다. 왜냐하면 온도변화가 심할 때는 Pipe나 Valve의 수축이 심하여 다른 연결방법으로 연결할 때는 곧 느슨해 지기 쉽기 때문이다. 그러나 밸브를 수리할 때는 다시 떼어 내야 하기 때문에 불편하다. 여기에는 보통 2"(50A) 까지는 SW(Socket Weld)를, 2"(50A)이상은 BW(Butt Weld)를 한다.

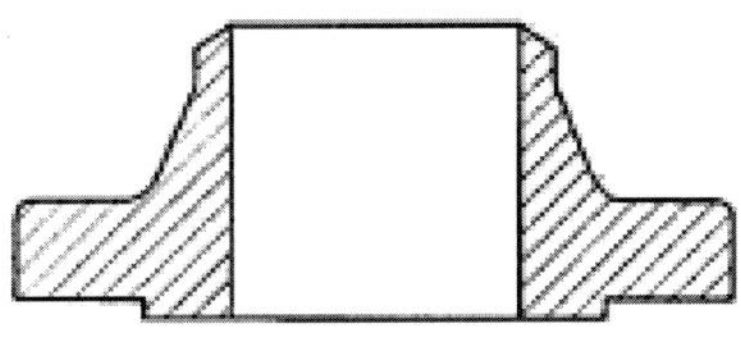

| 그림 24 | Welded Ends

[5] Seperable Flange

밸브에 분리형 프렌지를 사용 Valve Body에 직접 붙였다 때었다 할 수 있도록 설계된 Flange로서 Valve 본체 재질과 다른 것을 사용할 수 있는 이점이 있다.

CHAPTER 3

배관 내에 흐르는 유체 특성

3-1 배관 내에 흐르는 유체 특성

배관내 흐르는 유체는 유체속도에 따라서 층류(層流 Laminar Flaw)와 난류(亂流 Turbulent Flow)로 나눈다. 즉, 관속에 흐르는 액체의 유속이 느릴때는 선상으로 층을 이뤄 흐르는데 이것을 層流라 한다. 유속이 빨라져 일정한 한계(臨界速度)를 넘으면 액체가 서로 활발하게 움직여 혼합하여 흐르는 데 이것을 난류(Turbulent Flow)라 한다.

파이프내의 층류, 난류가 되는 것은 파이프의 직경의 크기, 유체속도(v =Ft/sec), 유체의 절대점도(μe)와 유체의 중량 밀도와 관계가 있는데, 이 네 가지의 변화량을 무차원 결합으로 표시한 수를 레이놀즈수(Reynolds Number =Re)라 한다.

$$Re = \frac{dvP}{\mu e} = 123 \cdot \ P\frac{dvP}{\mu}$$

d = 파이프 내경(Inch),

μ = 절대동적점도 In Centistokes

P = 압력(Psig)

v = 흐름의 평균속도(ft/sec)

μe = 절대점도(제곱ft당 pound/sec)

공학적으로는 레이놀즈수가 2000이하일 때는 층류, 4000이상일 때는 난류로 구분 된다. 2000과 4000사이를 경계층류(Boundary Flow)라 한다. 유체 흐름에 영향을 주는 요소로는 유체의 점성과 밀도이다. 점성계수는 유체 흐름의 용이도로서 절대 점성 계수는 유체의 내부적 변형을 말한다. 예를 들어 물엿은 점성이 대단히 높은 유체이고 이에 비해 물은 점성이 매우 적으나 기체는 물보다 더욱 적다. 절대 점성 계수 단위는 centipoise로서 물의 점성계수는

$$v = 1\,centipoise = 0.01\,poise = 0.01\,gr/cm - \sec = 0.01\,dyne - \sec/cm^2$$

동 점성계수는 절대 점성계수의 밀도에 대한 비를 말하는데 단위는 stoke로서 orifice를 통하여 일정량의 액체가 흐를 때 요구되는 시간을 측정하며 second로 나타낸다. 대체로 유체에 온도를 가하면 액체는 점성계수가 작아지고 가스는 커진다. 액체와 완전 가스의 점성 계수에 대한 영향은 적어 유체 흐름에 영향이

무시되나 과포화 증기는 압력 변화에 다소 영향을 받는다.

파이프 내에 흐르는 유체는 유체입자 상호간의 충돌로 압력손실(Pressure Loss), 압력강하(Pressure Drop)가 생기는데, 일반 공식으로 Darcy의 식이 있다.

$$\triangle P = \frac{pfLv^2}{144D+2g}$$

p = 유체의 중량 밀도
L = Pipe길이
f = 마찰계수
v = 평균유속(ft/sec)

이 공식은 층류, 난류 어느 곳에도 사용할 수 있으나 Flashing이 생기거나 Cavitation이 생기면 보정해야 한다.

3-2 비압축성 유체

(Incompressible Fluids)

밸브를 통과하는 유체는 유체 역학에서 나타낸 다른 공식처럼 에너지보존의 법칙에 따른다.

Bernoulli의 정리는 관속에 흐르는 유체에 대한 에너지 보존의 법칙을 적용시킨 것으로서 어느 임의의 수평 기준 면에서 어느 특정 점에서의 에너지는 높이수두(Head), 압력수두 및 속도수두를 합한 것(합계수두)과 같으며 일정하다.

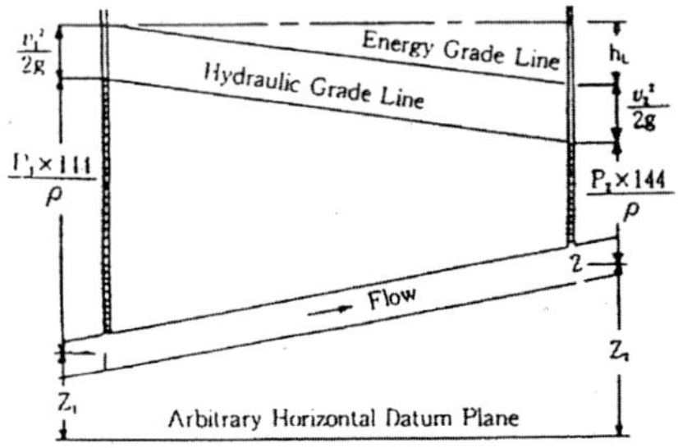

| 그림 1 | 배관내 유체의 에너지변화

즉, 그림 1에서

$$Z + \frac{144P}{p} + \frac{v^2}{2g} = H \cdots\cdots\cdots\cdots (1)$$

를 나타낸다.

h_L : 유체의 흐름으로 인한 정압력 수두의 손실
Z : 높이 수두
v : 흐름의 평균 속도
g : 중력 가속도=32.1 ft/sec 임의의 2점에서 유체의 에너지 균형
p : 유체의 중량 밀도
P : 압력 Psig
H : 총 수두

즉, 만약 파이프 시스템(Pump, Turbine) 에서 마찰손실을 무시할 경우 위의 식에서 합계수두 (Total Head) H는 유체 속 어느 점에서도 일정할 것이다. 그러나 실제에 있어서는 에너지의 손실과 증감이 일어나는 것으로 Energy Balance를 나타내면 아래와 같다.

$$Z_1 + \frac{144P_1}{p_1} + \frac{v_1^2}{2g} = Z_2 + \frac{144P_2}{p_2} + \frac{v_2^2}{2g} = H \cdots\cdots (2)$$

유체가 넓은 파이프에서 좁은 밸브나, 좁은 유로(Vena Contractor)를 통과할 때는 유속(Velocity)은 빨라진다. 이 유속의 증가하는 에너지는 유체의 압력이거나 Static Head(정압력)에 의한다. Vena Contractor를 통과한 유체는 다시 속도가 느려지고 압력은 대부분 회복된다. 회복되지 않는 압력부분은 마찰에 의한 마찰열(Internal Energy)로 바뀐 것이다.

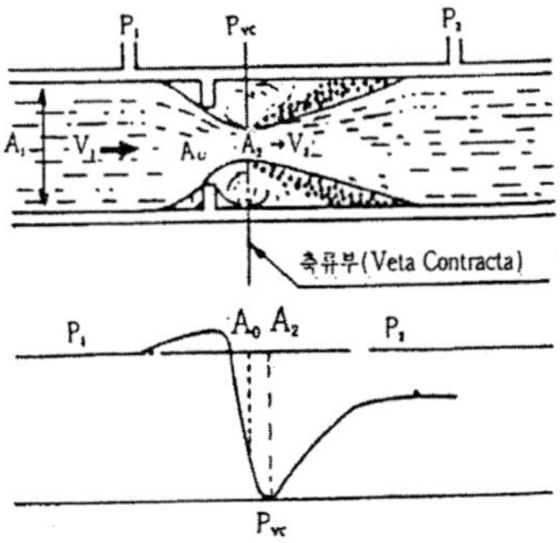

| 그림 2 | 배관내 유체의 압력변화

그림 2에서 관 입구면적을 A_1 Orifice 면적을 A_0, 수축 부 면적을 A_2라하고 Orifice 상류측 압력을 P_1, 측류부의 압력을 Pvc, 이때에 평균 유속을 V_1, V_2 라 하면, 유체의 마찰을 무시할 때 Orifice 상류측과 수축부 사이에는 다음과 같은 Bernoulli식이 성립한다.

$$\frac{P_1}{\gamma} + \frac{V_1^2}{2g} = \frac{Pvc}{\gamma} + \frac{V_2^2}{2g} \cdots\cdots (3)$$

γ = 비중량, g = 중력가속도

관내에 흐르는 유체의 용적량을 q 라 하면

$$q = A_1 \cdot \ V_1 = A_2 \cdot \ V_2 \cdots\cdots (4)$$

식(3)과 (4)에서

$$q = A_2\sqrt{2g(P_1 - P_{VC})} \ / \ \sqrt{\gamma(1-(A_2/A_1)^2)} \cdots\cdots (5)$$

식(5)가 이론적인 유체 계산식이 되나 실제적으로 유체는 수축부(Vena Contractor)의 면적이 Orifice 면적보다 작고 마찰로 인하여 속도도 늦어진다.

그런데 $A_2 = cAo$,

$F = 1/\sqrt{1-c^2(A_1/A_2)^2}$ 라 하면

식(5)는

$$q = cFA_o\sqrt{\frac{2g(P_1 - P_{VC})}{\gamma}} \cdots\cdots (6)$$

여기에서 밸브일 때는 압력 P가 수축부보다 하류의 위치에서 측정되므로 밸브 압력 회복계수 (F_L)를 아래 식에서 구하여 식(6)에서 대입하면 식(7)이 된다.

$$F_L^2 = \frac{P_1 - P_2}{P_1 - P_{VC}} = \frac{\Delta P}{P_1 - P_{VC}}$$

$$q = \frac{cFA_o}{F_L} \cdot \ \sqrt{2g/\gamma \cdot \ \Delta P} \cdots\cdots (7)$$

식(7)을 공업단위(Gpm, Psi, In)을 사용하면

$$q = (38 \cdot \frac{cFA_o}{F_L})\sqrt{\Delta P/G} \cdots\cdots\cdots (8)$$

식(8)에서($38 \cdot {}_cFA_0/F_L$) 실험을 하여 구한 수치로서 밸브용량 계수(Cv)라 칭하며 그 정의는 60°F의 청수를 밸브 입. 출구의 압력차가 1 psi일 때 흐르는 유량을 G(U.S.gallon(3.7853litter)Per Minute)으로 표시한 수치이다.

그러나 밸브 Cv는 표준 측정 장치를 이용 실험한 것으로서 Cv치에 영향을 미치는 조건이 가해진다면 당연히 기본 계산식을 보정하지 않으면 안 된다.

예를 들면 Cavitation, Flashing 현상은 F에 영향을 주며, 레이놀즈수(Reynolds Number)는 c에, 배관의 두께는, C, F, FL영향을 준다.

식(8)에 이 보정계수를 도입하면

$$q = N1 \cdot Fp \cdot Fr \cdot Cv \cdot \sqrt{\Delta P/G} \cdots\cdot (9)$$

여기에서

$N1$: 상수 meter법으로는

$N1$ = 0.8563

Fp : 배관수정 계수(무 차원)

Fr : 레이놀즈 보정계수(무 차원)

G : 표준온도의 물에 대한 비중(무 차원)

Cv : 밸브 용량 계수

ΔP : 차압(kgf $/cm^2$)

q : 용적 유량(m^2/hr)

배관이 구부러지지 않고 배관과 밸브 크기가 같고 밸브 내 흐르는 유체가 난류(레이놀즈수가 4000이상)일 때 Fp=1, Fr=1이다. 따라서

$$q = 0.856Cv \cdot \sqrt{\Delta P/G}$$

$$Cv = 1.167 \times q\sqrt{G/\Delta P} \cdots\cdots\cdots\cdots (10)$$

일반적으로 Liquid일 때 밸브 Cv는 식(10)에 의하여 구하나 유체의 상태, 밸브의 부착 상태에 따라서 보정이 필요할 때도 있다.

[1] Cavitation과 Flashing

(1) Cavitation

일정한 속도의 액체가 면적이 작은 부위(수축부 Vena Contractor)를 지날 때 유체의 속도(V)는 빨라지고 압력(P)은 떨어진다. 이때 액체압력이 그 액체의 증기압(P_V)보다 낮아지면 기포가 발생 Vapor상태가 되는데 이것을 Cavity라 한다. 이 기포는 다시 압력이 상승함에 따라서 붕괴한다. 이 급격한 기포의 붕괴로 인하여 Energy가 주위 밸브 본체 및 배관에 충돌 기계적인 손상을 일으킨다. 이러한 손상을 Cavitation Erosion 이라 한다. 이때 충격력은 70kg/mm³ 이나 되며, 15~10000Hz 광범위한 주파수의 소음이 발생한다.

Cavitation 현상이 일어나면 소음이 심할 뿐 아니라 마모현상이 심하여 이에 대한 대책이 필수적이다.

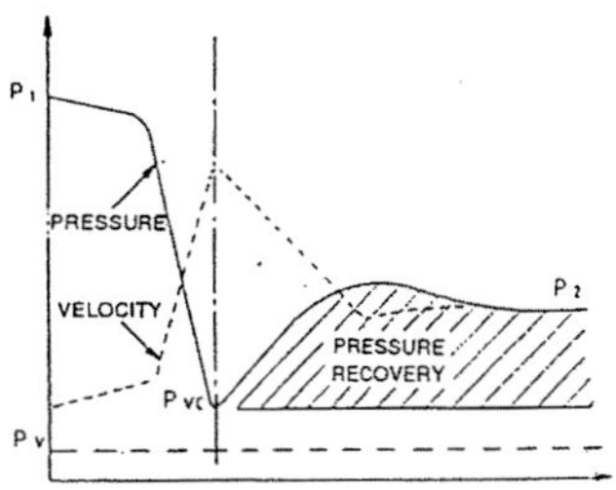

| 그림 3 | Normal Flow시 압력변화

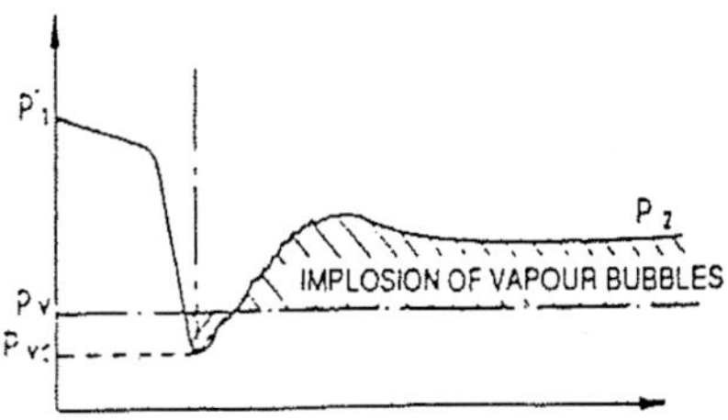

| 그림 4 | Cavitation시 압력변화

(2) 초기 캐비테이션 발생계수 (Incipient cavitation factor)

액체가 vena contractor를 통과 하면서 액체의 증기압보다 압력이 낮아지면 기포가 발생하고 다시 압력이 회복되면 기포가 터지는데 이 기포가 발생하고 터지는 현상을 캐비테이션(cavitation)이라 한다. 압력 강하가 되어 기포가 발생하는 시점을 초기 발생 캐비테이션(Incipient cavitation)이라 하는데 똑같은 압력이라도 밸브마다 그 시점이 다르며 이것을 계수화 한 것을 초기 캐비테이션 발생 계수(Fi)라 한다. 밸브의 압력 회복 계수(FL)와 초기 캐비테이션 발생계수 (Fi)은 상관 관계가 있다. 그림 6에서 (a) beginning of cavitation (Fi) 지점이다.

(3) 초크 플로우 (chocked flow)와 플래싱 (flashing)

차압(Differencial Pressure – ΔP)은 밸브의 입구 측 압력 (P1)에서 출구 측 압력 (P2)을 뺀 압력을 말한다. 즉 $P = P1 - P2$, 이 차압 (압력 강하)이 심할 때 Cavitation이 일어나고 이 버블의 용적 만큼 유량이 점점 흐르지 못하는데 이렇한 상태를 Flashing이라 한다. 압력 강하가 심하여 더 이상 유량이 증가하지 않는 때를 초크 현상 이라 하며 이 때 흐름을 초크(Chock) 흐름 (chocked flow)이라 한다. (그림 6 (b)) Cavitation은 밸브 종류와 트림에 따라서 일어나는 정도가 다르다. 이를 계수와 한 것이 Cavitation 계수로서 Kc라 하며, $Kc = \frac{P1 - P2}{P1 - Pv}$

Pv : 액체의 포화 증기 압력(kgf/cm^2)

Cavitation이 일어나는 최대 점(ISA 계산식의 한계치) 그림 6에서 (c) 점에서 밸브 압력 회복 계수의 관계는

$$F_L^2 = \frac{P1 - P2}{P1 - Pvc}$$

밸브의 수축부 직후의 압력(Pvc)와 액체의 포화 증기압의 비를 임계압력비 (Critical Pressure ratio)라하며 FF로 표시한다. 즉 $F_F = \frac{Pcv}{Pv}$ 임계압력비는 최대 0.96이고, 유체의 포화 증기압과 유체 임계압력비 (pv/pc)에 따라서 차이가 있다. 이를 수치로 표시하면 임

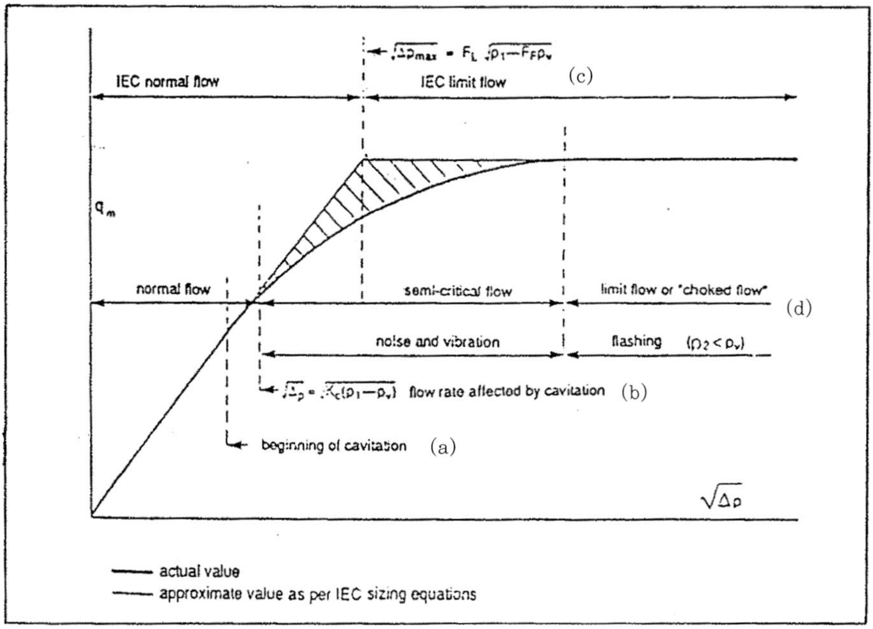

|그림 5 | 액체 Flow의 유량변화

계 압력비 ($\frac{Pv}{Pc}$)에 따라서 차이가 있다. 이를 수치로 표시하면 임계 압력비 $(F_F) = 0.96 - 0.28\sqrt{\frac{Pv}{Pcr}}$

Pv : 포화증기압력

Pvc : 열 역학적 증기압력

(4) 초크 흐름 일 때 차압 계산

$\Delta Pch = F_b^2(P_1 - F_f \cdot P_v)$

F_L^2 : 액체 압력 회복 계수

F_F : 액체 임계 압력 비

(Liquid Critical Pressure Ratio Factor) Pv : 밸브 입구 측 온도 하에서 증기압 (kgf/cm^2) Pc : 액체 임계 압력 (critical pressure)(kgf/cm^2) 따라서 초크 된 압력 차 (ΔPch)가 실제 압력 차 (ΔP) 보다 작을 때 캐비테이션이 일어나므로 이때는 유량이 실제 압력 차에 비례하지 않고 초크 된 이 수치에 비례한다. 즉 $\Delta Pch < \Delta P$ 이면 캐비테이션이 일어났다는 의미이다.

실제 캐비테이션이 발생하는 차압 (ΔPch)

계산은 $\Delta Pch = F_L^2\,(P1 - Pv)$

이 계산치가 실제 차압 $(P1 - P2)$과 비교 작을 때 즉 Globe Valve는

$\Delta P > \Delta Pch > 300$ psi 버터플라이

Ball Valve는 $\triangle P > \triangle Pch > 100$ psi일 때 실제 캐비테이션이 일어난다고 볼 수 있다.

(5) 허용 차압(allowable pressure drop. Pa)

유량(Cv) 계산 시 캐비테이션이나 플라싱이 발생할 때와 발생하지 않을 때 차압을 대입 하는 기준이 서로 다르다. 일반적으로 캐비테이션이나 플라싱이 일어나지 않는 상태에서는 실제 차압 $(P1-P2)$ 을 대입하고 이 현상이 일어날 때에는 초크류가 발생하는 차압 $(\triangle Pch)$을 대입해야한다. 이와 같이 대입하는 차압을 허용 차압 (allowable pressure drop)라 한다.

[2] Cavitation 방지대책

(1) 원칙적인 대책

가능하면 △P가 작게 설계한다. 이것이 불가능 할 경우 다음과 같다.

① 계산치보다 큰 구경 밸브 선정

② 차압을 작게 하기 위하여 밸브를 여러 개 설치하거나 밸브내에서 여러단계 (Multiplate 또는 Disc stock)을 설치, 차압을 순차적으로 감소시킨다.

③ 1차 압력이 일정하면 밸브를 가능하면 낮은 장소에 설치하여 압력을 크게 하거나 공정상 압력을 액체의 포화 증기압보다 큰 계수, 또는 계수가 큰 밸브를 선정한다.

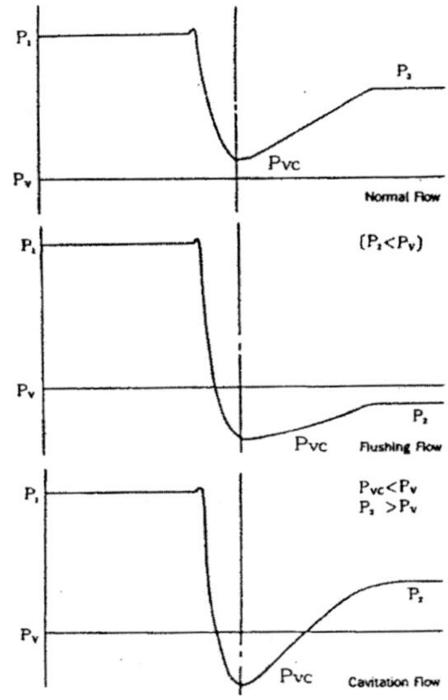

| 그림 6 | 유체형태별 압력변화비교

(2) Cavitation의 현실적 대책

앞에서 설명했듯이 가능하면 차압을 작게 하거나 Cv가 큰 밸브를 설치하든가 Cavitation 계수가 큰 Globe Valve를 설치하면 어느 정도 막을 수 있으나, 차압이 대단히 큰 조건에서는 Cavitation을 막는 것은 불가능하다.

이럴 때는 제조회사마다 해결 방법은 다르나 근본적으로는 차압을 단계적으로 감소시켜 유체의 증기압(Pv)보다 높게 유지하는 방법을 사용한다. 즉, 밸브 내 Seat 주변에 다공판을 여러 단계로 설치, 매 단계마다 차압을 분산한다.

예를 들면 입구측 압력이 150kg/cm^{2}이고 출구측 압력이 90kg/cm^{2}일 때 차압이 너무 커 Cavitation이 심하게 일어나는데 이때 차압 60kg/cm^{2}을 6단계로 차압을 분산한다면 각 단계별로 $10kg/cm^2$ 씩 감소하게 된다.

즉,

$150kg/cm^2 \rightarrow 140kg/cm^2$ -- 1단계

$140kg/cm^2 \rightarrow 130kg/cm^2$ -- 2단계

$130kg/cm^2 \rightarrow 120kg/cm^2$ -- 3단계

$120kg/cm^2 \rightarrow 110kg/cm^2$ -- 4단계

$110kg/cm^2 \rightarrow 100kg/cm^2$ -- 5단계

$100kg/cm^2 \rightarrow 90kg/cm^2$ -- 6단계

로 분할, 차압을 감소시킨다.

이때는 각 단계마다 계산을 하고, 필요한 Orifice 면적을 작은 구멍을 뚫고 구멍에는 나사를 내며 가능하면 유체의 속도를 늦추도록 한다. 이때의 구멍은 작을수록 효과가 크다. 너무 작으면 유체내의 고형물질이나 이물질의 통과가 곤란하고 스케일이 쉽게 발생하므로 너무 작게 구멍을 뚫으면 안 된다. 이 방법으로 해결되지 않을 때는 밸브 출구측에 다시 다공판을 설치하거나, 별도로 파이프라인 중간에 다공판을 설치하여 압력을 감소시키는 방법도 사용한다.

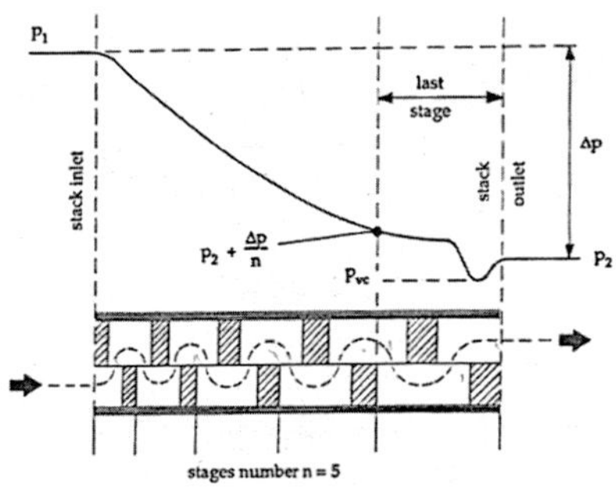

| 그림 8 | Disc Stock의 압력강하

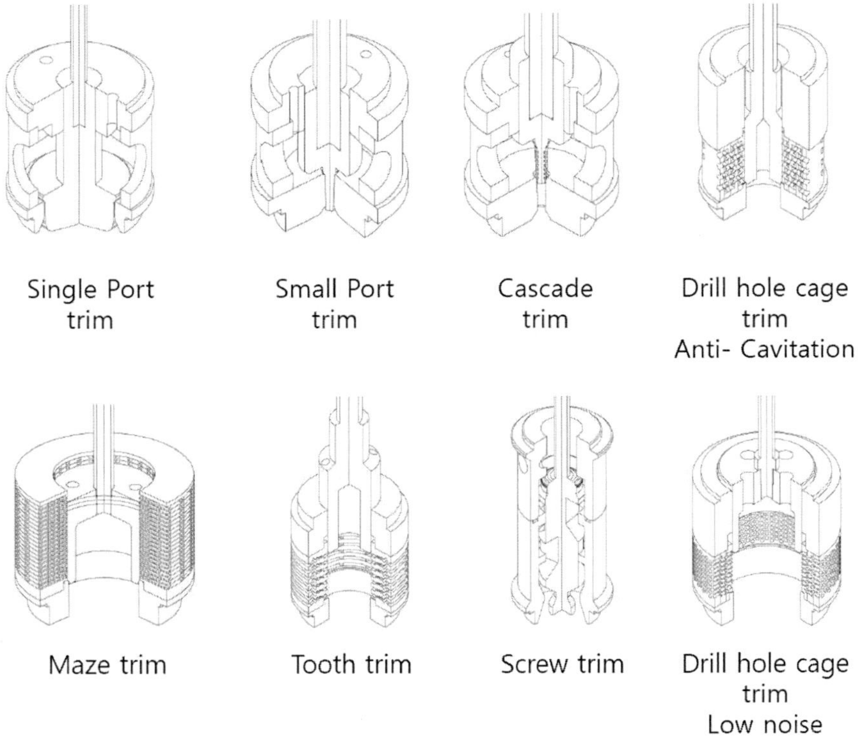

| 그림 8 | Special Trims

3-3 압축성 유체

[1] 팽창 계수(Y)

액체는 비압축성 유체(Incompressible Fluid) 인데 반하여 기체, 증기는 압력에 의하여 체적이 변하는 압축성 유체이다. 즉 액체는 압력에 의하여 체적이 변하지 않으나 기체는 압력이 낮아지면 분자간의 간격이 커져 체적이 팽창한다. 이것은 밸브에서 입구측 면적 보다 수축부의 면적이 작아 유속은 빨라지고 압력은 떨어지며 비중량이 작아져 결과적으로 팽창하게 되는데 이 때문에 액체의 유량계산식을 사용할 수가 없으며 이를 보정하기 위해서는 액체 식에 기체의 팽창계수(Y)와 압축계수(Z)를 보정하지 않으면 안된다. 기체의 용량 계산식은 액체의 용량 계산식(9)를 기체의 중량유량 계산식으로 변형하면

$$W = N_2 \cdot \ F_p \cdot \ C_V \sqrt{\triangle P \times r} \ \cdots\cdots (15)$$

여기에 팽창계수 Y를 곱하면 일반적인 기체 계산식이 된다.

$$W = N_2 \cdot \ F_p \cdot \ CV \bullet \ Y\sqrt{\Delta P \times r} \quad \cdots\cdots (16)$$

N_2 : 상수 (Meter법일 때는 N_2 = 27.0)
F_P : 배관 수정 계수 (무 차원)
C_V : 유량 계수 (g.p.m)
Y : 팽창 계수 (무 차원)
ΔP : 차압 (kgf / cm²)
ϒ : 비중량 (kgf / m²)

이 식에서 팽창계수 Y에 영향을 주는 인자로는 다음과 같다.

① 차압비 (X = ΔP/P1)
② 개구비 (m = 수축부 면적 / 밸브입구 면적)
③ Renolds Number (Re)
④ 비열비

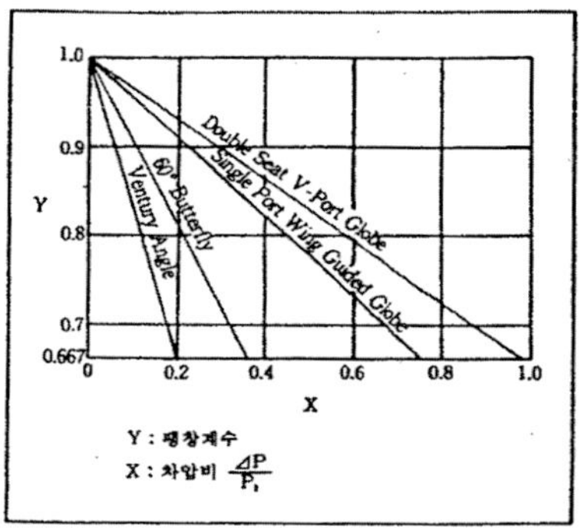

| 그림 9 | 차압비와 평창계수와의 관계

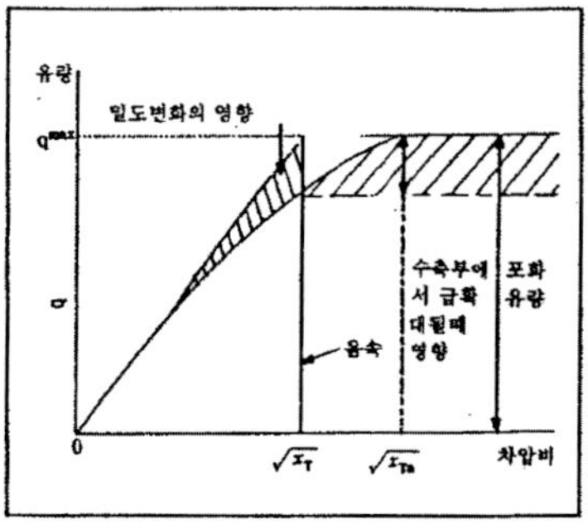

| 그림 11 | 기체의 유량과 차압관계

⑤ 밸브 형상
위 인자 중 기체의 흐름은 난류 상태이기 때문에 레이놀즈 수의 영향은 무시될 수 있으며 개구비나 유로형상 영향은 실험식에 포함되기 때문에 별 문제가 없으나 비열비는 압력 회복력이 큰 Butterfly, Ball Valve에서는 무시할 수만은 없다.
Y에 가장 큰 영향을 주는 것은 차압비로서 팽창계수와의 관계는 그림 9와 같다.
그림 10. 에서 보는 것과 같이 차압비가 크면 클수록 (ΔP가 크면 클수록, 2차압이 낮으면 낮을수록) 기체는 팽창한다. 이것도 어느 한계가 되면 2차압이 낮아져도 더 이상 팽창하지 않는데 이 때의 팽창계수 Y=0.667이다. Y의 한계는 1≥Y≥0.667이다.
다시 말해서 입구압력은 일정하게 유지하면서 출구측 압력을 떨어뜨리면 밸브에 흐르는 질량유량은 포화될 때

까지 증가하여, 이때 차압은 극한치가 된다. 이 극한 차압비(포화 차압비)를 X_T라하며 밸브 종류에 따라 다르다. 압력회복계수(F_L)와의 관계는

$$X_t = 0.84\,F_L^2 \quad \cdots\cdots (17)$$

또 팽창계수와의 관계는 실험식에 의하여

$$Y = 1 - \frac{x}{3x_r} \quad \cdots\cdots (18)$$

이때 질소, 수소, 산소 등과 같은 2원자 가스는 공기와 같이 위(18)식을 사용할 수 있었으나, 기타의 가스나 증기는 압력 회복이 큰 밸브, Butterfly이나 Ball Valve에서는 이 1과 차이가 많아 포화 차압 비에 차이가 생긴다.

유 체 명	비중 G	비열비 x	비열비 계 수 Fx	분자량 M
아세칠렌	0.897	1.28	0.914	26.04
공 기	1.000	1.40	1.00	28.97
암모니아	0.587	1.29	0.921	17.03
알 곤	1.377	1.67	1.19	39.94
탄산가스	1.516	1.28	0.914	44.01
일산화탄소	0.965	1.41	0.871	28.05
에 칠 렌	0.967	1.22	0.871	28.05
헤 리 움	0.318	1.66	1.19	4.00
염화수소	1.256	1.40	1.00	36.47
수 소	0.0695	1.40	1.00	2.02
메 탄	0.553	1.26	0.900	16.04
염화매칠	1.738	1.20	0.857	50.49
질 소	0.966	1.40	1.00	28.02
산 소	1.103	1.40	1.00	32.00
아황산가스	2.208	1.25	0.893	64.06
포화수증기 P1(kgf/cm²a)				18.02
0~5.6		1.32	0.94	
5.6~17.2		1.30	0.93	
17.2~33.3		1.29	0.92	
33.3~56		1.27	0.91	
56~73.5		1.26	0.90	

| 표 1 | 기체의 비중, 비열비

이 차이를 수정계수 F_K를 넣어 보정하면

$$Y = 1 - \frac{x}{3F_k \cdot \ x_r} \quad \cdots\cdots (19)$$

F_K : 비열비 계수 = 기체 비열비/공기 비열비 (F_K = K / Ka)

기체 팽창계수 Y의 범위는 비압축성 액체일 때 Y=1이므로 0.667≤Y≤1이다.

따라서 차압비 χ는 포화 차압비 F_K χ_T보다 작으며, 실제 차압비 x가 $F_L \cdot x$ 보다 크더라도 $x = F_K \cdot x_T$ 계산하지 않으면 안된다. 왜냐하면 Y가 0.667일 때 수축부에서의 유속은 음속이 되며 밸브에서는 음속이상 유속이 없기 때문에 이때 유량은 포화상태가 된다.

[2] 압축 계수(Z)

완전가스 상태일 때의 공기, 질소, 산소 등의 압축 계수(Z)가 기체에 따라서 0.5~1.5범 위내에 있으며, 따라서 압축계수가 극히 적거나 크면 유량계산할 때 오차가 커져서 보정하지 않으면 안된다.

앞에 (16)식은 중량유량이나 비중량표가 있는 수증기나 증기일 때는 효과적인 계산을 할 수 있으나 일반 기체에서는 용적유량과 공기에 대한 비중을 적용하는 것이 편리하다. (16)식의 중량유량식을 용적 유량식으로 표시하면

$$q=\frac{1}{r_0}\cdot N_2\cdot F_P\cdot C_V\cdot Y\sqrt{x\cdot P\cdot r_1}\ \cdots\ (20)$$

여기서 $r_0=\dfrac{P_0}{R\cdot\ T_0}$ $r_1=\dfrac{P_1}{R\cdot\ T_1\cdot\ Z}$

이것을 대입하면

$$q=\frac{T_0}{P_0}\cdot N_2\cdot F_P\cdot C_V\cdot P_1\cdot Y$$

$$\sqrt{\chi\frac{R}{T_1\cdot\ Z}}$$

공기에 대한 표준 상태일 때의 기체 비중 G라 하면

$$G=\frac{R_a}{R}$$

따라서 (20)은

$$q=\frac{T_0}{P_0}\cdot N_2\cdot F_r\cdot C_v\cdot P_1\cdot Y\sqrt{\frac{x\bullet R_a}{G\bullet\ T_1\cdot Z}}$$

$$=(\frac{N2\cdot T_0\cdot R_a}{P_0})\cdot F_p\cdot C_V\bullet P_1\bullet$$

$$Y\sqrt{\frac{x}{G\cdot T_1\cdot Z}}$$

$(\dfrac{N_2\cdot T_0\cdot R_a}{P_0})$는 상수가 되어 N_3라 하면

$$q=N_o\cdot F_p\cdot C_v\cdot P_1\cdot Y\sqrt{\frac{x}{M\cdot\ T_1\cdot Z}}$$

이 때 기체의 분자량이 주어지면

$G=\dfrac{M}{M_0}$(= 기체의 분자량/공기의 분자량) 따라서

$$q=N_4\cdot F_p\cdot C_v\cdot P_1\cdot Y\sqrt{\frac{x}{M\cdot\ T_1\cdot Z}}$$

$$\cdots\cdots\ (21)$$

$$Q=292\bullet\ Cv\sqrt{\frac{\Delta P(P1+P2)}{G.T1}}$$

$$\cdots\cdots\ (22)$$

여기서

q : 표준상태 용적유량(Nm³ / hr)

G : 표준상태일 때의 공기와 기체의 비중(무 차원)

T_1 : 밸브 입구측에서 기체의 온도 (°K)

Z : 압축 계수(무 차원)

M : 기체 분자량

N_2 : 상수 0.00214,

N_3 : 상수 645

N_4 : 상수 76000

[3] 기체가 층류일 때 계산식

일반적인 계산식은 기체나 난류일 때를 기준으로 하나 특별히 유량이 작거나, 유체압이 낮거나, 차압이 특별히 작을 때, 온도가 높을 때 또는 점도가 높을 때는 층류가 된다. 이때의 계산식은

$$W=\frac{171\cdot x\cdot P_1\cdot Y_1\cdot Y^2}{\mu}(F_s\cdot F_P\cdot C_V)^{\frac{3}{2}}$$

$$q=48600\cdot\frac{x\cdot P_1\cdot Y_1^2}{\mu\cdot T_1\cdot Z}(F_s\cdot F_P\cdot C_V)^{\frac{3}{2}}$$

μ : 점성계수(C_P)

F_S : 층류계수

ϒ : 비중량(kgf/cm^2)

[4] 혼합체 일 때

① 부분 포화증기 상태일 때

$$W = 27.0 \cdot F_P \cdot C_V \cdot \frac{\triangle P}{\nu e}$$

② 대부분 액체상태일 때

$$W = 27.0 \cdot F_{LP} \cdot C_V \cdot \sqrt{r_e (P_1 - F_F - P_V)}$$

V_e : 혼합류의 비용적

R_e : 혼합류의 비중량

F_F : 임계 압력비(임계압력/포화압력

$= \dfrac{P_{VC}}{P_V}$)

F_{LP} : 배관압력 손실계수

P_{VC} : 수축부 압력

CHAPTER 4

밸브 용량 (CV) 계산

4-1 서론

밸브 Size는 On-Off 밸브일 때는 유체의 압력 손실을 적게 하기 위하여 파이프 크기에 맞춰서 같은 크기로 하면 되기 때문에 별 문제가 없으나 유량을 제어하기 위해서는 알맞은 크기를 계산하여 결정하지 않으면 안된다. 너무 작은 것을 선택하면 압력 손실이 크고 유속이 빨라져 Cavitation이나 flashing 현상이 일어나 소음이 심하게 나고 진동이 심하여 밸브 및 주변기기에 막대한 영향을 주며 또 너무 크면 유량이 크게 증가하여 미세한 조절이 불가능하게 된다. 따라서 알맞은 크기의 밸브를 선정하는 것이 정확한 제어를 하기 위해서는 필수적인 요건이다.

4-2 Control valve 선정 방법

밸브 크기를 결정하기 위해서는 이에 관계되는 아래와 같은 여러 가지 조건을 충분히 검토하여야 한다. 이 조건들은 정상적인 운동 상태는 물론, 최악의 운전조건, 시운전 등 특수조건도 고려해야 한다.

(1) 유량조건(Flow Application data)

① 유량(Flow Quantity)-최대, 정상, 최소운전시 유량, 설계 유량

② 압력(Pressure)-최고, 정상, 최저 유량일 때의 1차압(Inlet Pressure), 2차압(Outlet Pressure), 차압(Differential Pressure), 설계 압력

③ 온도(Temperature)-최고, 정상, 최저 운전상태의 온도, 설계 온도

(2) 유체특성(Fluid Data)

① 유체의 상태-액체, 가스, 스팀, 혼합유체 등

② 비중(Density)-specific gravity, specific weight, molecular weight

③ 점도(Viscosity)-액체일 때 (Kinematic Viscosity Or Dynamic Viscosity)

④ Vapor Pressure, Critical Pressure

-유체에 따라서 온도와 압력에 따라 기화하는 압력(Vapor Pressure), 액화되는 압력이 서로 다르다. 같은 유체가 기체일 때나 액체일 때의 용적은 대단히 차이가 있다.

⑤ 유체내의 혼합기체의 비율, 유체내 고형물질 함유 비율
⑥ 폭발성, 유독성 누출 시 환경과의 관계

(3) 배관조건(Pipe Condition)

① Valve 전후에 배관크기, 배관 재질
② Reducer 또는 유체에 영향을 주는 기구의 유무
③ 설치허용 공간

(4) 공정상의 영향(System Influence)

① 밸브 밀폐시 최대 차압(△p)
② 밸브 운전 속도 (Stroking Time)
③ 전원, supply air가 차단될 때 Plug 위치
④ 밸브 전폐시 최대 허용 누출량 (Maximum Leakage)
⑤ 화재시 안전성
⑥ 허용 소음 및 허용 외부 누출량 (환경 고려)

(5) 경제성

밸브의 결제성은 단순히 밸브구입가격 뿐만 아니라 밸브의 정기적인 부품 교체 가격 뿐 유지외도 계산하여야 한다.

① 밸브 가격
② 수리 및 교환의 용이성

(6) 밸브 Type

① Valve 용량 : 같은 크기라도 Valve 형태에 따라서 용량이 다르다.
② 조절범위(Rangeability) : 조절 범위가 Valve에 따라 다르기 때문에 특히 주의해야 한다.
③ 부식(corrosion) : 화학적인 재질의 변화
④ 침식(erosion) : 물리적인 마모
⑤ 밀폐성(Tight shut-off)
⑥ 소음(Noise)

(7) 크기 계산(Size Calculation)

① 크기 계산식에 따라서 계산하거나 Program된 Computer에 의하여 계산
② 제조업자의 밸브 spec에 따른 Cv확인

위의 조건 중 (1)~(4) 사항은 전체공정을 잘 아는 엔지니어에 의하여 검토되어지는 사항으로 구매자 측에 의하여 통상적으로 제공 되어지는 조건이며 밸브제조회사의 일반적인 책임 한계는 자사에서 제조되고 있는 밸브 용량(Cv)과 밸브의 유량 특성을 표준시험 자료와 제조상 품질관리 기준에 따라서 표시하면 된다. 그러나 어떤 경우에는 구매자가 제공한 자료에 의하여 밸브 크기 선정, 재질, 밸브 Type 등의 선정까지 책임지는 경우도 있다. 그러나 이때는 제조회사의 전문적인 Engineering에 따른 제조회사의 신용도 등을 고려하여야 하며 구매자의 위험부담이 된다. 대개는 제조

업자가 밸브를 제조하기 전에 제공된 조건에 따라서 사양서(Specification Sheet)와 승인도면 (Approval Drawings)을 구매자에게 제출하면 구매자는 제공된 유량 조건과 합당한가를 검토하여 수정 통보하면 다시 제조업자는 최종도면(Final Drawing)을 제출하고 이 최종도면에 따라서 제작하면 된다. 밸브 선정방법을 도표로 나타내면 다음과 같다.

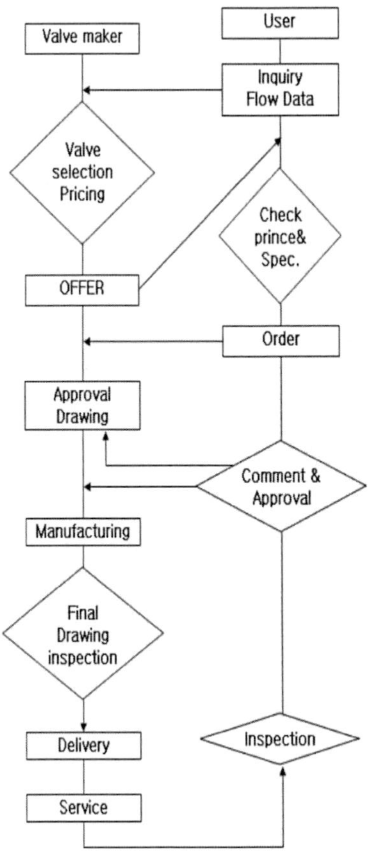

| 그림 1| 밸브거래 흐름도

4-3 Cv 계산

유량은 이론적으로 유량식 $Q = Cv$에서, Sg, Cv는 상수이므로 유량(Q)는 차압 ($\chi\sqrt{\Delta P}$)에 비례한다. P는 그림 6은 액체가 배관에서 수축부를 통과 할 때 일어나는 현상을 나타낸 것이다. 액체가 수축 부(밸브에서는 trim부위)를 지나가면서 유속은 빨라지고 유체의 압력은 낮아지는데 유체 압력이 유체의 기화점(vapor pressure) 보다 낮아지면 기포가 발생 이 기체의 체적이 늘어나 유량은 증가 폭이 점점 낮아져 일정 점에 다다르면 더 이상 유량이 증가하지 않는다. 그림 6에서 표시 된 것과 같이 기포가 생기기 전 까지를 표준 유량 (normal flow), 기포가 시작해서 유량 증가가 더 이상 증가 하지 않는 척 전 단계를 semi-chocked flow, 유량이 더 이상 증가하지 않는 단계를 chocked flow라 한다.

IEC(International Electrical Committee)의 유량 계산식은 유량 방정식 $Q = P.Cv$은 이 chocked flow 전까지를 계산의 한계(IEC Limit flow)로 하고 있다. 기체에서는 밸브 트림이나 출구측 어느 지점에서 유속이 마하 1 또는 그 이상 음속에 도달하면 압력이 더 낮아져도 유체 체적은 더 증가하지 않는다. 이때를 초크류(chocked flow)라 한다.

초크현상은 압력 강하가 심하고 유속이 빠를 때 일어난다. 이 현상은 밸브 종류에 따라 다르다.

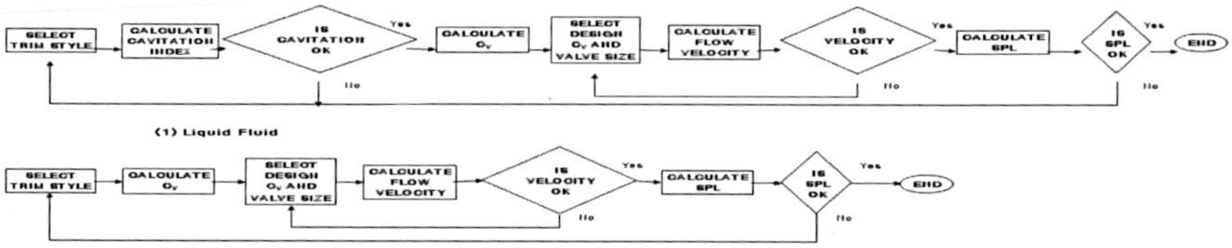

| 그림 2 | 액체 일 때

| 그림 3 | 기체 일 때

[1] 밸브 cv 계산법

다음 순서로 한다.

(1) 액체 일 때

① Valve Type 선정
- 밸브에 때라서 정밀도, 유량곡선, 유량이 다르다.

② Cavitation Index 계산
- Cavitation이 일어나는가 확인한다.

③ Cv 계산
- Cavitation이 일어나지 않을 때는 Cv계산 시 계산식에서 차압을, 단순히 $\Delta P(P_1 - P_2)$를 사용하나 Cavitation이 발생 하면 차압을 단순한 ΔP 대신 초크유량 일 때 ΔPch를 사용한다.

④ Valve Size 선정
- 최소 유량을 약 20% 이상, 최대 유량을 약 85% 이하에서 크기를 선정한다.

⑤ 유속 계산
- 유속이 한계 안전 범위 내에서 선정한다.

⑥ 소음 계산
- 소음이 85dB 이내에서 선정하고 이상일 때는 소음 대책을 세운다

(2) 기체 일 때

기체는 유속이 1 이상 일 때 초크유량(Chocked Flows)이 되면 0L 이상 유속이 증가하면 Cv계산이 증가하여 일단 유속 대신 한 후 Size를 선정한다.
순서는 다음과 같다.
① Valve Type 선정
② Cv 계산
③ Valve Size 선정
④ 유속 계산
⑤ 소음 계산

4-4 밸브 용량 크기 단위

밸브 크기 계산식은 유체 역학에 기초를 둔 것으로 유체의 특성과 제약조건 등을 알아야 한다.

밸브크기는 국제적으로 가장 많이 쓰는 단위로 Cv(Constant Value), Kv, Av가 있다. 이 중 미국, 일본 등 거의 모든 나라에서 Cv를 사용하고 있으며 우리나라에서도 밸브 용량 단위로 Cv를 사용한다.

① Cv(Constant Value)

1940년 중반 미국의 Masonelian사의 Rockwel가 발표한 밸브용량을 나타내는 단위로서 15.6°C의 물이 밸브 입구와 출구의 입력차가 1 PSI로 흘렸을 때 1분당 유량을 U.S Gallon (3.7853litter)으로 표시한 단위 (Gpm = Gallon Per Minute)이다.

② Kv

독일이 사용하는 밸브용량 계산식으로 5~30°C의 물이 밸브입구와 출구 압력차가 1kg/cm²일 때 유량을 M/H로 표시한 단위이다.

$$Kv = \frac{Cv}{1.167}$$

③ Av

국제 단위계(S.I.)로 유량을 표시한 것으로

$$Av = \frac{24}{10} \times Cv$$

4-5 배관계수

(Fip-Piping Geometry Factor)

밸브에 의해 일어나는 압력 손실은 밸브 자체에서 일어나는 압력 강하와 관내에서 일어나는 압력 강하가 있는데 상류측 압력 강하 보다는 하류측 압력강하가 효과가 크다. 밸브의 압력 변화는 배관 마찰 저항, 유체 방향 전환 과리듀셔 사용에 의한 단면적 변화로 인한 압력 강하와 장애물에 의한 압력 강하가 있다.

곧은 파이프를 흐르는 유체 압력 손실 보다도 축소된 파이프 피팅을 통할 때 압력 손실이 대단히 크다. 또 밸브 종류에 따라 압력 강하가 다르며 특히 자동조절 밸브는 유량에 따라 내변 (trim size)을 계산하여야 한다.

압력 손실 계수(K)는 파이프와 내변의 직경비(B)를 계산,

$$B = (\frac{d_1}{d_2})^2$$

■ 확대배관 (*expention*) 시

$$K1 = \{(1-B)^2\}^2$$

■ 축소배관 (*Reducer*) 시

$$K1 = 0.5(1-B)^2$$

K = 압력 손실 계수

d_1 = 작은 쪽 직경

d_2 = 큰 쪽 직경

난류 영역에서 밸브의 저항계수 K는 속도에 1.8~2.1배 이다. 실제로 압력

강하는 속도에 제곱근으로 변화한다.

$$K = v^2$$

4-6 계산식 요약

이제까지 설명한 계산식은 IEC (International Electrotechnical Commission)에 따른 것으로서 여러 가지 상수와 조건을 많이 대비하여야 하는 불편함이 있어 실제적으로 수 계산하는 것은 표 1식에 따른다. 그러나 이식들은 배관계수(Fp), 팽창계수(Y), 포화 차압비(x) 등이 무시된 상태로 대략 1~10%오차가 난다는 것을 간과해서는 안 된다.

따라서 주어진 조건이 정확하고 좀 더 정확한 조건이 필요하면 이제까지 나열했던 식을 이용하여야 한다.

그러나 실제적으로 주어지는 유체조건이 정확하게 주어지지 않거나 간이 계산식으로 계산할 때는 밸브보다 최대 80% 이내로 선정하는 것이 좋다.

4-7 Valve 용량에 관계하는 요소

밸브 용량에 관계되는 요소로서는 Cv, X_T, F_L이 있다. 즉, 이 요소의 수치에 따라서 유량이 다르다.

(1) CV–밸브용량 계수 (Valve Coefficient)

유체가 액체일 때는 밸브의 용량은 비중과 차압이 동일할 때는 Cv에 비례적으로 작용한다.

(2) F_L–압력 회복계수

(Pressure Recovery Factor)

유체가 밸브를 통과할 때 밸브내의 구조에 따라서 압력이 일시적으로 손실되었다가 다시 회복하는데 이 압력회복 계

<table>
<tr><th>유체</th><th>압력조건</th><th>계 산 식(SI단위)</th><th>계 산 식(종래단위)</th><th>기호의 설명</th></tr>
<tr><td rowspan="2">액 체</td><td>$\Delta P < F_L^2(P_1 - Pvc)$</td><td>① $Cv = 11.57\,Q\sqrt{\frac{G}{\Delta P}}$</td><td>① $Cv = 1.167\,Q\sqrt{\frac{G}{\Delta P}}$</td><td rowspan="7">$P_1$: 입구압력 kPaA(kgf/cm_2 A)
P_2 : 출구압력 kPaA(kgf/cm_2 A)
ΔP : 밸브전후의 차압($P_1 - P_2$) kPa(kgf/cm_2)
G : 비중 -
Q : 액체의 체적유량 m^3/h
: 기체의 체적유량 Nm^3/h [at 0℃, 101.3kPaA]
: 증기의 중량유량 kg/h
T : 밸브입구의 유체온도 °K
Tsh : 과열도 °K
F_L : 압력회복계수(P.117 참조)
Pvc : 축류부의 압력 kPaA(kgf/cm^2A)
$Pvc = \left(0.96 - 0.28\sqrt{\frac{Pv}{Pc}}\right) Pv$
Pv : 입구온도에서의 액체의 포화증기압력 kPaA(kgf/cm^2A) (P.127, 130, 134 참조)
Pc : 액의 임계압력 kPaA(kgf/cm^2A) (P.130, 133 참조)
Z : 압축계수(P.131, 132 참조)</td></tr>
<tr><td>$\Delta P \geqq F_L^2(P_1 - Pvc)$</td><td>② $Cv = 11.57\,\frac{Q}{F_L}\sqrt{\frac{G}{P_1 - Pvc}}$</td><td>② $Cv = 1.167\,\frac{Q}{F_L}\sqrt{\frac{G}{P_1 - Pvc}}$</td></tr>
<tr><td rowspan="2">기 체 (Gas Vapor)</td><td>$\Delta P < 0.5\,F_L^2 P_1$</td><td>③ $Cv = \frac{Q}{2.785}\sqrt{\frac{GTZ}{\Delta P(P_1+P_2)}}$</td><td>③ $Cv = \frac{Q}{274}\sqrt{\frac{GTZ}{\Delta P(P_1+P_2)}}$</td></tr>
<tr><td>$\Delta P \geqq 0.5\,F_L^2 P_1$</td><td>④ $Cv = \frac{Q\sqrt{GTZ}}{2.412 P_1 F_L}$</td><td>④ $Cv = \frac{Q\sqrt{GTZ}}{237 P_1 F_L}$</td></tr>
<tr><td rowspan="2">증 기 (Steam)</td><td>$\Delta P < 0.5\,F_L^2 P_1$</td><td>⑤ $Cv = \frac{Q(1+0.00126Tsh)}{0.1381\sqrt{\Delta P(P_1+P_2)}}$</td><td>⑤ $Cv = \frac{Q(1+0.00126Tsh)}{13.5\sqrt{\Delta P(P_1+P_2)}}$</td></tr>
<tr><td>$\Delta P \geqq 0.5\,F_L^2 P_1$</td><td>⑥ $Cv = \frac{Q(1+0.00126Tsh)}{0.1196\,P_1 F_L}$</td><td>⑥ $Cv = \frac{Q(1+0.00126Tsh)}{11.7\,P_1 F_L}$</td></tr>
<tr><td colspan="4">①, ②는 IEC/ANSI/ISA-S 75.01 (1977) 에 준한 식
③, ④, ⑤, ⑥은 FCI 62-1에 정하는 식을 실용화한 식</td></tr>
</table>

| 표 1 | Cv 간이계산식

수를 F_L이라 하며 이것은 밸브마다 다르다. 압력회복 계수가 적을수록 소음이 크고 Cavi- tation 현상이 크다.

(3) X_T-밸브 차압비율(Pressure drop ratio factor)

모든 유체에서 차압이 증가하면 이에 비례하여 유량은 증가한다. 그러나 압축성 유체(기체) 에서는 유체 속도가 음속에 도달하면 Vena contractta 가 이동하고 입구측 압력 (P1)이 고정된 상태에서 출구측 압력 (P2)을 아무리 낮춰도 유량이 증가하지 않는 시점에 도달하는데 이 시점을 chock 라하며 이때 유량을 Chocked flow라 한다. 밸브 모양에 따라서 chocked 되는 차압비 X (P/P1) 가 달라서 밸브에 따라 계수화하여 차압비율(X_T)라 한다.

(4) 배관 계수(Piping Geometrv Factor- Fp)

일반적으로 밸브 유량 계산은 밸브 크기와 같은 파이프 크기가 같고 직선 일 때를 전제하의 계산식으로 계산한 수치를 말한다. 그러나 거의 모든 배관이 크기가 다르든가 중간에 리듀사(reducer), 엘보(elbow) 등이 설치 되는데 이때는 유량 계산치를 보정해야 하는데 이 보정치를 배관 계수(Piping Geometry Factor)라 한다.

d/D \ Cd	10	15	20	25	30
0.80	0.99	0.98	0.96	0.94	0.91
0.75	0.98	0.97	0.94	0.91	0.88
0.67	0.98	0.95	0.91	0.87	0.83
0.60	0.97	0.93	0.89	0.84	0.79
0.50	0.96	0.91	0.85	0.79	0.73
0.40	0.95	0.98	0.82	0.76	0.70
0.33	0.94	0.88	0.81	0.74	0.69
0.25	0.93	0.87	0.79	0.72	0.65

| 표 2 | 파이프 배관계수(Fp)

Size (B)	Rating (ANSI Class)		
	150,300,600	900,1.500	2.500
3/4	20	18	15
1	25	22	19
1 1/2	40	35	35
2	50	48	38
2 1/2	65	57	47
3	80	70	58
4	100	92	73
5	125	111	-
6	150	136	111
8	200	178	116
10	250	-	184
12	300	-	219

| 표 3 | 압력별 밸브 내경(mm)표

4-8 Cv치 보정

① 점성 유체

밸브 용량계수 Cv는 순수한 물이 흐르는 난류상태일 때를 기준으로 한 것이다. 대부분 밸브는 난류 영역의 유체에서 사용되나, 유체의 점도가 큰 유체는 층류 (Laminar)를 이뤄 식(10)을 적용할 수 없다. 층류일 때의 유량은 Hagen-Poiseaille의 법칙에 따라 유량은 차압의 평방근

$(\sqrt{\Delta P})$ 보다도 직접 차압(△P)에 비례한다.

유체의 상태에 따라 수학적 수치를 적용하는 것은 매우 복잡하므로 ISA는 어떤 층류의 유체에도 적용할 수 있는 보정계수를 정하여 레이놀즈 보정계수(Reynolds Correction Factor) Fr로 표시 사용하고 있다. 식(9)의 Fr이 이것을 나타낸다.

공학적으로 파이프내의 유체는 레이놀즈수가 2000이하일 때 층류(Laminar Flow), 이상일 때는 난류(Turbulent Flow), 난류와 층류사이를 임계영역(Critical Zone)이라 한다.

$$R_{ev} = 76200 \times Fd \cdot \; q/r\sqrt{F_L \times C_v}$$

$$[\frac{(F_L + CD^2)}{0.00214} + 1]^{1/4} \cdots\cdots\cdots\cdots\cdots (11)$$

R_{ev} = Reynolds Number(무 차원)

Fd : 밸브별 보정 계수

r : 동점도(Kinematic Viscosity ; Centistokes ; cst)

$CD : \dfrac{C_V}{D_2}$

K : Correction factor

q : 용적 유량(M² / H)

F_L : 압력 회복 계수

Cv : 밸브 용량

식(11)에서 { }의 계산은 압력회복계수 (F_L)이 큰 Ball, Butterfly 밸브를 제외하고는 1에 가까워 간단히 하면

$$Rev = 76200 \times \frac{Fd \cdot \; q}{r\sqrt{F_L \cdot \; C_V}} \cdots\cdots (12)$$

액체 계산식 중 보정이 필요할 때

1. 점도가 200cs(centistoke)이상 점성 유체일 때
2. 액체가 밸브통과 후 flashing이 일어날 때
3. 기포가 함유한 유체 (기체 혼합유체)
4. 밸브 차압이 클 경우

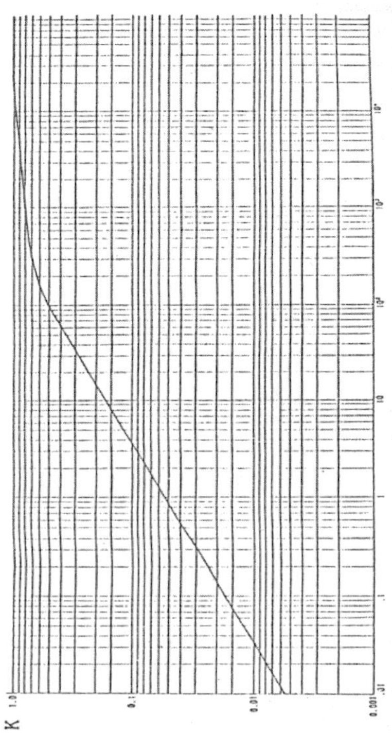

| 표 4 | 레이놀드수(Rec)

여기에서 Fd, F_L를 1로 생각하면

$$Rev = 76200 \times \frac{q}{r\sqrt{C_V}} \cdots\cdots\cdots\cdots (12-1)$$

따라서 층류에는 식(12)에 의하여 레이놀즈수(Rev)를 구하여 보정계수(K)를 그림 3에서 찾아 점도 보정을 한다.
점도 보정 Cv는

Cv Corr = Cv × K ······················ (13)

특별히 Plug가 함유된 유체에는 경험적 식이 있어 비교적 적은 농도에서 사용된다. 기타 섬유 상태의 슬러리도 계산식에 의하면 된다.

$$q = 0.856 \cdot F_C \bullet C_V \cdot \sqrt{\Delta p / G} \quad (14)$$

F_C : 농도 수정 계수(무차원)

농도	화학적 원료	기계적 원료(돌나무)
1%	1.0	1.0
2%	0.97	0.99
3%	0.90	0.95
4%	0.84	0.92
5%	0.80	0.90

| 표 5 | 펄프 농도 보정계수

② 밸브 압력회복 계수(F_L)

대체로 Control 밸브로 Globe, Ball, Butterfly, Diaphragm 밸브가 Control용으로 많이 사용 되어 왔다. 그러나 밸브마다 압력회복이 다르기 때문에 밸브의 종류에 따라서 Cv가 같더라도 유량은 같지 않으며 밸브 종류에 따라 수십 %정도 차이가 있는 것도 있다.

유체가 밸브의 제일 좁은 부위를 통과할 때 유속은 증가하며 증가한 만큼 압력은 감소한다. 제일 좁은 부위를 통과한 유체는 흐르는 힘에 의하여 좀 더 수축되는데 이 부위를 수축부(Vena Contractor)라 한다. 이때에 유체의 단면적과 압력은 최소가 되고 유속은 최대가 된다. 이 수축부를 지나면 압력과 유속은 다시 회복된다. 그러나 회복되는 비율은 밸브마다 다른데 이것을 밸브의 압력회복 계수(F_L)라 한다.

$$F_L = \sqrt{(P_1 - P_2)/(P_1 - P_{VC})}$$

F_L : 압력 회복계수

P_1 : 입구 압력

P_2 : 출구 압력

P_{vc} : 수축부 압력(Super Cooled Vapor Pressure)

Ball이나 Butterfly Valve는 압력회복이 Globe Valve에 비하여 크기 때문에 저압에서도 Flashing이나 Cavitation이 발생하기 쉽다.

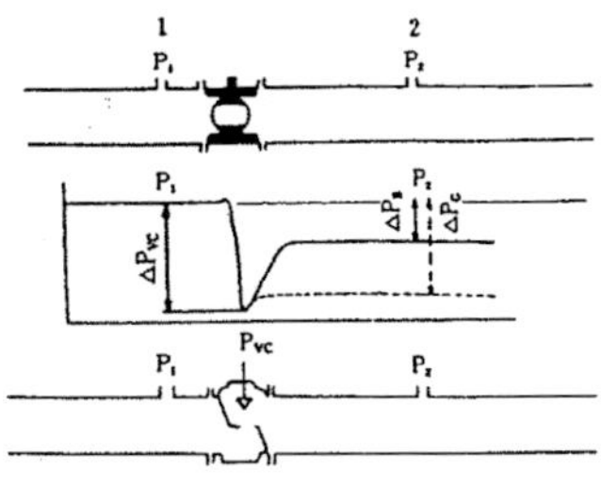

| 그림 4 | 밸브 내 유체압력변화

그림 4에서 Ball 밸브인 경우 압력 회복이 크기 때문에 측정되는 밸브 차압(P_B)가 작고 Globe 밸브인 경우에는 밸브 차압(P_G)이 상대적으로 크다. 만일 두 밸브의 Cv가 같다면 측정된 차압이 달라도 유량은 같지 않으면 안된다. 그러나 Cavitation, Flashing 현상이 일어난다면 실제유량은 전혀 다르다.

③ Flashing

그림 5에서와 같이 수축부의 압력이 유체의 증기압보다 낮고 회복된 P2의 압력도 유체의 증기압보다 낮아 밸브 출구측에서 Vapor(증기)현상이 일어난다. 이 현상을 Flushing이라 하며 이 증기가 액체와 같이 흘러 실제유량은 상대적으로 작다. 따라서 계산상 Cv는 Flushing일 때에는 보정하지 않으면 안 된다.

$$C_V \cdot Corr = 1.167 \times \frac{Q}{F_L} \times \sqrt{\frac{G}{(P_1 - P_{VC})}} .$$

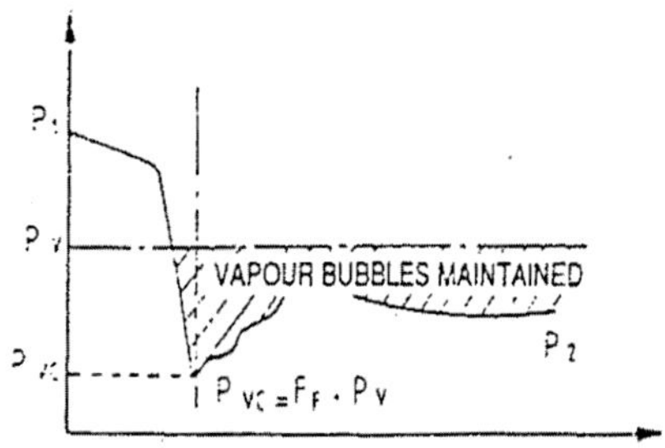

| 그림 5 | Flashing시 압력변화

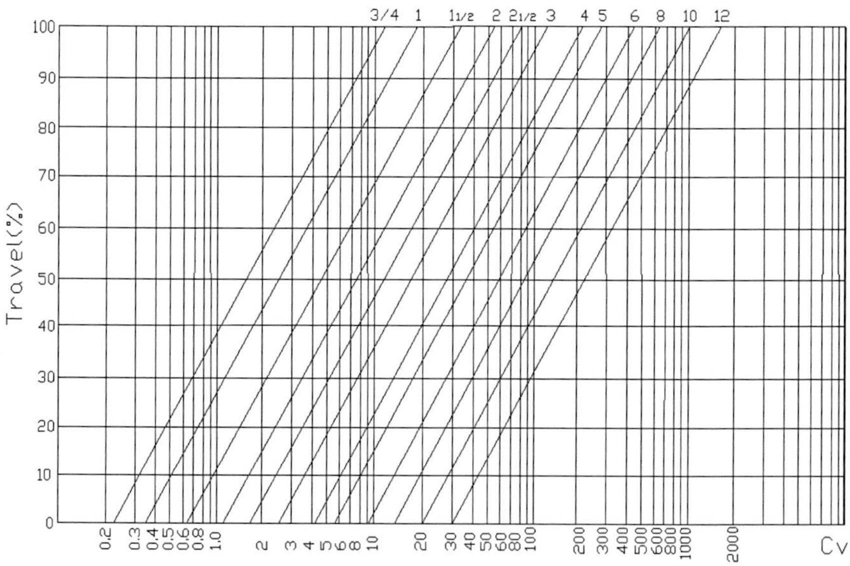

| 그림 6 | 유량곡선 (Flow Cure-Eq%)

Valve Type	Trim 방향	흐름 방향	D=d						D=2d			
			Cd	FL	XT	Fd	Fs	Kc	CD	FLP	XTP	Fs
Single Port Globe	On-Off형	양방향	11	0.90	0.75	1.00	1.05	-	2.8	0.85	0.75	1.04
	V-Skirt형	양방향	9	0.90	0.75	1.50	1.38	-	2.3	0.86	0.75	1.36
	Contoured Pulg형	개방향	11	0.90	0.72	1.00	1.05	0.65	2.8	0.85	0.73	1.04
		폐방향	11	0.80	0.55	1.00	1.09	0.58	2.8	0.76	0.57	1.08
	V-Plug형	양방향	9.5	0.90	0.75	1.00	1.05	0.80	2.4	0.86	0.75	1.04
	Cage형	개방향	14	0.90	0.75	1.00	1.06	0.65	3.5	0.82	0.75	1.04
		폐방향	16	0.80	0.70	1.00	1.11	-	4.0	0.72	0.71	1.08
Double Globe	On-Off형	-	14	0.90	0.75	0.71	0.84	-	3.5	0.82	0.75	0.83
	V-Skirt형	-	13	0.90	0.75	0.71	0.84	-	3.3	0.83	0.75	0.83
	D-Plug형	-	13	0.85	0.70	0.71	0.85	0.70	3.3	0.79	0.71	0.84
	V-Plug형	-	12.5	0.90	0.75	0.71	0.84	0.80	3.1	0.83	0.75	0.84
Angle Valve	Full Port형	폐방향	20	0.80	0.65	1.00	1.12	0.53	5.0	0.69	0.68	1.08
		개방향	17	0.90	0.72	1.00	1.08	0.64	4.3	0.78	0.73	1.04
	Ventry형	폐방향	22	0.50	0.20	1.00	1.29	0.17	5.5	0.46	0.26	1.26
Ball valve	Reduce Bore	-	30	0.55	0.15	1.00	1.28	0.25	7.5	0.47	0.24	1.22
	V-Notch	-	25	0.57	0.25	1.00	1.25	0.22	6.3	0.50	0.33	1.21
Butterfly valve	Control(60˚)	-	17	0.68	0.38	0.71	0.92	0.30	4.3	0.63	0.43	0.91
	On-Off(90˚)	-	>3.0	0.55	0.20	0.71	1.01	-	>7.5	0.45	0.33	0.97

| 표 6 | 밸브 사이 관계 계수

$Cd : Cv/d^2$　　F_s : 종류계수
(d : Valve Bore ∈ ch) D : Pipe Size (mm
F_L : 압력회복계수
x : 포화차압비　　d : Valve Size (mm)
Fd : 밸브종류보정계수
F_C : Cavitation계수

예를 들면 글로브 밸브는 높은 압력 강하에서도 볼 밸브 버터플라이 밸브보다도 초크 현상이 잘 일어나지 않는다. 즉 밸브의 압력 회복 계수가(F_L) 낮을수록 초크 현상이 일어나 Cavitation, flashing이 잘 일어난다. 밸브 종류별 압력 회복 계수 - 표 참조

③ 배관 조건(F_P)

식(10)은 밸브 출구측 크기와 배관의 크기가 같은 상태일 때 Cv로서 실제적으로는 관과 관 크기가 밸브 호칭경보다 크기 때문에 Reducer를 사용 밸브 앞 뒤의 관 크기를 줄이는 경우도 있다. 이때는 수정계수(Fp)를 사용 Cv치를 보정해야 한다.

$$C_V\,Corr = \frac{C_V}{Fp}$$

Fp : Piping Geometry Factor (배관 수정 계수)

d : Valve bore in min

D : Outlet pipe bore In min

Cd : Calculated with following formula

$$Cd = \frac{645\,C_V}{d^2}$$

Unit(gpm)

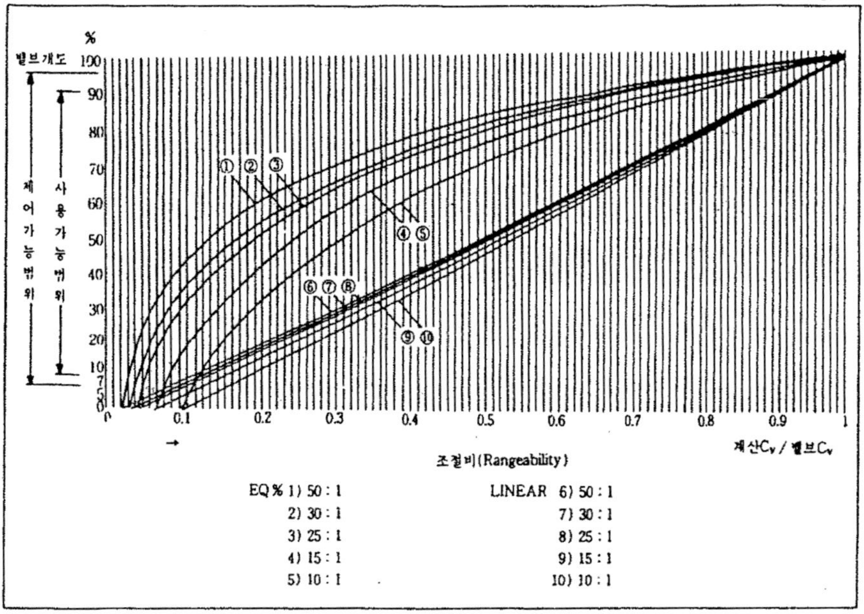

| 그림 7 | Control 밸브 적정 개도 선정

Fp는 Full port이고 최대 용량일 때 적용되며 reduced port나 부분적으로 열렸을 때는 Fp=1로서 의미가 없다.

Fp가 생략되어도 별 차이가 없는 때가 있으나 일괄적으로 생각 하면 유량이 큰 차이가 생길 수 있다. 예를 들면 Globe밸브 3", Cv 116을 6" 배관에 설치했을 때 배관수정계수 Fp는 0.96, 따라서 계산 Cv치에 수정은 4%인데 반하여, 똑같은 3", Cv 320인 ball 밸브를 6"에 달았을 때 Fp=0.73이 되어 정격 Cv가 27%나 작아진다.

4-9 적정 밸브 개도(Travel)

자동밸브는 이론적으로는 밸브계도가 0부터 100%까지 조절되나 실제적으로는 Globe밸브인 경우 처음 5%정도 이하는 일단 열리는 유체압력에 의하여 유량이 비례적으로 흐르지 않으며, 마지막 5% 정도는 변화하는 유량이 많아 잘 조절된다고 볼 수 없어 자동밸브의 제어기능 범위는 개도가 5~95%로 보나, 실제적으로 사용하는 범위는 10~ 90%로 보는 것이 옳다.

최대유량과 차압이 정확하다면 최대유량일 때 Cv계산식도 실험에 의한 식이기 때문에 많은 오차가 발생할 수 있다.

따라서 정상운전 상태의 유량은 밸브 궤도가 60~80% 상태, 최소일 때 10% 이상, 최대일 때 90% 이하로 하는 것이 이상적이라 할 수 있다. 그러나 이것도 유체의 속도, 소음 등을 고려하여 한정된 범위 내에 있는가를 검토해야 한다.

Body Size	Stroke	Linear Flow Cv	Equal %P Flow Cv	Quick Open Flow Cv
(3/4)	15	11.2	11.2	14.2
1	20	19	18.5	21.4
1 1/2	20	34.2	34	38
2	30	60.5	56.2	67.2
2 1/2	38	84	83	93.5
3	38	135	125	150
4	50	211	210	235
5	50	294	276	368
6	50	438	424	547
8	100	690	675	871
10	100	1082	1050	1260
12	130	1690	1620	2090

| 표 7 | Globe Valve(Cage Trim)의 용량(Cv)

이렇게 밸브 궤도상에서 최초로 제어되기 시작하는 시점의 유량에 대한 최후에 비례 조절되는 유량의 비율을 나타낸 것을 조절비(RangeAbility)라 하는데 조절비가 큰 밸브일수록 좋다. 최근 회사마다 밸브의 조절 비율을 명시하고 있으나, 실제적으로는 표시한 것보다 못 미치는 경우가 많다. 왜냐하면 최소 조절 시점을 어느 때부터 인가로 보는가에 따라서 조절비는 몇 배씩 차이가 난다. 실제적으로 Ball Valve에 나타나는 조절비는 500:1로 나타내는 회사가 많이 있으나 이것은 이론적인 수치에 불과하며 Dead Band, Hysteresis 등을 감안 실제적으로 제어하는 범위는 훨씬 못 미친다.

그림 14에서 Max. 계산(Calculated b)가 30이라 하면 2"일 때 EQ%는 (J)가 56.2인 것을 선정하면 개도는 85%로서 조절범위내에 포함되어 적당하다. 그림 15에서 계산 Cv / 밸브 Cv=30 / 56.2=0.56을 횡축에서 찾고, EQ% Rangeability가 50:1 선①과 만나는 점을 찾으면 개도가 약 85%가 되어 적당하다는 것을 알 수 있다.

4-10 유체속도(Velocity)

밸브를 선정할 때, 가장 주의하여야 할 사항 중에 밸브 출구측의 유체의 속도를 확인하지 않으면 안된다. 유속이 일정치 이상 빠르면 밸브의 진동(Vibration)이 심하여 대단한 소음현상이 일어나며 Cavitation, 침식(Erosion) 현상이 발생, 밸브 Port뿐 아니라 본체도 심한 마모현상이 일어난다. 따라서 유속을 계산하고 유체에 따른 제한속도 범위 내의 속도를 선택해야 하며 속도가 빠를 때는 Body Size가 큰 밸브를 선택해야 한다.

(1) 유체속도 계산식

액체 $V=354\cdot\dfrac{Q}{D^2}$

가스 $V=354\cdot\dfrac{Q}{D^2}\cdot\dfrac{T+273}{288}\cdot\dfrac{1033}{P_2}$

$$=1.27+\frac{Q(T+273)}{D^2P_2}$$

증기 $V=354\cdot\dfrac{QC}{D^2}$

V : 유속(m / sec)
Q : 유량, 액체 : m^3 / h
증기 : kg / h
가스 : m^3 / h (15°C, 1 atm일 때)
C : 출구축비용적(m^3 / kg)
D : 밸브구경(mm)
T : 온도(°C)

(2) 연속 운전시 제한치

배관의 조건(크기, 두께, 소음기의 유무)에 따라 다르나, 일반적으로 연속운전시 아래와 같다.

액 체 : 6m/sec
기 체 : 150~200m/sec
포화증기 : 50~80m/sce
과열증기 : 80~120m/sec
Boiler Feed Water : 4-5m/sec
City Water : 2m/sec
Air Line / Pump Suction : 2m/sec
General Service : 3m/sec

CHAPTER 5

소음계산(Noise Prediction)

Process Plant가 대용량, 고압화 추세이기 때문에 공장에서 발생하는 소음이 공해 문제로 되어 문제시되고 있다. 따라서 자동밸브를 선택할 때에도 공해방지, 작업환경 등을 고려하지 않으면 안 된다. 유속은 소음의 직접적인 원인이 된다.

5-1 소음의 정의 및 종류

[1] 소음의 정의

소음이란 통상 원하지 않는 성가신 시끄러운 소리를 말한다.

소리는 진동수와 진폭에 의하여 변하는데 사람이 감지할 수 있는 진동범위는 20Hz에서 18000Hz로서 통상적인 대화를 할 때의 진동수는 3000Hz이다. 따라서 소음은 음압과 진동의 작용에 의한다.

소리의 세기를 나타내는 데는 Decibel을 사용하는데 이것은 젊은 사람의 정상적인 귀로 감지할 수 있는 가장 약한 소리(진동수가 1000Hz에서 음압이 0.0002 Microbar)를 기준으로 정하고 이것에 10배, 100배, 1000배의 에너지를 가진 소리를 각각 10, 20, 30 Decibel이라 정하였다.

[2] 소음 측정

ISA(Instrument Society Of America)에서 발생한 Handbook Of Control Valve에 기재된 소음실험 방법에 의하면 밸브의 출구와 배관표면에서 0.9M 떨어진 지점에 마이크를 설치한 후 측정한다.

[3] 소음 판단기준

미국직업안전건강법(Occupational Safety and Health act, 1974, Noise Standard)에 의하면 밸브 소음은 가장 가까이 있는 작업자의 장소에서 90dBa, SPL(Sound Pressure Level) 상태에서 하루 8시간 이상 노출되는 것을 규제하고 있다.

대략적인 SPL(Sound Pressure Level)-dBA
a) 공기식 착암기(Pneumatic rock drill)-130
b) 제트기 이륙(At 200 ft)-120
c) 혼잡한 도로(Heavy street traffic)-90
d) 공기 청소기(At 10 ft)-70
e) 대화-60
f) 조용한 거주지역-50
g) 전기시계-20

[4] 소음의 종류

밸브소음에는 기계적인 진동에 의한 소음 (Mechanical Vibration), 유체역학적인 소음(Hydrodynamic Noise), 기체 역학적 소음(Aerodynamic Noise)이 있다.

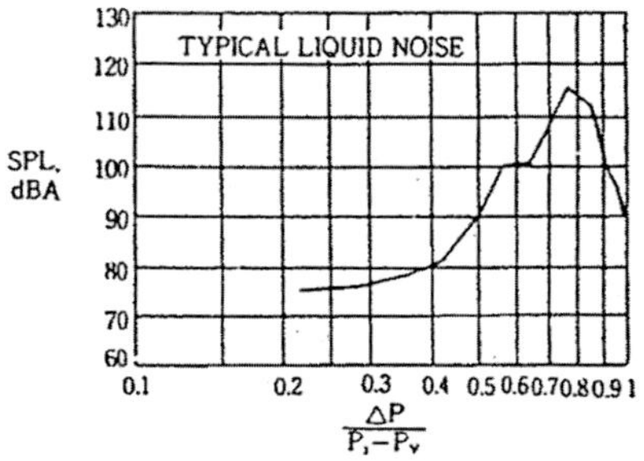

| 그림 1 | 유체역학적 소음특성

(1) 기계적인 진동에 의한 소음 (Mechanical Vibration)

유속에 의하여 Port등 움직이는 부분이 진동하는 것으로서 Guide와 Port의 유격(Clearance)이 심하거나 구동부의 힘이 유체압력에 비하여 약할 때에 일어난다. 기계적인 진동에 의한 소음은 1500Hz 이하로서 다른 소음과 구별되고 딸깍딸깍 소리를 내며 계속해서 사용하면 Guide Bushing과 Port가 마모가 되어 곧 고장이 난다.

(2) 유체 역학적 소음(Hydrodynamic Noise)

유체 역학적 소음은 유체흐름에 따라 3가지로 분류할 수 있다.

즉 Non-Cavitation상태일 때, Cavitation 상태일 때, Flashing 상태일 때로 나눠 생각할 수 있다. 이것은 유량에 비하여 밸브 크기가 작을 때 유속이 매우 빨라 일어나는 Turbulence (와류현상), Cavitation, Flashing 현상에 의하여 일어난다. Non-Cavitation 유체의 흐름에서는 수축부에서의 와류현상에 의한 소음으로 Reynolds Stresses라 하며 별로 소음문제가 없으나, 전장에서 설명했던 Cavitation (액체의 압력이 그 액체의 증기압보다 낮아져 증기상태가 되어 기포가 발생하는데 이 기포가 다시 압력이 상승함에 따라서 붕괴되는 현상)이 일어나면 그 기포가 붕괴될 때 많은 에너지가 발생하고 밸브 및 배관에 충돌하여 많은 소음이 일어남은 물론 기계적인 손상을 일으킨다. 기포가 붕괴될 때의 충격력은 70kg/mm², 15-10000Hz의 광범위한 소음을 발생한다.

Flashing 상태일 때는 유체의 일부가 증기상태가 되어 유량에 영향을 미치나 소음은 크게 일어나지 않는다.

| 그림 2 | 차압 음압 보정계수

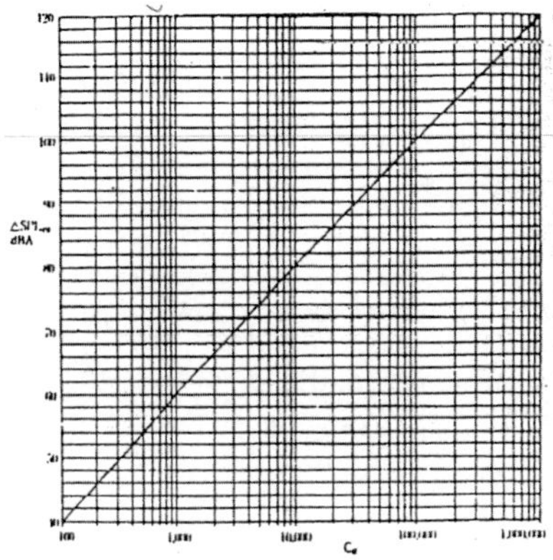

| 그림 3 | Globe(Cage)의 가스음압보정계수

PIPE SIZE In	STEEL SCHEDULE												
	10	20	30	40	60	80	100	120	140	160	STD	XS	XXS
1	.	.	.	-19,0	.	-21,6	.	.	.	-24,5	-19,0	-21,6	-27,6
1 1/2	.	.	.	-19,8	.	-22,6	.	.	.	-25,6	-19,8	-22,6	-28,6
2	.	.	.	-20,4	.	-23,4	.	.	.	-27,3	-20,4	-23,4	-29,4
3	.	.	.	-23,4	.	-26,2	.	.	.	-29,5	-23,4	-26,2	-32,3
4	.	.	.	-24,2	.	-27,2	.	-29,5	.	-31,2	-24,2	-27,2	-33,2
6	.	.	.	-25,8	.	-29,5	.	-31,8	.	-33,9	-25,8	-29,5	-35,5
8	.	-24,9	-25,8	-27,1	-29,1	-30,9	-32,4	-34,1	-35,1	-36,1	-27,1	-30,9	-35,8
10	.	-24,9	-26,7	-28,2	-31	-32,4	-34,1	-35,5	-37	-38,0	-28,2	-31,0	.
12	.	-25,1	-27,5	-29,3	-32,1	33,8	-35,6	-37,1	-38,1	-39,5	-28,6	-31,1	.
14	-25,4	-27,1	-28,7	-30,0	-32,6	-34,7	-36,6	-38,0	-39,1	-40,1	-28,7	-31,2	.
16	-25,3	-27,2	-28,8	-31,3	-33,6	-35,8	-37,6	-39,0	-40,4	-41,3	-28,8	-31,3	.
18	-25,3	-27,2	-30,1	-32,3	-34,8	-36,7	-38,6	-40,1	-41,2	-42,3	-28,8	-31,3	.
20	-25,4	-28,9	-31,4	-32,9	-35,6	-37,7	-39,1	-40,9	-42,3	-43,3	-28,9	-31,4	.
24	-25,6	-29,1	-32,6	-34,4	-37,4	-39,4	-41,3	-42,8	-43,9	-45,0	-29,1	-32,5	.
30	-27,7	-31,8	-33,7	.	.	.	.	.	.	.	-29,3	-32,7	.
36	-28	-32,2	-34,1	-35,6	.	-21,6	.	.	.	.	-29,6	-32,1	.
42	.	.	.	.	.		.	.	.	.	-29,8	-32,3	.
46	.	.	.	.	.		.	.	.	.	-29,9	-32,4	.
48	.	.	.	.	.		.	.	.	.	-30,0	-26,2	-32,3
52	.	.	.	.	.		.	.	.	.	-30,2	-27,2	-33,2
56	.	.	.	.	.		.	.	.	.	-30,3	-32,8	.
60	.	.	.	.	.		.	.	.	.	-30,4	-32,9	.
1. STANDARD SCHDULE													

| 표 1 | 파이프 두께 음압보정계수(dBA)

(3) 기체역학적 소음

(Aerodynamic Noise)

가스나 증기에 의하여 발생하는 소음. 낮은 휘파람 소리부터 심한 진동을 동반한 귀청이 떨어져 나가는 심한 소리가 나기도 한다.

비록 느린 유속이라도 심한 난류현상(Turbulence)이 일어나는 수축부(Vena

Contractor)에선 극심한 소음현상이 일어날 수 있다. 가장 심한 소음현상은 Choked Flow가 발생하는 곳의 전후에서 발생되는 Shock Wave에 의하여 일어난다.

Orifice에서 압축된 유체의 운동에너지(Kinematical Energy)가 소음과 진동으로 바뀐 것이다.

5-2 소음 계산식

소음계산의 수치적인 계산식은 있으나, 각각의 충족 조건을 구한다는 것은 대단히 복잡하다. 따라서 실제적으로는 이미 실험식에 의하여 만들어진 실험식에 그래프를 이용하여 소음을 계산하고 있다. 여기에서는 ISA Handbook of Control Valves에 소개된 그래프를 이용한 소음계산식 (Graphical noise Prediction technique)과 Fisher Catalog 상에 나타난 도표를 활용 설명한다.

[1] 공기역학적 소음계산 (Aerodynamic Noise Prediction)

(1) 그래프식 계산방법

SPL = SPL△P+△SPL cg + SPL△P/P1 +△SPLk ································ (1)

SPL : 전체적인 소음 db(밸브 출구로부터 42", 파이프 표면으로부터 29" 떨어진 곳의 음압)

SPL△p : 차압음압 보정계수 (그림 2.)△

△SPLcg : 가스일 때 음압 보정계수 (그림 3.)

H : 압력과 밸브형태에 대한 음압 보정계수 (그림 4.)

△SPLk : 파이프의 두께, 소음기, 보온, 등에 따른 음압 보정계수(표1)

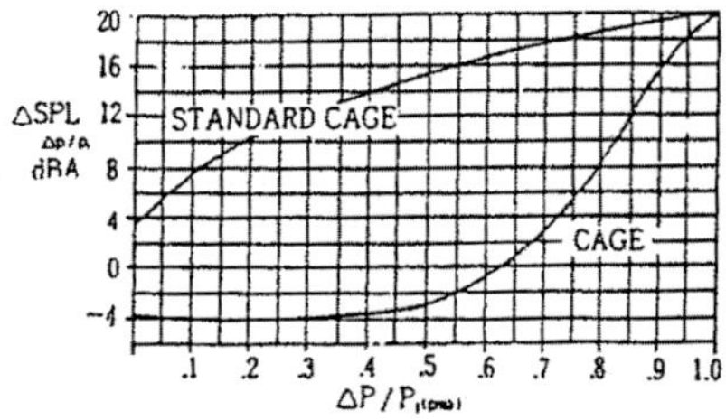

| 그림 4 | Globe밸브차압비 (△P/P,)보정계수

<예제>ANSI 300b 4" globe valve
Sch #80
Line siz:8"
P_1 : 615psia　　P_2 : 252psia
△P : 348psia　　△P/P_1 : 0.57일때 소음계산은

SPL △P = +51dBA (그림 2.)
△SPLk = −30.9dBA (표 1.)
△SPLcg = +72dBA (그림 3.)
SPL△P/P_1= +15.5dBA (그림 4.)
SPL = 51+72+15.5−30.9 = 107.6dBA

(2) 수학적 경험식

아래 계산식은 임계차압조건 /($\Delta P \geq \frac{1}{2} P_1 F_L^2$)일 때)하에서 공기,

가스, 증기를 사용할 때 발생하는 공기 역학적 소음을 계산하는 공식이다.

$$SPL = 10\log_{10}(X \cdot \eta \cdot 20.2 \cdot C_V \cdot F_L \bullet P_1 \cdot P_2 \cdot 10^{12}) - T_L + Sg + 3 \quad \cdots\cdots (2)$$

SPL: 밸브에서부터 91cm(3ft)떨어진 곳 에서($1dBA = 2\times 10^{-4}\mu$bar기준)

Cv : 실제 필요한 밸브

FL : 입구측 압력회복 계수, 무차원

P_1: 입구측 압력(kg/cm²)

P_2: 밸브 출구측 압력

m : 배관 중량(kg/m²) (표2)

n : 주파수 발생 계수 (표4)

T_L: 전달손실

$$dBA = 17\log_{10}(3072m.n./\sqrt{Cv.} \bullet \sqrt{FL}$$

대기에 직접 방출하는 밸브일 때는 생략.

SIZE (B)	m Sch. 40 (kg / m²)	m sch. 80 (kg / m²)	m Sch. 160 (kg / m²)
3/4	22.8	30.6	43.2
1	26.4	35.6	49.8
11/2	29.0	40.0	55.7
2	30.8	43.5	68.4
21/2	40.8	55.0	74.6
3	43.0	59.6	86.9
4	47.4	66.9	105.5
5	51.8	74.6	124.8
6	55.7	85.9	142.6
8	64.0	99.6	180.6
10	72.7	117.7	224.6
12	80.6	136.7	260.7
14	87.1	149.1	280.2
16	99.7	168.0	317.9
18	112.2	186.8	354.8
20	118.5	205.7	392.5
24	136.6	242.5	467.0

| 표 2 | 배관단위 중량(M)

P_2 Crit=$P_1 - F_L^2$

(P_1 − Pv)[kg/cm²A]

Kc(Cavitation 발생계수)와 F_L^2 차가 10% 이상일 때는 F_L^2 대신 Kc사용.

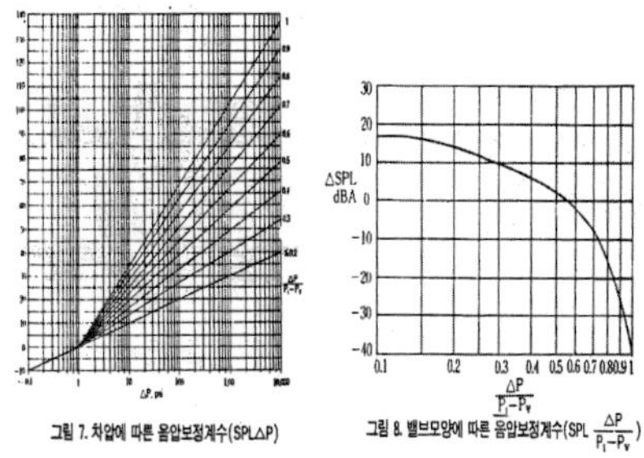

| 그림 5 | 차압에 따른 음압보정계수 ($SPL\Delta P$)

| 그림 6 | 밸브모양에 따른 음압보정계수 ($SPL\dfrac{\Delta P}{P_1 - P_V}$)

Pv = 유체의 증기압, kg/cm²A

X = 기계적 출력의 환산 분수

(= P_1− P_2/ 0.47× 〈1이하〉

η= 음향효율 계수 (그림 7.)

Sg = 기체의 고유 보정계수(표 3.)

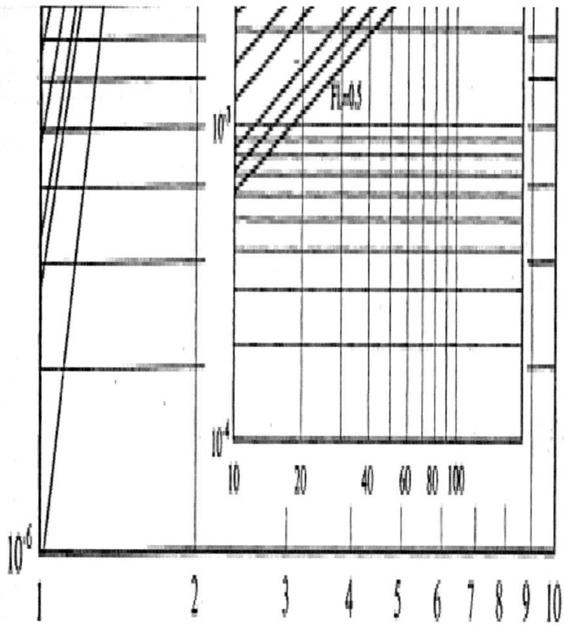

| 그림 7 | 음향효율계수

saturated ateam	-2
auperheated ateam	-3
natural gas	-1
hydrogen	-10
oxygen	+ 0.5
ammonia	-2
air	0
acetylene	-1
carbon dioxide	-1
carbon monoxide	0
helium	-6.5
methane	-1
mitrogen	0
propane	+ 1
etylene	-1
ethane	-1

| 표 3 | 기체 고유보정계수(Sg)

Valve Type	n Factor
Control ball valve	1.0
V-Ball	1.4
Single port(globe valve)	1.4
Angle valve	1.4
Butterfly valve	1.4
Double port(globe valve)	2.2
4port cage valve	2.2

| 표 4 | 주파수 발생계수(N)

예제

Globe. 2.1/2" X 1.1/4 FL-0.8인 밸브를

Steam P_1 : 3kg/cm² G (4.033kg/cm² A)

P_2 : 0.43kg/vm² G (1.463kg/cm² A)

Pipe Size : 4B, Sch 40에 설치했을 때

$SPL=10Log10(1.356X0.00037X20.2X10.596X0.8X4.033X1.463X10^{12})-49.7+(-2)+3$

$=68.35dBA$

[2] 유체역학적 소음계산(Hydrodynamic Noise Calculation)

(1) 그래프식 계산방법

$SPL = SPL\Delta p + \Delta SPL\ \ Cv + \Delta SPL\Delta$

$P/(P_L - P_V) + \Delta SPLk$ .... (3)

$\Delta SPL\ Cv$: Cv에 대한 음압보정
$\Delta SPL\Delta P/(P_L - P_v)$:
밸브 모양에 따른 음압보정

예제

Globe, Standard Trim C_V–70
P_1–250 Psia, Δp.175 Psia
Vapor P(P_V)

$$SPL = SPL\Delta P + \Delta SPL\ Cv + SPL\Delta P/(P_L - P_V) + \Delta SPLk = 59 + 37 - 8 + 10 = 88dBA$$

(2) 수학적 경험식

유체가 액체의 Choked Flow (P=$F_L^2(P_L - P_V)$)일 때 발생하는 Cavitation 상태에서 가장 소음이 심하다.

다음은 배관이 SCH40일 때 소음을 예측 할 수 있는 경험식 이다.

$$SPL = 10\log_{10}(Cv \cdot F_L) + 8\log_{10}14.223(P_2crit - P_2) + 20\log_{10}14.223(P_2 - P_V) + 33$$ .... (4)

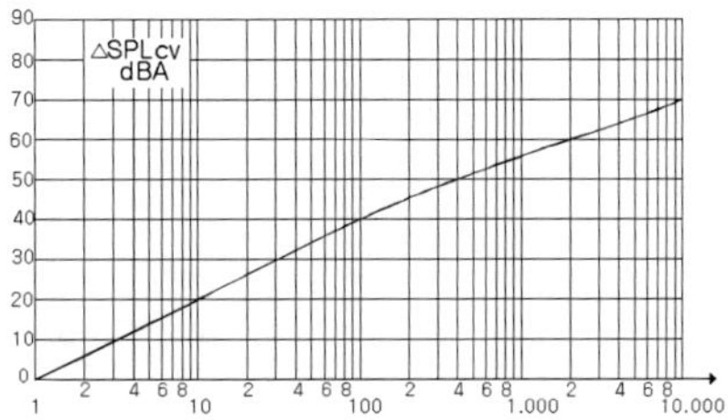

| 그림 8 | 밸브용량(Cv)음압보정계수

5-3 소음대책

소음을 방지하기 위해서는 일단 소음이 적은 Low-Noise 밸브를 선택하는 원천적인 대책(Sorce Treatment)과, 유체의 특성상 원천적으로 할 수 없을 때 소음을 줄일 수 있는 여러 가지 장치를 하는 Path Treatment 방법이 있다.

[1] 원천적 대책

밸브 자체의 소음이 발생할 수 있는 부위는 Seat와 Port가 접촉하는 부분과 Guide와 Stem이 접촉하는 부위로서 Port 수가 많으면 그 만큼 소음이 일어날 소지가 많으며 밸브내의 차압이 심하거나 차압비(($P_1/\Delta P$)가 크면 클수록 소음이 크다.

소음은 ΔP나 $\Delta P/P_1$에 비례하여 증가한다. 따라서 차압을 몇 단계로 나눠서 감압할 수 있는 특별한 가공을 Cage 내부에 몇 겹씩 설치하거나 Cage에 구멍을 뚫어서 단계적으로 차압을 한다면 소음을 줄일 수 있다. 이것도 $\Delta P/P_1$가 0.7 이내일 때 소음을 줄이는데 효과가

있으나 0.7 이상이 되면 특별한 Diffuser를 설치하여야 한다.

또 밸브 종류에 따라서 압력회복이 달라 압력회복이 적은 Ball, Butterfly 등은 소음이 Globe에 비하여 발생하기 쉽다.

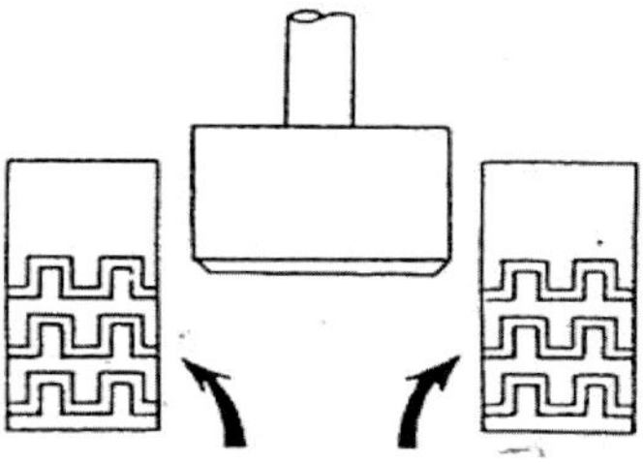

| 그림 9 | 저소음 Cage

| 그림 10 | 저소음 Ball Valve

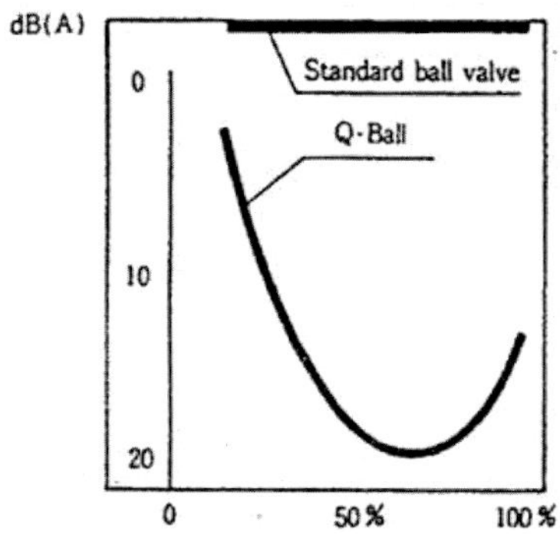

| 그림 11 | 저소음 Ball Valve의 소음감소도

[2] Path Treatment

밸브 자체로서 더 이상 소음을 줄일 수 없는 상태로 차압이 클 때는 밸브 후단에 Diffuser, Silencer를 설치하던가, 두꺼운 파이프를 설치하고 Insulation을 설치해야 한다.

(1) Pipe두께를 두꺼운 것(Schedule이 큰 것)으로 하면 소음은 줄일 수 있으나 가격은 대단히 높다.

(2) 보온, 절연(Thermal Insulation)을 하면 평균 3-5dBA를 줄일 수 있으며 최고 12dBA까지 줄일 수 있으나 공정상의 온도가 문제가 될 때도 있다.

(3) 방음, 절연(Acoustical Insulation)
1 Inch 두께의 담요로 절연할 때 약 8dBA로 소음이 감소할 수 있고 최고 24-27dBA까지 감소할 수도 있다.
이것을 기준으로 생각하면 일반적으로,

① $P_1 \times Cv$의 수치가 70을 초과하지 않으면 밸브 소음은 90dBA를 넘지 않는다.

② 보온이나 방음시설이 설치되어 있는 곳은 계산된 밸브 소음치보다 약 10dBA가 작아진다.

③ 배관 두께를 2배로 할 경우 소음이 약 5dBA로 낮아진다.

④ 상류측에 Silencer가 없거나 차음하지 않을 경우 하류측에 Silencer를

| 그림 12 | Path Treatment 기계역학적 소음감소 예

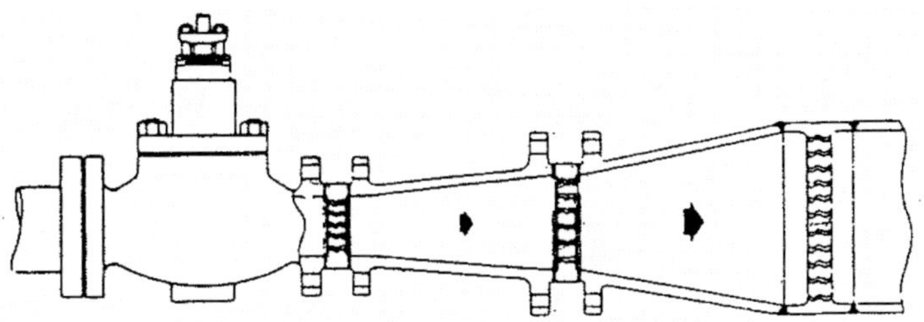

| 그림 13 | 소음방지용 다공판 설치 예

붙여도 소음은 10-15dBA을 저하하기 어렵다.

⑤ 하류측에 고정식 Orifice Plate를 설치하면 차압이 흡수되어 조건에 따라서 최고 20dBA까지 저하시킬 수 있다.

CHAPTER 6

밸브 재질 선정

밸브 선정에 있어서 가장 중요한 것 중에 하나는 재질 선정이다. 밸브는 유체에 따라서 청정 유체로부터 부식성이 강한 유체, 압력은 진공으로부터 초고압에 이르기까지, 온도는 극저온에서부터 초고온에 이르는 유체와 직접 접촉하기 때문이다.

밸브 재료는 크게 유체압력을 지탱하는 Housing에 해당하는 Body, Bonnet, Bottom Flange, Bolting과 밸브 Trim에 해당하는 Seat Ring, Port, Cage, Guide, Stem과 Gasket, Packing Box 재질로 구분하여 생각할 수 있다.

밸브 재질선정은 유체에 대한 부식성과 유체의 압력에 따른 부식성과 유체의 압력에 따른 내마모성, 온도에 따른 고온용, 저온용, 재질로 이에 따른 경제성과 안정성 등을 고려하여 선정하여야 한다.

6-1 Body 재질

유체압력과 직접관계가 있는 Body, Bonnet, Bottom Flange는 대개 동일한 재질로 사용하고 있는데 비금속과 금속으로 대별된다. 비금속 재질(고무/테프론/세라믹)은 내식용으로 많이 사용되나, 강도, 경도, 내열 등 문제가 있어 현재로는 주로 금속재료가 사용되고 있다.

압력부분의 재질선정은 유체의 압력, 온도, 부식성, 마모성에 따라서 선정한다.

특히 재질에 따라서는 내식성은 좋으나 내마모성이 좋지 않고, 압력에는 적당하나 온도에 견디지 못하는 경우도 있어 주의해야 한다.

밸브재질로 사용하는 쇠는 크게 강(Steel)과 주철(Cast Iron)로 대별하고 강은 단련 강(Wrought Steel)과 주강(Cast Steel)으로 나뉜다.

단련 강은 단조 강, 압연 강 등이 이에 속하며 같은 재질이라면 주강에 비하여 기계적 성질이 좋으나 모양이 복잡하거나 큰 제품은 단련 강으로 제조는 곤란하다. 반면에 주강제품은 기계적 성질은 단련 강에 비하여 좀 떨어지나, 펌프, 밸브와 같은 모양이 복잡한 제품을 제조하기 위해서는 적당하다.

밸브는 모양 특성상 대부분 주조하여 만드는데 주철제, 주강제가 대부분이며 모양이 작고 고압용으로 단조 강(Forged Steel)제, 그리고 철판으로 만든 제품이 있다.

주강제품에서 가장 중요한 것은 주조 후의 열처리로서 열처리에 따라서 강도, 부식도, 변형이 좌우되기 때문이다.

똑같은 화학적 성분을 갖는 주조물을 만든다 하더라도 실제적으로 규정상에 명기되지 않는 미량원소의 함유, 용해과정과 특히 열처리 과정에 따라서 제품의 Creep 강도, 경도, 부식도 등이 전혀 다르다.

주조를 하면 쇠 속에 있던 불순물은 용해 후 식어가면서 쇠의 조직과 조직 사이인 임계 면에 전부 모이게 되어 특히 스테인리스강에서는 이 불순물이 화학적 반응을 일으켜 부식하게 된다.

따라서 적당한 열처리를 하게 되면 임계 면에 있던 C 등의 불순물은 제거되거나 강의 조직 속으로 균일하게 되어 쉽게 부식되지 않는다.

또 고온 강에서 주조 또는 용접 후에 뜨임(Tempering)을 잘하지 않으면 강 내부의 응력에 의하여 Crack이 발생할 위험이 많아 반드시 열처리를 잘해야 한다.

이상 설명한 바와 같이 쇠의 화학적 성분은 같다 하더라도 제조회사의 기술 정도에 따라서 내식성, 강도, 인성 등의 물리적인 성질이 전혀 다르기 때문에 밸브 재료는 경험이 많고 철저한 공정관리와 검사를 하는 주조전문 공장에서 주조하는 것이 관건이라 하겠다. 공장마다 국제적으로 제한된 화학성분의 양과 물리적인 성질의 규격 내에서 등급을 자체적으로 정하여 Class I, II, III으로 제조하는 경우도 있다.

따라서 같은 재질이라도 품질은 동일할 수 없다.

밸브재질은 탄소강 이외에 Ni, Cr, Mn, Si, W, Mo, V, Ti, Co, Al, P, S, B 등을 합금하여 특수한 성질을 갖는 합금강(Alloy Steel)을 만든다.

일반적으로 밸브용 합금강은 다음과 같다.

내인장강 : Ni강, Mn강, Cr강, Ni-Cr강, Cr-Mn강, Cr-Mo강, Cr-V강, Ni-Cr-Mo강, Cr-Mn-Si강

스테인리스 강 : 고 Cr강, 고 Ni강

내열강 : 고 Cr강, 고 Ni강

원자력 강 : 고 Ni-Cr강

저온강 : 고 Cr강, 고 Ni강

여기에서 각 합금원소의 중요특성은 다음과 같다.

Ni - 인성을 증가시키고 저온에서 충격치를 크게 한다.

Cr - 인성, 내식성, 내마모성을 증대시킨다.

Mo - Tempering으로 인한 약한 성질을 방지한다. 고온에서 강도와 경도를 향상 시킨다./ 이물질과 부딪칠 때 스파크가 일어

나지 않는다.

W - 고온에서 강도와 경도증진

Cu - 산화방지

	Class 150				Class 300				Class 600				Class 900			
Temp ℃	SCPH 2	SCPH 11	SCPH 21	SCPH 32	SCPH 2	SCPH 11	SCPH 21	SCPH 32	SCPH 2	SCPH 11	SCPH 21	SCPH 32	SCPH 2	SCPH 11	SCPH 21	SCPH 32
30~38	20	20	20	20	52	49	52.5	52.5	104	97.5	105.5	105.5	156	147	158	158
93	18.5	18.5	18.5	18.5	47.5	48	50	50	95	95.5	100	100.5	142	143	150	151
149	16	16	16	16	46	46	47.5	47.5	92.5	92	94.5	95.5	139	137	142	143
204	14	14	14	14	44.5	45	46.5	46.5	89.5	90	92.5	91	134	135	139	137
260	12	12	12	12	42	43.5	45	45	84.5	87.5	90.5	90	126	131	139	135
316	10	10	10	10	38.5	42.5	42.5	42.5	77	85	85	85	115	128	128	128
343	9	9	9	9	37.5	41.5	41.5	41.5	75.5	82.5	82.5	82.5	113	124	124	124
371	7.5	7.5	7.5	7.5	37.5	40	40	40	75	80	80	80	112	120	120	120
399	6.5	6.5	6.5	6.5	35.5	37.5	37.5	37.5	71	75	75	75	106	112	112	112
427	5.5	5.5	5.5	5.5	29	36	36	36	58	71.5	71.5	71.5	87	107	107	107
454	4.5	4.5	4.5	4.5	19	34	34	34	37.5	68.5	68.5	68.5	57	103	103	103
482		3.5	3.5	3.5		31.5	31.5	31.5		63.3	63.5	63.5		95	95	95
510			2.5	2.5			26.5	26.5			53	53			79	79
538			1.5	1.5			16	19			37.5	31.5			47	57
566			1.5	1.5			10	14			19.5	28			29	42
593			1.5	1.5			6.5	8			13.5	16			20	24
Hydrostalie	31.5	28	31.5	31.5	79.5	74	79	79	156.6	147.5	158	158	236	221	237	237

| 표 1 | 온도에 따른 압력 예(ANSI 16.5)

	Class 150				Class 300				Class 600				Class 900			
Temp C°	SCS13 304	SCS14 316	SCS16 316L	SCS19 304L	SCS13 304	SCS14 316	SCS16 316L	SCS19 316L	SCS13 304	SCS14 316	SCS16 316L	SCS19 304L	SCS13 304	SCS14 316	SCS16 316L	SCS19 304L
38	19	19	19	19	43	51	36	36	87	101	72	72	130	152	109	109
66	18	18	18	18	41	50	36	36	82	100	72	71	123	150	109	107
93	17	17	17	17	39	49	36	35	77	98	72	71	16	148	109	106
121	16	16	16	16	37	49	35	33	73	97	70	66	100	146	105	98
149	15	15	15	15	35	48	33	30	69	96	67	60	104	144	101	91
177	14	14	14	14	33	48	31	28	66	95	61	56	100	142	92	84
204	13	13	13	13	32	47	28	25	63	94	56	51	95	141	90	76
232	12	12	12	12	30	46	27	24	61	92	53	48	91	138	80	72
260	11	11	11	11	29	44	25	23	58	88	50	45	87	132	76	68
288	10	10	10	10	28	42	25	22	56	83	49	43	84	125	74	65
316	9	9	9	9	27	39	24	21	54	78	47	42	81	117	71	63
343	8	8	8	8	26	36	23	20	52	72	45	45	78	109	68	61
371	8	8	8	8	25	35	22	20	50	69	44	39	75	104	66	59
399	7	7	7	7	24	33	21	19	48	66	42	38	72	99	63	58
427	7	7	7	7	23	32	20	19	46	63	41	37	69	95	61	56
454	6	6	6	6	23	30	20		45	60	39		68	90	59	
468	5	5			22	29			44	58			66	87		
482	5	5			22	28			44	57			65	85		
496	4	4			22	27			43	55			65	83		
510	4	4			22	27			43	53			64	80		
524	4	4			21	26			43	52			64	78		
538	3	3			21	25			42	50			63	75		
552					21	24			42	49			63	73		
566					20	24			41	47			62	70		
579					19	23			39	45			58	68		
593					18	22			36	44			54	66		
607					16	21			32	42			48	63		
621					14	20			28	41			42	62		
635					12	18			25	37			37	55		
649					11	17			22	33			33	49		
663					10	14			19	29			28	44		
677					8	13			16	26			24	38		
691					7	11			14	23			21	33		
704					6	10			12	19			18	29		
718					5	8			10	16			16	24		
732					4	7			9	13			13	20		
746					4	6			8	11			12	17		
760					4	5			7	10			10	14		
					3	4			6	8			9	13		
788					3	4			5	7			7	11		
802					2	4			5	7			6	9		
816					2	3			4	5			5	7		
Hydro stalic	30kg/cm²				65	77	54	54	132	153	109	109	195	288	163	163

	Class 150				Class 300				Class 600				Class 900			
Temp °C	SCPH 2	SCPH 11	SCPH 21	SCPH 32	SCPH 2	SCPH 11	SCPH 21	SCPH 32	SCPH 2	SCPH 11	SCPH 21	SCPH 32	SCPH 2	SCPH 11	SCPH 21	SCPH 32
30~38	20	20	20	20	52	49	52.5	52.5	104	97.5	105.5	105.5	156	147	158	158
93	18.5	18.5	18.5	18.5	47.5	48	50	50	95	95.5	100	100.5	142	143	150	151
149	16	16	16	16	46	46	47.5	47.5	92.5	92	94.5	95.5	139	137	142	143
204	14	14	14	14	44.5	45	46.5	46.5	89.5	90	92.5	91	134	135	139	137
260	12	12	12	12	42	43.5	45	45	84.5	87.5	90.5	90	126	131	139	135
316	10	10	10	10	38.5	42.5	42.5	42.5	77	85	85	85	115	128	128	128
343	9	9	9	9	37.5	41.5	41.5	41.5	75.5	82.5	82.5	82.5	113	124	124	124
371	7.5	7.5	7.5	7.5	37.5	40	40	40	75	80	80	80	112	120	120	120
399	6.5	6.5	6.5	6.5	35.5	37.5	37.5	37.5	71	75	75	75	106	112	112	112
427	5.5	5.5	5.5	5.5	29	36	36	36	58	71.5	71.5	71.5	87	107	107	107
454	4.5	4.5	4.5	4.5	19	34	34	34	37.5	68.5	68.5	68.5	57	103	103	103
482		3.5	3.5	3.5		31.5	31.5	31.5		63.3	63.5	63.5		95	95	95
510			2.5	2.5			26.5	26.5			53	53			79	79
538			1.5	1.5			16	19			37.5	31.5			47	57
566			1.5	1.5			10	14			19.5	28			29	42
593			1.5	1.5			6.5	8			13.5	16			20	24
Hydrostalie	31.5	28	31.5	31.5	79.5	74	79	79	156.6	147.5	158	158	236	221	237	237

Unit:kg/cm²

	Class 1500				Class 2000				Class 2500				Class 3500			
Temp °C	SCPH 2	SCPH 11	SCPH 21	SCPH 32	SCPH 2	SCPH 11	SCPH 21	SCPH 32	SCPH 2	SCPH 11	SCPH 21	SCPH 32	SCPH 2	SCPH 11	SCPH 21	SCPH 32
30~38	260	244	264	264	347	325	352	325	434	407	439	439	607	570	615	615
93	237	239	250	252	316	318	334	336	395	398	417	419	554	557	584	587
149	231	229	237	238	308	306	315	317	385	382	394	396	536	5.5	552	555
204	223	225	231	228	297	300	308	304	371	375	386	380	520	525	540	532
260	211	218	226	225	281	291	301	300	351	364	376	375	491	510	527	525
316	192	213	213	213	256	284	284	284	321	354	354	354	449	496	496	496
343	189	207	207	207	252	276	276	276	315	345	345	345	440	483	483	483
371	187	200	200	200	250	266	266	266	312	333	333	333	437	466	466	466
399	177	187	187	187	236	249	249	249	295	311	311	311	413	436	436	436
427	145	179	179	179	193	238	238	238	241	297	297	297	337	416	416	416
454	94	171	171	171	126	228	228	228	157	285	285	285	219	400	400	400
482		158	158	158		211	211	211		263	263	263		369	369	369
510			133	133			177	177			221	221			310	310
538			78	94			105	105			157	157			183	219
566			48	70			64	64			117	117			113	163
593			34	40			45	45			66	66			79	93
Hydrostalie	392	367	395	395	522	489	528	528	652	612	659	659	912	855	923	923

| 표 2 | Pressure - Temperature Rating

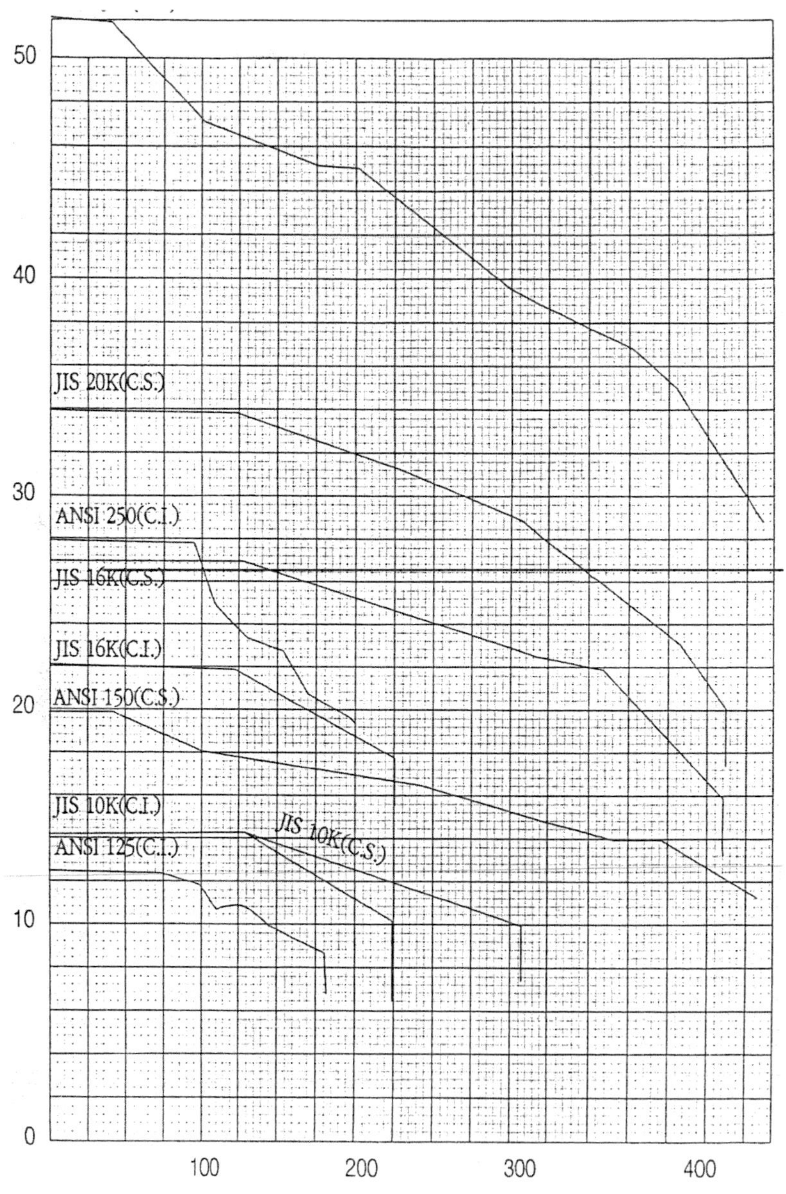

| 그림 1 | 온도에 따른 사용압력

Material		Material mark		Service temperature range(°C)			Main componenet	Application
		JIS	ASTM	JIS(B8243)	High pressure gas control act	ANSI(B1634)		
Gray cats iron		FC20	A126 Grade A	0~250 220 and under	0~250	.	.	Low Pressure
Nodular cast iron		FCD45	A536 Gr.65-45-12	0~350	0~250	.	.	
Bronze casting		BC3	B584	-196~225	-196 and over	.	.	Sawwater, Corrosion resistance low temperature
		BC6	B584	-196~225	-197 and over	.	.	
Cast of forged steel for high temperature and high Pressure service	Cast	SCPH2	A216-WCB	0~450 425 and under	-5 and over	-29~425		High temperature and high pressure
	Forged	S25C	.	-10~450	-10 and over 425 and over			
	Cast	SCPH11	A217-WCI	0~550 475 and under	-5 and over	-29~455	0.5Mo	
	Forged		A182-F1	.	.	-29~455		
	Cast	SCPH11	A217-WC6	0~575 510 and under	-5 and over	-29~593	1.25Cr-0.5Mo	
	Forged		A182-F11	.	.	-29~593		
	Cast	SCPH32	A217-WC9	0~650	-5 and over	-29~593	2.5Cr-1Mo	
	Forged		A182-F22	.	.	-29~560		
	Cast	SCPH61	A217-C5	0~650	-5 and over	-29~560	5.25Cr-0.5Mo	
	Forged		A182-F11	.	.	.		
Cast or forged stainless steel		SCS13	A351-CF8	-196~800	-196 and over	-29~800	18Cr-8Ni	Corrosion resist ance, high temperature and high pressure and low temperature
		SUS304	.	-253~800	-253 and over	.		
		SCS14	A351-CF8M	-196~800	-196 and over	-29~800	18Cr-12Ni 2.5Mo	
		SUS316	.	-253~800	-253 and over	.		
		SCS16	A351-CF3M	-196~450	-196 and over	-29~455	.	
		SUS316L	.	-268~450	.	.		
		SCS19	A351-CF3M	-196~425	-196 and over	-29~425	.	
		SUS304L	.	-268~425	.	.		
Cast steel for low temperature and high pressure service		SCPL1	A352-LCB	-45~350	-45 and over	.	.	Low temperature
		SCPL11	-45~350	-45 AND OVER	.	.	0.5Mo	
		SCPL21	A352-LC2	-70~350	-70 and over	.	2.5Ni	
		SCPL31	A352-LC3	-100~350	-100 and over	.	3.5Ni	

| 표 3 | Body Material

Si-내열성, 구조의 특성 증진 온도와 압력에 관한 재질 ANSI (American National Standard Institute)의 규정에 의하여 특정 재질에 대하여 온도에 따른 압력 비율(Pressure Temperature Rating)을 규정하고 있다. 예를 들면 ANSI CLASS 150 LBS의 주강밸브 (ASTM A216 WCB)는 온도가 38°C 이내에서는 20kg/cm²까지 사용할 수 있으며 온도가 427°C일 때는 유체압력이 5.5kg/cm²까지 밖에 허용되지 않는다. 따라서 ANSI 150 LBS CLASS가 반드시 150 LBS/(10kg/cm²)내에서만 사용가능한 것은 아니고 온도에 따라서 사용

Body Materials	Temperature Degrees F	Maerials Specification	
		Bolts	Nuts
Cast Iron	-20 to 410	ASTM A307 Gr B	ASTM A307 Gr B
Ductile	-20 to 650	ASTM A193 Gr B7	ASTM A194 Gr 2H
Carbon Steel(Grade WCB)	-20 to 800	ASTM A193 Gr B7	ASTM A194 Gr 2H
Carbon Steel(Grade LCB)	-50 to 650	ASTM A193 Gr B7	ASTM A194 Gr 2H
Carbon Steel(Grade WCI)	-20 to 800	ASTM A193 Gr B7	ASTM A194 Gr 2H
	801 to 850	ASTM A193 Gr B7	ASTM A307 Gr 7
$1^{1/4}Cr^{1/2}$ Mo(Grade WC6)	-20 to 800	ASTM A193 Gr B7	ASTM A194 Gr 2H
	801 to 1000	ASTM A193 Gr B7	ASTM A307 Gr 7
$2^{1/4}$Cr-1Mo(Grade WC9)	-20 to 800	ASTM A193 Gr B7	ASTM A194 Gr 2H
	801 to 1000	ASTM A193 Gr B7	ASTM A307 Gr 7
	1001 to 1050	ASTM A193 Gr B16	ASTM A307 Gr 7
5Cr-1/2Mo(Grade C5)	-20 to 800	ASTM A193 Gr B7	ASTM A194 Gr 2H
	801 to 1000	ASTM A193 Gr B7	ASTM A307 Gr 7
	1001 to 1100	ASTM A193 Gr B16	ASTM A307 Gr 4
9Cr-1Mo(Grade C5)	-20 to 800	ASTM A193 Gr B7	ASTM A194 Gr 2H
	801 to 1000	ASTM A193 Gr B7	ASTM A307 Gr 7
	1001 to 1100	ASTM A193 Gr B16	ASTM A307 Gr 4
Type 304(Grade CF8)	-425 to 100	ASTM A320 Gr B8	ASTM A307 Gr 8
	100 to 1500	ASTM A193 Gr B8	ASTM A307 Gr 8
Type 347(Grade CF8C)	-425 to 100	ASTM A320 Gr B8	ASTM A307 Gr 8
	100 to 1500	ASTM A193 Gr B8	ASTM A307 Gr 8
Type 316(Grade CF8M)	-325 to 100	ASTM A320 Gr B8	ASTM A307 Gr 8
	100 to 1500	ASTM A193 Gr B8M	ASTM A307 Gr 8
$3^{1/2}$Ni(Grade LC3)	-150 to -50	ASTM A320 G L7	ASTM A194 Gr 4 With Charpy Test or 8M
	-50 to 650	ASTM A193 Gr B7	ASTM A194 Gr 2H

| 표 4 | Valve Body Bolting Materials

압력은 다르다.

또 특수용도의 재료는 재질에 따른 허용한도 범위를 ASME(American Society of Mechanical Engineer) Section VIII (Boiler And Pressure Vessel Cord)에 규정되어 있다. 물리화학적인 유체에 대하여 특별히 요구되는 재질은 ASTM(American Society For Testing And Materials)에 규정되어 있다. 이러한 규정들에 의해 정리된 것은 표 3을 참고 하면 된다.

[1] 고온용 재질

열에 잘 견디는 합금강을 크게 나누면, 크롬(Cr)을 주체로 한 Ferrite계 강(a-Fe), 다른 원소가 다량 함유된 Austenite강(g-Fe), Ni, Co 등이 함유된 초합금강 등이 있다.

보통강은 고열에서 하중을 가하면 시간이 경과함에 따라 변형율(Strain)이 증가하는데 이 현상을 Creep 현상이라 한다. Creep 현상을 개선하기 위하여 Cr, Mo, V, W 등을 합금하여 내열합금을 만든다. 이 원소들은 고용체를 강화하여 탄화물, 질화물 등을 형성하는 결정입자의 내외에 세밀하게 분산하여 고온이 될 때 큰 저항체를 형성하여 Creep 강도를 높여준다.
고온, 고압용 재료는 온도에 따른 압력을 만족함은 물론이고 고온에서 발생하는 내식성 및 고온 가열 중에 일어나는 조직변화가 없어야 한다.

밸브 재질 중에 주로 사용하는 고온용 재질로는ASTM, A217WC6(SCPH21), A217WC9(SCPH32), A217 C5(SCPH61), A351 CF8(SCS13), A351 CF8M(SCS14) 등이 있다.

[2] 저온용 재질

일반적으로 금속은 저온에서 기계적 성질이 금속 구조의 변화로 인성이 급격히 저하되어 파괴될 수 있다.

저온용 재질로는 일반적으로 동합금과 18-8 스테인리스강(SUS304)을 사용하고 있는데 동 합금강은 강도가 약하여 사용압력 20kg/cm² 이하에, 18-8 스테인리스강은 가격이 비싸나 강도가 강하여 -100℃ 이하에서도 많이 사용한다. 보다 싼 재질로는 C-Mo강(SCA49, 저 Carbon LCI등)과 3.5 Ni강이 많이 쓰인다.

저온용 재질의 대표적인 것은 다음과 같다.

재 질 명	ASTM	한계온도
일반주강	A216 WCB	-30℃
C-1 / 2Mo강	A352-LC1	-45℃
2.5Ni강	A352-LC2	-75℃
3.5Ni강	A352-LC3	-100℃
18-8 스테인레스강	A351-CF8	-196℃이하
청동	B584	-100℃이하

| 표 5 | 저온용 재질

[3] 내식성 재질

금속 재료는 건조 상태일 때는 200℃ 이하에서는 대게 부식이 일어나지 않는다. 그러나 200℃이하에서 부식이 일어나면 이때는 건조한 상태가 아닌 습한 상태로 습식 부식이라 하며 이에 반하여 200℃ 이상에서 건조한 상태에서 일어나는 부식을 건식 부식이라 한다.

부식이 일어나지 않는 밸브재료로 비금속 재료(Teflon, PE, PVC등)가 좋으나 내열성과 기계적 성질이 나빠 150℃ 이상 고온이거나 고압에서 사용이 제한되고 있다.

부식현상에는 전면부식, 접촉부식, 임계부식, 응력부식 등이 있으며 대개는 복합적으로 부식이 일어난다. 또 생산라인에서 유체는 반드시 순수한 하나의 유체가 흐르는 것은 아니고 여러 가지 부식성 유체가 혼합 복합적 화학반응을 일으키기 때문에 생산 공정상 많이 사용한 경험에 의하는 것이 좋다.

전면 부식일 때 부식의 단계를 A, B, C 3단계로 정하여 밸브에서 Trim 부분은 A급의 재료를 선택하고 많은 중량이 필요로 하는 Body, Bonnet, Bottom

Flange 등은 통상적으로 B급을 사용하고 있다.

부식의 정도는 같은 유체라도 유체의 조건, 즉 농도, 온도, 압력에 따라서 적당한 재질이 다를 수가 있다. 예를 들면 염소가스에서 Dry 상태일 때는 주강이 적당(A), Titanium은 부적당(C)하나 Wet 상태일 때는 정반대이다.

또 같은 황산이라도 표 6과 같이 조건에 따라서 알맞은 재질이 다르다.

부수 단계는 부식 정도에 따라서 표 6과 같이 A,B,C 단계로 나눈다. (부록 내식성분 참조)

단위 : Mm/Year

내식 단계	내식도
A	0.125이내
B	0.125~1.25 이내
C	1.25이상

| 표 6 | 내식 단계표

FLUID	SUS • 316	RATING	ALLOY20	RATING	MONEL	RATING
			≤120°F	B		D
Sulfuric acid(0~7%)	70°F	B	120·200°F	C		
			≤120-200°F	A	70°F	
Sulfuric acid(7~40%)		D	≥120°F	C	≥120°F	
			≤120°F	A	70°F	B
Sulfuric acid(40~75%)			≥120°F	C	≥120°F	D
Sulfuric acid(75~95%)	70°F	D	≤120°F	A		
	>175°F	C	≥175°F	C		D
Sulfuric acid(95~100%)	70°F	B	≤120°F	A		
		D	≥175°F	C		D

| 표 7 | 황산의 부식도

* A : Good 〈 Less Than
B : Fair ≤ Less Than Or Greater Than
C : Unsultable ≥ Equal To Or Greater Than
D : Unsatusfactory 〉 Greater Than

	304 SS	316 SS	BRONZE	INCONEL	MONEL	HASTELLOY B	HASTELLOY C	TITANIUM 75A	NICKEL	ALLOY 20	TYPE 416 HARD	TYPE 440 HARD	17-4 PH	ALLOY 6(co-cr)	ENC*	Cr PLATE
304 SS	×	×	△	×	×	×	△	×	×	×	△	△	△	△	△	△
316 SS	×	×	△	×	×	×	△	×	×	×	△	△	△	△	△	△
BRONZE	△	△	O	O	O	O	O	O	O	O	△	△	△	△	△	△
INCONEL	×	×	O	×	×	×	△	×	△	O	△	△	△	△	△	△
MONEL	×	×	O	×	×	×	△	△	△	△	△	△	△	△	△	△
HASTELLOY B	×	×	O	×	×	×	△	△	O	△	△	△	△	O	△	△
HASTELLOY C	△	△	O	△	△	△	△	△	△	△	△	△	△	O	△	O
TITANIUM 75A	×	×	O	×	△	△	△	×	△	△	△	△	△	O	△	△
NICKEL	×	×	O	△	△	O	△	△	×	×	△	△	△	O	△	△
ALLOY 20	×	×	O	△	△	△	△	△	×	×	△	△	△	O	△	△
TYPE 416 HARD	△	△	△	△	△	△	△	△	△	△	△	△	△	O	O	O
TYPE 440 HARD	△	△	△	△	△	△	△	△	△	△	O	△	O	O	O	O
17-4 PH	△	△	△	△	△	△	△	△	△	△	△	O	×	O	O	O
ALLOY 6(co-cr)	△	△	△	△	O	O	O	O	O	OO	O	O	O	△	O	O
ENC*	△	△	△	△	△	△	△	△	△	△	△	O	O	O	×	O
Cr PLATE	△	△	△	△	△	O	O	△	△	△	O	O	O	O	O	×
AL BRONZE	△	△	△	O	O	O	O	O	O	O	O	O	O	O	O	O

* Electroless Nickel Coating

O : Satisfactory
△ : Fair
×: Poor

| 표 8 | Galling 적합성도

6-2 Trim 재질

[1] Seat, Plug, Guide재질

Trim(Seat Ring, Guide, Bushing, Port, Stem) 재질은 유체와 직접적으로 접촉할 뿐 아니라 실제로 움직이는 부분이기 때문에 내마모성, 내부식성 재질을 선택하여야 한다. 일반적으로 Trim 재질은 SUS27, SUS32, SUS304, SUS316 등을 사용하고 있으나 유체가 고형 부유물이 함유되었거나 고온이면서 차압이 클 때는 Trim을 경화하지 않으면 안 된다.

또 Trim부는 움직이는 부분이기 때문에 움직이는 부분은 닿는 부분이 같은 강도의 같은 재질이면 Galling 현상이 일어나기 때문에 서로 다른 재질로 채택하는 것이 좋고, 만일 같은 재질이라면 경도를 달리하여 사용하는 것이 좋다.

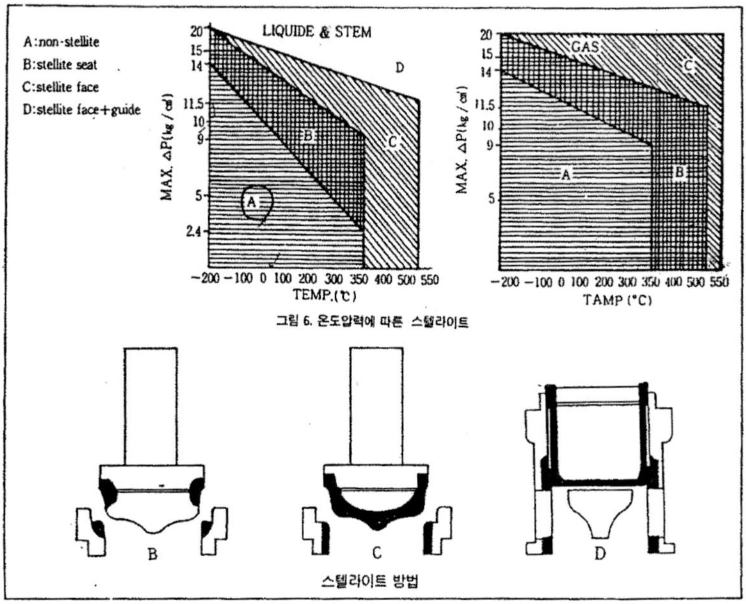

| 그림 2 | 온도·압력에 따른 Stellite 예

(1) Seat의 재질

1) Metal Seat : Seat 재질은 자동 밸브에서는 대개 Metal과 Metal이 닿는 형태의 Metal Seat를 많이 사용한다. 왜냐하면 유량과 압력조절은 어느 정도의 누출은 허용되기 때문이다.

2) Soft Seat : 자동제어 밸브는 허용누수량(Allowable Leakage)이 있다. (참조 Leakage) 그러나 일부는 공정상 누출이 전혀 되어서는 안 되는 경우가 있다. 이러한 때는 온도가 낮고 차압이 작아 연질의 재질로 Seat를 만들어 누출을 0(Bubble Tight)으로 만들 수 있다.

Soft Seat를 만드는 방법에는

① Seat에 연질재료(Teflon등)을 삽입하는 경우와

② Plug에 연질 재료를 삽입하는 경우가 있다.

3) Ball 밸브 대부분은 Teflon Soft Seat로서

① 순수 Teflon Seat : 일반적으로 Class 300LBG이하로서 사용 온도가 150℃내 일 때 많이 사용한다.

② Reinforced Teflon : 사용 유체의 온도나 차압이 높을 때 순수 Teflon에 고온 또는 고압일 때 견디는 기타 물질을 첨가하여 순수 Teflon의 취약점을 보완한 것으로서

ⓐ Glass Teflon : 온도는 낮으나

경도가 높아 내마모성이 높다. 온도가 200˚C 이하일 때 저압이 최소일 때 많이 사용한다.

ⓑ Carbon Teflon : Teflon에 Carbon을 삽입시켜 유체온도가 200˚C까지도 사용한다.

ⓒ Graphite Teflon : Teflon에 Graphite를 혼합하여 고온에 견디고 윤활성을 높인 Seat로서 500˚C까지 사용할 수 있도록 개발된 것도 있다.

Metal Seat재질은 대개 Port 재질과 동일한 재질을 사용하며 Body재질에 비하여 1단계 좋은 것을 사용하는 것이 통례이다. 예를 들면 Body 재질이 주강일 때는 Seat나 Port재질은 SUS304 가 사용된다. 왜냐하면 Port Seat는 직접 유체가 흐름으로서 마모가 잘되고 또한 부식도 잘되기 때문이다.

경화방법	기호	화학성분	경도	비고
크롬도금		Cr	C-68	
SUS304 열처리			C-64-74	No.3
스텔라이트	No.11	Co53. Cr31. W12	C-54	
	No.32	Co60. Cr30. w8	C-48	No.12
	No.66	Co64. Cr30. w45	C-48	No.6
초경합금	C-4	C5-7. Co3-6. w88 99	C-89	

| 표 9 | 경화방벙에 따른 경도

•내마모성 순서

Bronze→AL·Bronze→Nickel→Alloy20→Monel→Hastelloy B & C→SUS304→K Monel→Inconel→Chrome→Tungsten Carbide→Ceramic

(1) Trim경화 방법

① 열처리

열처리를 하면 경도가 높아져 내마모성이 커진다. 대체적으로 열처리하여 경화하는 것은 JIS규격의 SUS25가 있다.

② 표면경화

표면에 경질도금 등으로 표면을 경화한다. SUB304일 때 Hrc 2인데 반하여 크롬 도금을 하면 Hrc가 68이나 된다. 대부분 Ball을 Crome 도금하는 경우가 많다.

③ Stellite

고온, 고 차압일 때 Co~Cr-W 합금인 Stellite를 용착하여 내마모성, 내식성을 획기적으로 증진 시킨다. 자동밸브에서 가장 많이 사용하는 Trim경화 방법으로 유체에 따라서 또 온도와 차압에 따라서 용착하는 정도가 다른데 Stellite Seat, Stellate Face, Stellate Face & Guide가 있다.

④ 초경합금

초경합금은 특별히 경도가 높고 고온에서도 경도변화가 적다. 특별히 내마모성이 좋으나 충격에는 약하다. 일반적으로 초고압, 고온의 소구경 밸브의 Plug, Seat Ring 등에 사용하고 있다.

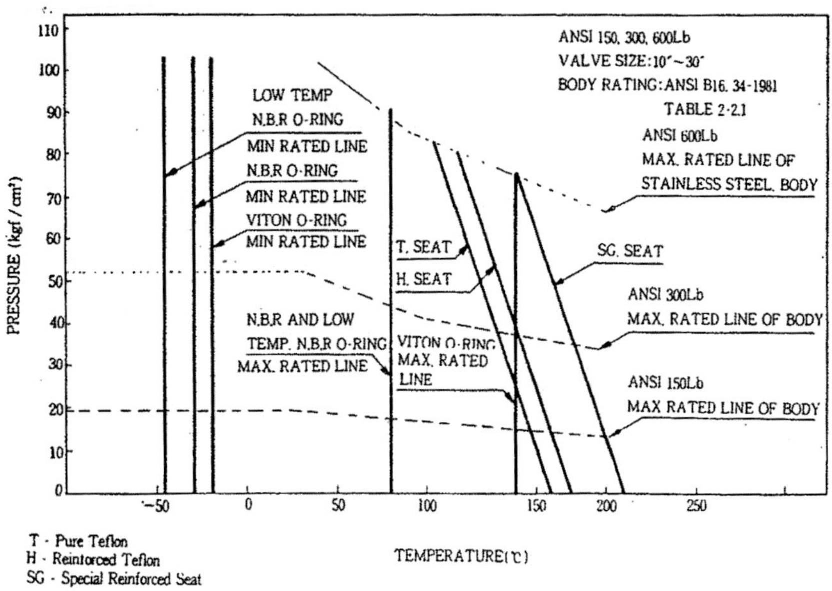

| 그림 3 | Teflon Seat, O-Ring 온도-압력 표

일반적으로 Tungsten Carbide, Chrome-Carbide가 사용되고 있다. 석탄 액화가스 제조용 밸브 및 고압 고 슬러리 제조 공정에 사용한다. 일반 Plug보다 약 10배 정도 더 수명이 길다.

[2] 탄성 재질-Elastomer

Trim중 Ball Valve, Diaphragm Valve, Butterfly Valve에서와 같이 밸브 개폐부인 Ball, Diaphragm, Vane이 접촉되어 유체를 밀폐시켜 주는 Seat 부분의 재질 선정은 밸브의 수명과 밀폐성에 직접적으로 영향을 미치기 때문에 대단히 중요하다. 이들 밸브의 Seat는 보통 금속이 아닌 비금속 계통의 탄성 재질(Elastomer)로 되어있다. Elastomer 선정에 가장 중요한 것은, 유체에 대한 부식성이 낮고, 온도에 대한 저항성이 높고 내마모성이 좋아야 한다. 탄성 재질의 특성은 표. 10과 같다. 특히 Ball Valve Seat로 많이 사용하는 Teflon Seat는 순수 Teflon에 Carbon을 섞어 강화시킨 Reinforced Teflon이 있는데 온도에 대한 사용 압력은 그림 3과 같다.

Ⅰ표 10Ⅰ 탄성재질 특성

6-3 Packing 재질

유체가 Valve Stem을 타고 Bonnet 밖으로 새지 않도록 차단시켜주는 장치를 Packing Box라하며 이 Packing Box중에 Stem을 둘러싸고 있는 것을 Packing이라 한다.

Packing은 Stem이 계속 움직이고 유체가 압력이 걸려있는 상태로 밀폐를 항시 유지하기 위해서는 Packing이 일정한 힘(Force)을 가지고 있어야 하며 유체의 온도 및 기타 성질에 대하여 변형이 일어나지 않아야 한다.

Packing 재질에는 크게 분류하여 Teflon, Graphite, 기타 Neoprenw등이 있다.

팩킹 재질은 크게 테프론 계통과 흑연(Graphite)계통으로 나누며 ①온도 ②압력 ③유체에 따라서 결정한다.

일반적으로 부식성이 많고 저온(220°C 이하)에서는 테프론을 사용하고 부식성이 없고 고온 고압인 경우는 흑연 계통을 많이 쓴다.

Voc packing - Voc란 휘발성 유지화합물질(Volatile Organic Compounds)의 약자로서 석유화학공정시 많이 발생 직접적으로 인체에 유해하기도 하고 휘발성이 높다. 유기화합 물질이 대기름에 증발되어 질소화합물과 같이 있을 때 태양 광산과 광화학작용을 일으켜 스모그를 유발한다.

이렇한 휘발성 유기화합물에 적합한 팩킹을 voc packing이라 한다. 석유 화학 산업에서 발생하는 방향 즉 탄화수소, 할로겐화탄화수소는 직접적으로 인체에 해로우며 탄화수소는 대기중 질소화합물과 광분해 반응하며 스모그 현상을 일으킨다,

미국환경보호청(EPA)에서는 VOC 누설물 500ppm이하로 제한하였으며 대기환경규제법(CAA)에는 189종의 유해 휘발성 유기화합물(VOC)에 대하여 100ppm이하로 규제하고 있다.

② 밸브로부터 외부로 누출되는 것이 가장 심한 대기 오염원이 될 수 있어 이를 빨리 하기 위한 여러 가지 방법 중 Packing Box 내에 스프링을 장착하여 누출을 방지했으나 크랜드 프랜지에 접시 스프링을 장착하여 사용하는 회사가 늘어나고 있다.

내부에 장착된 스프링은 유체의 부식성과 온도레 따라서 부식되고 탄성도 약해져 외부에 스프링을 장착하는 것이 유리하다.

[1] Packing 재질선정

(1) Teflon

화학적으로 불활성인 까닭에 자체적인 윤활성이 있어 압력이 30kg/cm² 까지, 100°C-200°C까지 거의 모든 유체에 사용 한다. Teflon은 사용할 때마다 용도에 따라 성형하거나 미리 V자형으로 금형을 만들어(V-Packing)사용 한다.

V자형 링은 Stem에 대한 균일한 힘과

밀폐를 항상 유지하기 위하여 스프링을 함께 넣고 사용하여야 한다. 순수 Teflon의 단점은 열에 대하여 약하고 Stem이 매끄럽게 (6RMS)가공이 되어야 하고, stem부분이 닿는 Teflon부분은 더욱 매끄럽게 (16RMS)가공이 되어야 Teflon Packing의 마모를 방지하고 일정한 마찰력을 유지시켜 준다.

(2) Grafoil

순수 Graphite로 되어 있어 화학적으로 불활성이고 마찰계수가 낮고 3,500˚C의 고온에까지 사용이 가능하다. 주의할 점은 밀도가 높아 너무 Gland를 조이면 Stem의 저항이 너무 많이 걸린다.

(3) 기타 Neoprene, Buna-N

V형태의 링을 만들어 저온의 공기나 물 등에 사용하는 Valve Packing에 사용한다. 일반적으로 Packing 사용할 때는 부록에 있는 Packing 종류 표에 있는 온도 압력에 따라서 사용하면 별로 문제가 없다. 특별한 Packing은 다음과 같다.

① 저온-테프론 V Packing을 사용하나 V Teflon에 Asbestos(Teflon 포함)를 혼용하는 경우가 많다.
② 진공-Teflon V Packing을 반대 방향으로 2중으로 조립한다.
(Press Vacuum 참조 19)
③ 수소로 비중이 아주 작아 누출되기 쉽고 인화되기 쉬어 Packing을 주의하지 않으면 안된다.
Telfon V-Packing+Asbestos(Teflon 함유)를 사용한다.
④ Slurry-Packing 보호하기 위하여 V-Teflon Packing 밑에 석면사가 있는 Packing을 함께 쓴다.

■ Gasket 재질

밸브는 Body와 Bonnet, Bottom Flange 등과 연결되어 있어 이 연결되는 부위에 누출을 방지하기 위하여 Gasket이 필요하며, 또 Seat 밑 부분과 Cage의 윗부분으로부터 새는 것을 방지하기 위하여 Gasket이 필요한데 이때 Gasket의 선택은 유체의 압력, 온도 부식성 등을 고려하여 선정하지 않으면 안된다. Packing 제조 회사마다 조금씩 다르나 일반적으로 사용하는 제품은 부록에 있는 Packing표를 참조 바란다.

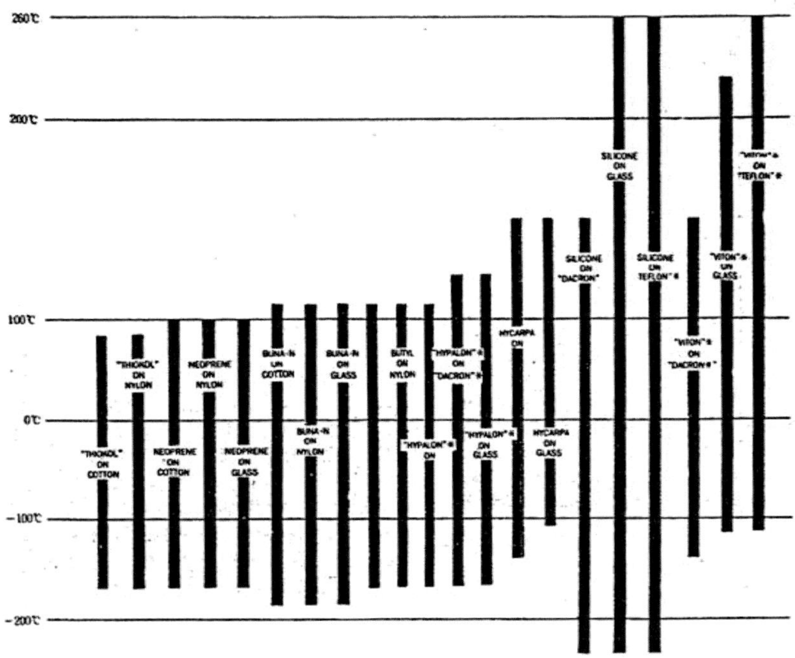

| 그림 4 | Diaphragm 재질의 내열성

Chapter 7

구동부 선정

7-1 구동부의 종류

밸브 구동부는 크게 손으로 작동하는 수동식과 외부로부터 힘(Energy)을 받아 작동하는 자동식과 유체의 흐르는 힘과 밸브 내에 설치된 스프링이나 Pilot 밸브장치에 의하여 작동하는 자주식 구동부로 나뉜다.

[1] 수동식(Manual Valve)

(1) 레버식(Lever) : 대게 작은 크기의 버터플라이 밸브나 볼 밸브, 플러그 밸브 등 90도 회전하는 밸브에 많이 사용한다.
(2) 휠 식(Wheel) : 수직 형으로 움직이는 게이트 글로브 밸브 중 큰 크기의 밸브에 사용한다.
(3) 기어식(Worm Gear) : 밸브 크기가 커서 직접 핸들휠로는 작동이 곤란할 때 감속기를 사용하는 휠로 작동한다.

[2] 자동식(Automatic Control Valve)

(1) 공기식 다이아프램 구동부
(2) 피스톤(실린더) 구동부
(3) 전기 유압식(Electro-Hydraulic) 구동부
(4) 고정도 서보 구동부(High Performance Servo Actuator)
(5) 일렉트로메커니컬 엑츄에이터
(6) 자기식 구동부(솔레노이드)

7-2 구동부 선택

자동밸브에서는 어떤 구동부를 사용할 것인가는 계기의 신호가 어떠한 신호가 나오는 가에 따라서 다르다. 계기 신호에는 미세한 전기신호, 유압신호와 공기신호가 있는데 이 신호란 제어하고자하는 기준치와 제어변이의 편차를 자동으로 기준치에 접근하도록 보내지는 편차조정 신호를 말한다. 이중 유압신호나 공기압 신호는 밸브 구동부에 직접 전달되어 최종 제어장치인 밸브를 작동 하는 것도 있다.

구체적으로 구동부를 선택하기 위해서는 다음 사항을 검토해야 한다.

(1) 구동부를 움직이는 에너지-공급원

에너지가 공기, 전기, 유압인지에 따라서 구동부를 선정한다.

(2) 필요한 최저의 힘(Thrust) - 액츄에이터에 따라서 힘이 다르다. 같은 크기라면 유압식 구동부가 제일 힘이 크고 전기식 구동부가 힘이 작다.

(3) 공정 라인압력 - 공정 압력에 따라서 밸브를 제어 하고자 하는 위치에서 시스템을 견고하게 유지할 수 있는 힘(Stiffness)이 있는가를 검토한다.

(4) 구동부에 에너지 공급이 중단되었을 때 - 필요로 하는 밸브 위치에 따라서 오픈, 클로우즈 홀드포지션이 될 수 있는가 본다.

(5) 필요로 하는 작동시간

(6) 주위환경 - 방폭지역 및 분진지역 등 검토

(7) 안정성 및 신뢰도

(8) 가격

실제적으로 현재 생산 공정에 사용하는 대부분(약 90%이상)이 공기로 작동하는 다이아프램 구동부와 피스톤(실린더)식 구동부를 사용하고 있다. 이렇게 공기 작동식이 많이 사용되고 있는 것은 구동부의 구조가 간단하여 고장율이 낮고 안정성이 높고 강력한 힘을 발생하면서 가격은 다른 구동부에 비하여 싸기 때문이다. 여기서도 공기작동 식 밸브에 대하여 중점적으로 설명하겠다.

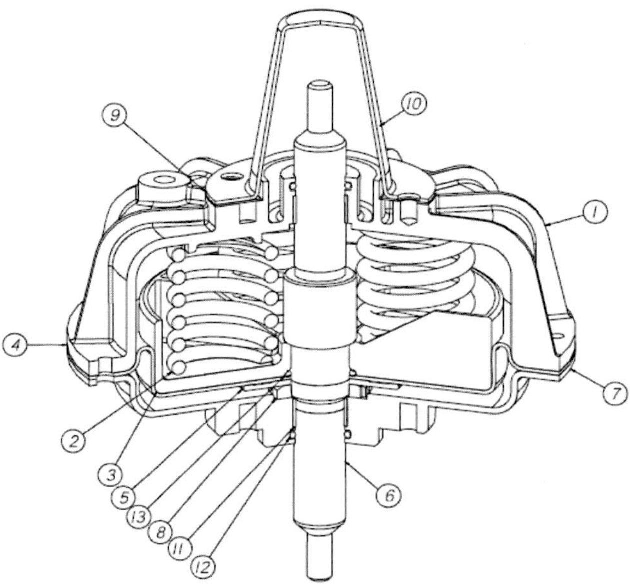

No.	Name of Parts
1	Spring Case
2	Spring
3	Diaphragm Plate
4	Diaphragm
5	Back Plate
6	Spindle
7	Diaphragm Case
8	Bearing Nut
9	Gasket
10	Cap
11	Du Bush
12	O-Ring
13	O-Ring

| 그림 1 |

[1] 다이아프램 액츄에이터

(1) 구조

두개로 된 철판 또는 주물 챔버내에 고무막이 들어 있고 격막(Diaphragm) 위 아래 어느 부분이 밀폐로 되어있어 이 챔버내에 공기압을 가하면 상하로 움직이도록 설계되었다. 대개 스프링이 다이아프램의 반대편에 있어 일정한 힘에 의하여 움직이도록 정해진 범위(Spring Range)가 있다.

컨트롤시스템의 공기신호가 밸브에 흐르는 유체의 차압, 패킹박스내의 마찰력과 스프링으로부터 반작용으로 나타나는 힘에 따라서 작용하게 된다.

Pressure 챔버가 다이아프램 위에 있어 공기를 넣으면 Stem이 아래방향으로 움직이는 것을 정작동(Direct Acting Diaphragm)이라 하고 Pressure 챔버가 다이아프램 아래 있어 공기압을 가하면 Stem이 위로 움직이는 형식을 역작동(Reverse-Acting) 액츄에이터라 한다.

그러나 Motoyama Inc.나 Foxboro Ltd.등의 액츄에이터는 정 작동 또는 역작동 구동부를 따로 구분하지 않고 현장에서 즉시 교환이 가등한 Reversible 액츄에이터를 개발 사용하여 편리하다.

구동부는 스프링레인지와 다이아프램 크기에 따라서 힘이 다르다. 이 구동부의 힘은 유체의 차압과 마찰력 등을 충분히 이겨낼 수 있는 것을 선택해야 한다. 따라서 구동부의 크기는 밸브크기와는 관계없이 차압이 큰 고압 밸브에는 밸브가 작더라도 많은 힘이 필요하므로 큰 구동부를, 차압이 작은 저압용 밸브에서는 큰 밸브에서도 작은 구동부를 사용할 수 있다.

그러나 제조회사는 각기 규격화하여 밸브 크기에 따라서 일정한 크기의 구동부를 사용하도록 규격화 하는 것이 보통이다.

예를 들면 Globe Valve, Single Seat, Contoured Plug에서 P1=15kg/cm^2, P2= 10kg/cm^2, Port면적이 75cm^{2}라면 최소한의 밸브를 닫을 수 있은 힘은 5kg/cm^2 × 75cm^2=375kg이다. 따라서 계기신호가 0.2~1.0kg/cm^{2}라면 0.2에서 움직여야하기 때문에 다이아프램 면적이 최소한 1875cm^2 (375/0.2)이상은 되어야 한다. 그러나 공기압이 1.0kg/cm^2 일 때는 1875kg/cm^{2}로 1500kg/cm^{2}의 힘의 여분이 생겨 이 힘을 흡수할 수 있는 힘이 필요한데 이것을 다이아프램 반대편에 스프링을 넣어 흡수한다. 만일 밸브 트래블이 25mm라면 스프링은 25mm 수축할 때 1875kg/cm^{2}의 힘이 있는 스프링을 넣어야 한다.

그러나 이론적으로는 1875cm^{2}가 필요하나 실제적으로는 밸브 Stem과 Actuator Spindle의 마찰이 있어 좀 더 큰 Actuator가 필요하다.

| 그림 2 | V/V 작동선정 예

(2) 구동부와 밸브 작동선정

구동부를 움직이는 에너지원이 고장시 밸브의 위치(Open, Close 또는 직전 위치에 Stop)는 전체공정의 안전, 에너지 절감, 재가동시의 문제점 등을 고려할 때 대단히 중요한 사항으로 파이프내의 유체를 차단할 것인가, 열이 계속 공급되어도 관계없는가, 압력 상태를 어떻게 할 것인가에 따라서 공정 전체의 안전성을 고려하여 결정한다.

다이아프램 액츄에이터와 스프링 리턴 실린더는 스프링이 다이아프램과 실린더 반대편에 위치하여 보조 에너지가 고장시 구동부 Stem이 원위치로 돌아간다. 밸브를 기준으로 에너지원 공급이 차단되었을 때(Air Fail/De-energized) 밸브가 열리는 것을 정 작동(Direct) 구동부라 하고, 밸브가 닫히는 것을 역작동(Reverse) 구동부라 한다. 즉 정작동 밸브는 De-Energized(Air Fail) To Open, Energized (Air) To Close, 역작동 밸브는 De-Energized (Air Fail) To Close, Energized(Air) To Open이다.

밸브 중 밸브 전체를 뒤집어 사용할 수 있는 Top & Bottom Guide Globe 밸브나 로터리형 밸브 외에는 현장에서 작동을 바꾸는 것이 불가능하므로 교환가능 구동부(Reversible Actuator)를 사용하는 것이 밸브 작동을 바꾸는데 유리하다.

Diaphragm no.	Diaphragm dia.	Effective area(m²)	Valve lift(mm)	Operating power (kg / 10.2kg / m²)
T-1	240	270	20	54
T-2	280	350	25	70
T-3	330	515	38	103
T-4	400	725	50	145
T-5	500	1210	100	242
T-6	650	2100	130	420

| 표 1 | Diaphragm구동부 크기와 힘(Motoyama Inc)

(3) 구동부와 밸브유체 방향 선택

Double Port나 Cage Trim 밸브에서는 Port 옆으로 유체가 들어간다. 그러나 Contoured Single Port인 경우는 Seat Ring 밑에서 Plug 방향으로 흐르는(Flow Tend To Open) 방법과 Plug 쪽에서 Seat Ring쪽으로(위에서 밑으로) 흐르는(Flow To Close) 방법이 있다.
각기 특성은 다음과 같다.

■ Air To Close 일 때

①  Air To Close용에서 조절용 및 On-Off용으로도 아주 일반적인 것으로 작동이 안정되어있고 Diaphragm의 압력을 올림에 따라 고차압에서도 대처할 수 있다. 또한 Stuffing Packing Box내에는 1차압이 도달하지 않는다.

②  Angle valve나 Vent용 valve 등을 이용하며 점성유체에 적합하고, 또한 Flashing에 의한 본체의 Erosion을 피할 수 있다. Stuffing Box 내에서는 1차압이 도달한다. 작동성의 안정성은 ①보다 떨어진다.

③  작동은 ①과 동일하게 안전하지만 일반적으로는 그다지 사용되지 않고 있다.(Air To Close에서는 취부장소의 관계상 Inner V/V을 하축 방향으로 분해할 경우 등)

④  이 방식도 그다지 사용되지 않고 있다. 작동상의 안정성에서는 ③보다 떨어진다.

■ Air To Open

① 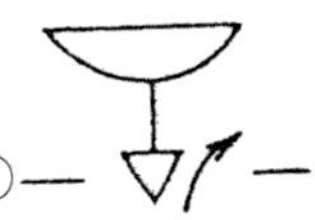 본체를 뒤집을 수 없는 밸브의 경우 Air To Open으로 일반적으로 사용되고 있다. 차압이 큰 경우에는 Spring 계수가 큰 스프링을 사용한다.

Stuffing Box에서는 1차압이 도달하지 않으며 작동은 안정하다. Angle V/V, Ventri V/V 등의 Air To Open용 ②와 동일

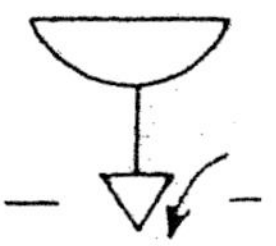

② – 본체를 뒤집을 수 있는 밸브의 Air To Open용으로 Stuffing Box에서는 1차압의 작용으로 작동이 안정하다.

③ – 본체를 뒤집을 수 있는 경우, 정작동 Diaphragm Motor를 사용하여 Air To Open이 되는 점에서는 ②와 동일하지만 조절용으로 안정성은 ②보다 떨어진다.

④ – Stuffing Box에 1차압이 작용하지 않는 점과 Close시에 Self Seal이 가능한 점은 양 Guide의 On-Off V/V에 유리하다.

(4) 구동부의 크기 선정(Actuator Sizing)

구동부의 크기는 구매자가 제공하는 유체조건에 따라서 밸브 제조회사에서 밸브내에 가해지는 1)유체의 정지압(Static Pressure)과 밸브 내에서 유체가 흐를 때 발생하는 2)운동압(Dynamic Pressure)과 유체의 점성에 따른 마찰력(Friction)를 계산하여 충분히 힘이 있는 구동부를 선정하는 것이 통상적이다.

그러나 구매자가 제공하는 자료는 충분치 않을 때가 많고, 주어진 자료 역시 정확하지 않을 때가 많아 구동부 선정에 어려움이 많다. 그렇다고 무작정 안전성(Safety Factor)만을 생각해 구동부가 큰 것만을 선정하면 밸브가격에 영향을 주는 것은 물론 에너지 손실이 많이 발생한다. 이상적인 구동부는 정지압과 운동압 그리고 밸브내의 마찰력을 충분히 충족할 수 있는 힘을 갖고 밸브가 어떠한 일정한 위치에서도 흔들림이 없이 밸브 Stem 위치를 고정할 수 있어야 한다. 즉, 구동부는 충분한 힘(Power), 힘의 안정성(Stiffness)과 신호에 대하여 즉각적인 반응을 할 수 있는 힘(Frequency Response Qualities)을 가지고 있어야 한다.

수요자 측면에서 생각하면 구동부 크기를 결정하기 위해 여는 선정에 필요한 충분한 자료(최대 밸브 입구압력, 출구압력, 운전허용 범위)를 제조회사에 제

공하고 견적시 또는 사양상에 구동부 크기를 명시하게 하여 타 상품과 구동부의 유효면적을 비교하고 중요한 밸브는 제조회사로부터 계산근거를 받아 독자적으로 계산하여 보는 것이 좋다.

① 정지압(Static Pressure)

밸브내에 유체가 들어있고 흐르지 않는 상태에서 밸브 내에 걸리는 압력을 말한다. 밸브에서 대부분의 Port에 가해지는 압력은 이 정지압이 서로 불균형에 의하여 일어난다. 즉 Globe Valve, Unbalanced Single Port에서 정지압은 Seat 면적에 차압을 곱한 힘이고 Balanced Port, Cage trim에서는 Seat 면적에 Balance된 Port면적을 제한 것에 차압을 곱한 것이다. 즉 Single, Unbalanced Port (Flow To Open) : Seat 면적ΔP -Stem 단면적 × Double, Balanced Port(Flow To Close) : Unbalanced 된 Port 단면적 ×P-Stem 단면적 × 또 자동밸브의 누출허용치를 충족하기 위해서는 Port가 Seat면에 적당한 힘이 가해져야 한다. ISA Student Text Book의 자료에 의하면

ANSI Class

II-20 Lbs / Seat 둘레 1"

IV-80 Lbs / Seat 둘레 1"

V-0.14 z ΔP + 50Lbs 1"

Soft Seat(Tef) - 30Lbs + 22Lbs / Inch (ΔP 100 PSI마다)

단, 테프론 Packing은 400Lbs를 초과할 수 없다. 또 하나의 무시할 수 없는 힘은 밸브 자체의 마찰(Friction)로서 제어할 수 없는 부분(Dead Band)이 발생하는 원인이 되며 정지 상태에서 움직이려고 할 때 많은 힘이 필요로 하는 원인이 된다.

Globe 밸브에서 마찰은 밸브 축(Stem)과 Packing, Cage일 때는 Piston Seal Ring과 Cage와의 마찰이다. Stem과 Packing과의 마찰은 다음과 같다.(Teflon V-Packing 일 때)

A) 표준형 : Stem단면적(In^2) x 100Lbs

B) Extra-Deep : 표준형×170% (Class 150 Lbs, 5/8"까지)

C) Asbestos+Tef Packing:표준형×170%(class 150Lbs 5/8")

D) Graphite Packing:표준형×200%

② 운동력 (Dynamic Forces)

밸브 내에 유체가 흐름으로서 발생하는 힘을 운동력(Dynamic Force)이라 한다. 그림 4.에서와 같이 Single, On-Off Port, Flow To Open에서 Plug가 Seat면에서 떨어져 움직임에 따라서 Stem힘은 불평형정지압이 거의 직선형으로 감소하고 Seat직경의 1/4에 해당하는 밸브 Travel까지는 그 힘은 밸브가 닫힐 때 힘의 약 10%이다.

그림 4.에서 Flow To Close는 Plug

| 그림 3 | 유체압력 변화(Contoured Plug. FTO And FIC)

가 Seat면에서 움직일 때 Seat직경의 25%에 해당하는 Travel까지의 힘이 약간 증가하나 그 이후는 닫힌 힘의 25%까지 힘이 감소한다. 그러나 Contoured Plug에서는 On-Off에서와 달리 힘의 변화가 포물선 형태로 된다. (그림 3)

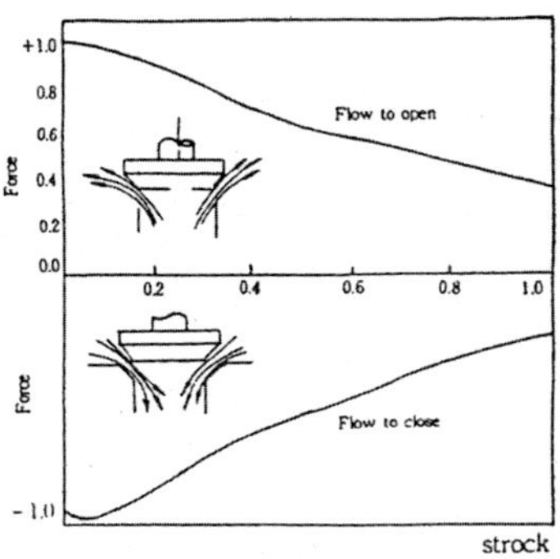

| 그림 4 | 유체압력변화
(Quick Opening Valve)

③ 밸브유체와 구동부의 변화

밸브에는 안정적인 힘(Steady-State)외에 유체의 난류현상에 의하여 대단히 불안정한 힘이 작용하는데 이 힘을 Buffeting이라하며 밸브가 일정한 위치에 있지 못하도록 간섭하는 힘이다. 밸브가 지시신호에 의하여 일정한 위치를 유치하기 위하여 구동부는 Stem이 움직이지 못하도록 충분한 힘이 있어야 한다.

밸브 내에 가해지는 힘은 대부분이 입구압과 출구압의 불균형에 기인한 것으로서 밸브에 가해지는 힘을 F라 하며 다음과 같은 식이 성립한다.

$$F = Kh \times \Delta P - P_2 As$$

$$Kh = \frac{F + P_2 As}{\Delta P \times Ap}$$

AP : Plug 면적, As : Stem 면적,

Kh : 유체압력상수 여기에서 F와 Kh는 Flow To Open에서는 -이고 Flow To Close는 +이다. 힘에 의한 특성 그래프는 그림 3, 4과 같다.

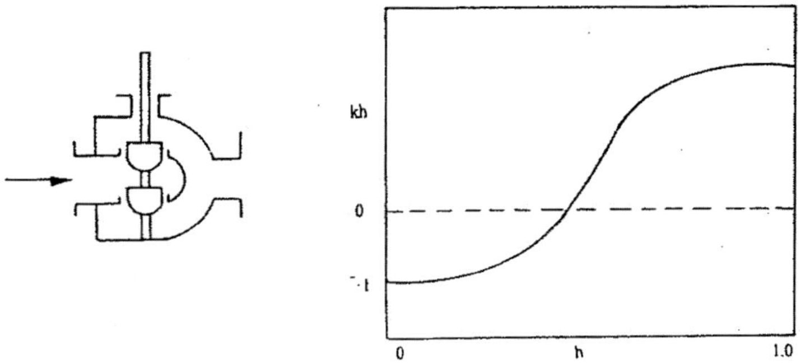

| 그림 5 | 유체특성(Double-Ported Valve, Contoured Plugs)

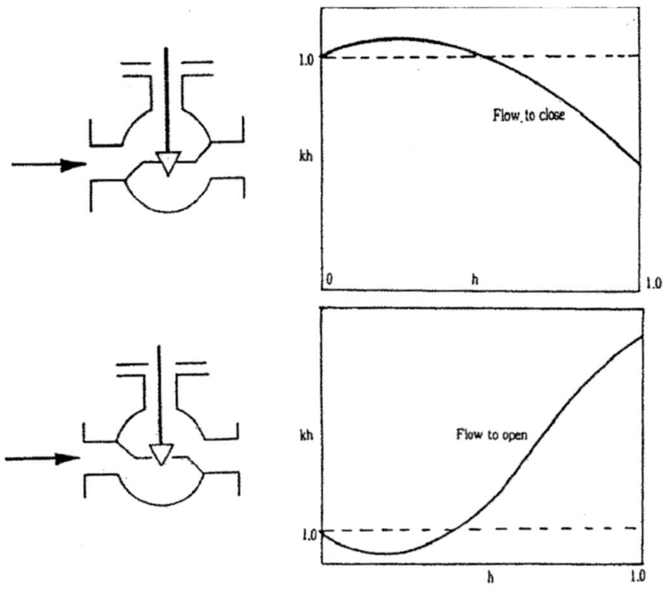

| 그림 6 | 유체특성(Single-Port Valve, Flow To Open)

(5) Spring Range

Diaphragm 구동부는 공기신호에 의하여 작동하도록 개발된 것으로서 공기식 계기의 신호가 대개 0.2~1.0kg/cm²G 이기 때문에 Spring Range를 0.2~1.0kg/cm²으로 하여 계기에서 나오는 신호압을 구동부에 직접 연결하여 쓰는 경우와 유체의 운동력(Dynamic Force)을 견지하기 위하여 조금 더 힘이 센 0.4~2.0kg/cm²G의 스프링을 사용하는 경우가 있는데 이때 비례제어는 반드시 Positioner를 사용해야 한다.

0.2~1.0kg/cm²짜리 스프링도 조절 스크류를 사용 0.4~1.2kg/cm²으로 변형 사용할 수 있으며, 0.4~2.0kg/cm² 스프링은 0.8~2.4kg/cm²으로 변형하여 높은 압력에도 사용한다.

이렇게 Spring Range를 서로 다른 것을 사용하는 것을 Spring Range에 따라서 Plug가 Seat에 닿는 힘(Seat Force)이 서로 달라서 밸브 내 압력을 견딜 수 있는 힘(Seating Force)이 다르기 때문이다. 즉 표 2에서 보면 Globe Single Seat 3/4"에서 Spring Range가 0.2-1.0일 때는 견딜 수 있는 최대 압이11kg/cm²이나 0.8, 2.4일 때는 44.3 kg/cm²까지 사용할 수 있다.

Spring Range를 0.2~1.0을 사용하는 것은 공기 신호를 포지셔너 없이 직접 다이아프램에 연결, 작동할 수 있도록 한 것으로서 포지셔너를 사용하게 되면 공기신호가 0.2~1.0이라도 Positioner의 출력을 0.8~2.4로 높여서 사용할 수 있다. Spring Range가 크면 큰 만큼 구동부의 힘이 안정적이며 응답속도도 빨라서 좋다. 오늘날에는 계기가 컴퓨터 등에 의한 전기신호로 전기식 포지셔너를 함께 사용 Spring Range를 큰 것으로 사용하고 있다. 그러나 공기식 신호(0.2~1.0)을 직접 사용하려면 Spring Range는 반드시 0.2~1.0Kg/cm²짜리를 사용해야 한다. 참고로 Motoyama Inc.의 Globe Valve에 사용하는 구동부의 사용할 수 있는 차압한계를 스프링 레인지별로 나타내면 표 1과 같다.

Action			No.	Spring range	No load operating range	Shut off air press.	Seating force	Positioner
Throttling	Air to Close	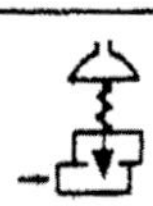	#1	0.2~1.0	0.2~1.0	1.2	0.2	no
			#2			1.4	0.4	yes
			#3	0.4~2.0	0.6~2.2	2.8	0.6	
			#4		0.4~2.0	2.8	0.8	
	Air to Open	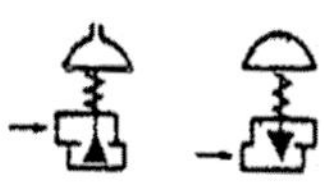	#5	0.2~1.0	0.2~1.0	0	0.2	no
			#6		0.4~1.2	0	0.4	yes
			#7	0.4~2.0	0.6~2.2	0	0.6	
			#8		0.8~2.4	0	0.8	

Type	No. ··· 07 Contourd plug					No. ··· 07 Cage Trim Guide Valve Body					
Actuator Valve Size(in)	Throttling #1, #5(Sealing force 0.2k at)					Throttling #1, #5(Sealing force 0.2k at)					
	T1	T2	T3	T4	T5	T1	T2	T3	T4	T5	T6
3/4	11.0	14.3	21.1			36.1	46.9	69 0			
1	7.4	9.6	14.2				39.9	58.7	82.7		
1-1/2		4.7	7.0	9.9			28.7	42.3	59.6		
2		2.8	4.1	5.9				33.6	47 4	79 1	
2-1/2		1.8	2 7	3.9				26.0	36 6	61.1	
3			1.9	2.7	4.6			22 5	31.7	52 9	
4			1.1	1.6	2.7				27 8	46 1	80 1
5									18 8	31 4	54 5
6									13 2	22 0	38 3
8										23 0	40 0
	Throttling #2, #6(Seating force 0.4k at)					Throttling #2, #6(Seating force 0 4k at)					
3/4	22.1	28.7	42.2			72.3	93.8	138 0			
1	14.9	19.3	28.4				79.9	117.5	165.5		
1-1/2		9.5	14.0	19.8			57.5	84 3	119 2		
2		5.6	8.3	11.8				67.3	94 8	158 3	
2-1/2		3.7	5.5	7.8				52.0	73.3	122.3	
3			3.9	5.7	9.3			45.0	63.4	105.9	
4			2.2	3.2	5.4				55.3	92.3	160 2
5									37.8	62 8	109 2
6									26 4	44.1	76.6
8									27.6	46.1	80.1
	Throttling #3, #7(Seating force 0 6k at)					Throttling #3, #7(Seating force 0 6k at)					
3/4	33.2	43.1	63.4			108.5	140.7	207.1			
1	22.3	28.9	42.6				119.8	176.3	248.2		
1-1/2		14.3	21.1	29.7			86.3	127.1	178.9		
2		8.5	12.5	17.7				101.0	142 9	237 4	
2-1/2		5.6	8.3	11.7				78.1	109 9	183.5	
3			5.9	8.3	13.9			67.6	95.1	158 8	
4			3.4	4 8	8.1				82.9	138.4	240 3
5									56.4	94 2	165 5
6									39.7	66.2	115 0
8										69.2	120 1
	Throttling #4, #8(Seating force 0.8k at)					Throttling #4, #8(Seating force 0 8k at)					
3/4	44.3	57.4	84.5			144.7	187.6	276.1			
1	29.8	38.6	56.8				159.8	235.1	331.0		
1-1/2		19.1	28 1	39.6			115.1	169.4	238.5		
2		11.3	16.7	23.6				134.7	189.7	316.6	
2-1/2		7.5	11.1	15.6				104.1	146.6	244.6	
3			7.9	11.1	18.6			90.1	126.9	211.8	
4			4.5	6.4	10.8				110 6	184 6	320 0
5									75.2	125 6	218 0
6									52 9	88.3	153 3
8										92.3	160 2

| 표 1 | Diaphragm Glove Valve 최대 사용 압력

(6) Single-Spring Actuator 와 Multi-Spring Actuator

지금까지 사용해 오던 Actuator는 스프링이 큰 것이 하나(Single) 있어 스프링레인지에 맞도록 강도를 맞추어 제작사용 했으나 스프링이 하나로 사용하려면 스프링 높이가 낮은 소형의 구동부를 만들어 사용하는데 이것을 다 스프링 구동부(Multi Spring Actuator)라 한다.

그러나 이 구동부는 스프링이 여러 개로서 스프링레인지를 맞추기가 어려워 제어용으로는 반드시 포지셔너를 함께 사용해야 하고 직경이 300mm이하의 소형 구동부에 많이 사용한다. 장, 단점은 다음과 같다.

구동부가 작은 것으로부터 큰 것에도 사용. 포지셔너 없이도 제어용으로 사용.
300mm이하에만 대개 사용
제어용일 때는 포지셔너가 필요하다.

구 분	단일 스프링 구동부	다 스프링 구동부
제어정도	좋 다 (Hysterisis가 적다)	Hysterisis가 많다
구 조	크 다	작 다
가 격	비싸다	싸 다
기 타	구동부가 작은 것으로부터 큰 것에도 사용. 포지셔너 없어도 제어용으로 사용	제어용일 때는 포지셔너가 필요하다.

(7) Reversible Actuator

어떤 공장을 건설하는 데는 처음부터 설계에 의하여 수행하나 대개 약 1-3% 정도는 구동부의 동작방향(Action)이 바뀌는 수가 있고, 예비품으로 사용하던가 공장정비 보수시의 호환성을 고려할 때는 작동방향을 바꿀 수 있는 Reversible 구동부로 사용하는 것이 좋다.

현장에서 교환할 수 있는 구동부로는 Fox Boro 구동부와 Motoyama Inc. 의 2500형이 있다.

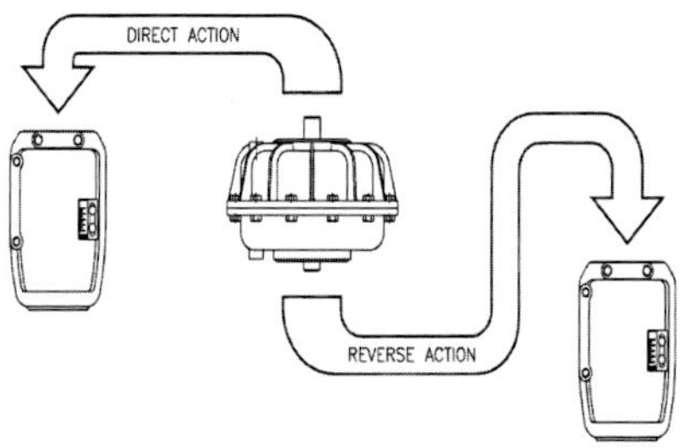

| 그림 7 | 구동부 방향 변경

[2] Cylinder Actuator

대부분의 공기식이나 유압식 구동부를 만드는 회사에서는 대개 제조하는 것으로서 Piston Type라고도 한다. 대개는 개폐용(On-Off) 밸브에 많이 사용하나 포지셔너에 붙여 비례제어용으로도 사용한다.

다이아프램 구동부보다 높은 압력을 넣어 사용하므로 몸체가 튼튼하게 제조해야 한다. 구동부가 작아도 많은 힘이 나온다. 공장에서 사용하고 있는 대개의 7kg/cm² 공기압까지 구동부에 넣을 수 있기 때문에 포지셔너를 사용하면 강력한 힘을 낼 수 있다. 그러나 단점은 Piston의 움직이는 부분이 Viton등 연질 O-ring으로 되어있어 계속해서 움직이는 제어용으로는 다이아프램보다 수명이 짧아 수시로 O-Ring을 교환하여야 한다. O-Ring의 마모를 줄이기 위해서는 Oiler를 통하여 주유를 계속해 주어야 한다. 또 압력이 높은 공기를 사용하기 때문에 그만큼 구동부의 정확도나 안정성이 다이아프램 구동부보다는 떨어진다. 대개는 개폐(On-Off)용으로 많이 사용하지만 포지셔너를 함께 사용해서 컨트롤용으로도 사용한다.

Cylinder 구동부의 장점은 압력을 통상 4kg/cm²(G) 로 사용할 수 있어 일단 다이아프램 구동부의 통상 사용하는 압력 2.4kg/cm²보다 2배 더 큰 힘을 낼 수 있으며 다이아프램 보다는 똑같은 Stroke내에서는 공기량이 적어 응답속도가 빠르다.

그러나 Piston의 Seal에 O-Ring이 있어 마찰이 많고 제어정도가 다이아프램에 비하여 떨어진다. Cylinder 구동부에는 크게 Spring Return Cylinder와 Double Acting Cylinder로 나뉜다. (그림 8)

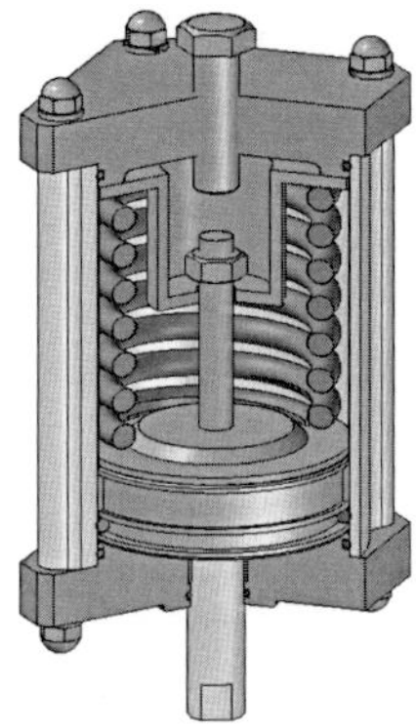

| 그림 8 | 상하작동식 피스톤 실린더

(1) Spring Return Cylinder

다이아프램 구동부와 같이 공기 챔버 반대쪽 (아래쪽)에 스프링을 장치하여 챔버쪽의 공기가 들어가면 구동부의 축이 내려오고 공기압이 낮아지면 스프링 힘에 의하여 구동부 축이 올라가는 형태로서 다이아프램 구동부와 같이 포지셔너를 사용하여 밸브의 비례제어에 사용할 수도 있다.

(2) Double Acting Cylinder (복 동식 실린더)

Piston 양쪽에 공기를 넣을 수가 있어 4-Way Solenoid Valve를 써서 한쪽으로 공기가 들어가면 다른 한쪽은 공기가 빠지는 형태이다. 만들기가 쉽고 간단하나 유체가 공장에서 공기 공급이 안될 때는 밸브가 사용하던 상태로 있어 공기 공급이 안되거나 긴급차단을 요하는 장소에 안전을 요하는 밸브의 구동부로 쓸 때는 특별한 장치를 해야 한다.

Spec \ Model	AS 06 AD	09	13	17	20
Cylinder Bore (mm)	60	90	132	170	200
Cylinder Bore (mm)	0.37	1.08	6.20	13.4	29.6
Shaft Bore (mm)	14	20	44	50	64
Max Torque(kgf-cm)	180 280	510 850	4600 8000	11000 18000	24000 38000

| 표 3 | Cylinder Torque 특성 예

(3) Double Acting Cylinder (복작동) Single Acting Cylinder (단작동)의 용도

Single Acting Cylinder(단 작동)는 실린더의 한쪽은 공기 챔버가 있고 다른 한 쪽은 스프링이 있어 공기의 힘과 스프링 힘의 밸런스에 의하여 구동부축이 움직이도록 되어있어 실린더에 공기공급이 차단되면 구동부축은 언제나 본래의 위치로 돌아오게 되어 있다.

그러나 Double Acting(복 작동)실린더는 실린더의 양쪽에 공기 Chamber가 있어 공기와 공기 밸런스에 의하여 움직이기 때문에 공기가 차단되면 구동부축은 움직이던 위치에 그대로 있거나 밸브 내의 유체의 힘에 의하여 위치가 변화하도록 되어있다.

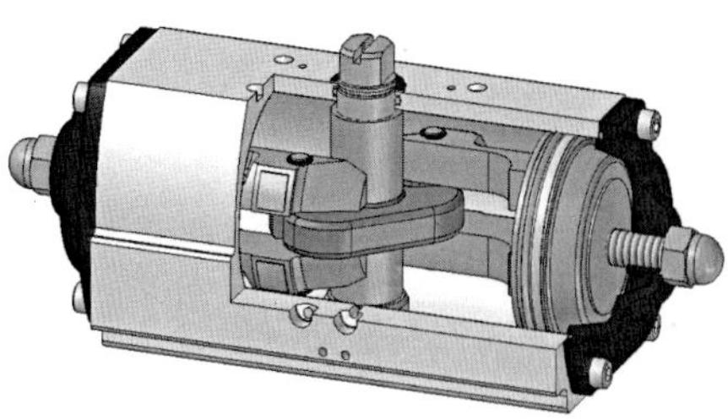

| 그림 9 | Double Acting Cylinder

따라서 두 실린더의 차이점은 다음과 같다.

① 같은 구경 실린더라면 복작동 실린더가 힘이 크다. 왜냐하면 단작동일 때는 스프링의 반작용 힘을 빼야 하기 때문이다. 따라서 단 작동의 구동부는 복작동의 구동부보다 한 크기 높게 선정해야 한다.

② 단 작동은 공기공급이 끊어지거나 전기가(Solenoid)차단 되면 언제나 밸브가 원래의 위치로 돌아가기 때문에 유체의 긴급 개폐장치로 사용할 수 있으나 복 작동은 따로 긴급 개폐장치를 해야만 한다.

③ 대개 공기 차단 시나 전기 차단 시에 유체 차단에 별로 지장이 없는 일반적인 On-Off 일 때는 4-Way 전자 변을 사용, 복 작동 구동부를 사용하며 화학공장과 같이 유체의 흐름이 중요시되는 생산공정에는 3Way 전자 변을 사용, 단 작동 구동부를 개폐용으로 사용한다.

실린더 구동부를 제어용으로 사용할 때는 언제나 밸브 포지셔너를 함께 사용해야 한다. 왜냐하면 실린더의 스프링은 비례제어보다는 개폐용으로 개발되었으며 실린더의 직경을 적게 하기 위하여 공급압력을 다이아프램 구동부일 때 최대 2~4kg/cm² g보다 큰 4~7kg/cm² G까지 공급하기 때문에 계기의 공기 신호로는 동작할 수 없기 때문이다.

④ 긴급 차단변의 구동부는 긴급한 상황(가스의 유출 혹은 주위 화재)에서 원격으로 조정될 수 있어야 하고 밸브주위의 온도가 일정온도 이상(화재 시)이 되면 자동으로 밸브가 닫혀야 한다. 이를 위하여 전자변에 온도 감지 메탈이나 여분의 질소 충전 통을 장치하여 긴급 차단변으로 사용한다.

(4) 직선 운동형과 회전 운동형

실린더 구동부에는 다이아프램 구동부와 같이 직선운동(Reciprocate)하는 것과 회전운동(Rotary)하는 것이 있다. 직선 운동형은 다이아프램 구동부와 같은 원리로서 공급하는 공기압력을 높게 공급할 수 있다. 따라서 실린더 직경을 작게 할 수 있고 운동거리를 길게 할 수 있다.

회전운동 실린더에는 기어형(Rack & Pinion)과 지렛대형(Scotch Yoke)이 있다. 이것은 직선운동을 기어나 지렛대를 이용하여 회전운동으로 바꾸는 것이다.

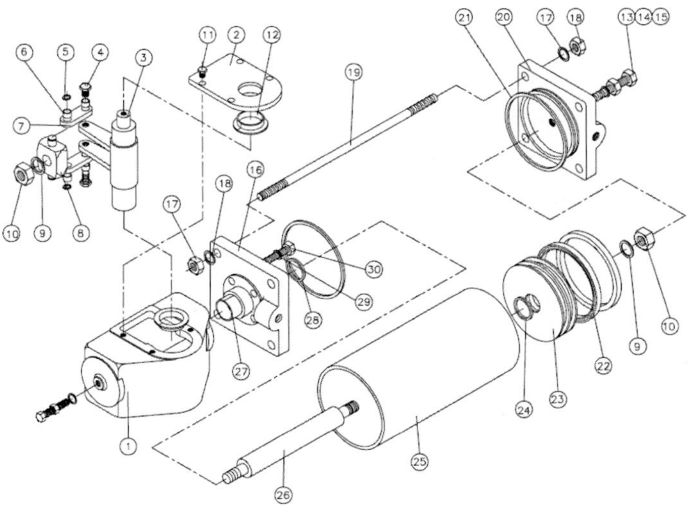

NO	품 명
1	HOUSING
2	HOUSING COVER
3	LEVER ARM
4	LEVAER ARM BOLT
5	SNAP RING
6	BUSH
7	LINK
8	BEARING UNIT
9	SPRING WASHER
10	HEX.NUT
11	HOUSING BOLT
12	LEVER ARM BUSH
13	STOPPER
14	LOCK NUT
15	WASHER
16	CYLINDER FLANGE
17	WASHER
18	HEX.NUT
19	LONG BOLT
20	CYLINDER COVER
21	O-RING
22	U-PACKING
23	PISTON
24	O-RING
25	CYLINDER
26	ROD
27	BUSH
28	O-RING
29	WASHER
30	HEX.HEAD BOLT

| 그림 10 | Single Acting Cylinder

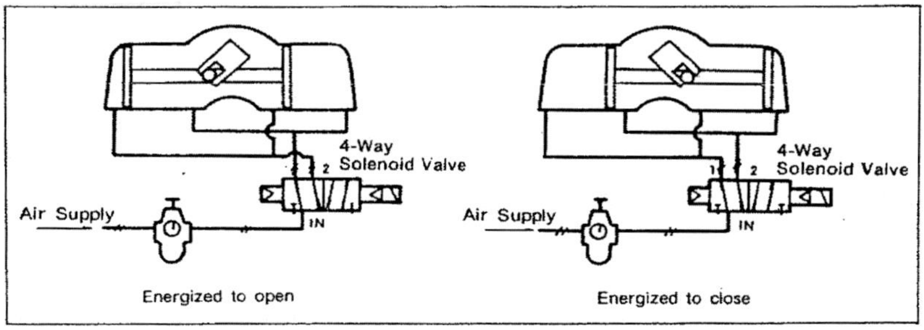

| 그림 11 | 복 작동식 실린더 배관 예

기어형과 지렛대형의 차이점은 기어형은 힘이 처음부터 끝까지 일정한데 반하여 지렛대형은 힘이 처음과 끝부분 에서는 강하고 중간에서는 약하여 회전 운동형 밸브(Ball, Butterfly, Plug)와 같은 힘의 분포이다.

표 4. 에서 AD-06, AD-07, AD-09는 기어 형으로 힘이 일정하고 AD13W 이상은 지렛대 식으로 처음과 끝부분의 힘이 더 크고 중간부위에서 가장 작다.

기어형은 힘이 작은 실린더에, 지렛대형은 크기가 큰 실린더에 많이 사용하고 실린더 구조는 그림 10, 그림 11, 그림 12와 같다.

[3] 전기식 구동부 (Electric Motor Actuator)

전기식 구동부는 전기 모터에 특별한 장치를 하여 밸브 축을 움직이도록 되어 있는 것으로서 근래에 와서 계기 신호가 전자식신호로 바뀜에 따라서 계기신호를 모터에 직접주어 움직이게 함으로써 수요가 증가추세에 있다. 그러나 전기모터의 단점은

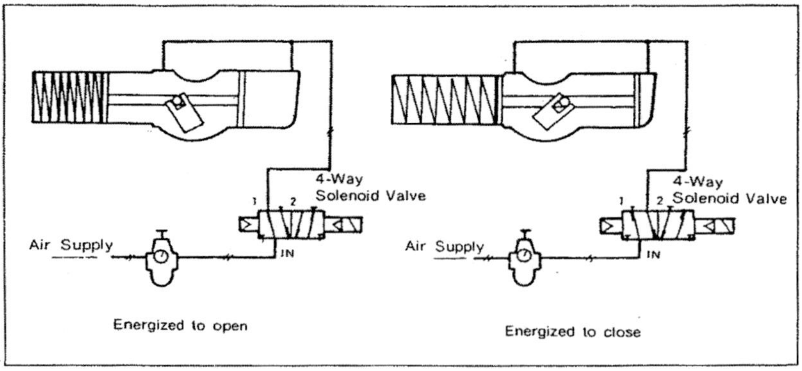

| 그림 12 | 단 작동식 실린더 배관 예

① 가격이 다른 구동부에 비하여 비싸고

② 작동속도가 공기식에 비하여 늦고

③ 기계적인 기어박스 및 전기적인 배선 등이 복잡하여 고장이 공기식에 비하여 많고 수리에 많은 비용과 시간이 필요하며

④ 방폭 지역에서는 가격이 더욱 비싼 방폭형 구동부를 사용해야 하며 안전 상태에선 아직도 공기식 구동부에 비하여 떨어진다.

장점으로는

① 계기 또는 컴퓨터에서 나오는 신호를 직접 받아 작동할 수 있으며

② 제어하고자 하는 곳에는 다른 외부에너지(공기 또는 유압) 없이도 단지 배선만으로 설치할 수 있어 단독으로 멀리 떨어져 있어도 간단히 설치하여 사용할 수 있다는 점이 있다.

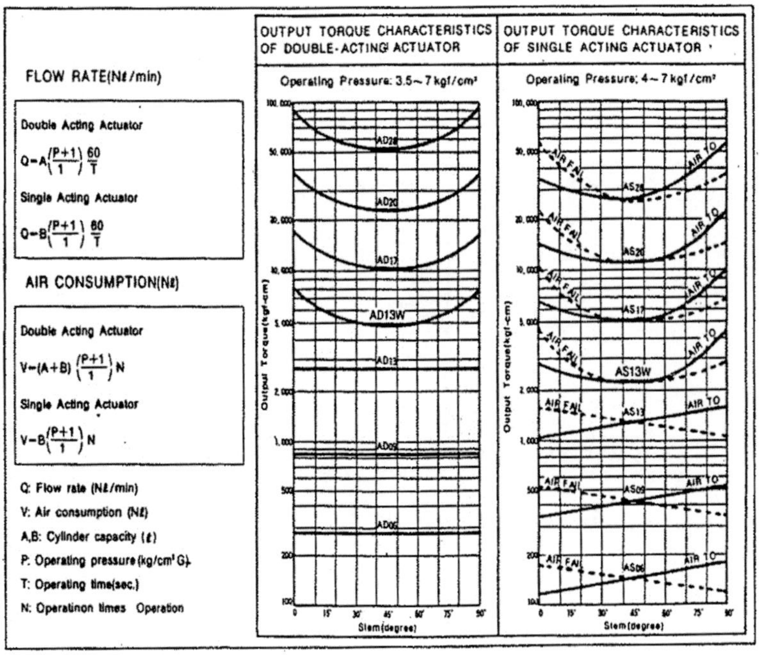

| 표 4 | Cyinder Torque 특성

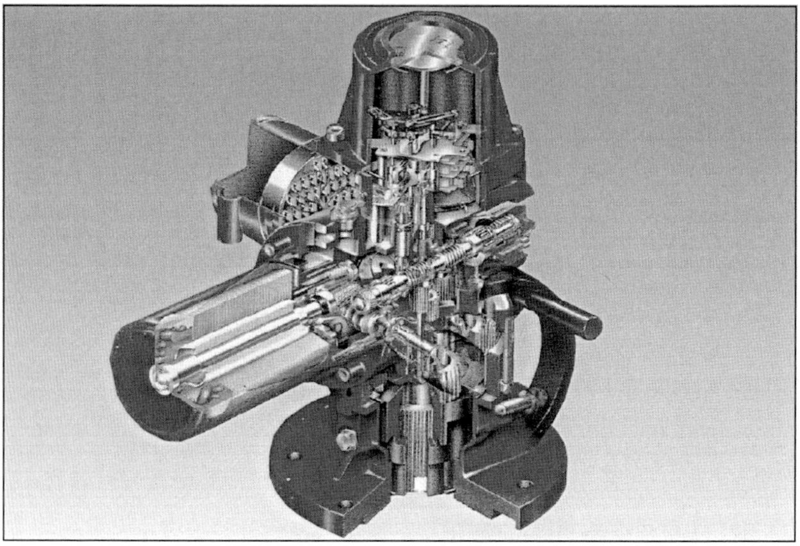

| 그림 13 | Squirrel Cage Induction Motor

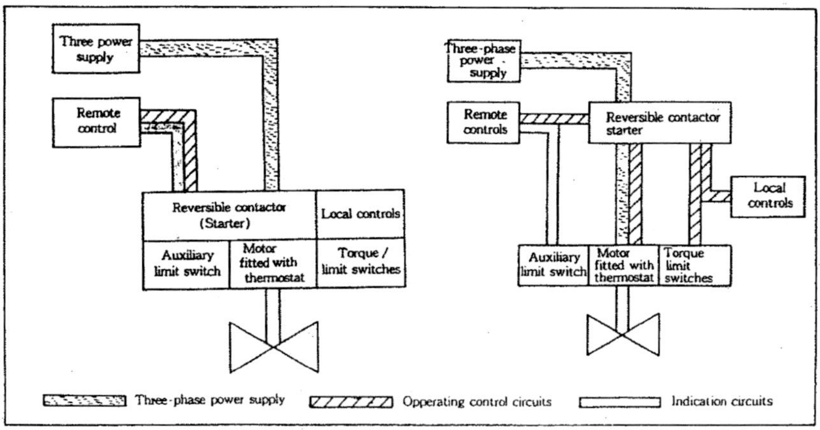

| 그림 14 | Schematic Wining Diagram (Rotork사 Syncropak)

종류는 단상전기 구동부와 3상전기 구동부로 크게 나누며 방폭형과 일반형이 있다.

전기모터 구동부는 전기모터 관성상 미세한 제어는 공기식이나 유압식에 비하여 떨어진다. 따라서 대개의 전기 구동부는 밸브의 개폐용으로서 사용하며 특별히 제어용으로 사용하려면 특별한 모터를 사용하여야 한다.

ICE(International Electrotechnical) 34에 의하면 구동부 작동수가 시간당 600회 이하로서 일반적인 개폐용 또는 제어빈도가 적은 밸브 제어용으로 사용하는 S2-Duty가 있으며 구동부 작동수가 1200회 이상으로 연속적인 제어용으로 사용하는 S4-Duty로 구분한다. 대부분의 전기 구동부는 S2나 S3 Duty에 해당하는 것으로서 특별히 제어용으로 사용하기 위하여는 특별한 모터(Rotork인 경우도 M-Range)를 사용하고 있다.

① 전기식 구동부에는 밸브 축에 구동부 축을 직접연결, 구동부를 회전시켜 밸브 축을 수직운동으로 바꾸는 Squirrel Cage Induction Motor와

② 구동부의 모터가 회전함에 따라서 구동부 Cam을 움직여 이 Cam에 축이 연결 구동부 회전운동을 밸브시스템의 수직운동으로 바꿔 밸브를 움직이게 하는 Modutrol Motor가 있다.

Stem Diaphragm mm \ Lead of Screw mm	Factor (K)										
	3	5	6	7	8.5	10	12.5	17	25	44	51
19	0.0020	0.0023	0.0023	0.0026	0.0026	0.0030					
25	0.0023	0.0026	0.0030	0.0030	0.0030	0.0033	0.0039				
32		0.0033	0.0033	0.0036	0.0036	0.0039	0.0043				
38		0.0036	0.0039	0.0039	0.0043	0.0043	0.0046	0.0053	0.0066		
44			0.0043	0.0046	0.0046	0.0049	0.0053	0.0062	0.0075		
51			0.0049	0.0049	0.0053	0.0053	0.0056	0.0066	0.0079		
57			0.0053	0.0056	0.0056	0.0059	0.0062	0.0072	0.0085		
65			0.0059	0.0059	0.0062	0.0062	0.0066	0.0075	0.0089		
70			0.0062	0.0066	0.0066	0.0069	0.0072	0.0082	0.0095		
76			0.0069	0.0069	0.0069	0.0072	0.0075	0.0085	0.0098		
83			0.0072	0.0075	0.0075	0.0079	0.0082	0.0092	0.0105		
89						0.0082	0.0085	0.0098	0.0105	0.0131	
94						0.0089	0.0092	0.0102	0.0115	0.0138	0.0158
102						0.0092	0.0095	0.0105	0.0118	0.0141	0.0164
108						0.0098	1.0102	0.0112	0.0125	0.0148	0.0167
114						0.0102	0.0105	0.0115	0.0128	0.0151	0.0174
121						0.0108	0.0112	0.0121	0.0135	0.0158	0.0177
127						0.0112	0.0115	0.0125	0.0138	0.0161	0.0184
133						0.0118	0.0121	0.0131	0.0144	0.0167	0.0187
140						0.0121	0.0125	0.0135	0.0148	0.0171	0.0194
147						0.0131	0.0135	0.0144	0.0158	0.0181	0.0203
160								0.0154	0.0167	0.0190	0.0213

| 표 5 | Stem Factor

(1) Squirrel Cage Induction Motor

Motor와 Warm 기어의 비율에 따라서 큰 Torque를 낼 수 있으며 고압용으로 사용할 수 있다. Warm 기어의 회전에 따라서 밸브 축을 길게 움직일 수 있어 모든 종류의 밸브에 사용할 수 있다. 가격이 다른 전기 구동부에 비하여 비싸다.

전동 구동부는 전기적인 전문 제품으로서 기계적인 밸브제조 회사에서는 거의 제조하지 않고 전문적인 전기 모터 회사에서 생산하는 것이 통상적으로 밸브 회사에서는 자사제품에 대한 필요로 하는 힘이 얼마나 제어실에서 밸브를 작동할 수 있으나, 현장에서는 수동핸들 외에는 작동할 수 없다는 것(Rotork 사의 Syncroset)으로서 현장에서 작동할 수 있는 Push Bottom이 없어 현장에서 작동은 수동핸들 외에는 할 수 없다.
또 한가지는 제어 실에서 밸브 작동은 물론 현장에서 밸브작동을 할 수 있도록 구동부에 Push Bottom이 붙어 있는 것(Rotork사의 Syncropak)이 있다.

밸브가 필요로 하는 힘은 압력, 온도와 밸브자체의 마찰력에 따라서 다르다. 밸브의 필요로 하는 구동부를 선정하기 위하여 밸브 Torque 계산이 요구된다.

■ 밸브 Torque 계산 방법

(Rotork 전기구동부 선택 방법 참조)

① 수직운동 밸브(Globe, Gate Valve등)

Torque T=K.F(kg·m) ………………… (1)

Thrust F=A ×ΔP×C+ E(kg) …… (2)

A: 밸브포트 단면적(Seat 단면적)
$\pi/4$x (밸브포트 구경)
ΔP : 최대차압(kg/cm²)–대개 완전 폐쇄시
(차압이 2kg/cm² 이하일 때도 2kg/cm² 로 계산)
C : 밸브 Factor 〈표6〉
E : 허용 그랜드 마찰력 〈표7〉
K : Stem Factor 〈표5〉

(예) Globe v / v-200A, stem dia 25mm, Screw pitch 3mm, strock 100mm를 상온에서 ΔP가 10kg/cm² G의 물에 사용할 때 밸브의 필요한 Torque는 얼마인가? 또 60초에 OPEN-CLOSE하려면 구동부 RPM은?

(Thrust) 식(2)에서
F = A ×ΔP × C + E
F = 314 × 14 × 1.2 + 400 = 5,675.2kg
Torque T=K × F=0.0023 × 5,675 =13.05kg·m

$$RPM = \frac{Valve\ strock(mm)}{Open/Close\ 시간(min)} \times \frac{1}{Screw\ lead(mm)}$$
$$= \frac{100}{1 \times 3} = 33.3RPM$$

따라서 1분간에 Open-Close 하려면 최소구동부의 회전이 33.3Rpm은 되어야하고 최소 Torque는 13.05kgm은 되어야 한다.

Valve Type	Valve Factor(C)			
	Liquid		Gas	
	Below 400°C	Above 400°C	Below 400°C	Above 400°C
Parallel Slide	0.25	0.3	0.35	0.45
Wedge Gate	0.35	0.4	0.45	0.5
Globe	1.2	1.2	1.2	1.2

| 표 6 | 밸브 Torque 계산 Factor

Stem dia.	Gland Allowances(E)
Below 25mmØ	400kg
26~50mmØ	700kg
51mmØ & above	1100kg

| 표 7 | 밸브 Gland Packing 마찰

(2) Moduturol Motor

미국의 Honeywell사가 개발한 On-Off Control용 소형 구동부로서 앞에서 설명한 Squirrel Cage 구동부에 비하여 Torque가 작은 단상모터로서 압력이 낮고 작은 크기의 밸브에 사용한다. 구동부에 Crank Arm이 붙어 있어 구동부의 회전운동을 직선 운동으로 바꿔준다.

(3) 전자식 구동부(Servo Motor Actuator)

제어기에서 밸브 궤도신호(DC4-20ma)를 보내고 궤도에서 나오는 위치 신호를 비교, 그 차에 따라서 AC모터가 작동한다. 개폐시간이 빠르고 정확한 제어가 가능하나 Torque가 Squirrel Cage Motor보다는 대단히 작다.

[4] 전기유압식 구동부 (Electro Hydraulic Actuator)

전기유압식 구동부는 전기모터로 유압펌프를 작동시켜 이 유압에 의하여 실린더를 움직이도록 된 장치로서 유압식이기 때문에 Torque가 크고 작동시간이 빠르고 미세한 제어도 할 수 있어 압력이 높고 미세한 제어와 빠른 작동이 요구되는 중요한 밸브에서는 전기유압식 구동부가 쓰여진다. 그러나 전기모터가 언제나 움직이기 때문에 전기소모가 많고 정전시는 작동할 수 없으며 가격이 다른 구동부에 비해 비싸다.

중요구조는 모터, 유압펌프 (Hydraulic Pump), 작동 코일(Moving Coil), Jet Pipe Relay, Cylinder, Feed Back 작동장치로 되어 있다.

(1) 작동원리

그림17에서 제어기에서 보내온 신호(AC 4-20ma)가 Moving Coil에 전달하여 코일이 움직이면 Jet Pipe가 움직여 실린더에 연결된 상, 하 구멍으로 Oil를 넣게 된다.

| 그림 15 | 전기식 구동부

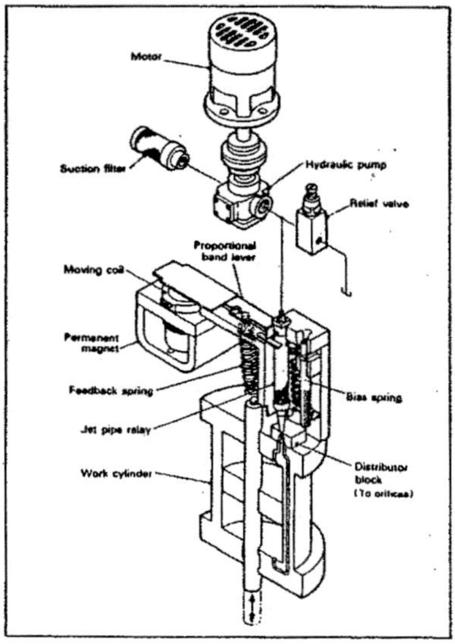

| 그림 16 | Structure

Jet Pipe가 Distributor 중간에 있을 때는 실린더 양쪽의 압력이 균형을 이루고 Jet Pipe의 위치에 따라서 실린더가 움직이도록 되어 있다.

| 그림 17 | Operating Principle

CHAPTER 8

밸브 Accessory 선정

밸브 Accessory로는 밸브의 기능에 따라서 필요한 것과 밸브의 기능을 좀 더 정확히 하기 위한 보충적인 부품이 있다.

예를 들면 Air Set(Air Regulator+Filter+Gases) Solenoid Valve, Limit Switch, Speed Controller, Handwheel, Lock-Up Valve는 전자에 속하고 밸브 Positioner Volume Booster, Pressure Booster, Quick Exhaust Valve, Air Relay Valve등은 후자에 속한다. 여기에서는 중요한 것만 골라 설명하고자 한다.

8-1 밸브 포지셔너

자동밸브는 신호기(Controller)로부터의 조작신호에 따라서 밸브 축(Stem)을 움직여 주는 것이 바람직하나 통상 유체의 압력, 유체의 성질, 밸브자체의 Stem과 Packing의 마찰과 밸브 Plug와 유체와의 힘의 불균형 등에 따라서 조작신호와는 다르게 나타나는 경우가 많이 있다.

특히 Spring Return식 조절 변에서는 다이아프램에 가해지는 공기압력에 의하여 발생하는 힘과 이것에 따라 반작용으로 생기는 스프링 힘과 항상 평형을 유지하고 공기압력의 변화에 따라서 다시 Stem이 움직이는 원리이기 때문에 계기신호 외의 다른 외부적 힘에 의한 영향을 받기 쉽다.

또 Controller로부터 신호가 공기식일 때는 공기신호가 공기파이프를 통하여 밸브에 전달되는데 일반적으로 구동부의 면적이 파이프내의 공기량보다 커서 이 공기가 다이아프램의 압력을 변화하는데 많은 시간이 걸린다.

따라서 계기신호에 대한 반응이 지연된다. 근래에는 모든 계기가 컴퓨터와 함께 연결하여 사용하므로 이 신호는 전기식 신호로서 이 신호를 공기식으로 바꾸는 동시에 밸브 스템 위치를 정확히 조절하는 전기식 밸브 포지셔너(Electro-Pneumatic Valve Positioner)를 사용한다.

이러한 외부적 힘의 영향을 덜 받고 정확한 작동을 할 수 있도록 보조적으로 밸브에 부착하여 사용하는 것이 밸브 포지셔너이다. 즉 밸브의 Stem의 위치(Position)를 계기신호에 따라서 정확히 유지시켜주는 보조기가 밸브 포지셔너이다.

(1) 사용조건

밸브에 포지셔너가 필요한 경우를 요약하면 다음과 같다.

① 밸브의 작동속도와 정확도를 높이려고 할 때 보통 밸브 크기가 100A 이상일 때는 밸브의 성능을 높이기 위하여 통상적으로 사용한다.

② 구동부의 Shut-Off힘을 크게 하기 위하여

③ Controller와 밸브 거리가 멀때(대개 40m 이상일 때는 4"이하일 때도 필요하다.)

④ 밸브의 차압이 심하여 진동이 심할 때 : 차압이 심하여 구동부의 힘이 부족할 때는 구동부를 한 단계 큰 것을 선택하거나 Positioner를 부착한다.

⑤ 밸브 사용을 전체 Range Ability내에서 사용할 때

⑥ 고온, 고압일 때(고압, 고온에서 밸브의 Packing을 특별한 것을 써서 마찰이 심하다.)

⑦ 유체가 고점액, 고체일 때 구동부의 힘을 키우고 안정적으로 하기 위해

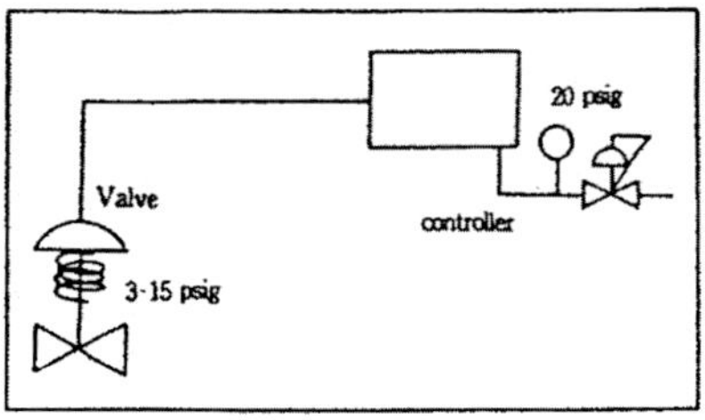

| 그림 1 | Positioner없이 사용할 때

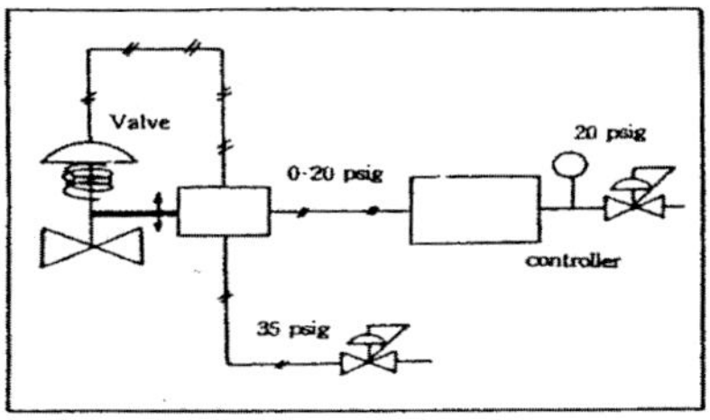

| 그림 2 | Positioner를 사용할 때

⑧ 하나의 Controller로 여러 개의 밸브를 사용할 때(예를 들면 온도조절 변에서 하나의 Controller Stem 밸브와 냉각수 밸브를 사용할 때)

⑨ 밸브의 특성상 Butterfly, Saunders, 3-Way 밸브일 때

⑩ 스프링이 없는 복 작동 구동부(Double Acting Cylinder)일 때

⑪ Controller의 신호가 전기신호 일 때 : Electro-Pneumatic Positioner를 사용한다.

(2) 작동 원리

계기로부터 밸브 공기신호를 공기 Positioner내에 있는 Pilot 밸브를 통해서 증폭하는 기능을 한다.

그림 1은 Positioner 없이 Controller에서 공기신호를 받아 작동하는 밸브이다. 보통공기식 Controller는 최소 0kg/㎠에서 최대 1.2kg/㎠ 신호출력을 낸다. 반면 Positioner가 없는 밸브의 Spring은 0.2-1kg/㎠에서 작동한다. 따라서 밸브작동을 위해서는 최대한 1.0Kg/㎠ 출력은 받아야 한다. 그림 2에서는 Positioner가 붙어 있는 밸브를 나타낸다.

Controller로부터 공기신호는 직접 밸브에 연결하지 않고 밸브 Positioner로 가고 Positioner는 받은 공기신호와 밸브 Stem의 위치를 비교하여 정확한 Stem의 위치가 되도록 밸브 Actuator 내에 공기를 조절한다. 그림 3은 작동원리도이다.

Controller로부터 공기 신호는 직접 밸브에 연결하지 않고 밸브 Positioner로 가고 Positioner는 받은 공기신호와 밸브 stem의 위치를 비교하여 정확한 stem 위치가 되도록 밸브 actuator내에 공기를 조절한다. 그림4은 작동원리도이다.

Controller로부터 공기 신호는 Bellows(7)로 전달되고 Bellows는 공기신호의 공기량에 따라 팽창 Bell Crank Lever(13)를 움직여 Pilot(6)의 Stem을 밀어 Pilot 밸브가 열려 공기가 Diaphragm Chamber내로 들어가 공기압력이 증가함에 따라 밸브 Stem이 움직인다. Stem이 움직이면 Balance Spring(17)이 Stem Clamp(34)→ Turnbuckle(32)→Back Lever(27)→ Stroke Lever(20)→Spring Lever (16)를 통해 움직인다.

Diaphragm내 공기압은 Bell Crank Lever(13)에 작용하는 Spring 장력과 Bellow의 반작용 힘이 균형을 이룰 때까지 증가, Stem이 움직인다.

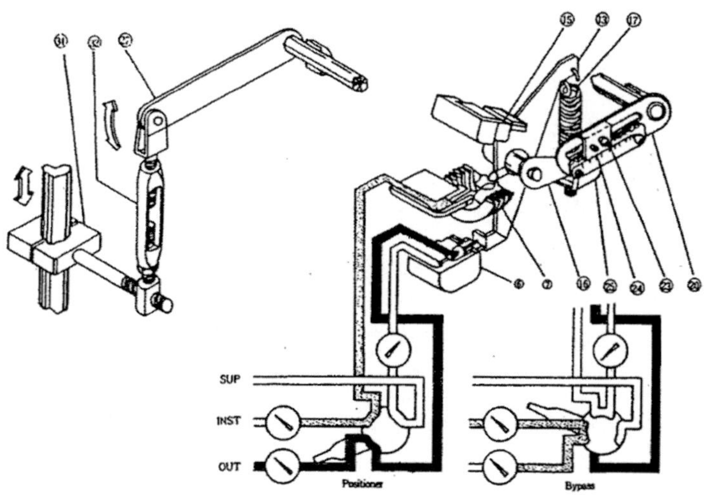

| 그림 3 | 작동 원리도

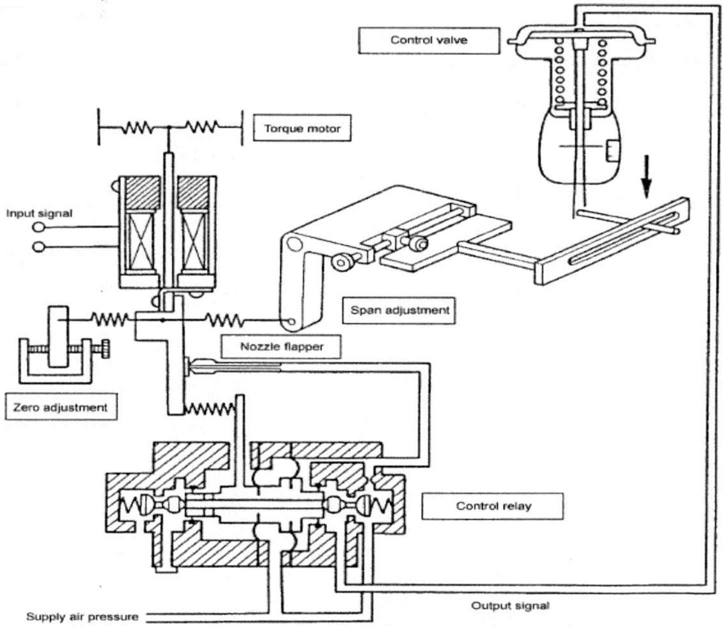

| 그림 4 | Electro-Pneumatic Positioner 작동원리도

1) Electro Pneumatic Positioner:

Controller로부터 전기신호(대개 1-5, 2-10, 4-20, 5-25, 10-50ma D.C)를 공기 신호로 바꿔 전달하면서 Positioner 역할도 한다. 그림 4에서 Controller로부터 전기 신호는 Torque Motor Coil (18)에 있는 Flapper(30) 양끝에 전극(Magnetic Pole)를 떼며 Flapper 끝이 영구 자석에 반대로 작용 움직이고 Flapper는 Nozzle (29)를 제어한다.

Nozzle의 압력이 증가하면 Pilot 밸브(16)를 열어 공기를 Diaphragm내에 공급하고 Diaphragm 압력이 증가, Stem이 움직인다. Stem이 움직이면 Feed Back Spring(31)을 통하여 Flapper가 환원(Feedback)하게 되며 Flapper가 Nozzle로부터 약간 떨어져 Nozzle 압력이 떨어지고 Pilot 밸브는 닫혀 압력의 균형을 이룬다.

2) Pneumatic Positioner (Ⅱ)

Double Acting Cylinder와 Spring이 없는 Diaphragm용 Positioner의 작동원리는 같으나 Pilot 밸브 구조가 조금 다르다.

대개 Cylinder용이기 때문에 Supply Pressure가 Max 7kg/㎠까지, Outlet Pressure가 0-4kg/㎠(Max 7kg/㎠)까지

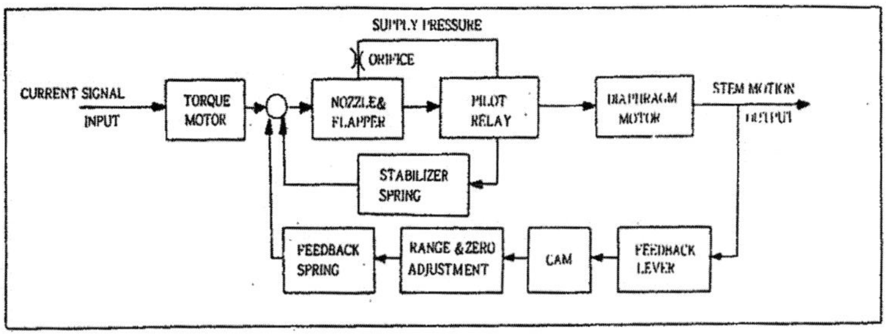

| 그림 5 | Block Diagragm of Operation

사용한다.

3) Mart Positioner

전자식 포지셔너로서 기존에 기계식과 달리 순간 작동식 Pipe Valve를 사용 공기압을 순간적으로 개폐하여 작동하도록 마이크로 칩이 장착되어 많은 장점이 있다.

이 부분은 따로 제 11장에서 설명하겠다.

8-2 Air Set

(Air Filter+ Pressure Regulator+ Pressure Gauge)

Air Line으로부터의 공기압은 압력이 높고 불규칙하기 때문에 직접 공기식 기기에 사용하기는 어렵다. 보통 공기식 제어시스템에는 1.2-5.0Kg/㎠를 주로 사용하며 일정한 깨끗한 공기가 필요하다. 공기압은 감압 Chamber 1을 통하여 Filter Case 12에 들어가 습기와 먼지 등 불순물을 제거하고 제 2 Chamber에서 감압을 한다. 감압조정나사로 압력을 감압 조정한다.

Cylinder 구동부인 경우는 Piston의 운동을 원활히 하기 위하여 기름을 공급하는 Oiler를 함께 부착하여 공기와 Mix해서 공급한다.

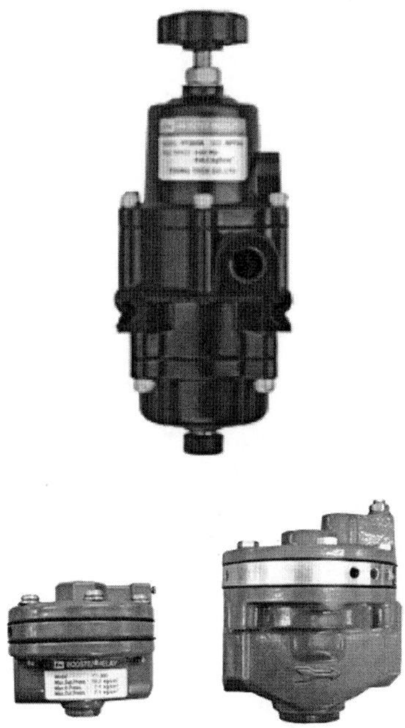

| 그림 6 | AIR SET & Volume Booster

8-3 Volume Booster

Controller와 구동부 거리가 멀거나 구동부가 클 때 구동부의 동작을 빠르게 하기 위하여 Controller와 밸브 사이에 부착한다.

Booster의 Pilot는 용량이 약 1" 정도로 작아 Controller에서 Booster로 미세한 Signal이 전달되어도 라인에서부터 공기가 직접 Booster를 통하여 밸브에 들어가기 때문에 작동속도가 대단히 빨라진다.

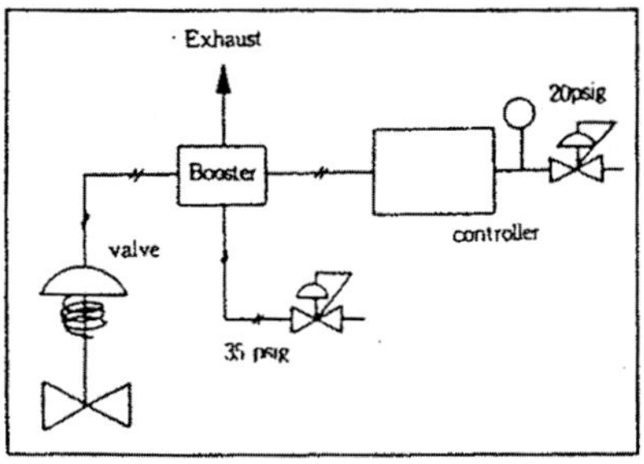

| 그림 7 | Volume Booster In Control Valve Loop

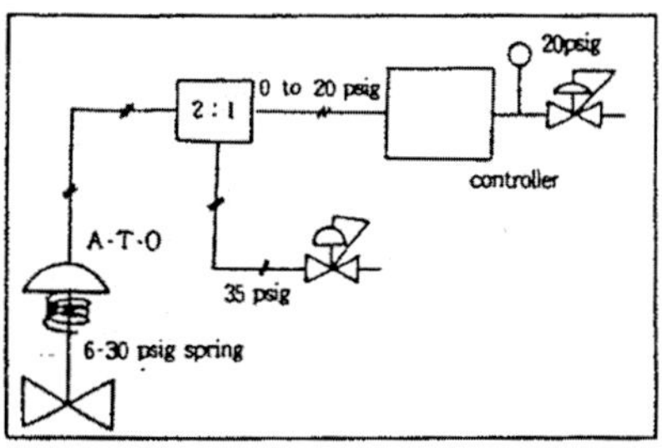

| 그림 8 | Pressure Booster In Control Valve Loop

8-4 Pressure Booster

공기식 Controller에서 최대 5출력 신호는 1.2kg/㎠이기 때문에 밸브의 차압이 커져 압력을 1.2kg/㎠이상 사용하고자 할 때 사용된다. Booster의 압력비례에 따라서 Controller 신호에 의하여 Line압을 직접 사용할 수 있다.

그림 8에서는 차압이 커서 Spring Range를 6-30 PSIG 스프링을 써 밸브를 열 수가 없다. 물론 Positioner를 부착하면 되나 비용을 절감하기 위하여는 2:1 Booster를 부착하여 사용하는 것이 경제적이며 안정성이 있다.

8-5 On-Off Air Relay

Diaphragm식 On-Off 자동밸브에서 Controller의 출력(최대 20 PSIG)만 가지고는 개폐가 충분하지 않을 때 Air Relay를 부착하면 Relay에서 직접 6PSIG 또는 35PSIG 출력을 내 개폐 속도가 빠르고 확실하다.

유량조절밸브에 긴급차단용(Emergency Service)으로도 사용할 수 있다. 정상 운전상태일 때는 Controller로부터 출력 신호가 Relay를 거쳐 밸브에 전달되나 긴급신호(0 또는 20PSIG)를 주면, Controller로부터 신호는 Relay에 차단되고 밸브는 밸브 스프링에 의하여 닫힌다.

8-6 Solenoid Valve

자동밸브 부품으로서 Solenoid Valve도 일반 Solenoid Valve와 기능은 똑같으나 단지 유체가 공기이고 용량이 작은 것뿐이다.

여기에는 2-Way, 3-Way, 4-Way, 5-Way, 4가지가 있다. 3-Way는 스프링이 있는 단작동 구동부에 사용 자동밸브를 개폐하거나, 긴급 차단 또는 긴급하게 열 때 사용한다.

2-Way는 전기적 신호로 공기를 차단하는데 사용한다. 4-Way는 스프링이 없는 복작동 구동부에서 Selector Valve로 사용한다.

8-7 Limit Switches

제어 제품에서 밸브가 개폐 여부를 확인할 수 있는 신호를 보내든가 다른 경보 또는 다른 밸브의 작동을 할 수 있는 신호를 보내는 장치를 말하는 것으로서 밸브 Stem에 부착한다. 그러나 밸브궤도가 얼마나 열렸는가를 확인하는 데 사용할 수 없으며 이때는 Position Transmitter를 사용한다.

8-8 Lock-Up Valve

공기라인이 차단되었을 때 밸브가 최후의 신호상태에서 정지(Locking)되었다가 다시 공기라인이 회복하면 정상적인 밸브작동을 할 수 있도록 하는 밸브이다.

Single Action Lock-Up Valve는 단 작동식 구동부에, Double Action Lock-Up Valve는 복 작동식에 사용한다.

Ⅰ그림 9Ⅰ Look-Up Valve

8-9 Position Transmitter

밸브 궤도가 얼마나 열렸는가를 4-20mA의 출력으로 나타내든가 또는 저항으로 나타내어 제어실에서 밸브 궤도를 확인 할 수 있는 장치이다.

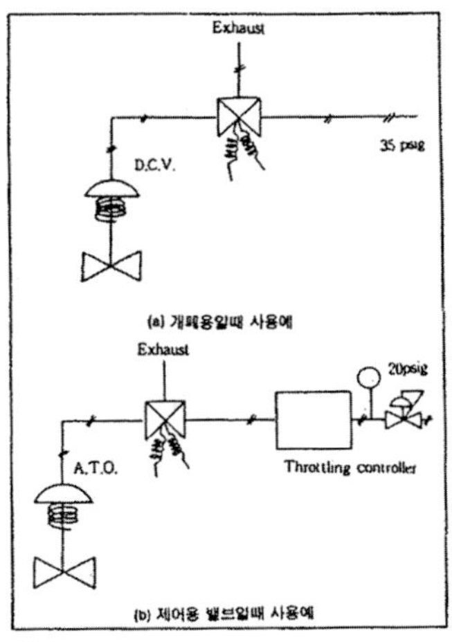

Ⅰ그림 10Ⅰ

CHAPTER 9

자동밸브 설치(Installation)

자동밸브 선정에 대하여는 월간 제어계측 89년 8월부터 90년 9월까지 14회에 걸쳐 연재한 바 있다. 따라서 이 장에서는 자동밸브를 설치하는 방법과 주의점에 대하여 기술하고자 한다.

아무리 좋은 밸브를 유체조건에 따라서 선정했다 하더라도 설치가 잘못되면 제대로 그 성능을 발휘할 수 없게 된다.

결국 잘못 설치하게 되면 밸브로 인하여 생산을 중단하게 된다. 그 중단된 시간에 따라서 수백만원 또는 수 억 원의 손해를 보게 되고 파이프 라인상 도면이 잘못되었을 경우 잘못 설치하게 되면 이를 수정하기 위하여 도면부터 다시 제작, 파이프라인 전체를 수정해야 하는데 이 또한 많은 손실이 따르기 때문에 다음의 여러사항을 고려하여야 한다.

9-1 밸브 설치시 고려사항

대부분의 자동밸브 설치는 Engineering 회사에서 표준화된 배관 방법에 의하여 설치한다. 이 표준 배관 방법상에 고려되어야 할 점은 다음과 같다.

① 안전성 : 설치, 시운전, 생산, 보수 시운전자나 주변기기에 대한 안전을 고려해야 한다.
② 밸브의 성능
③ 필요하다면 수동 동작의 가능성
④ 유지보수의 용이성 및 설치, 운전, 보수비용
⑤ 주위환경으로부터 밸브보호

(1) 안전성

밸브에 흐르는 유체는 다양하여 맹독성 염소가스로부터 폭발성 가스 및 황한, 염산, 초고압의 스팀 등 위험성 유체가 많으며 이 유체가 밸브의 Grand Packing, Flange Gasket 또는 밸브 본체의 Pin Hole을 통하여 밸브 외부로 누출되었을 때는 사람에게 상해를 입히거나 주위에 전기배선 또는 주변기기에 많은 손실을 가져오기 때문에 제일 먼저 안전을 생각해야 한다. 특히 유체 누출에 의한 공기오염은 환경에 심각한 영향을 미치고 대형폭발사고에 원인이 되므로 유의해야 한다. 환경에 대한 밸브 폐기문제는 제 9장을 참조하면 많은 도움이 될 것이다.

고압 유체가 밸브와 밸브사이에 다량 있다면 밸브 보수시에 고압에 의하여 사람을 다치게 할 수 있어 수리기간이나 제조설비 전체를 정지시켰을 때는 밸브 안에 압력을 떨어뜨리거나 유체를 제거해야 할 때가 있다.

이때는 방출변(Vent Valve, Drain Valve)을 설치 압력을 떨어뜨리거나 유체를 제거해야 한다.

배관 내 압력이 초고압일 때는 방출변을 자동밸브 전, 후단에 이중으로 설치하여 단계적으로 밸브를 열어 압력을 떨어뜨려야 한다. 밸브 압력을 떨어뜨리기 위해서는 밸브의 밀폐성을 생각해야 하는데 Single Seat가 Double Seat에 비하여 밀폐성이 좋아 보수시 좀 더 주의를 해야 한다. 특히 유체가 방사성 물체를 함유했을 경우에는 안전규정을 숙지하여 처음부터 안전대책을 수립한 후에 밸브를 설치해야 한다.

(2) 밸브성능

밸브 설치는 밸브의 성능을 최대한 살릴 수 있도록 설치해야 한다. 밸브를 선택할 때는 밸브 용량을 계산하여 선택하고 충분한 성능을 발휘하기 위하여 다음 사항을 고려하여 설치하는 것이 좋다.

① 밸브의 모든 궤도에서 입구 측압력을 되도록 일정하게 유지하기 위하여 밸브 입구 측에서 직선배관이 최소한 배관 직경의 10~20배는 되어야 한다.

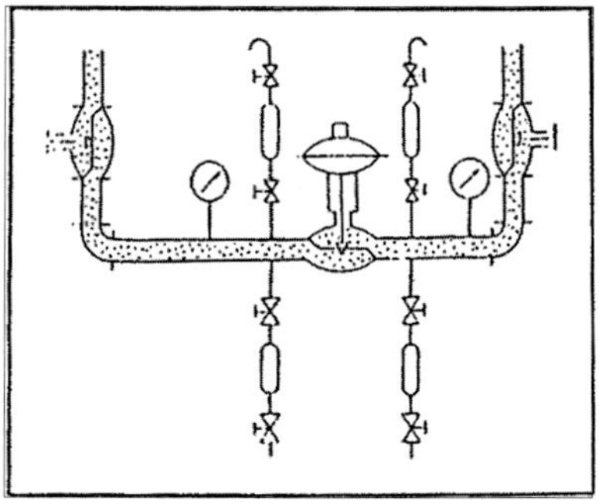

| 그림 1 | 고압배관에서 압력방출 밸브 설치

② 유체가 밸브를 통과하여 주어진 차압을 유지하고 난류현상을 방지하기 위하여는 밸브 출구측에서 직선 배관이 최소한 배관경의 3~5배는 되어야 한다. 이것은 입구측, 출구측 직선배관이 충분해야 입·출구측의 압력을 정확히 측정할 수 있게 되어 정확한 운전 상태를 유지할 수 있다.

③ 배관에 따라서 밸브 크기를 되도록 배관 크기에 맞추어야 한다. 배관은 공사가격에 대단한 영향을 미치게 된다. 따라서 압력 Code, 소음, 부식성, 마모성 등을 고려하여 작은 배관과 질이 낮은 재질을 채택하는 경우가 있는데 필요한 감가상각비 및 차후의 공장 증설계획을 감안하여 충분한 배관크기와 이에 따른 밸브 크기 선정을 해야 한다. 물론 밸브 크기 선정은 유량계산에 의하여 소음, 유

속 등을 고려하여 최적의 크기를 선정하나 대개는 배관 크기와 맞지 않는 경우 Line Size와 같은 밸브 크기에 Inner 밸브(Port)를 줄이는 방법 (예를 들면 배관크기는 3" 밸브크기도 3"이나 Inner 밸브크기는 2" 일 때 3B×2B와 가능한 대로 밸브크기를 작게 설계하여 배관크기 3"일 때 밸브크기 2", Pork 크기 -2B×2B 를 사용하고 있다. 대개는 밸브크기를 줄이는 것이 밸브 가격에 현격한 차이가 없는 한 Reduced Port가 바람직하며, 보통 배관 크기가 2" 이하일 때는 밸브 크기를 줄이지 않으며 밸브 크기는 배관 크기의 1/2이상으로 하는 것이 통례이다.

(3) 수동운전고려

필요하면 자동밸브가 수동으로도 작동할 수 있는가를 고려해야 한다. 수동으로 운전하기 위하여, 운전자가 수동으로 밸브를 작동할 때는 쉽게 조작할 수 있도록 접근성이 보장되어야 한다. 밸브의 궤도표시(Stroke Plate)가 있어 밸브를 수동으로 작동함에 따라서 운전이 제대로 되는가를 확인할 수 있어야 한다.

예를 들면 운전자가 저장 Tank에 있는 수위계를 보고 수동으로 밸브를 동작할 수 있고 얼마만큼 움직였는가를 밸브에 붙어있는 Stroke Plate를 보고 확인할 수 있어야 한다. 만일 By-Pass밸브를 수동운전을 할 수 있도록 되었다면 이 By-Pass밸브의 유량 특성이나 밸브 개도는 자동 밸브와 같게 하는 것이 바

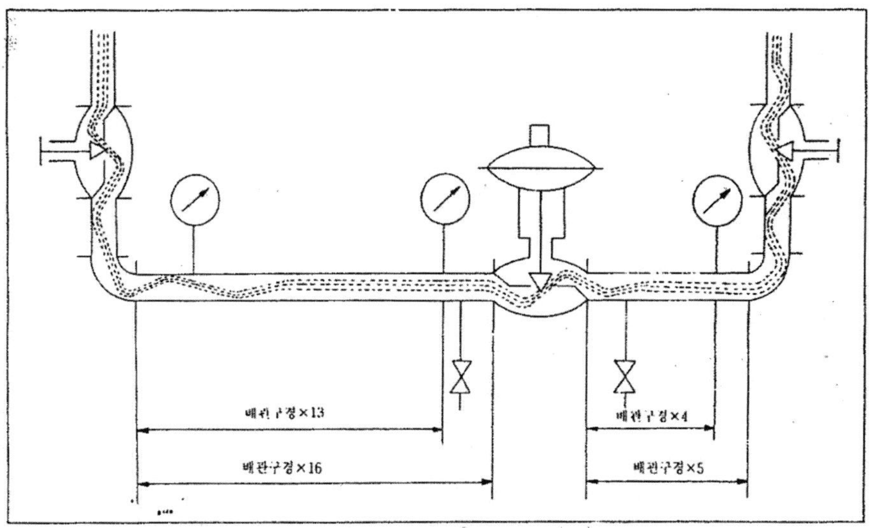

| 그림 2 | 밸브성능과 압력측정을 위한 최소직관

람직하다.

9-2 밸브 설치 방법

자동밸브는 일반밸브와는 달리 여러가지 부속장치들이 많이 있어 이 부속장치들이 제 기능을 다할 수 있도록 사전에 충분히 검토하여 설치하도록 해야 한다. 또 밸브를 설치 후에 밸브 분해가 용이하도록 해야 한다. 구동부와 밸브 Stem과 Plug를 분해할 때는 물론 밸브 본체까지 Line에서 떼어낼 때를 생각하여 밸브를 설치해야 한다.

(1) 자동밸브 부속장치(Manifolds) 취부

자동밸브를 설치할 때는 밸브뿐만 아니라 여러가지 필요한 부수장치를 취부할 때가 있다. 대개 자동밸브 설치시 Block 밸브, By-Pass Valve, Drain Valve등의 밸브가 필요하게 되는데 이때는 자동밸브가 최상의 작동과 최소한의 유지비용이 전제되어야 한다. Manifold Design에 대한 규정은 ISA Rp. 4.2와 API550에 규정되어 있다. 자동밸브 설치시 검토되어야 할 사항은 다음과 같다.

① Line Size-밸브 크기 선정에 기본을 삼는다.

② 밸브 입구, 출구측의 직관거리 - 밸브 기능을 충분히 발휘하기 위하여 밸브 전, 후단에 충분한 직관거리가 필요하다.

③ 밸브위치-너무 높거나 장애물이 있어 접근이 곤란하지 않도록 적당한 위치에 설치

④ Reducer가 필요한가, 필요하다면 유체조건과 부합되는가.

⑤ Block Valve-대개 배관 구경과 같은 크기의 Shut-Off 밸브(Gate Valve)를 사용한다.

⑥ By-Pass Valve-자동밸브가 이상이 있을 시에 수동으로라도 운전하기 위하여 사용되므로 제어할 수 있는 Globe Type등으로 자동밸브와 같은 크기로 같은 특성을 갖은 밸브로 사용한다. 자동밸브가 On-Off용일 때는 Shut-Off 할 수 있는 Gate나 Ball 밸브 등을 사용한다.

⑦ Sensor의 위치

A. 유지보수 및 수동 작동을 위하여 밸브에 접근하기 쉬운가.

B. 정상 운전시 밸브 궤도 또는 게이지를 볼 수 있는가.

C. 밸브가 움직일 때 사람 또는 주변기기에 위험하지 않는가.

⑧ 방출 밸브 (Drain 또는 Vent 밸브)-배관 내의 압력이 조정 및 보수시 압력을 떨어뜨리기 위하여 필요할 때가 있다.

⑨ 압력계(Pressure Gauge)

⑩ Steam Trap

⑪ Stainer

⑫ Fittings

⑬ 압력 조절장치는(Multi Plate)가 필요한가?

⑭ 규제되는 Code는 없는가-식품, 압력용기 등

⑮ 보온 또는 소음을 줄이기 위한 Insulation

⑯ 진동 또는 무게 유지용 지지대 (Support)

⑰ 밸브 구동부로 연결되는 공기 Line, 또는 유압 Line

⑱ 화재 또는 재난으로부터 보호

9-3 자동밸브 설치 실무

[1] 밸브설치 전 준비작업

실제적으로 자동밸브를 설치하기 위하여 고려되어야 할 사항과 검토한 사항에 대해서는 앞에서 언급되었다.

(1) 설치 공간 확보

자동밸브가 고장 날 수 있는 여러 가지 요인이 있기 때문에 고장시 배관에서 떼어낼 수 있거나 분해할 수 있는 최소한의 공간이 필요하다. 또 수동 Handle이 달려 있으면 수동조작을 위한 공간이 필요하다. 따라서 공간이 모자랄 때는 구동부를 수평 또는 거꾸로 취부할 수도 있으나 구동부는 일단 밸브 위에 무게중심을 잡도록 설치하는 것이 좋다.

또 반드시 구동부 무게를 지탱해줄 지지대를 설치한다. (그림5.)

(2) 밸브의 유체방향 확인

밸브의 유체방향은 중요한 문제이다. 왜냐하면 구동부의 힘이 모자랄 경우가 있을 뿐 아니라 밸브 특성에도 관계가 있어 개폐가 불가능하거나 운전의 안정성에 영향을 미친다. 또 Stuffing Box 내에서 압력이 가해져 Stuffing Box내의 온도, 압력에 영향을 주어 Stem위로 유체가 새는 경우도 발생한다.

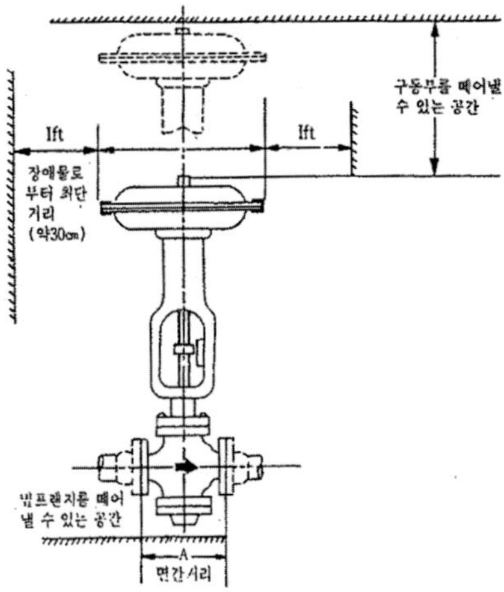

| 그림 3 | 자동밸브 설치 시 필요한 공간(ISA H.Book P. 352)

유체방향은 밸브 제조시 밸브 본체(Valve Body) 표면에 반드시 표시되어 있으나 종종〈-〉형으로 주조가 되어 한쪽을 잘못 지우면 유체방향이 바뀌는 경우가 발생하므로 조금이라도 이상하다 생각하면 반드시 도면을 확인해야 한다. 통상적으로 유체방향은,

① Cage Trim : 옆에서 밑으로 (그림 6.)

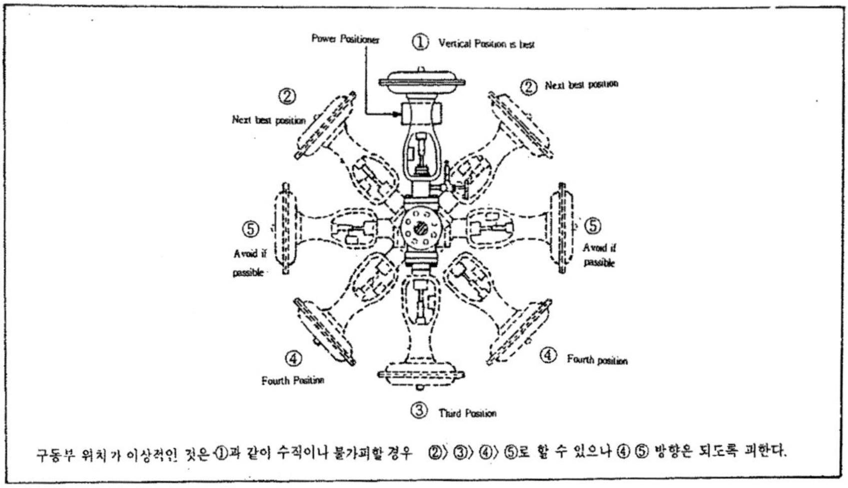

| 그림 4 | 구동부 위치

② Angle Valve : 옆에서 밑으로 (그림 7.)

③ Contoured(Double Seat): 옆에서 위 아래로(그림 8)

④ Contoured (Single Seat): 밑에서 옆으로(그림 9)

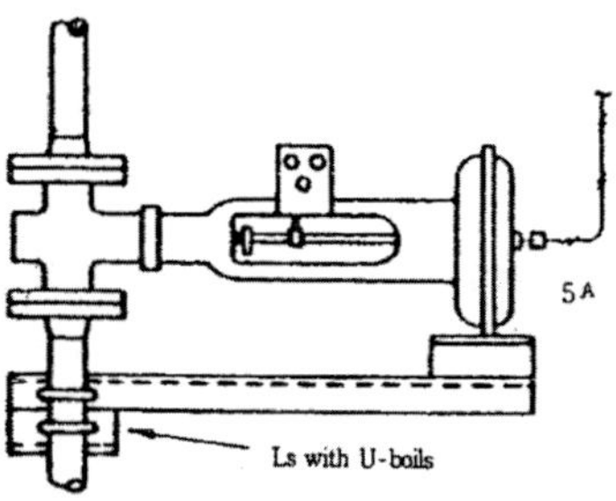

| 그림 5 | 수평으로 설치했을 경우 지지대 설치 예

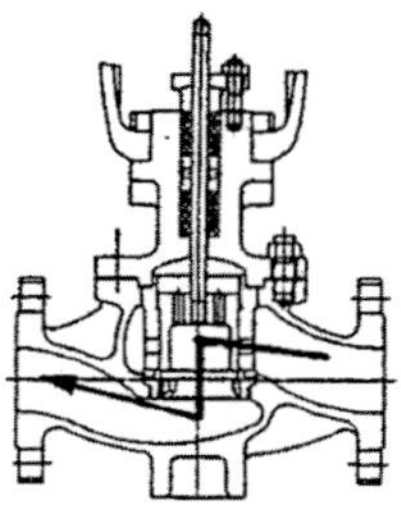

| 그림 6 |

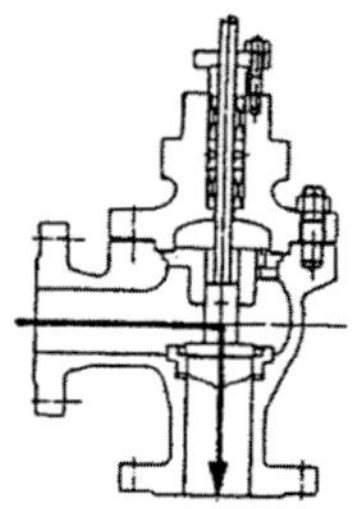

| 그림 7 |

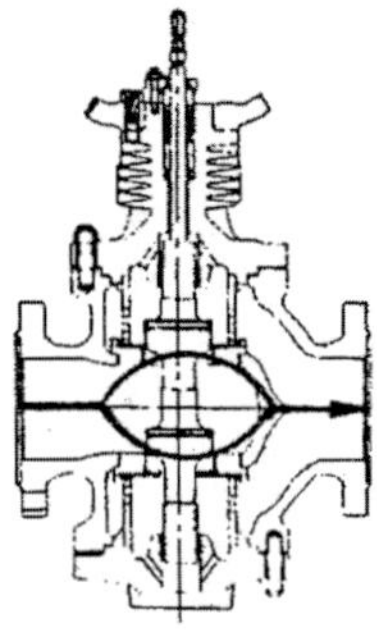

| 그림 8 |

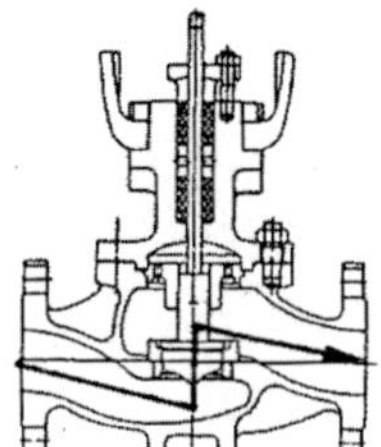

| 그림 9 |

Valve	A (Face to Face)										
Flange	Raised Face Flange						Ring Joint Flange				
Pressure Rating JIS	ANSI 150psi 10K	ANSI 300psi 10K	ANSI 600psi 10K	ANSI 900psi 10K	ANSI 1500psi 10K	ANSI 2500psi 10K	ANSI 300psi 10K	ANSI 650psi 10K	ANSI 900psi 10K	ANSI 1500psi 10K	ANSI 2500psi 10K
Size											
20 3/4	184	194	206	260	260	330	206	206	260	260	330
25 1	184	197	210	265	265	330	210	210	265	265	330
40 11/2	222	235	251	305	305	-	251	251	305	305	-
50 2	254	267	286	367	267	447	286	289	370	370	450
65 21/2	276	292	311	417	417	-	311	314	420	420	-
80 3	298	318	337	457	472	547	337	340	260	475	850
100 4	352	368	394	532	547	667	394	397	535	550	675
125 (5)	403	425	457	587	632	-	457	460	590	635	-
150 6	451	473	508	652	704	902	508	511	655	710	915
200 8	543	568	610	717	835	1046	610	613	720	845	1065
250 10	673	708	752	on drder			752	755	on order		
300 12	737	775	819				819	822			
350 14	889	927	972				972	927			
400 16	1016	1057	1108				1108				

| 표 1 | 밸브 면간 거리(A)

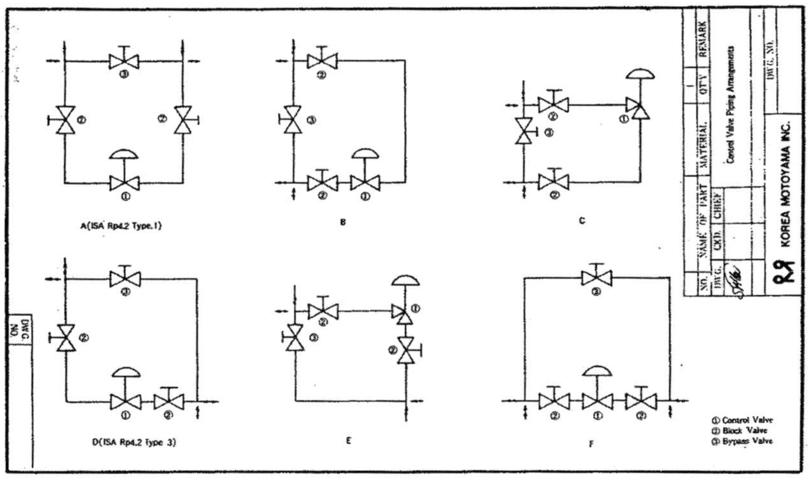

| 그림 10 | 자동밸브 설치 예

[2] 배관 세척(Blow Out-Flushing)

자동밸브의 고장 중 가장 많은 것은 Seat와 Plug의 손상이다. 이 손상은 대부분 배관할 때 생기는 용접 찌꺼기 또는 유체와 함께 섞여 들어가는 이물질이 Seat와 Plug 사이에 들어간 상태로 밸브를 작동했을 때 Seat와 Plug가 상처가 나서 Seat Leak가 발생하고 심하면 이 손상으로 인하여 Plug가 움직이지 않는다.

Line Size	½ Valve		¾ Valve		1 Valve		1½ Valve		2 Valve		3 Valve		4 Valve		6 Valve		8 Valve		10 Valve		12 Valve	
Control Valve Size	Block	Bypass	Block	Bypass	Block	Bypass	Block	Bypass	Block	Bypass	Block	Bypass	Block	Bypass	Block	Bypass	Block	Bypass	Block	Bypass	Block	Bypass
½	½	½	¾	¾	1	1	1½	1½														
¾			¾	¾	1	1	1½	1½	2	2												
1					1	1	1½	1½	2	2	2	2										
1½							1½	1½	2	2	2	2	3	3								
2									2	2	3	2	3	3	4	4						
3											3	3	4	3	4	4	6	6				
4													4	4	6	4	6	6	8	8		
6															6	6	8	6	8	8	10	10
8																	8	8	10	8	10	10
10																			10	10	10	10
12																					12	12

| 표 2 | Table 1. Recommended Minimum

특히 Cage Type의 Globe Valve에서 Cage Port 사이에 이물질이 들어가거나 손상을 입는 경우 밸브가 움직이지 않는 경우가 있다. 이것은 고온, 고압용 밸브에서는 대개 배관을 용접 형으로 설치하기 때문에 처음에는 용접으로 인한 많은 이물질이 발생하고 고온으로 인하여 Valve Trim이 얼마간 연성으로 변하여 이 물질에 의하여 손상되기 쉽다.

따라서 자동밸브를 설치하기 전에 배관을 반드시 규정에 의하여 세척(Blowout)을 하여 배관 내에 있을 수 있는 용접 찌꺼기, Scale, Chip등 이물질을 불어내야 한다. 또 이물질이나 고형물질이 많이 유입될 수 있는 배관에는 반드시 Strainer를 설치하여 밸브전단에 이물질을 걸러내야 한다.

자동밸브의 수명을 길게 하고 이물질에 의한 고장을 막기 위해서는 Strainer 설치를 하는 것이 바람직하다.

[3] Block 밸브, Bypass 밸브

(1) Block밸브

Control Valve를 배관에서 분리 할 수 있도록 설치하는 밸브로서 Isolate 밸브라고도 한다. 이 밸브는 유체가 자동밸브를 통하여 흐르지 못하도록 차단하는 Shut-Off밸브 작용을 함으로 대개 Gate Valve를 사용한다.

(2) By Pass밸브

자동밸브가 이상이 생겼을 때는 Block 밸브를 잠그고 By Pass밸브를 열어 유체를 조절할 경우가 생긴다. 따라서 By Pass밸브를 유체를 조절하는 기능을 가진 Globe Type Valve를 사용한다. 또한 유량특성과 같은 크기를 선택하는 것이 이상적이다.

(3) Block 밸브와 By Pass밸브 선정

자동제어 밸브는 제어의 특성상 대개는 배관구경보다 작은 크기의 밸브를 선정하거나 같은 크기의 자동밸브라도 밸브 Port는 Reduced Port를 사용하는 경우가 많아 대개 이 밸브들도 관크기와 같거나 작은 크기를 선정한다. 표 2.는 ISA가 권고하는 Block 밸브와 다음 표는 ISA가 권고하는 Block 밸브와 By Pass밸브 크기이다. 그러나 많은 회사들은 설비 비용을 아끼기 위하여 이보다 더 작은 크기를 선정하는 경우도 많다.

[4] 취급시 주의점

자동밸브는 대단히 정교한 제품으로 설치하는 사람이 조심스럽게 다루지 않으면 안된다. 왜냐하면 대개는 Positioner, Limit Switch, Flow Meter와 같은 전자 전기제품이 붙어있어 함부로 다루면 이러한 부품들이 손상을 입거나 밸브 궤도가 바뀌게 된다.

또 Stem에 상처가 나거나 밸브 내부에 이물질이 들어가는 경우가 있어 밸브 고장의 원인이 된다. 간혹 현장에서 밸브검사를 위하여 밸브를 분해하는 경우가 생기나 이때는 전문가가 실시해야 하고 특히 밸브 Stem이 손상은 없거나 Yoke등의 부품이 부러지는 경우 현장에서 수리가 곤란하다. 이때는 새로운 제품을 주문하거나 밸브 제조회사에서 수리해야 함으로 수개월이 소요되어 공사에 막대한 차질을 가져올 염려가 있으므로 밸브 취급에 특별한 주의가 필요하고 이러한 중요점을 인식하고 있는 전문가가 취급하는 것이 안전하다. 밸브를 분해하여 수리한 후에는 반드시 수압검사, 기밀검사, 궤도검사, 기타 전장품 검사를 꼭 해야 한다.

자동밸브는 Positioner, Limit Switch, Solenoid Valve 등 전장 제품이 붙어있어 일단 제조회사에서 조정을 했다고 해도 운반시 심한 충격이나 취급시 부주의로 인하여 Tubing이 빠지거나 밸브 Stem에 위치가 맞지 않는 경우가 흔히 발생함으로 인하여 Tubing이 빠지거나 밸브 Stem에 위치가 맞지 않는 경우가 흔히 발생하므로 Start-Up시에 다시 한번 밸브를 조정해주는 것이 좋다.

[5] 자동밸브 설치 예

Motoyama Inc가 권장하는 이상적인 자동밸브 설치와 ISA Handbook Of Control Valves에 수록된 API RP-550에 의한 설치 예를 수록한다.

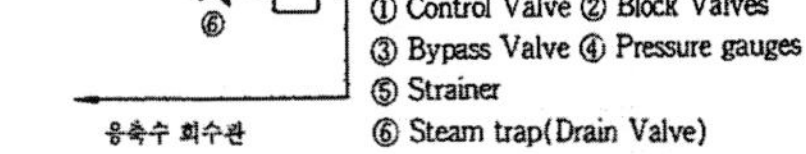

| 그림 11 | Motoyama's 권장 자동밸브 설치 예

CHAPTER 10

자동밸브 누설에 관한 문제와 해결

본 글은 서울대학교 공과대학의 정인석 교수의 지도로 필자가 서울대학교 공과대학 최고산업전략과정 11기 수료논문으로 제출한 글입니다.

1. 서론

1-1 연구의 필요성

인간이 밸브를 사용했던 역사는 인간이 통속에 물이나 술을 빚어 저장했던 물통이나 술통의 Cock로부터 시작하여 수만년전일 것이다. 이 Cock의 근본 설계는 아직도 많은 곳에 사용되고 있다. 더욱이 산업이 발전함에 따라 석유 화학 공업, 펄프, 화력 발전소, 상하수도, 빌딩, 가정 등 모든 분야에서 밸브의 용도는 없어서는 안될 필수품으로 발전되었다.

공업이 양적으로 팽창하고 다양화 됨에 따라서 밸브의 형태도 세분화, 다양화 되어 전문 규격화 되어가고 있다. 더욱이 근대에는 공정의 자동화로 인하여 여러 종류의 밸브가 자동화되어 날로 발전하고 있으며, 제어하는 유체도 대단히 많아 인체에 해를 주는 많은 유독성 유체, 염소 가스, 황산, 초산 등 강산, 분진을 유발하는 유독성 분체, 인화성이 심한 가스, 폭발성이 심한 유체등 종류가 많다. 이러한 유체를 제어할 때에도 물론 공정상으로는 제어의 정밀도, 적합성 등이 문제이겠지만 또 다른 문제로 유체가 밸브 밖으로 흘러나옴에 따른 환경 문제 및 안전성 문제가 크게 대두되고 있다. 더욱이 자동밸브에서 누출문제는 폭발사고로 인한 유독 가스나 방사선의 대량누출, 인명피해, 화재 등으로 인한 대량 산업재해, 공장에서 작업하는 작업자의 안전문제로 대두되어 앞으로 반드시 해결해야 할 문제이다.

지금까지 누출 문제는 단순히 누출로 인한 폭발의 하한선과 누출로 인하여 단기간에 인체에 미치는 절대적인 양만을 규제해왔다. 그러나 플랜트 현장에서도 보다 효율적인 생산을 하면서 오염 물질

배출은 줄이고자 하는 일환으로 Clean Technology 도입이 굉장히 중요하게 되었다.

1-2 연구 목적 및 연구방법

이제까지는 Valve Body부로부터 누출은 그 양이 적거나 곧 수리 대상이 되어 수리를 하여 사용하고 제품은 생산에만 비중을 두어 밸브 Body부로부터 누출에 대한 연구는 특별히 없었던 상태였다.

본 연구의 목적은 밸브의 누출은 기준을 설정하고 누출에 따른 피해 및 영향을 고찰하고, 누출의 원인과 그에 따른 대책을 강구하여 신제품 개발의 이론적인 근거와 실제로 누출이 최소화된 자동제어 밸브를 생산, 사용할 수 있도록 함에 본 연구의 목적이 있다.

연구방법으로는 자동밸브의 누출에 관한 종류를 분류하고 이에 따른 원인을 분석하여 그 원인에 따른 최적의 해결방법을 제시하고자 한다.

특별히 새로이 연구하여 실제 사용하고 있는 Enviro-Seal 방법을 상세히 기술 본 연구에 대한 Clean Technology의 실용성을 증명하고자 한다.

1-3 자동 밸브 누출의 분류

자동 밸브에서 누출은 크게 1)Body And Bonnet 부위의 주물 결함 또는 용접결함에 의한 누출. 2) Body와 Bonnet 또는 Body와 Bottom Flange의 체결부위인 Gasket로부터 누출. 3) 밸브가 작동 시 계속하여 움직이는 작동부위인 Packing부위 누출로 크게 나눌 수 있다.

여기에서 전자의 두 종류는 기술적으로 완전한 누출을 막을 수 있으나 Packing 부위로부터 누출은 Bellow Seal을 사용하지 않는 한 100% Seal은 불가능하다.

1-4 누출의 허용 기준

밸브에서 누출 중 주조결함으로 인한 누출과 Gasket에서의 누출은 철저한 검사와 재질 선택으로 완전히 막을 수 있으나 Packing쪽 누출은 사용 중 시간이 많이 지난 후에 나타나므로 수시로 점검 그 양에 따라서 Gland Flange 를 누출이 없도록 조이거나 Packing을 교환해야 한다.

우리나라는 작업장내의 유해성 물질 및 유해가스 기준을 산업안전보건법에 명시되어있다. 산업안전보건법, 산업보건 기준에 관한 법, 규칙 제148조에 의하여 특정 화학물질 등의 종류를 제 1류 물질, 제 2류 물질, 제 3류 물질로 구분하고 동규칙 제 116조에 의하여 유해 분진 측정을, 제 146조에 의하여 유기용제 측정을 6개월에 1번 이상씩 사업주가 측정하도록 되어 있다.

그 기준치는 미국 산업위생사협회

SUBSTANCE	TWA		STEL	
	ppm	mg/m3	ppm	mg/m3
Acetaldehyde	100	180	150	270
Acetone	750	1780	1000	2380
Aluminume oxide	-	10	-	-
Ammonia	25	17	35	34
Asbeston / Chrysotile	-	2fubers/cc A1	-	-
Benzene	10,A2	32,A2	-	-
Butane	800	1900	-	-
n-Butyl acetate	150	713	200	950
Calcium chromate	-	0.001,A2	-	-
Carbon dioxide	5000	9000	30,000	54,000
Carbon monoxid	(50)	(57)	(400)	(458)
Chloroacetyl chloride	0.05	0.23	0.15	0.695
Chloroform	10,A2	49.A2	-	-
Ethyl acrylate	5,A2	20.A2	15,A2	61,A2

| 표 1 | ACGIH(미국산업위생사협회) 누출 허용 기준치

(ACGIH-American Conference Of Governmental Industrial Hygienists)가 매 2년마다 연구결정 공고하는 TLV (Threshold Limit Values)에 준한다.

TLV-TWA(Time Weighted Average)는 일일 8시간, 주 40시간 일하는 근무자가 매일 반복적으로 40년간 유해물질에 노출되어도 1% 미만의 직업병을 일으키는 양을 말하며 TLV-STEL (Short Time Exposure Limit)란 단시간 동안(15분)에 누출되는 허용치를 말한다. 여기에 중요 화학제품의 허용누출 기준치를 살펴보면 표 1과 같다.

2. 본론

2-1 주조 결함에 의한 누출

[1] 서론

밸브는 모양의 특성상 특별한 제품을 제외하고는 Fabrication하거나 Bar를 사용하지 않고 거의 대부분의 제품을 주조에 의하여 제조한다. 밸브 주조는 크기와 모양과 재질이 다양하여 밸브 크기가 작고 일부 재질 외에는(동합금, 아연 등) 가압주조(Die-Casting)로 하지 않고 일반적으로 모래를 성형하여 주조를 한다.

이런 주조 방법은 주조 방안에 따라서 품질에 많은 차이가 있다.

		ASTM	ASNT	ASME	MSS
SURFACE FINISH					SP55
RT RADIOGRAPHIC TEST	QUALITY	E446<to 2"> E186<2-4"> E280<4"+>		Sec. Ⅲ Sec. Ⅷ	SP54
	TECHNIQUE	E94 and E12		Sec. Ⅲ Sec. Ⅴ Sec. Ⅷ	
MAG. PARTICLE INSPECTION	QUALITY	E125		Sec. Ⅲ Sec. Ⅷ	SP54
	TECHNIQUE	E709		Sec. Ⅴ Sec. Ⅷ	
PT LIQ. PENETRANT TEST	QUALITY	E125		Sec. Ⅲ Sec. Ⅷ	
	TECHNIQUE	E165		Sec. Ⅴ Sec. Ⅷ	
UT ULTRASONIC TEST	QUALITY	A609		Sec. Ⅲ Sec. Ⅷ	
	TECHNIQUE	A609		Sec. Ⅴ Sec. Ⅷ	

| 표 2 | 주물검사 방법 / 품질기준

* ASTM - American Society For Testing And Materials
* ASME - American Society Of Mechanical Engineers
* MSS - Manufacturer's Standards Society

주물의 품질은 원재료의 질 - Ingot와 고철의 비율, 고철의 정도, 주조방안 - 압탕의 크기, 개수, 위치 - 모래의 질, 용탕 및 열처리 기술에 따라서 다르다.

특히 압탕의 수나 크기는 주물의 회수율과 관계가 많아 경제성과 관계가 많다.

주조 공장에서는 가능하면 압탕의 수를 적게 하고 크기도 작게 하여 주물의 회수율을 높이려고 하나 주물의 회수율을 높이면 경제성은 높아지지만 주물 결함이 많아질 수 있다.

TWA : Time Weighted Average
(8 Hours/Day)
STEL : Short Time Exposure
Limit (15 Minutes/One)
Time, Max 4 Times/Day)
A1 : Confirmed Human Carcinogen
A2 : Suspected Human Carcinogen

[2] 주조결함의 종류 및 결함의 원인

주조 결함은 그 Cavity에 따라 크게 Blow Hole, Pin Hole, Shrinkage 3가지로 분류하고 결함의 정도에 따라서 중대결함(Major Defect)과 경미한 결함(Minor Defect)으로 분류한다.

Blow Hole은 쇳물을 주입시 쇳물을 너무 빨리 주입하여 쇳물과 함께 공기가 빨려 들어가 비교적 크게 동공이 생기는 것을 말하며, Pin Hole은 쇠의 용해가 잘못되었거나, 조형할 때 사용하는 모래에 수분이 많이 함유된다. 쇳물 주입 후

모래 속의 수분이 증발하여 생기거나 고

DEFECT CALSSIFICATION		DEGREE OF DEFECT	REPAIR METHOD	MESESSITY F0 PWHT	RECORD
Minor Defect	Class1	t≦ 0.1T A≧ 10cm	Removal witt Grinder or SMAW or GTAW	NONE	NONE
	Class2	t≦ 0.2T A≦ 65cm2	SMAW or GTAW	NONE	NONE
Major Defect	Class3	abovo Class2 defect	SMAW or GTAW	Necessary	submlted to the cusotmer

| 표 3 | 주조결함 분류별 보수방법

철을 녹여서 쇳물을 만들 때 녹슨 고철을 사용해서 고철 속에 산소, 수소, 질소가 탄소와 반응 탄산가스 (Co2), 이산화가스, 질소가스등이 발생하고 쇳물이 결정화되는 동안에 생성된 공기 또는 가스가 쇳물 밖으로 빠져 나와서 미세한 줄 같은 공기 통로를 만들면서 발생한다.

Shrinkage는 액체 상태의 쇳물이 서서히 식어가면서 고체 상태로 변할 때 생기는데, 일반적으로 모든 물건은 액체 상태에서 고체가 되면 체적이 작아진다.

이때 작아진 체적만큼 Cavity가 생기는데 이것을 Shrinkage라 하며 충분한 크기의 압탕을 적당한 장소에 설치하면 Shrinkage는 막을 수 있다.

Major Defect란 간단히 보수할 수 없거나 폐기해야 할 정도로 결함정도가 심한 것을 말하며 Minor Defect란 간단히 보수 사용할 수 있을 정도의 경미한 결함을 말한다.

[3] 밸브 결함 검색

주조의 결함을 알아내기 위한 검사에는 육안검사(Visual Inspection), 파괴검사, 비파괴검사(Nondestructive Examination)가 있고, 비파괴검사에는 방사선 투시검사(R-RadioGraphic Test), 자분탐상시험(Magnetic Particle Inspection), 침투침상시험(P-Liquid Penetrant Test), 초음파침상시험(UT-Ultrasonic Test)가 있는데 각 단체에 따라 기준과 적용범위, 허용기준이 조금씩 다르다.

파괴검사에는 Spectrometer에 의한 분색검사, 절단검사, 경도검사, 인장검사가 있다. 상세한 검사방법과 허용기준은 생략한다.

[4] 주조결함 보수방법

① 육안검사나 비파괴검사를 통하여 발견된 주조 결함은 Drilling, Grinding, Chipping에 의하여 기계적으로 제거

하거나 가스 열로 불어(Thermal Gouging)낸다. 이때에는 모든 주위의 결함을 완전히 제거해야 한다. 제거해야 할 결함의 정도는 검사기관에 따라 조금씩 차이가 있다.

② Crack, Blow Hole, Pin Hole를 완전히 제거시킨 후 용접사에 의하여 육성(용접)을 시킨다.

▸ Note 1

T : Depth Of The Cavity After Removing The Defect (m/m)

T : Min. Wall Thickness Of Casting Shown In The Manufacture Drawing (m/m)

▸ Note 2

PWHT : Postweld Heat Treatment

SMAW : Shield Metal Are Welding

GTAW : Gas Tungsten Are Welding

③ 육성시킨 부위를 잘 갈아내어 손질해 다듬는다.

④ 보수한 부위는 비파괴검사를 실시하여 다시 결함 여부를 점검한다.

⑤ 육성부위가 크면(중 결함일 때)열처리를 다시하여 응력을 제거한다.

2-2 가스켓(Gasket)부위에서의 누출

[1] 서론

가스켓 부위에서의 누출은 밸브 제조시 유체와 종류, 온도, 압력에 따라서 정확히 가스켓의 모양 및 재질을 선정하고, 규정된 Torque에 의하여 볼트 너트를 체결하고 수압시험과 기밀시험을 하면 가스켓 부위로부터 누출은 막을 수 있다. 그러나 배관 내에 유체의 온도가 극심하게 변화하여 열팽창에 의하여 밸브 본체가 심하게 수축 팽창하거나, 또는 밸브의 진동이 심하여 볼트, 너트가 이완되거나, Gasket 재질 선정이 잘못되어 부식이 되면 사용 중에도 누출이 되는 수가 있다.

가스켓(Gasket)이란 움직이지 않는 2개의 물체의 중간에 위치하여 두 물체를 체결하였던 물체 내의 유체가 물체 밖으로 새어 나오는 것을 방지하기 위한 목적으로 사용되는 제품을 말한다.

[2] 가스켓의 종류 및 특징

가스켓에는 크게 비금속 가스켓(Non-Metal Gasket), 금속 가스켓(Metal Gasket), 금속과 비금속이 혼용된 혼용 가스켓(Semi-Metal Gasket)로 나눈다.

이렇게 여러 종류가 있는 것은 유체의 종류, 압력, 온도에 따라서 알맞은 모양과 재질을 선정해야 하기 때문이다.

(1) 비금속 가스켓(Non-Metal Gasket)

고무, Asbestos, Teflon 등 연질로 되어 있어 재질에 따라 다양한 화학제품에 사용할 수 있다. 그러나 채결을 강하게 할 수가 없어 고압용에 사용은 불가능하다.

고무, Asbestos, Teflon은 재질의 특

분 류	명 칭	재 료	FLANG조도/S	단면형상
비금속 가스켓	고무 SHEET	고무	100	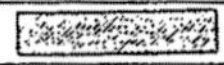
	PTFE<PTFE SHEET>	PTFE 석면 JOINT SHEET	25	
	석면 JOINT SHEET	석면 고무	25	
	PILLARFOIL SHEET	PILLARFOIL	25	
금 속 가스켓	CORRUGATC GASKET	ALUMINIUM 銅 極 網 STAINLESS網 MONEL TITAN	3	
	SERRATION GASKET		6	
	FLAT METAL GASKET		3	
	RING JOINT GASKET		3	
	METAL O RING	STAINLESS網	3	
금속+비금속 가스켓	METAL JACKET形	석면 STAINLESS網	6	
	METAL JACKET形	석면 STAINLESS網	6	
	SPIRAL WOUND形 GASKET	석면 STAINLESS網	25	
	PILLARFOIL SPIRAL WOUNG形 GASKET	PILLARFOIL STAINLESS網	25	

| 표 4 | 가스켓 종류 및 프랜지 조도

성상 단일 재질보다는 고유 재질의 특성을 살리고 단점을 보완하기 위하여 다른 보조 재료를 넣어서 강도를 보완하여 사용한다.

① 고무 : 저압, 저온의 부식성이 없는 유체에 사용한다. 고무 하나만으로는 강도가 낮아 고무와 고무 사이에 부직포를 넣어서 강도를 보강하여 사용한다. 고무에도 여러 가지가 있는데 그 중에서도 많이 사용하는 것은, 일반용으로 많이 사용하는 NBR (Natural Butadiene Rubber), 탄성이 좋은 천연고무(Natural Rubber), 내열, 내한성이 좋은 Silicone Rubber, 내마모성이 좋은Urethane Rubber, 알코올에 강하고 탄성이 좋은 SBR (Styrene Rubber), 기타 공압기기에 널리 사용하는 Neoplene Rubber가 있다.

② Asbestos : 현재 가장 널리 사용하고 있는 Packing 및 Gasket 재질로서 백석면(Crystal Asbestos)을 사용하고 있다. 석면의 특성은 Fiber의 직경이 0.018~0.03μ으로써 사람 머리카락의 1000분의 1 굵기 정도로 가늘어 서로 엉키면 유체의 통과가 어렵고 Grease등 충진재를 많이 함유할 수 있는 장점이 있다. 또 고온에서 높은 인장 강도(400℃일 때 9Kg/㎠)를 유지 고온에서도 사용할 수 있으며 강산이나 강알칼리를 제외한 모든 유체에 사용할 수 있도록

안정되어 있고 천연에서 쉽게 생산되어 가격이 싸다.

③ Teflon: 불소수지(Polytetra Fluoro Ethylene)상품명으로서 강산, 강알칼리, 환원성, 산화성이 강한 유체와 내약품성이 강하여 저온, 저압의 화학약품에 가장 널리 사용한다. Teflon의 특성으로서는 어떠한 약품에도 침투되지 않고, 윤활성이 있으며, 절연성, 착 달라붙지 않는 특성이 있다. 이러한 특성 때문에 화학약품의 Gasket 및 Packing 재질로서 주재료 또는 부재료로써 널리 사용되고 있다. 그러나 내열성은 없어(최고 260℃까지 사용) 고온에서는 강도가 약하며, 또 수축성이 커서 계속 체결하면 계속 조여져 고압에는 사용할 수 없는 약점이 있다.

(2) 금속 가스켓(Metal Gasket)

고압에서는 인장강도가 큰 Gasket재질이 필요하다. 금속 재질도 유연성이 있는 동, 아연, 알루미늄 등이 있고 부식 및 고압에 사용되는 재질로 Stainless 및 Titanium 재질도 있다.

금속이기 때문에 강도면에서는 강하나 유체에 따라서는 부식을 발생하거나 이온화 경향이 큰 물질이 용해되어 나오는 경향도 있어 금속표면에 다른 고급 금속(은 등)이나 Teflon 등 피막을 입혀서 사용한다.

흔히 사용되는 금속 가스켓으로는 고압의 Ring Joint나 Serration 가스켓이 많이 사용되고 있다.

금속 가스켓일 때 주의해야 할 점은 금속이기 때문에 경도가 높아 Flange에 손상을 줄 염려가 있기 때문에 Flange와 경도차를 두어야 한다.

대개는 Flange와 경도차를 HB30정도 두어 Flange의 손상을 막아준다.

(3) 혼합 가스켓(Semi-Metal Gasket)

금속 재질의 강도특성과 비금속 재료의 유연성과 내산성, 내알칼리성, 내약품성 특성을 살려 만든 가스켓으로써 유연한 석면이나 흑연을 속에 넣고 금속으로 싼 Metal Filled Gasket과 내부에 백석면 외부에 연강의 스테인리스 강판을 얹어 압축한 Spiral Wound Gasket이 있다.

가스켓의 강도를 높이고 설치를 용이하게 하기 위하여 가스켓의 내측이나 외측에 강판링을 붙여 사용한다.

[3] 가스켓 Seal의 구조와 Torque 계산 방법

① 가스켓은 Flange 사이에 넣어 체결하기 때문에 우선 Flange면이 요철이 없어야 한다. 그러나 Flange는 기계가공을 하여 만들기 때문에 실제로는 요철이 심하여 프랜지 볼트를 체결하면 유연성을 가지고 거친 면을 메워주어야 Seal이 된다.

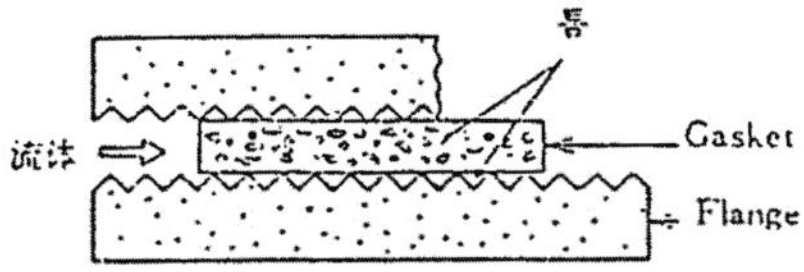

| 그림 1 | 프랜지에 가스켓을 얹었을 때

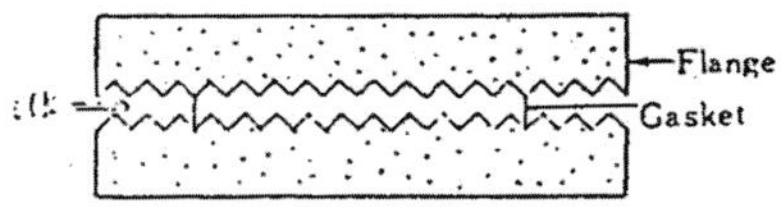

| 그림 2 | 가스켓 체결 시 변형

② 프랜지 체결 Torque

프랜지 볼트를 조임에 따라서 가스의 변형이 일어나 프랜지의 요철이 메워져 누출이 되지 않는 최소의 압력을 한계 조임 압력이라 하며 여기에 안전을 더하여 정한 압력이 최소 설계 조임 압력이라 합니다.

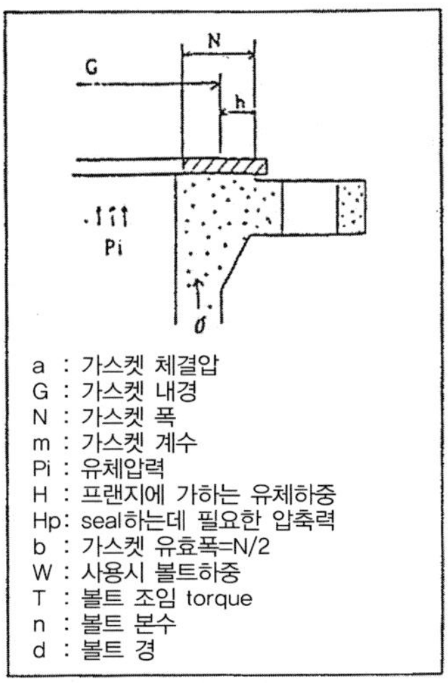

| 그림 3 | Gasket 체결 압력 계산

사용시 볼트하중 (W) = 프랜지에 가하는 유체하중 (H) + Seal의 필요압축력(Hp)

즉 $W = H + Hp$ 여기에서 H

$= \pi/4 \text{ X } G2 \text{ X } Pi$

$Hp = 2B \text{ X } \Pi G \text{ X } mPi$ 따라서

$W = \pi/4 \text{ X } G2Pi + 2\pi b\ GmPi$

따라서

가스켓 체결압 (a) $= 1/\pi GN \times (\pi/4 \times G2\ Pi + 2\pi bGmPi)$

$= G/4N \times Pi + 2b/N \times mPi$

$= Pi\ (G/4N + m)$

볼트 조임 Torque (T)

$=(0.2 \times d \times \pi \times G \times N \times a)/n$

[4] 가스켓 누출 방지 대책

가스켓으로부터 누출을 막기 위해서는 가) 유체의 종류, 압력, 온도, 비중, 부식성, 진동 등 유체조건을 정확히 이해하고 이에 따른 가스켓의 형태 및 재질을 잘 선정하고, 규정 Torque이상으로 볼트를 체결해 주어야 한다.

또 열에 의한 수축, 팽창이 반복되는 Line에서는 수시로 점검, 최소 설계 조임 압력 이상으로 Torque를 유지할 수 있도록 볼트를 체결해 주어야 한다. 또 고압 고온용 Steam, 가스가 가스켓을 통하여 계속 누출되면 유체누출로 인한 마모현상(Erosion)이 발생하므로 볼트를 더 조여도 계속 누출하면 즉시 가스켓을 새 것으로 교환하여 더 이상 Flange가 마모되지 않도록 해야 한다.

2-3 Packing Box로부터의 누출

[1] 서론

Packing Box란 밸브 내부의 Trim (Plug, Disc, Ball, Vane)을 구동하기 위해서는 구동부 또는 수동 손잡이의 작동 힘을 Stem을 통하여 밸브의 내면에 있는 Trim을 움직이게 하는데 이 Stem은 밸브 외부와 내부를 연결하기 때문에 밸브 내부에 있는 유체가 밸브 외부로 누출되지 않도록 하는 장치가 필요한데 이 부위를 Packing Box라 한다.

Packing Box는 유체와 직접 접촉하고, 계속해서 움직이기 때문에 누설이 가장 많이 일어날 수 있는 곳이다. Packing Box로부터 누출을 전혀 없게 하고 안전하게 하기 위해서는 Bellows Seal Bonnet을 사용한다.

Bellow가 상하 운동을 하고 Bellows에 붙어 있는 Flange가 Gasket에 의하여 Seal이 되기 때문에 완전 Seal이 가능하다.

그러나 Bellows Seal Bonnet을 사용하면 Bellows가 2~3만회 수축 팽창하게 되면 수명이 다하고 가격은 일반 밸브보다 약 30%정도 비싸서 비경제적이며 또한 Bellows 길이만큼 밸브 높이가 높아져 사용 공간이 많이 필요하고 무거워져 배관에 무리가 가기 때문에 특별히 관

본 연구도 Packing Box쪽으로 누출되는 것에 중점을 두었다.

[2] Packing Box 종류

Packing Box의 종류에는 Single Packing Box와 Double Packing Box가 있다.

Packing Box 설계는 밸브의 Torque (Force)와 직접적으로 관계가 있다.

Packing 수량을 많이 넣고 Packing Flange을 꽉 조이면 누출은 줄일 수 있으나 Torque가 많이 걸려 구동부가 큰 것을 채택해야 한다.

구동부가 크면 가격도 비싸고 비경제적이다.

(1) Single(Standard) Packing Box

Packing Box에는 Packing이 들어가는데 대개 몇 개로 이루어져 조(Set)를 이루는데 Single Packing Box란 Packing이 1조가 들어가는 것을 말한다.

일반적으로 저온, 저압용으로 많이 사용한다.

(2) Double Packing Box

누출을 되도록 적게 하기 위하여 Packing을 2조를 넣은 Packing Box를 Double Packing Box라 한다. 따라서 Packing Box가 길어지게 된다.

특별히 누출이 전혀 허용되어서는 안

되는 유독성 가스, 폭발성 가스 등 위험물인 경우는 Bellows Seal을 사용하거나 그렇지 않을 경우 단순히 누출을 적게 하기 위하여는 Bellows Seal로 대체하여 Double Packing Box를 사용한다.

[3] Packing Box 구조 및 Seal의 본질

(1) Packing Box 구조

Packing Box는 Packing Ring, Packing Flange, Follower, Spring, Packing, Follower, Lantern Rings, Anti-Extrusion Ring으로 되어 있다.

Packing Box 구조는 용도에 따라서 범용, 고온용, 진공용, 고압용, 고온 고압용으로 구분하며 구조는 서로 다르다.

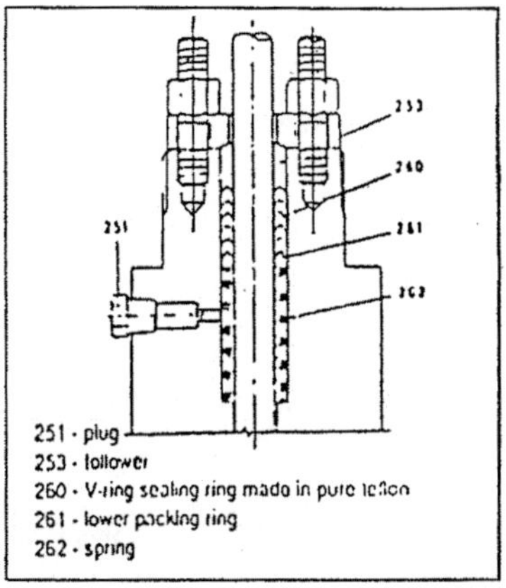

| 그림 4 | Packing Box의 구성

(2) Seal의 본질

Grand Packing에서 누출은 Packing과 Stem 또는 Packing Box 내벽과 접촉하는 접촉면을 통하여 누출되는 경우와 Packing 자체로 침투하여 누출되는 경우가 있다.

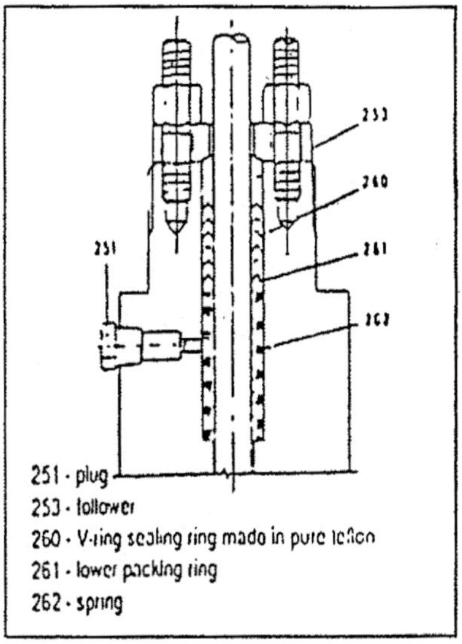

| 그림 5 | Packing Box종류

Packing Ring 여러 개를 합하여 1개조로 하여 Packing Box 내에 넣고 Grand Flange를 조여서 Follower를 통하여 Packing을 조여서 Seal을 한다.

이때 Packing을 누르는 힘의 전달은 Packing이 연질이기 때문에 힘이 골고루 전달되는 것이 아니라 밑으로 내려갈수록 감소한다.

유체가 Seal되는 점은 유체 압력과 Packing 밀도가 커지는 체결압이 평형을 이루는 점이 될 것이다.

Seal 부위를 유체와 가까운 Packing 밑으로 옮기려면 Grand Flange을 꽉 조여야 하는데 너무 조이면 Stem에 Friction이 높아져 사용할 수 없게 된다.

[4] Gland Packing의 요구 특성

(1) 완전한 Seal (Perfect Seal)

Gland Packing으로부터 누출은 눈에 보이는 누출을 비롯하여, 기체로 변하여 누출되는 경우까지 포함 가장 빈번히 일어나는 누출이다. 그러나 Packing은 눈에 보이지 않는 기화하여 누출하는 가스까지도 완전한 Seal이 요구된다.

(2) 긴 수명 (Long Life)

자동 밸브는 공장 가동 중에는 24시간 언제나 움직이기 때문에 운전 중에 밸브를 교환하거나 Packing을 교환하는 것은 곤란하기 때문에 수명이 길어야 한다.

(3) 적은 마찰 (Low Friction)

밸브 Stem의 마찰은 자동밸브 작동에 결정적인 중요 요인이다. Stem 마찰이 크면 제어정도가 크게 떨어진다. 즉 Signal을 주어도 즉시 Response가 되지 않는 Dead Band 현상이 일어나게 된다. 이렇게 되면 정확한 제어가 되지 않게 된다. 따라서 가능하면 Stem Friction이 적어야 한다.

Stem에 마찰을 적게 하기 위해서는 Stem 가공을 최소 8RMS 이하로 해야 한다.

[5] Stem Friction 계산과 조임 기준

(1) Stem Friction 계산 방법

Stem에 대한 Packing의 저항은 Gland Flange를 조임에 따라서 비례 증가한다. Stem의 습도 저항 계산은 다음 식에 의한다.

$$R = K \times \pi \times d \times L \times g$$

$$T = \frac{R}{2} \times d$$

R: 축마찰하중

K: 마찰저항계수

d : $stem$축경

L : $pcking$길이

g : 체결면적압

T: $stemtorque$

더구나 2품종의 Packing을 조합하여 사용하는 경우의 마찰저항 계수는

$$K = \frac{k1 \times n1 \times k2 \times n2}{n1 + n2}$$

$k1$: $packing$ 품종 1의 마찰저항계수

$k2$: $packing$ 품종 2의 마찰저항계수

$n1$: $packing$ 품종 1의 $packing\ ring$ 개수

$n2$: $packing$ 품종 2의 $packing\ ring$ 개수

Packing의 종류	마찰저항계수
Pillarflon Packing	0.013~0.027
석면계 Packing 탄소섬유계 Packing	0.025~0.030 0.025~0.030
Pillarflon Packing	0.047~0.061
Packing	0.045~0.051

| 표 5 | Packing의 섭동 (마찰)저항 계수

(2) Packing의 조임기준

① 조임기준

누출을 막고 Packing의 기능을 적절하게 발휘하기 위해서는 일정한 조임 압력을 주어야 한다. 물론 Packing의 종류, 유체 압력, Stem의 조도에 따라서 다르다. 어떤 일정한 규격은 없으나 Packing Maker 의 실험식에 의하여 기준을 정한 것이 있다. 다음 식은 Pillar사의 실험에 의한 기준치이다.

(Kgf/Cm²)

Valve	Packing과 Packing	Packing만
300Lb	200이상	300이상
600Lb	250이상	300이상
900Lb	300이상	350이상
1500Lb	325이상	400이상
2500Lb	375이상	450이상

| 표 6 | Packing의 조임 기준

② Packing의 조임 Torque 계산 Gland Bolt의 조임 Torque는 실험적으로 아래 계산식으로 구할 수 있다.

T : gland bolt torque

$$T : \frac{0.2d \times v(do - di)ag}{4n}$$

d : blot경

do : stuffing box의 외경

di : stem 경

ag : packing조임 압력

n : bolt수

Packing Torque를 줄이기 위해 Stem 및 Packing Box의 내벽의 조도를 잘 관리 해야 한다. (일반적으로 Packing Box 내벽의 조도는 16 RMS, Stem의 조도는 적어도 8 RMS이하이어야 한다. 자동 밸브에서의 Stem의 Friction은 누출, 제어의 정도에 직접적으로 영향을 미치기 때문이다. 따라서 Stem의 가공 기술은 Control 밸브 기술의 핵심 중에 하나이다.

[6] Packing의 선정

(1) Packing의 종류 및 특성

크게 몇 가닥의 실을 꼬아서 만든 편조 Packing과 모양을 성형하여 만든 성형 Packing으로 대별하여 편조 Packing에는 연합, 대편, 팔편, 격자편으로 나눈다.

① 연합 - 가는 실을 몇 가닥을 연속 으로 꼬아서 만든 것으로 강도면에 서는 약하나 한 가지로 여러 가지 굵기의 Packing을 만들 수 있다.

② 대편 - 중심에 고형물을 넣고 외부를 몇 겹의 가는 실로 짜서 만든 것으로 밀도가 높고 유연성이 좋다. 그러나 외부의 실이 파손되면 틈이 생길 우려가 있다. 움직임이 적은 밸브에 사용한다.

③ 팔편 - 8개의 실 다발을 사각으로 짠 것으로 유연성이 강하여 탄력성은 좋으나 밀도가 낮아 침투성이 강하여 유체가 누출되기 쉽다.

④ 격자형 - 한가닥 한가닥 실이 격자형으로 치밀하게 직조되는 것으로 조직이 치밀하고 잘 풀리지 않아 고압 펌프, 밸브에 많이 사용한다.

⑤ 성형 Packing - Teflon, 기타 분말 등을 찍어서 (성형) 만든 Packing.

(2) Packing 재질

Packing 재질에는 크게 주재료와 부재료로 나뉜다. 주재료는 석면, 탄소 섬유, 탄화 섬유 등 Packing의 골격을 이루는 재료를 말하며 부재료는 주재료를 보완해서 Seal을 확실히 하고 윤활성을 갖게 하는 재료로 Teflon, Grease 등을 말한다.

① 석면계 - 가장 흔히 사용하는 재료로, 석면 단일 재질로는 사용이 곤란하여 Teflon, Grease, 흑연 등의 부재료를 혼합하여 사용한다. 강산, 강알칼리를 제외하고 고온, 고압에서도 사용이 가능하다. 단지 석면의 입자가 가늘어 공해 문제가 발생하기 쉽고 석면은 Stem과 마찰력이 커서 Stem에 손상을 주기 쉽다.

② Teflon 섬유 - Teflon은 화학적으로 매우 안정된 물질로 강산, 강알칼리 등 부식성 유체에 많이 사용된다. 단지 온도에서 취약하여 섭씨 230도 이상 사용은 곤란하다.

③ 탄화 섬유 - 유연성이 좋고 물에 대한 내연물성이 있어 펌프 등에 많이 사용된다.

④ 탄소 섬유 - 강도가 높고 열에 잘견디어 고온, 고압용 밸브 Packing 으로 많이 사용한다.

⑤ 마와 Ramie - 해수에 강하고 강도도 높아 해수용, 청수용, Packing 으로 많이 사용한다.

⑥ Graphite - 흑연의 층간을 팽창시켜 사용한 것으로 자기 윤활성을 갖고 있고 유연성과 탄력성이 높고 내열성, 내약품성이 강하다. 그러나 산화성이 있는 초산, 황산 등에는 좋지 않다. 고온, 고압, 유체에 사용할 수 있다.

[7] Environ Seal Technology

(1) 기존 Packing 방법

Packing은 누출을 없게 하기 위한 장치로 중에 궁극적으로 누출이 되도록이면 적어야 한다.

누출을 적게 하기 위해서는 Packing 재질 자체의 밀도가 높아서 Packing 재질을 통한 누출이 없어야 하고, Packing과 접촉하는 경계면, Packing과 Gland Packing의 경계면으로부터 누출이 없어야 한다.

특히 자동밸브 Stem은 언제나 움직이기 때문에 Packing의 경계면은 언제나 틈을 만들게 하여 유체의 누출의 가능성이 많다.

이렇게 Packing은 무엇보다도 경계면

에서 일정한 탄성을 가지고 움직이면서도 언제나 일정한 Tension을 가져야 한다.

이렇게 일정한 Tension을 갖게 하기 위해서는 Packing을 일정한 압력을 갖도록 하여주는 장치가 필요하다.

(1) 기존 Packing 방법

기존의 Packing 구조는 Spring을 Packing Box의 제일 밑에 넣고, Gland Follower를 눌러서 Spring의 탄성에 의하여 일정한 탄성을 유지하도록 했다.

그러나 이런 기존의 방법은 일단 유체가 Spring에 닿아서 Spring이 유체에 의한 부식 또는 고온에 따른 Spring의 탄성이 감소되고 Packing 또한 탄성이 없어 결국은 누출하는 사고가 있게 마련이다. 따라서 Spring 탄성을 잃지 않기 위해서는

① Spring의 재료는 탄성을 오랫동안 유지할 수 있고 온도에 변하지 않는 Inconel 718을 사용하는 것이 좋다.

② 구조적으로 Spring을 Gland Follower 위에 설치하여, 일단 유체와 접촉하지 않도록 하며? 부식이 없고 유체의 열이 전달되지 않아, Spring 변형없이 Spring 탄성을 오랫동안 유지할 수 있어서 Packing의 탄성을 일정하게 유지 할 수 있다.

특히 PTEF Packing일 때는, Packing의 탄성이 점점 없어져 Stem 마찰에 의한 마모가 발생하여 일정기간 사용하면 Stem으로부터의 누출이 발생한다.

(2) 기존 Packing System의 문제점

① 기존의 Packing System은 Spring은 Packing Box내에 존재하고, 유체와 직접적으로 접촉하여 탄성계수의 변화, 유체에 의한 부식으로 Spring 작용이 오래가지 않아 곧 누출할 수 있다.

② Packing과 Packing 사이에는 금속 또는 Spring이 들어 있어 Packing의 변형을 방지할 수가 없다.

③ Packing을 1조만 설치하여 누출되기가 쉽고 누출되면 곧 그 누출량이 많아진다.

(3) Environ-Seal Packing Design

① Packing Spring을 기존의 Packing Box 내에서 밖에다 설치, 밖에서 언제나 똑같은 Tension을 유지할 수 있도록 한다.

② Packing에 의한 Stem의 마찰(Friction)은 되도록 적게 하고, 유체의 열에 의한 팽창을 되도록 적게 하기 위하여 Packing 수를 되도록 적게 한다.

③ Packing의 Lantern Ring, Packing과 Gland Followers 사이에는 Packing의 변형 방지 워셔(Anti-Extrusion Washer)를 넣어서 Packing의 변형을 막는다.

④ 움직이는 부위인 Stem의 표면처리가 잘되어 Packing과의 마찰을 최소화하고, Packing에 손상을 주지 말아야 한다.

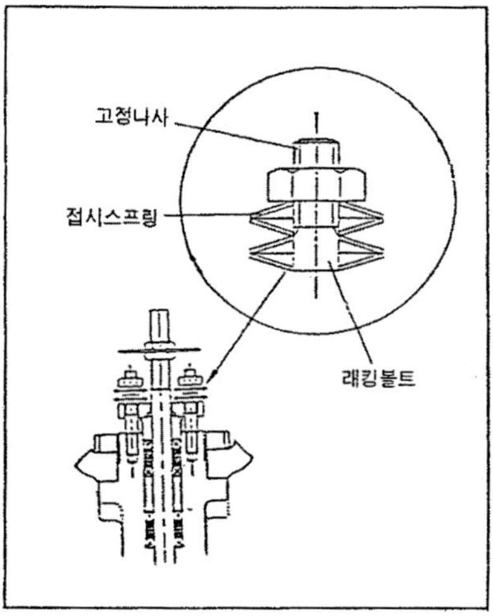

| 그림 6 | Anti Leak (Enviro-Packing)

⑤ Stem의 정확한 왕복운동의 Positioning을 하기 위하여, 적당한 Stem Bushing을 사용하거나, Teflon을 코팅한 Gland Follower을 사용한다. Stem의 가공은 무엇보다도 중요하다. 왜냐하면, Stem의 조도는 왕복운동을 꾸준히 하는 Packing의 손상에 결정적인 영향을 주며, Stem의 마찰력에 관계되어 Actuator Size에 관계되고, Friction에 따른 Dead Band 등 커져서 제어의 질에 관계된다.

따라서 Stem 가공의 중요도는 아무리 강조해도 지나치지 않는다.

ISA(Instrument Society of America)의 권장 조도는 Stem의 경우 8RMS 이하 Packing Box 내부 조도는 16RMS 이하이다.

Stem의 조도가 중요하기 때문에 특별히 Rolling Press로 가공하여 3RMS 이하로 할 수도 있다. 기존의 Stem의 가공방식(Bar를 연삭→연마 → Buffing → Chrome 도금)도 7RMS 정도이다.

(4) Environ-Seal의 효과

미국의 Esman 화학회사에서 실험한 결과는 다음과 같다. EPA(미국환경법)상 Stem 중 누출 허용기준 500PPM의 탄화수소 화학물인 경우 기존 Packing System으로는 Packing을 새로 교환하고 몇 달 또는 몇 주도 가지 않아 수천 PPM에 달하여 언제나 검출 시험을 해서 Gland Flange을 조이거나 새로 교환하게 되어 있었다.

그러나 좀 더 좋은 작업 환경을 위하여 100PPM으로 누출을 낮추기 위해 특별히 위와 같은 새로운 Environ Sealing System을 채택, 2년간 사용한 결과 20개의 자동제어 밸브 중 반은 거의 검출기에 나타나지 않는 27PPM 이었고 다른 것도 100PPM이하였다. 이는 EPA 기준상 휘발성 유기화학물 (VOC)는 밸브의 0.5% 이상이 500PPM 이상 누출 시에는 검사를 연 2회, 4회 또는 매월 해야하기 때문에 이에 따른 비용 및 Packing의 수리비용이 많이 발생한다.

3. 결 론

밸브의 누출은 이제까지는 누출에 의한 폭발, 화재 또는 인명사고를 막는데 주로 중점을 두었다.

그러나 제어 공정이 복잡화, 고압화, 대형화되면서 따라서 자동밸브로부터의 누출은 점점 더 큰 문제가 되어가고 있다.

특히, 환경문제가 세계적인 문제로 부각되고, 좀 더 깨끗한 환경이 요구하는 관점에서 생산은 보다 효율적으로 하고 오염물질은 보다 적게 배출(Better Production And Less Pollution)하자는 Clean Technology가 요구되고 있다. 화학제품 공정상 반드시 누출방지 기법이 요구되어 왔다. 이러한 시대적, 환경적 요구에 따라 누출을 최대한 줄이기 위한 최신 기술이 적용된 부품을 사용하고 주기적이고 세밀한 관리가 필요하다.

■ 참고문헌

민수홍, 강인환(1991) 금속재료학
- 성문사 P133~P139

한국필라공업㈜ (1991) 누설방지제품
- 천일인쇄사 P11~P86

서울공대(1994) 산업폐기물의 관리
- API 교재 5권 P119~P123

일본공업출판사(1984) 밸브설계자
- 일본공업출판사 P287~P292

일본공업출판사(1985) 원자력용 밸브
- 일본공업출판사 P104~P115

ISA (1976) Isa, Handbook Of Control Valve 2nd Edition
- ISA P39~P43

ACGIH (1992) Threshold Limit Valve & Biological Exposure Indices
- ACGIH P2~P40

ISA (1993) Intech Valve Packing Minimize Monitoring
- ISA P40~P41

CHAPTER 11

인공지능밸브 포지셔너의 기술혁명

Intelligent Electro-Pneumatic Positioner

-SIEMENS SIPART PS를 기준으로-

지금까지 유일하게 사용해오던 밸브 포지셔너의 원리는 수십 년간 변하지 않고 사용되고 있다. 그러나 Micro Controller의 발달은 비로소 밸브 포지셔너에도 기술혁신을 가져와서 수년 내에 기존 노즐-프래퍼형의 전기식 포지셔너는 자취를 감추게 될 것이 확실하다. 왜냐하면 기존의 노즐-프래퍼 방식의 단점이 일시에 개선되어 경제성이 비교할 수 없도록 뛰어나고 공정의 안정성도 생산성에 많은 기여를 할 수 있기 때문이다. 특히, 정보통신의 발달과 공장자동화의 발전으로 사용하는 기기의 정보 및 밸브에 관한 정보를 Positioner로부터 중고 설비의 예방점검, 고장진단 등에 활용할 수 있어 중요성이 증대되고 있다.

이번에 소개하는 Intelligent Electro-Pneumatic Positioner는 몇몇 밸브 및 계기 업체가 개발하여 실험단계에 있는 것으로서 특별히 Siemens Sipart Ps는 지난 91년부터 실전에 30,000여대를 사용, 그 실용성이 입증된 것으로서 인텔리전트 포지셔너를 실용화하여 사용하고 있는 회사는 Siemens가 선도적으로 개발하여 사용하고 있다.

물론 여타 몇몇 회사가 개발하여 사용하고 있으나 가격이 아직 노즐 - 프래퍼형에 비해 비싸며 실전에 사용은 초보단계이다. 그러나 그 장점이 월등하여 곧 타업체도 적극적으로 사용하리라 믿는다.

이에 부응하고자 한국본산㈜에서는 독일 Siemens사에서 독점 수입 자사 자동제어 밸브에 부착, 국내 보급에 나섰다. 우리나라도 이 혁신적인 인공지능 포지

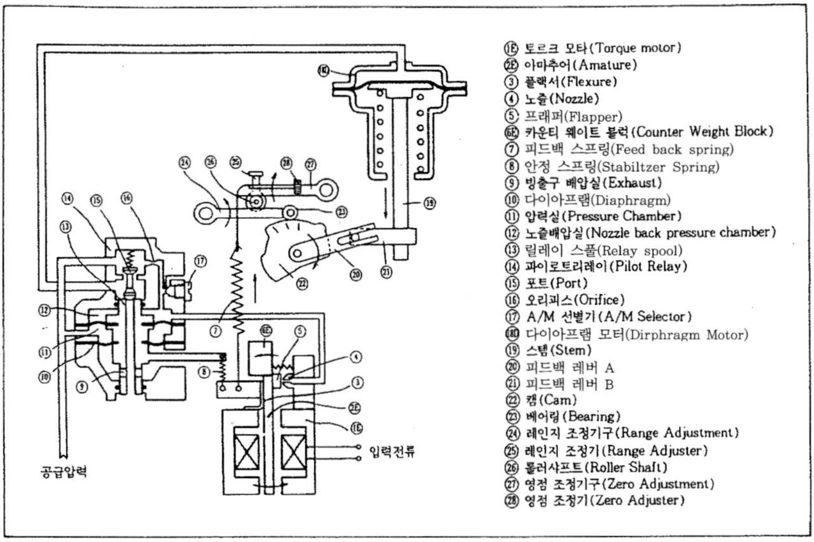

| 그림 1 | 노즐-프래퍼형 포지셔너 작동

셔너를 채택하여 에너지절약 및 생산 공정의 안정으로 생산성을 높일 수 있으면 좋겠다.

여기서는 노즐-프래퍼형과 인공지능형(Digital) 포지셔너의 원리를 설명하고 장점과 단점을 비교 분석하여 수요자의 인공지능형 포지셔너에 대한 이해를 돕고자 한다.

11-1 기존 노즐

프래퍼(Nozzle-Flapper)형의 원리와 문제점

(1) 노즐-프래퍼 형의 원리

노즐-프래퍼 형이란 노즐과 프래퍼의 간격(거리)을 조정함으로써 파이로트(Pilot)밸브를 작동시켜서 공기를 구동부에 전달하고 이 전달된 공기는 다시 다이아프램을 움직여 밸브 스템에 작용하고 스템에 연결된 피드백 레버(Feed-Back Lever)는 포지셔너의 캠(Cam)을 움직여 Feed-Back Spring에 작용, 노즐 프래퍼의 간격을 조정 구동부에 공급되는 압력의 평형을 이루도록 되어 있다.

그림 1에서 보면 노즐-프래퍼형 포지셔너는 크게 토르크 모타, 파이로트 밸브, 캠 그리고 조정 스프링으로 되어 있다.

콘트롤러에서 보내온 신호는 토르크 모타(Torque Motor(Ie)에 전류가 전달되어 아마추어(Amature)(Ze)가 플렉서(Flexure)(3)를 중심으로 A방향으로 움직인다.

따라서 노즐(Nozzle)(4)과 프래퍼

(Flapper)(5) 사이에 간격이 벌어지고

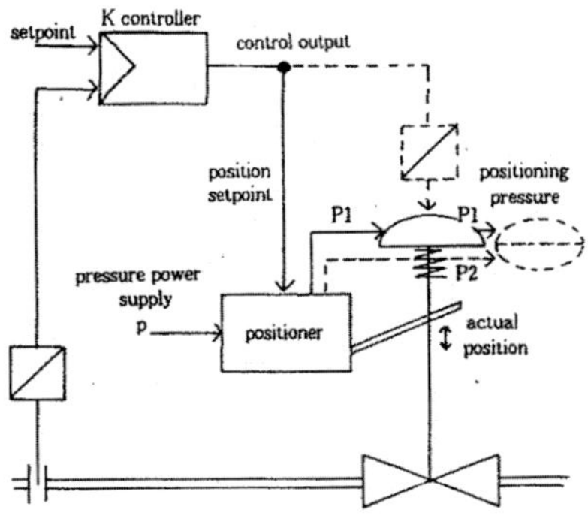

| 그림 2 | Control loop

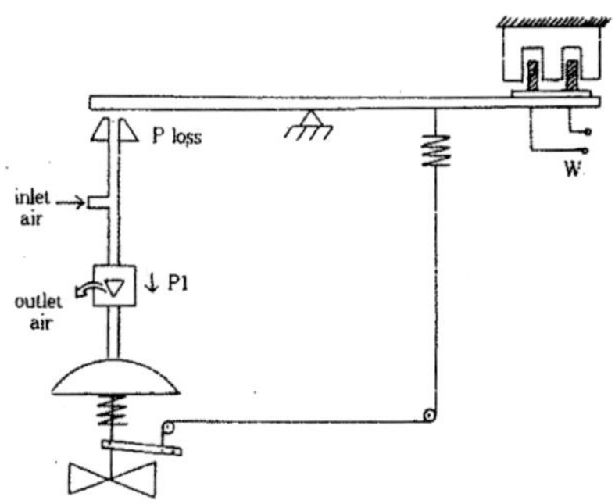

| 그림 3 | Functioning Of A Conventional Positioner

남은 공기가 방출, 파이롯트(Pilot)(14)내에 노즐 배압실(Nozzle Back Pressure Chamber)(12)내의 압력을 감소시켜서 압력실(Pressure Chamber)(11)과의 압력 평형이 깨져 릴레이 스풀(Relay Spool)(13)이 위쪽으로 움직여 포트(Port)가 열려서 공급 압력이 구동부의 다이아프램에 전달, 다이아프램이 밸브스템(19)를 아래로 움직이면 피드백 레버(Feed-Back Lever)(20)(21)를 통하여 캠(Cam)(22)에 전달 회전 운동을 하면 레인지 조정기구(Range Adgustment)(24)가 위로 움직이게 되고 피드백 스프링 (Feed- Back Spring)(7)이 늘어나는데 이때 스프링 장력과 토르크 모타의 장력이 평형을 이룰 때까지 스프링이 늘어난다. 이렇게 해서 콘트롤러로부터 입력된 신호(대개 4-20Ma)에 비례하여 스템이 움직이게 된다.

(2) 노즐-프래퍼 형의 문제점

노즐-프래퍼 형은 기계식이기 때문에 모든 조정을 신호 발신기의 신호에 따라서 일일이 손으로 하여야 하고 공기 소모도 상상외로 많다. 또한 기계식이기 때문에 진동이나 주위 온도나 환경에 따라서 민감하게 반응이 쉽게 변한다.

① 조정하기가 힘들다.

영점조정 나사(28)와 스판조정나사(Span Range Adjustment)(25)가 다 같이 하나의 피드백 스프링(7)에 연결 노즐과 프래퍼 사이를 조정하기 때문에 포지셔너를 스트록크의 중간 지점에 놓고 포지셔너 레바를 중간에 놓고 영점(Zero Point)을 영점 조정 나사에 의하여, Stroke Range 를 스트로크 조정나사(스판조정 나사)(25)를 조정한다. 이때 두 조정나사가 함께 연계되어 있어 스트로크를 조정하면 먼저 맞춰놓은 영점에 영향을 주어 히스테리시스(Histerisis) 를 규정된 1%이내로 맞추려면 30분에서 1시간 정도 걸린다. 뿐만 아니라 조정할 때마다 신호 4-20ma가 필요하여 신호발신기기가 필요하다.

② 조정 후 조정치가 변한다.
조정이 조정나사에 의하여 기계적인 진동에 의하여 나사가 풀리던가, 조정할 때와 비교하여 밸브의 패킹 마찰력(Setting Point)가 달라지는 경우가 생기는데 이때도 신호발신기를 이용하여 일일이 영점과 스트로크 레인지를 다시 맞추어야만 한다.

③ 진동에 약하다.
이제까지 기존 노즐-프래퍼는 기계식이기 때문에 진동에 쉽게 변한다. 기계식 포지셔너는 원칙적으로 내진동성이 1%/1G에 불과하다.

④ 공기 소모량이 많다.
기존의 노즐-프래퍼 방식은 노즐 배압실(Nozzle Back Pressure Chamber)과 압력실(Pressure Chamber)의 압력차를 이용 파이로트 밸브를 작동하여 공기압을 구동부에 전달하기 때문에 이 두 압력실의 평형을 유지하기 위하여 노즐에서 항상 배출되기 때문에 공기 배기는 어쩔 수 없는 필요악이다. 따라서 이 방식에 의하면 최소 공기 소모량은 분당 5L로써 Supply 압력이 0.14mpa일 때 인텔리젠트 포지셔너의 약 100배에 해당하는 양이다. 물론 이때의 공기는 먼지 정화, 건조 탈유한 압축공기로서 대단히 비싼 공기이다.

⑤ 주위환경에 민감하게 영향을 받는다.
기존 포지셔너는 설계상 스프링과 이에 연결된 조정 나사에 의하여 조정되므로 밸브의 진동, 주위 온도에 민감하게 변한다. 실제적으로 기존 포지셔너에서는 입구측 압력이 6Bar에서 3Bar로 변할 때 약 9%까지의 공정 오차가 발생한다.

11-2 인공지능 포지셔너의 원리 및 장점

인공지능 포지셔너의 등장은 기존 노즐-프래퍼형의 개념을 완전히 바꿔놓았다. 기존 노즐-프래퍼형에서는 필연적으로 따르는 파이롯 밸브를 작동시키기 위하여 항상 공기를 프래퍼로 방출하는데 그 공기 소비가 대단히 많고 밸브를 조정하는 데 숙련된 기술이 필요하고 많은 시간이 걸린다. 이러한 불편과 값비싼 압축공기 소모를 줄이고 정확하고 신속한 제어를 하기 위하여 기계식에서 전자식으로 바꿔 인공지능 포지셔너를 개발하게 되었다. 이것은 노즐 배압실(Nozzle Back Pressure Chamber)과 압력실(Pressure Chamber)의 압력차를 어떻게 하면 전자식으로 바꿀 것인가 하는 것이다. 이것이 바로 Micro-Controller의 채택으로 이 모든 문제점이 해결된 것이다. 즉, 포지셔너 내의 설정치 압력과 실제계측 압력의 비교가 기계적으로 되는 것이 아니라 전기적으

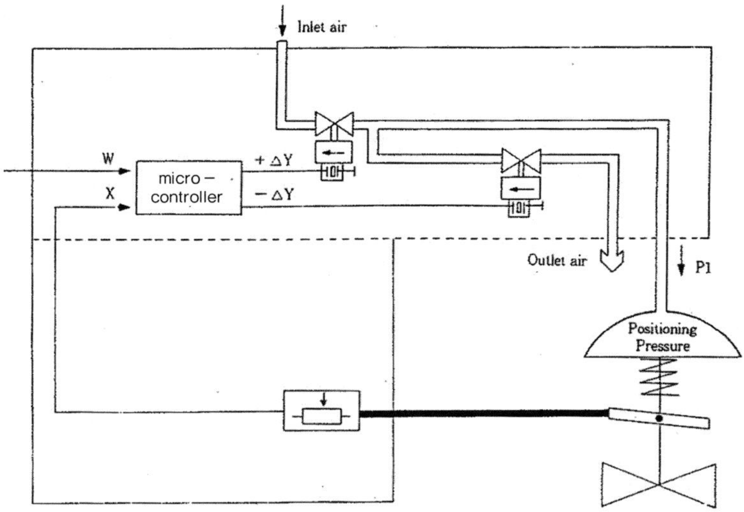

| 그림 4 | 인공지능 포지셔너의 작동원리

로 이루어진다. 이것이 바로 사람이 일일이 조정하지 않고 공기의 소모량도 최소한으로 소비하면서 인간의 지적능력과 사고에 맞도록 기계화한 인공지능 포지셔너이다. 즉 모든 필요정보를 디지털로 정보화한 마이크로 콘트롤러를 내장한 포지셔너이다. 이에 따라서 기계식 포지셔너의 단점이 일거에 해결된 획기적인 포지셔너로서 수년 내에 기계식 포지셔너가 인공지능 포지셔너로 대체될 것이다.

(1) 인공지능 포지셔너의 원리

인공지능 포지셔너는 기존의 포지셔너의 노즐-프래퍼와는 근본적으로 다른 원리에 의하여 작동하고 있다. 즉 설정치와 실제치의 변위차를 기계식이 아닌 순수한 전기적 신호로 바꾼다. 밸브가 움직임으로서 형성되는 실제 변위차는 기존 포지셔너에서는 피드백 스프링(Feedback Spring)에 연결되어 있는 Flapper를 움직여 파이롯 밸브 내의 공기 압력실(Pressure Chamber)과 노즐 배압실(Nozzle Back Pressure Chamber)에 압력차가 발생, 이 압력차로 파이롯 밸브를 움직이는 것에 반하여 밸브의 움직임을 위치 변위차기(Potential Meter)를 통하여 전기 신호로 바꿔 Micro Controller에 전달하고 이것을 조정기(Controller)이나 컴퓨터에서 오는 설정치와 비교, 제어차이를 형성한다. 이 비교 제어차이는 공기밸브는 압전식(Piezoelectric) 밸브로서 2개가 있는데 이 밸브는 마이크로 콘트롤러에서 발생하는 전기신호에 의하여 개폐만 하는데, 하나가 열리면 다른 하나는 닫힌다. 압전식(Piezoelectric) 밸브는 작은 전류만으로도 작동이 가능하여 보조 전기가 필요 없어 방폭 지역에서 사용할 수 있는 본질안전(Intrinsically Safe)구조이다. 압전식 밸브의 다른 장점은 관성이 거의 없어 큰 진동에도 작동이 균일하며 진동에 영향을 받지 않는다. 포지셔너 내의 압축 공기가 균형을 이루었을 때 내부 공기 소비량은 기존 노즐-프래퍼 방식에 비하여 약 2%이내에 불과하다. 이 적은 양의 소비 공기도 포지셔너 내로 주위에 유해하거나 폭발성 가스 유입을 방지하기 위하여 퍼지(Purge)용으로 사용된다.

(2) 인공지능 밸브의 장점

① 압축 공기 비용 절감

제품의 가격 경쟁이 치열한 정보화 사회에서는 무엇보다도 제조 원가의 절감이 절실히 요구되고 있다. 따라서 근래에는 제조 공장에서도 직접적인 제조 경비에 해당하는 공기소모량이 전기 소비량에 영향을 미쳐 점점 더 관심의 대상이 되고 있다.

인공지능 포지셔너는 밸브가 움직이지 않는 안정적 상태(Stationary State)에서는 실제적으로 공기가 사용되지 않는다. 따라서 이 기기는 기존 포지셔너에 비하여 약 2%의 공기만 소비, 획기적으로 절약된다.

이 적은 양의 공기도 포지셔너 내로 외부의 오염된 공기의 유입을 방지하기 위한 퍼지용으로 사용된다. 따라서 오염된 공기에 의한 포지셔너의 부식을 방지함은 물론 폭발성 가스의 유입을 방지 본질안전 방폭구조에 더욱 안전성을 유지할 수 있다. 기존의 노즐 프래퍼 방식은 제조 회사에 따라서 대기 방출되는 공기 소모량이 시간당 0.9~1.5 cm3이 사용된다. 이 소모량의 평균치인 0.7cm3를 24시간 1년 동안 가동하는 것으로 계산하면 7,884cm3가 되는데 이것은 1대가 1년 동안 포지셔너를 작동하기 위하여 대기로 방출되는 공기 소모량이다. 물론 이 공기는 압축공기로서 먼지를 정화하고 건조, 탈유하는데 비용이 들어 일반 압축공기에 비하여 비싼 공기로서 이 소모된 공기를 비용으로 계산하면 밸브 한 개당 약 500,000원에서 800,000원을 절약할 수 있다. 이것은 1년 내에 포지셔너 1대의 비용을 절감할 수 있는 비용이다. 따라서 기존 공장에 공기량이 제한되어 있고 설비를 증설한다면 새로운 콤프레셔와 공기정화 장치를 투자하는 것보다는 포지셔너 교체가 바람직하다고 본다.

② 특별한 조정이 필요 없다.

-Automatic Self Calibration

기존 포지셔너의 가장 큰 단점 중의 하나는 포지셔너 조정이 꼭 숙련된 기술자가 아니면 할 수 없을 뿐만 아니라 포지셔너의 최저 허용 오차

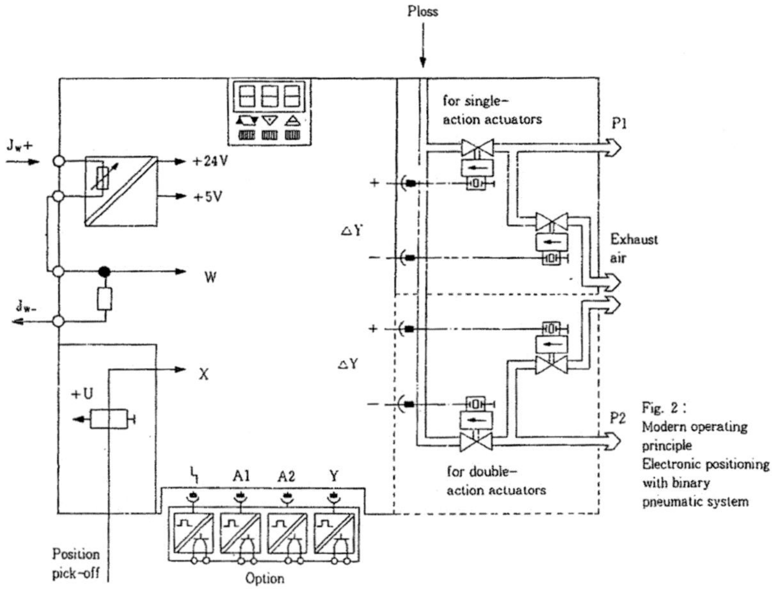

| 그림 5 | 인공지능 포지셔너의 작동

(Histerisis)인 1%이내로 조정하는 데는 30분 이상 소요된다는 것이다. 이것은 영점 조정나사와 스트로크 조정나사가 하나의 Feedback Spring에 연결, 두 조정나사가 서로 상관관계가 있어 영점을 조정하면 스트로크가 변하고 다시 스트로크를 조정하면 영점이 변하여 정밀조정을 하려면 이러한 조정 작업을 계속, 조정 잘되었는가를 점검하면서 반복해야 한다. 이러한 조정도 일일이 신호발신기 또는 콘트롤러의 신호가 반드시 필요, 기존 포지셔너 조정은 보통 힘들고 까다로운 일이 아니다. 그러나 새로운 인텔리전트 포지셔너는 이러한 힘든 조정이 전혀 필요하지 않다. 모든 조정은 내장되어 있는 마이크로 콘트롤러에 의하여 자동으로 보정하면서 조정된다. LCD display와 3개의 Push Button이 포지셔너 판넬 속에 내장되어 있어 이 3개의 버튼을 누름으로써 조정은 자동으로 수행된다. 포지셔너를 밸브에 취부하고 「Manual」 버튼을 누르면 구동부가 전체 스트로크를 움직여 정확히 영점(Zero Point)과 스트로크를 내장된 마이크로 콘트롤러가 기억 0에서 100%를 계산한다. 또 밸브의 열고 닫히는 시간을 계산, 자동으로 최적의 범위를 계산해낸다.

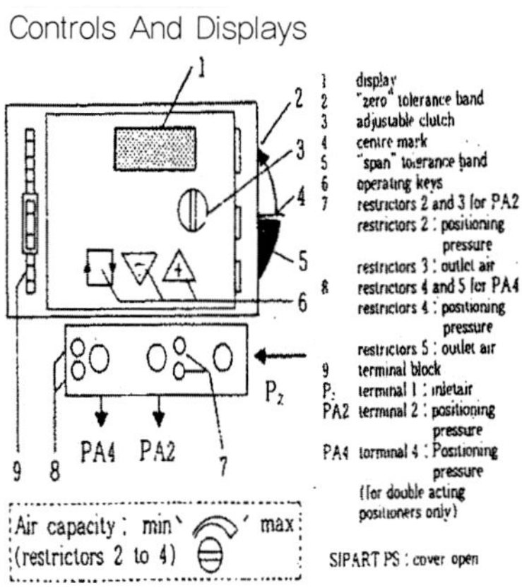

| 그림 6 | 인공지능 포지셔너의 콘트롤 판넬

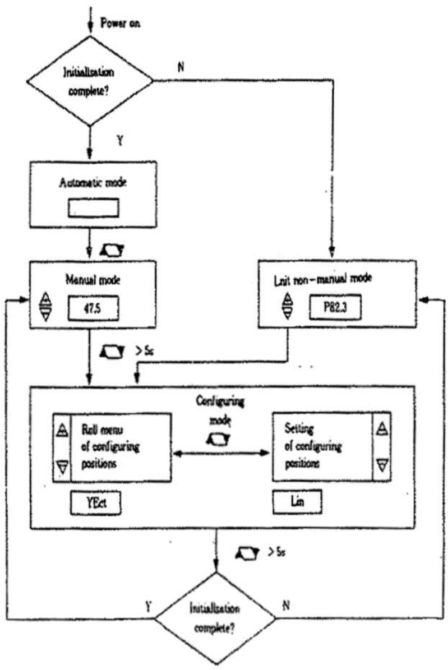

| 그림 7 | 인공지능 포지셔너의(Sipart Ps) Operation Models

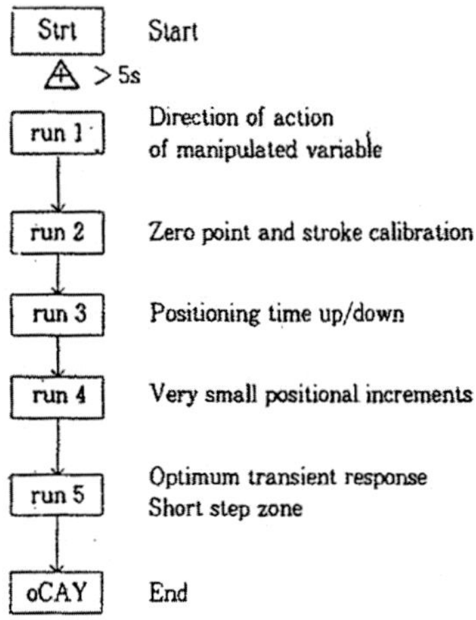

| 그림 8 | 인공지능 포지셔너의 자동 작동순서

③ 고도의 정밀 콘트롤이 가능

조정을 수동으로 하지 않고 자동으로 컴퓨터에 의하여 이루어지기 때문에 정밀도가 뛰어나다. 또 기계식이 아니기 때문에 전혀 진동에는 영향을 받지 않고 조정점이 변하지 않는다. 이제까지는 진동이 심한 곳의 밸브는 밸브와 별도로 I/P Converter를 설치하고 진동에 영향을 덜 받는 공기식 포지셔너(Pneumatic Posit- ioner)를 설치하여 사용했으나 이제부터는 그럴 필요가 없다.

뿐만 아니라 주위 온도에 영향을 받지 않을 뿐 아니라 공급되는 공기압에도 전혀 영향을 받지 않아 실제적으로는 공기 감압변(Air Regulator)이 필요 없다. 기존 기계식 포지셔너는 공기압이 6Bar에서 3Bar로 변할 때 약 9%의 공정오차가 발생한다.

특히 인공지능 포지셔너는 최초 조정할 때는 물론 최적의 상태로 조정이 되지만 밸브를 사용하면서 변하는 조건, 공기압력변화, 밸브 마찰력의 변화 등에 지속적으로 보정하면서 최적의 정밀 콘트롤을 수행한다. 인공지능 포지셔너의 등장은 지난 1회, 2회 연재에서 기술했듯이 기존 포지셔너의 단점을 일시에 보완하여 획기적인 자동밸브 제어를 실현하게 되었다. 그것은 ① 기존 기계식(노즐-프래퍼형)에 비하여 공기가 연간 약 8000㎥가 절약되어 경제성 면에서 1년이면 포지셔너 1개 값을 절약할 수 있고, ② 특별히 숙련공에 의한 조정이 필요 없으며 ③ 진동과 온도, 공기 압력 등에 전혀 영향이 없어 고도의 정밀 콘트롤이 가능하고 ④ 다양한 기능이 있어 다양한 운전조건에 대처할 수 있고, ⑤ 고장이 거의 없어 보수와 조정이 거의 필요 없고 수명이 반영구적이며, ⑥ 미래의 Field-Bus System에 대응할 수가 있다는 것이다. 이번 3회에서는 인공지능 포지셔너중 Siemens사의 Sipart Ps의 기능에 대하여 기술하고 결론을 내리고자 한다.

④ 기능이 다양하다.

인공지능 포지셔너에는 Micro-Controller가 내장되어 있어 이 콘트롤러속에 여러 가지 기능이 프로그램 되어있다. 그 대표적인 것이 ① 밸브의 유량 특성을 공정조건에 따라서 변경할 수 있는 기능 ② 밸브 스트로크를 조정할 수 있는 기능 ③ 원하는 구분제어(Split Control)기능 ④ 밸브 작동에 대한 Monitoring 기능이 있다.

A. 밸브 유량특성
(Flow Characteristics) 변경

콘트롤러나 시스템의 출력신호에 정비례(Linear)관계로 밸브 유량특성을 사용하지 않은 경우가 많이 있다. 반면에 자동 밸브용으로 Linear 특성을 가지고 있지 않은 밸브, Ball Valve, Butterfly Valve, Plug Valve가 점점 많이 사용되고 있다. 이러한 밸브들도 인공지능 포지셔너를 사용 간단히 조정하여 Linear 유량특성을 갖거나 특별 유량특성에 의한 제어 공정을 맞춰 사용할 수가 있다. 기존 기계식 포지셔너에서도 Cam Plate를 교환 포지셔너 특성을 바꿀 수는 있다. 그러나 Cam Plate도 Linear, Eq% 두 가지로 한정되어 있고, 대개 철판을 프레스로 따거나 기계 가공하여 만들기 때문에 정밀도가 떨어지고 Cam Plate를 교환하고 조정하는데는 많은 시간과 전문기술이 필요하다. 유량특성은 일반적으로 Liquid Level Control은 Linear 유량특성을 가진 밸브를, 압력 조정용 밸브로는 Equal Percent (Eq%) 특성을 선정하고 있다. 또 유량조절용 밸브 특성으로는 폭넓은 조절 범위가 필요할 때는 Linear, 압력변화가 심하고 유량변화가 심하지 않은 곳에서는 Eq% 특성을 선정하고 있다.
공정상 Linear 특성을 Eq% 특성으로 사용하거나 반대로 Eq% 특성을 Linear 특성으로 사용하고자 할 때도 포지셔너의 특성을 바꾸면 간단하게 유량 특성을 고칠 수 있다.
인공지능 포지셔너의 특성은 ⓐ Linear 특성 ⓑEq% 특성 ⓒ자유조정 특성이 있다. Eq% 에는 1:25, 1:50 두 가지로 조정할 수 있으며 자유조정에서는 원하는 유량 특성을 만들 수가 있도록 되어 있다.

■ Linear 특성

기존의 기계식 포지셔너의 특성은 대부분 Linear로 되어 있다. 그 이유는 밸브 내의 Inner 밸브(Port, Plug, Ball)가 이미 그 특유의 유량특성을 가지고 있고 이 밸브 고유의 유량특성대로 사용하고자 하기 때문이다. Globe Control Valve는 Inner Port를 Linear형, Eq%형, On-Off형 등 특성에 따라서 제조하고, Ball Valve, Butterfly Valve도 그 고유의 유량특성을 살려서 사용하고자 할 때는 Operating Characteristic 모드 (SFcT)에서 Lin(Linear)를 선택하면 된다.

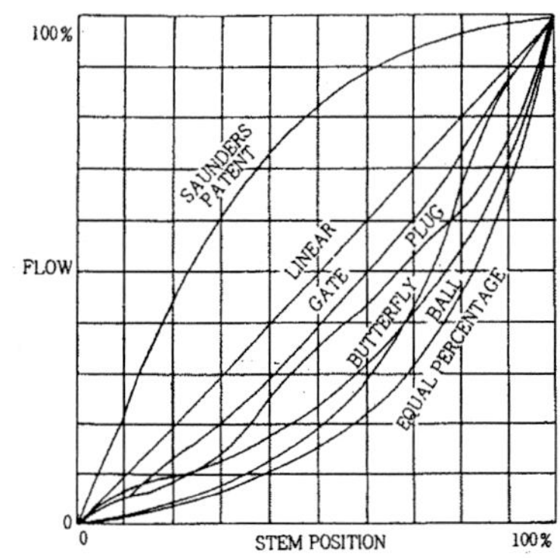

| 그림 9 | 밸브종류별 고유유량특성

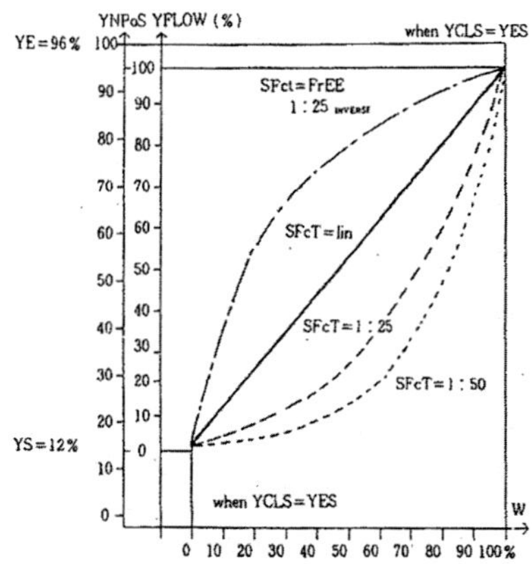

| 그림 10 | Sipart Ps제어특성

■ Eq% 특성

이미 밸브의 유량특성은 고유 밸브 형태의 유량 특성이나 특별히 제조한 Port 모양에 따라서 결정되어 있는데 이중 Linear형으로 제조된 밸브를 Eq%로 유량특성을 사용하고자 할 때는 SFcT모드에서 1:25 (Eq%)나 1:50(Eq%)을 선택 사용할 수 있다. Eq%도 1:25 또는 1:50을 선택할 수 있는데 1:25는 1:50에 비하여 밸브가 처음 개도시 조금 많은 유량이 흐르지만 밸브 열림이 최대치로 갈수록 유량의 변화는 1:50과 같아진다. 따라서 밸브를 처음 열면서 미세한 유량이 흐르고 50%이상 밸브를 열 때 유량 흐름을 더 많게 하려면 1:50 Eq%로 채택하면 된다. 즉, 보일러에서 연료의 유량 제어용으로 자동밸브를 사용할 때 일반 Eq%보다는 1:50의 Eq%을 사용하는 것이 좋은 제어가 된다.

■ 유체특성 자유조절 기능

종종 화학 프랜트에서는 유량특성을 Linear도 Eq% 아닌 특별한 특성이 요구될 때가 있다. 예를 들면 보일러 버너의 연료 유량을 제어하는 밸브일 때 밸브를 연 최초에서는 점화하기 위하여 미세한 연로유입이 필요하고 일단 점화가 되면 많은 유량을 급속하게 필요로 하는 경우가 있다. 또 화학반응 조에서 초기 반응시에 미세한 유량이 필요하다가 반응이 일어나면 많은 유량이 급격히 필요한 경우가 그 예이다. 이 때 기존 포지셔너에서는 처음부터 Port를 특별히 설계하여 사용하여 왔으나 이러한 설계는 많은 경험과 기술이 필요하다. 그러나 인공지능 포지셔너는 사용하고자 하는 밸브 유량특성을 알아서 여기에 10%씩 밸브 Stroke를 분할하여 단계적으로 요구되는 커브상 준비된 수치를 입력하면 어떤 비직선성 밸브 특성을 실현시킬 수 있다. 다시 말하면 어떠한 특성의 밸브도 Linear, Eq% 또는 특별한 특성의 유량특성을 갖도록 할 수가 있다. 이것은 대단한 장점이며 획기적인 기술 발전으로, 앞으로 밸브를 한 종류만 가지고 있어도 어떠한 밸브특성으로도 사용할 수가 있어 Globe밸브 Port가 지금의 3가지에서 한가지로 단순화될 수 있다. 또, 점점 자동제어 밸브가 Ball Valve, Butterfly Valve 등으로 다양화됨에 따라서, 이들 밸브 특성을 인공지능 포지셔너를 이용 공정제어에 맞는 특성으로 변경하여 사용할 수 있게 되었다.

B. 밸브 스트로크 한정기능 (Stroke Limitation)

어떤 공정에서는 밸브가 완전히 열리거나 완전히 닫혀서는 안 되는 경우가 있다. 예를 들면 언제나 최소 유량이 필요한 경우이다. 지금까지 이런 경우에는 밸브 선정시 Stroke Stopper라는 특별한 Acc'y를 추가 설치하여야만 한다. Stroke Stopper의 설치는 가격상승은 물론 밸브의 크기가 커지고 시간의 경과와 함께 부식 등으로 인하여 기능의 장애가 발생할 수도 있다. 그러나 인공지능 포지셔너는 콘트롤러나 시스템상 출

Configuring Position	Settings/Valve	Description
Yfct	Lin, Nlin	Position FeedBAck Function Linear/Non-Linear
Init	No/Ocay, Strt	Initialisation
Scur	Ona, 4Na	Setpoint Current Range 0 To 20 Ma Or 4 To 20Ma
Sdir	Nse, Fall	Setpoint Direction
Spra	0.0 To 100.0	Setpoint Split Range: Start End
Spre	0.0 To 100.0	
Ts	Auto, 0 To 40	Setpoint Ramp
Sfct	Lin 1:25 1:50 Free	Setpoint Function Linear Equal Percentage 1:25 Equal Percentage 1:50 Freely Selectable
SI0 SI1 SI2 ⋮ SI10	0.0 To 100.0	Setpoint Vertices 0% When Sfct=Free 10% 20% ⋮ 100%
Deba	Auto, 0.0 To 100.0	Controller Dead Band
Ydir	Nse, Fall	Direction Of Manipulated Variable
Ynrn	Npos, Flow	Standardisation Of Manipulated Variavle Travel, Flow Rate
Ya	0.0 To 100.0	Manipulated Variable Limits Start End
Ye	0.0 To 100.0	
Ycls	Yes, No	Manipulated Variable Tight Shup-Off
Afct	Off N1:Na N1:N1 Na:Na	Alarms, Function : None A1Min, A2Max A1Min, A2Min A1Max, A2Max
A1	0.0 To 100.0	Alarm 2 Response Threshold
A2	0.0 To 100.0	Alarm 2 Response Threshold
Sfct	S S.H.C	Alarm Output Function S S+H+C
Prst	No/Ocay, Strt	Preset(Factory Setting)

| 표 1 | 인공지능 포지셔너의 기능

력신호가 나온다 하더라도 밸브의 Stroke를 설정해놓던가 포지셔너 내의 Limit 스위치를 Setting해 놓아 최소유량을 어떠한 경우에도 유지할 수가 있다. 인공지능 포지셔너에는 이러한 특성이 마이크로 콘트롤러에 프로그램 되어 있어 선택 버튼을 눌러서 자동으로 적당한 스트로크 한계를 정하여 놓고 어떠한 신호에도 변하지 않도록 할 수 있다. 반대 경

우에도 적용이 가능하다. 예를 들면 Soft Seal인 버터플라이 밸브는 어떤 일정한 Set Point이하에서도 닫혀야 할 경우 Tight Shut Off기능에 의하여 사용할 수 있다. 따라서 제어기능이 없는 작은 신호에서는 Seat를 보호할 수 있다.

C. Split Control 기능

기존 기계식 포지셔너는 구분제어(Split Control)를 할 때 Input Signal로 4ma~12ma~20ma 등으로 신호를 구분해서 사용하고 있다. 이 때에는 구분신호의 폭이 작으면 조종하기가 대단히 어렵다. 그러나 인공지능 포지셔너는 Stroke를 조정하기 때문에 간단히 조정할 수 있다. Set Point Split Range (SPrA)기능으로 밸브작동 시작을 0~100%까지 Set Point Spilt Range : End(SPrE)로 밸브 작동 종료를 0~100%까지 조정할 수 있다.

D. Monitoring기능

이 기능은 공정제어 시스템의 안정을 위한 정보를 얻기 위하여 점점 더 요구되는 기능이다. 중앙 제어실과 멀리 떨어져 있는 밸브인 경우 밸브의 작동상태를 확인하는 기능이 필요하게 된다. 이 중에는 밸브의 현재 열림 상태를 볼 수 있는 Valve Position Transmitting 기능(Ydir선택), Start Stroke(YA선택), End Stroke 확인기능(YE선택), 알람(ALARM)기능 등이 있다.

기존 기계식 포지셔너를 사용할 때에는 이러한 기능을 갖추기 위해서는 별도의 장치를 해야 하고 기계적인 설치와 조정이 필요하다. Siemens사의 Sipart Ps는 네 가지의 독립된 Feedback신호가 있다.

- 밸브의 실제 위치를 나타내는 4~20ma의 아날로그 신호- Valve Position Transmitting기능
- 두 개의 위치 한정 신호(Limit Valve Signal)기능-두 개의 신호는 최소치와 최대치의 밸브 Stroke를 설정 Operating Range를 어떠한 위치에서도 설정이 가능하다.
- 1개의 비한정 신호(Fault Signal)-이 신호는 밸브작동이 대단히 중요하고 제어 공정이 까다로운 밸브의 작동상태를 점검하고자 할 때 사용한다. 즉, 일정한 시간 내에 Setting해 놓은 Setting Point까지 밸브가 작동되지 않을 때 신호가 나온다. 예를 들면 밸브가 고장이 나서 작동하지 않던가, 구동부에 제공되는 공기압이 떨어져 구동부 작동이 되지 않을 때, 또는 전기적인 신호가 4ma이하일 때 신호를 받을 수 있다. 받은 신호를 가지고 Manual Mode 또는 Configuring Mode를 표시할 수가 있다.

Configuring Position	Settings/Valve	Description
Yfct	Lin, Nlin	Position FeedBAck Function Linear/Non-Linear
Init	No/Ocay, Strt	Initialisation
Scur	Ona, 4Na	Setpoint Current Range 0 To 20 Ma Or 4 To 20Ma
Sdir	Nse, Fall	Setpoint Direction
Spra	0.0 To 100.0	Setpoint Split Range: Start End
Spre	0.0 To 100.0	
Ts	Auto, 0 To 40	Setpoint Ramp
Sfct	Lin 1:25 1:50 Free	Setpoint Function Linear Equal Percentage 1:25 Equal Percentage 1:50 Freely Selectable
Sl0 Sl1 Sl2 ⋮ Sl10	0.0 To 100.0	Setpoint Vertices 0% When Sfct=Free 10% 20% ⋮ 100%
Deba	Auto, 0.0 To 100.0	Controller Dead Band
Ydir	Nse, Fall	Direction Of Manipulated Variable
Ynrn	Npos, Flow	Standardisation Of Manipulated Variavle Travel, Flow Rate
Ya	0.0 To 100.0	Manipulated Variable Limits Start End
Ye	0.0 To 100.0	
Ycls	Yes, No	Manipulated Variable Tight Shup-Off
Afct	Off N1:Na N1:N1 Na:Na	Alarms, Function : None A1Min, A2Max A1Min, A2Min A1Max, A2Max
A1	0.0 To 100.0	Alarm 2 Response Threshold
A2	0.0 To 100.0	Alarm 2 Response Threshold
Sfct	S S.H.C	Alarm Output Function S S+H+C
Prst	No/Ocay, Strt	Preset(Factory Setting)

| 표 1 | 인공지능 포지셔너의 기능

E. Field Bus System에 대응

Sipart Ps 인공지능 포지셔너는 Field-Bus System을 채택할 수 있도록 Module를 장착할 수 있는 베이스를 만들어 놓았다.

Field-Bus System은 앞으로 산업용, 공정제어에 급속히 확산, 계기와 계기간의 원활한 정보 교환을 실현, 밸브와 기타 계기를 직접 연결하고 이것으로 인한 각종 작동정보를 중앙 제어실 컴퓨터에 전달하게 된다.

F. 고장이 없이 반영구적이다.

기존의 노즐-프래퍼형 포지셔너는 노즐이 막히거나 파손, 파이로트 밸브가 고장이 나서 포지셔너 작동이 되지 않는 경우가 있다. 이때에는 노즐과 파이롯 밸브를 교환하거나 청소를 해야 하지만 이는 대단히 까다롭고 많은 시간이 걸린다. 그러나 인공지능 포지셔너는 전자식이라 이러한 기계적인 부품이 없어 고장이 없고 Sipart Ps는 반영구적인 초정밀 필터(Ultra-Fine Filter)가 있어 압전식 밸브(Piezo Valve)의 막힘이나 고장이 없다. 어떠한 외부적인 심한 충격에 의하여 밸브가 일시적으로 많이 진동하였다고 하더라도 곧 모든 조건에 맞도록 자동 조정된다.

11-3 결론

인공지능 포지셔너의 개발은 기계식에서 전자식으로 바뀜으로써 발생하는 기술적인 진보뿐 아니라 실질적으로 사용자에게 많은 이익을 제공한다. 특별히 획기적인 공기절약, 특별한 조정이 필요없어 전문 인력에 의한 많은 시간 소비가 필요 없고 수명이 길고 보수가 필요없는 등 많은 경제적 이익이 있다. 또, 다양한 공정 제어변화에 대처하고 제어상태를 Monitoring함으로서 공정의 안정과 정밀제어를 할 수 있다는 점에서 획기적이다. 뿐만 아니라 미래 지향적 공정제어에 대처하기 위하여 반드시 기계식 포지셔너를 대신하여 인공지능 포지셔너(Intelligent Electro Pneumatic Positioner)를 채택해야 할 것으로 확신한다.

Chapter 12

압력 조절 밸브

12-1 압력조절밸브 PRV의 정의

압력 조절 밸브 / PRV(Pressure regulating valve) 또는 Pressure Regulator는 유체를 원하는 압력으로 유지시켜 주는 장치이다. 외부의 힘으로 움직이는 구동부가 없이 배관에 흐르는 유체의 힘에 의하여 동작하기 때문에 자력식 조절밸브(self-acting pressure regulating valve)라고 부르기도 한다. 밸브 후단의 압력을 조절해 주는 경우 실제 압력이 세팅 압력보다 낮으면 밸브가 더 열려 더 많은 유체가 흐르게 되어 밸브 후단의 압력이 올라가게 되고 세팅 압력에 근접하게 되면 밸브가 점점 닫혀 압력을 세팅 압력 근처에서 유지해주게 된다. 반대로 실제 압력이 세팅 압력보다 높은 경우에는 밸브가 점점 닫혀 흐르는 유량을 감소시키거나 완전히 멈추게 하여 밸브 후단의 압력을 세팅 압력까지 낮춰 주게 된다. 비슷한 기능을 하는 자동제어밸브(Control valve)와의 비교를 통해 PRV를 더 잘 이해할 수 있다.

12-2 자동제어 밸브와의 차이점

많은 경우 프로세스의 압력을 조절하기 위해 PRV 또는 Control Valve를 사용할 수 있다. 압력을 조절하려는 목적은 같으나 그 특성은 매우 다르다. 가장 큰 차이점은 Control Valve는 압력 검출기(Pressure transmitter), 제어기(Controller), 그리고 Control Valve로 이어지는 하나의 Control Loop를 구성하여야 하나, PRV는 그 자체로 압력을 검출하여 스스로 움직이게 되므로 Control Loop를 구성할 필요가 없다. 또한 Control Valve는 그 동작을 위하여 압축공기, 전기 또는 유압으로 움직이는 별도의 구동부가 필요하지만 PRV는 유체의 압력으로 동작하기 때문에 별도의 외부 구동 에너지가 필요 없다. 이러한 특성 때문에 PRV는 일반적으로 구매, 설치, 유지 보수 비용이 Control loop를 구성하는 것 보다 저렴하다. 반면에 PRV는 압력 조절의 정밀도가 떨어지고 세팅 압력 또한 일정 범위 내에서만 원격이 아닌 수동으로의 변경만 가능하게 된다. 또한 고온, 고압에는 사용이 제한되고, 그 구동이 supply air에 영향을 받지 않으므로 Air Fail Safe 기능을 가질 수 없다. PRV와 Control Valve의 주요 특성을 비교하면 아래 표와 같다.

PRV	Control Valve
저비용	고비용
자체 압력 감지, 압력 조절	Control Loop 구성 필요
구동용 압축공기, 전원 필요 없음	구동용 압축공기 또는 전원이 필요함
원격 세팅 불가, 현장 수동 세팅	외부 컨트롤러에서 제어 가능
Air fail safe 불가	Air Fail Open/Close 구현 가능

| 표 1 | PRV 와 Control Valve의 비교

12-3 PRV 분류

[1] Pressure reducing regulator / Back-pressure regulator / Differential pressure regulator

(1) Pressure reducing regulator

Pressure reducing regulator 는 밸브 전단의 압력(inlet pressure)을 원하는 압력으로 낮추어 밸브 후단(Outlet Pressure)의 압력을 일정하게 유지시켜 주는 밸브이다. 보통은 압력 변화에 민감한 장치 전단에 장착된다. 최초 압력 설정 후에는 밸브 전단의 압력의 변화에 크게 상관 없이 밸브 후단의 압력이 일정하게 유지된다. 밸브 후단의압력이 세팅 압력보다 낮으면 밸브가 더 많은 유체를 흘려 밸브 후단의 압력을 올려주고 반대의 경우에는 흐르는 유량을 감소시키거나 완전히 멈추게 하여 밸브 후단의 압력을 세팅 압력까지 낮춰 주게 된다. PRV 또는 regulator라고 칭하는 경우 일반적으로는 Pressure reducing regulator를 의미하게 된다. 본 장에서도 Pressure reducing regulator를 기준으로 PRV의 형태나 원리 등을 설명할 것이다.

(2) Back-pressure regulator

Back-pressure regulator는 밸브 전단의 압력을 원하는 값으로 유지시켜 주는 밸브이다. 밸브 전단의 압력이 세팅 압력 보다 낮으면 밸브는 닫히게 되고, 세팅 압력보다 높으면 밸브가 열리면서 유체를 흘려보내어 밸브 전단의 압력을 세팅 압력까지 낮춰주게 된다. 그 작동 방식은 Pressure relief valve와 비슷하지만 pressure relief valve는 과도한 압력으로부터의 보호를 위해 일정 압력 이상에서 순간적으로 큰 유량을 내면서 열리는 반면 Back-pressure regulator는 밸브 전단의 압력을 일정하게 유지시켜주는 제어(Control)기능을 하게된다.

(3) Differential pressure regulator

Differential pressure regulator는 밸브 전단의 압력과 후단의 압력의 차이를 일정하게 유지시켜주는 밸브이다. 감지된 차압이 세팅 값보다 클 경우에 밸브가 더 열리면서 유체를 흘려보내 밸브 전단과 후단의 압력 차이를 줄여주게 되고, 반대로 차압이 세팅 값보다 작을 경우에는 밸브가 닫히면서 밸브 전단과 후단의 압력 차이를 세팅 값 까지 올려주게 된다.

[2] Direct-operated regulator / Pilot-operated regulator

(1) Direct-operated regulator

Direct-operated regulator는 가장 간단한 형태의 PRV이다. 일반적으로 구동부가 diaphragm 또는 piston 으로 나누어지어 나누어진 구간 상단의 스프링과 하단에 가해진 유체의 압력의 차이에 따라 그에 연결된 밸브의 포트가 열리고 닫히게 된다. 〈그림 1〉에 보이듯이 유체의 압력이 세팅된 스프링의 힘보다 커져 diaphragm을 위로 밀어 올리게 되면 그에 연결된 포트도 함께 올라가면서 밸브를 닫아 밸브 후단의 압력을 줄여주게 된다. 반대로 유체의 압력이 세팅된 스프링의 힘보다 작게 되면 스프링이 diaphragm과 그에 연결된 포트를 아래로 밀게 되어 밸브가 열려 밸브 후단의 압력을 올려주게 된다. 유체 압력의 변화에 따라 포트가 실시간으로 반응하므로 움직임에 지연이 없다. 하지만 포트의 행정 거리가 압력 변화에 직접 비례하게되어 droop 및 lockup이 크게 된다.

(5. PRV 유량 곡선 및 관련 용어 참조)

Direct-operated regulator는 Pilot-operated regulator에 비해 구조가 간단하고 취급이 용이하며 가격이 저렴하다. 반면, 구조적 특성상 사용 압력 및 온도 범위가 제한되며, 압력 조절의 정밀도가 상대적으로 낮다. 또한 대구경으로 제작이 어려워 대부분 작은 사이즈로 제작이 된다.

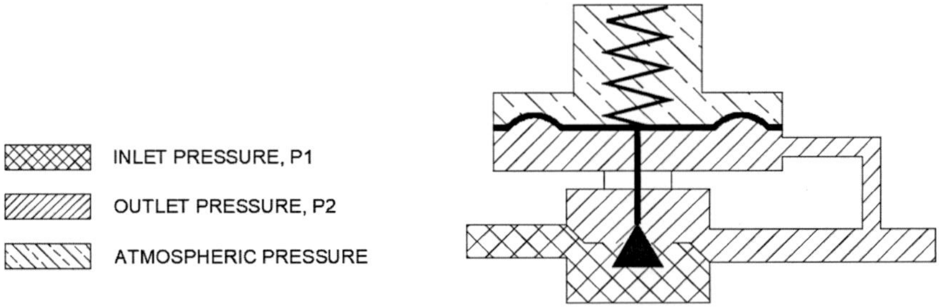

| 그림 1 | SDirect-operated regulator의 schematic

| 그림 2 | Direct-operated regulator의 단면

(2) Pilot-operated regulator

Pilot-operated regulator는 Main Valve이외에 별도의 Pilot valve가 있어 압력 변화에 Pilot valve가 반응하고 그 움직임에 따라 Main valve의 움직임이 증폭되어 더욱 정밀한 압력 조절이 가능하도록 한 형태의 PRV이다. 〈그림 1〉의 대표적인 Pilot-operated regulator 방식의 schematic을 보면, 유체의 압력이 낮아지게 되면 pilot valve에 세팅된 스프링이 pilot의 포트를 아래로 밀면서 pilot valve가 열리게 된다. 그러면 밸브 전단의 압력이 Main valve의 구동부 하단에 가해지면서 Main valve의 포트가 열리며 regulator 후단의 압력을 올려주게 된다. 반대로 유체의 압력이 높아지면 pilot valve의 diaphragm이 spring을 위로 밀어내면서 포트을 끌어올려 pilot valve는 닫히게 되고 main valve 구동부 하단의 압력이 낮아지면서 구동부 상단에 인가된 밸브 후단의 압력과 스프링의 힘으로 main valve를 닫아 밸브 후단의 압력을 낮춰주게 된다. 유체 압력의 변화에 따라 pilot valve가 먼저 반응하고 main valve가 그에 따라 다시 움직이므로 압력 변화에 따른 regulator의 움직임에 약간의 지연이 생기게 된다. pilot valve가 압력 변화에 조금만 반응하여도 Main valve는

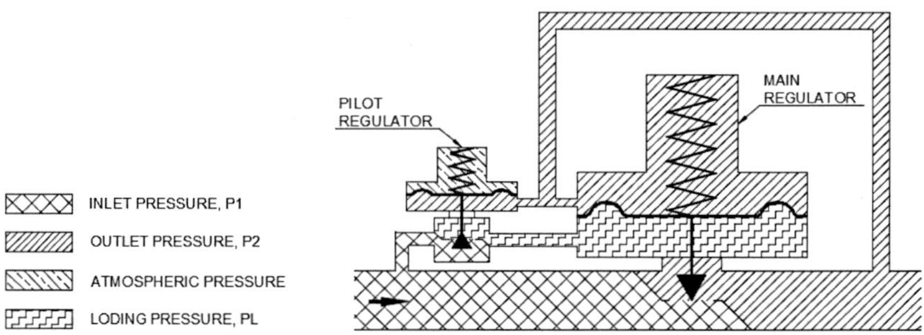

| 그림 3 | Pilot-operated regulator의 schematic

밸브 전단 압력의 힘으로 행정 거리 전체를 움직일 수 있으므로 droop 및 lockup이 상대적으로 매우 작아 민감도 및 정밀도가 우수하다.

Pilot-operated regulator는 Direct-operated regulator에 비해 구조가 복잡하고 가격이 상대적으로 높은 반면 사용 압력 및 온도 범위가 넓으며, 압력 조절의 정밀도가 매우 높다. 또한 pilot로 main valve의 움직임을 증폭시키는 만큼 같은 사이즈의 regulator의 경우 Pilot-operated regulator가 Direct-operated regulator에 비해 유량 계수가 크며, 대구경으로 제작이 용이하여 선택의 폭이 넓다.

| 그림 4 | Pilot-operated regulator의 단면〉

[3] Internal Sensing / External Sensing

압력을 감지하는 sensing line을 구성하는 방법에는 두가지가 있다.

우선 internal sensing은 압력 감지를 regulator 몸체 내부에서 직접 하는 방식이다. 반대로 external sensing은 압력 감지를 regulator 몸체에서 하지 않고 일정한 거리가 떨어진 배관이나 실제 압력 조절이 필요한 용기에서 직접 하는 방식이다.

(1) Internal Sensing

Internal sensing은 〈그림 5〉에서 보이듯이 압력 감지를 regulator 몸체 내부에서 직접 하게 된다. 대부분의 소구경 direct operated regulator는 internal sensing type이다. 배관에 별도의 sensing line을 설치할 필요가 없기 때문에 regulator의 설치가 매우 간편하다. 반면에 압력 감지 부위가 Main valve에 붙어있기 때문에 regulator의 움직임이 불안정할 수 있어 선정에 주의가 필요하다. Pressure reducing regulator를 예로 들면 밸브 후단 파이프 내의 압력이 줄어들어 regulator가 열리게 된다. 밸브 전단의 유체가 regulator를 통과하면서 감지 부위로도 압력이 바로 전달되게 되는데, 그에 따라 밸브 후단의 파이프 내의 압력이 실제로 올라가지 않았는데도 regulator는 높은 압력을 감지하여 닫히게 된다. 압력이 실제로 올라가지 않았기 때문에 다시 regulator가 열리게 되고 또 다시 바로 닫히는 hunting 현상이 일어나게 된다. 이러한 현상은 세팅 압력이 0.1 BarG이하 처럼 매우 낮거나 세팅압력과 밸브 전단 압력의 비율이 너무 커서 regulator가 조금만 열려도 고압이 압력 감지부에 바로 전달되는 경우 자주 발생한다.

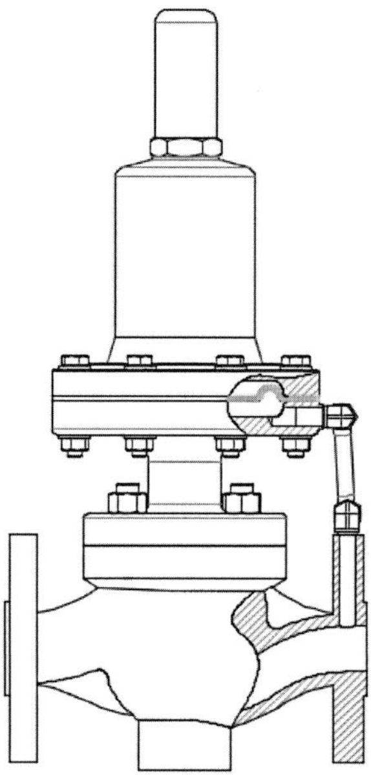

| 그림 5 | Internal Sensing의 schematic

(2) External Sensing

External sensing은 〈그림 6〉에서 보이듯이 압력 감지를 regulator 몸체 내부에서 하지 않고 별도로 배관에 연결된 sensing line을 통해서 하게 된다. Sensing line은 control line이라고도 불린다. 이 방식은 internal sensing에 비해 비용이 들고 설치에 주의가 필요하나 몇 가지 장점이 있다. 우선 위에서 기술한 Internal sensing에서 자주 발생하는 hunting의 문제가 일어난 확률이 적다. 또한 탱크의 압력을 일정하게 유지하는 regulator를 설치하는 경우 external sensing line을 압력 유지가 필요한 탱크에 직접 연결하여 regulator 후단의 압력이 아닌 탱크의 압력을 정확히 조절하는 것이 가능하다. 하지만 external sensing line을 연결하는 배관상의 위치, 그 길이와 사이즈에 따라 압력 감지가 지연되거나 왜곡될 수 있으므로 external sensing line을 연결하는 방법에 세심한 주의가 필요하다. Regulator 제조사 마다 자체적인 기준이 존재하지만, 일반적으로는 regulator 후단으로 파이프 경의 10배 이상의 거리를 두고 설치해야 하며, line size는 크면 클 수록 좋고, 거리가 길어지면 line size를 더욱 키워야 한다. 또한 실제 압력을 유지시켜주고자 하는 부위에 최대한 가깝게 설치하는 것이 좋다.

12-4 Pilot-operated regulator의 종류

Pilot operated regulator의 종류에는 세부적으로는 여러 가지 방식으로 나눌 수 있지만 일반적으로 사용되는 regulator들을 크게 보면 대부분 Unloading 방식 또는 2-path control

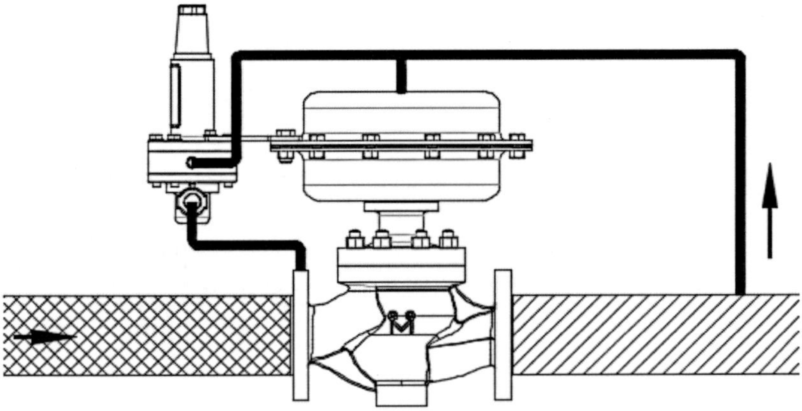

| 그림 6 | External Sensing의 schematic

방식으로 나눌 수 있다.

[1] Unloading type

Unloading type은 〈그림7〉에서 보이듯이 main valve port위에 별도의 챔버가 존재하고 그 챔버는 밸브 전단과 연결되며 챔버와 밸브 후단 사이에 pilot valve가 연결이 되있다. Pilot valve는 밸브 후단의 압력이 세팅압력 보다 크면 닫히고 작으면 열리게 설계되어 있다. Pilot valve가 닫히면 밸브 전단의 압력이 챔버에 차게 되어 챔버 내의 스프링의 힘과 더해져 Regulator를 닫게 된다. Pilot valve가 열리면 챔버에 차 있던 압력이 Pilot valve를 통해 regulator 후단으로 빠져나가게 되어 밸브 전단의 압력이 main valve의 port를 위로 밀어 올리면서 regulator가 열리게 된다. 결과적으로 pilot valve는 챔버 내의 압력을 조절해 주는 역할을 하며, main valve의 움직임은 오로지 pilot valve의 움직임에 전적으로 결정된다. Unloading type은 챔버에 공급되는 밸브 전단의 압력 전달 속도와 pilot valve가 챔버 내의 압력을 빼 주는 속도의 상관 관계에 따라 동작을 하는 방식이기 때문에 밸브 전단과 챔버의 연결부에 유체의 속도를 조절해 주는 장치(restrictor 또는 speed controller)가 추가된다. 이 장치의 조절에 따라 regulator의 열리는 속도 및 닫히는 속도를 조절할 수 있다. 이 장치를 더 많이 열게 되면 regulator는 더 빨리 닫히고 천천히 열리게 되고, 더 많이 닫게 되면 regulator는 더 천천히 닫히고 빨리 열리게 된다. Unloading type은 동작 과정에서 밸브 후단의 압력이 pilot valve의 압력 감지 및 동작에만 사용될 뿐 main valve의 움직임에는 영향을 주지 않는다. 따라서 항상 pilot valve가 먼저 움직이고 그에 따른 챔버 내의 압력 변화에 따라 main valve가 움직이므로 regulator 전체의 반응 속도는 two-path control type에 비해 상대적으로 늦다.

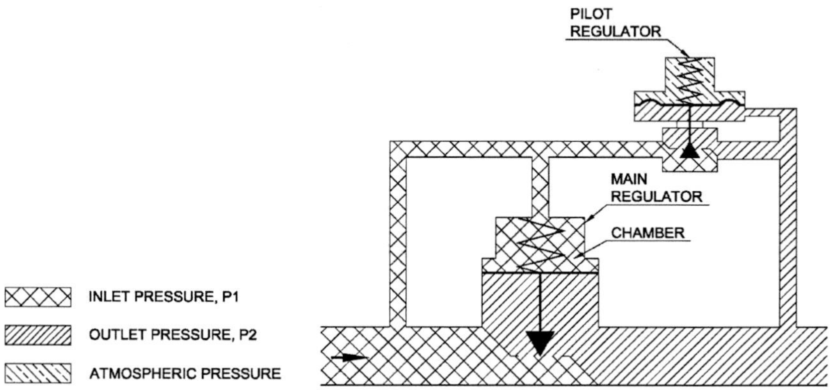

| 그림 7 | Unloading type regulator의 schematic

[2] Two-path control type

Two-path control type은 unloading type에 비해 조금 더 복잡한 구조를 갖고 있다. Unloading type과의 가장 큰 차이점은 밸브 후단의 압력이 단지 pilot valve의 동작에만 사용되는 것이 아니라 실제 main valve의 움직임에도 직접적인 영향을 준다는 것이다. 그러므로 Two-path control type이 unloading type에 비해 압력 변화에 따른 반응 속도가 빠르다. 동작 원리를 설명하자면, 〈그림8〉에서 보이듯이 밸브 후단의 압력이 직접적으로 main valve 내의 diaphragm(또는 piston)을 아래로 눌러 main valve를 닫는 작용을 한다. 이 반응은 pilot valve의 동작에 상관 없이 직접적으로 이루어지기 때문에 움직임이 매우 빠르다. 하지만 이것은 regulator의 압력 세팅 값과 상관없이 이루어지는 부적확한 동작이며 최종 제어는 pilot valve의 압력 감지 및 움직임에 따라 정확하게 이루어지게 된다.

Two-path control type의 동작 원리는 다음과 같다. 밸브 후단의 압력이 세팅압력에 가깝게 올라가게 되면main valve 챔버 상단을 그압력으로 누르게 되어 regulator를 닫는 방향으로 먼저 움직이게 만든다. 동시에 pilot valve가 밸브 후단의 압력을 감지하여 세팅 압력보다 높을 경우에는 pilot valve가 main valve 챔버로 들어가는 압력을 차단시켜 챔버 상단의 압력으로 regulator는 세팅 압력까지 더 닫히게 된다.

반대로 밸브 후단의 압력이 세팅압력보다 내려가게 되면 main valve 챔버 상단에 가해진 압력이 줄어들어main valve는 열리는 방향으로 먼저 움직이게 된다. 동시에pilot valve가 밸브 후

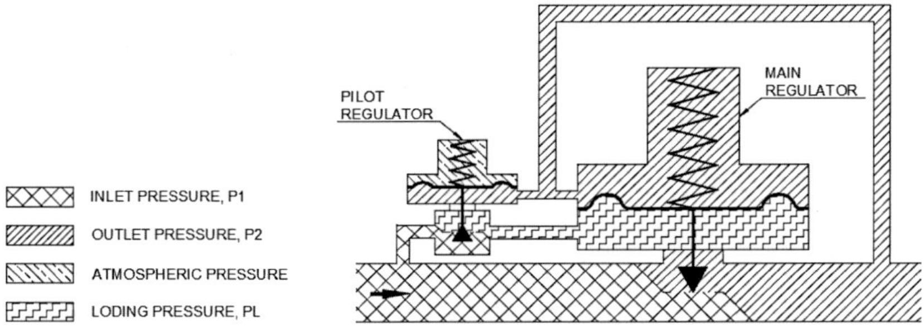

| 그림 8 | Two-path control type regulator의 schematic

단의 압력을 감지하여 세팅 압력보다 낮을 경우에는 pilot valve가 열려 밸브 전단의 압력을 main valve 챔버 하단으로 전달해 regulator는 세팅 압력까지 더 열리게 된다.

이렇게 Two-path control type은 첫 움직임은 밸브 후단의 압력이 직접 작용해 빠르고 최종 움직임은 pilot에 의해 정확하게 되어 안정적인 압력 유지를 가능하게 만든다.

12-5 PRV 유량 곡선 및 관련 용어

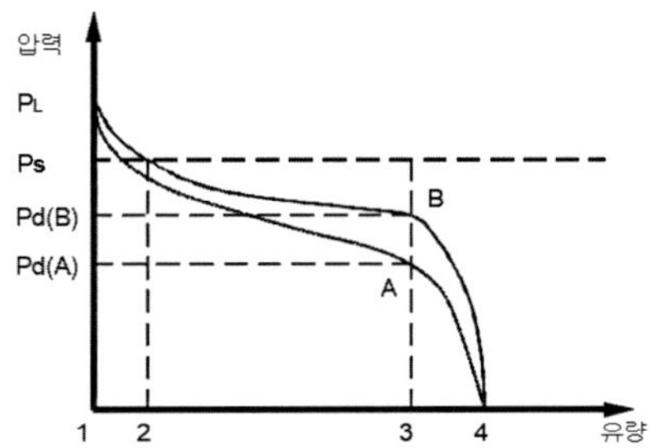

| 그림 9 | PRV의 유량 곡선

〈그림 9〉에서 보이듯이 유체의 압력이 세팅 압력 (Ps)보다 크게 높은 상태에서는 유체가 흐르지 않아 유량은 0이 된다. 유체의 압력이 세팅 압력 근처까지 떨어지게 되면 (1–2 구간) 유량이 발생하기 시작하게 된다. 세팅 압력이 되면 조그만 압력의 변화에도 유량이 크게 증가하게 되는데, PRV는 일반적으로 이 범위(2–3구간) 내에서 사용하여야 안정적인 압력 조절이 가능하다. 압력이 일정 값 이하로 떨어지게 되면 (3–4 구

간) 압력이 계속 변하여도 유량은 더이상 크게 늘어나지 않게 되는데 이 구간에서는 압력 조절이 거의 되지 않기 때문에 PRV의 Capacity 에 포함하지 않는다.

① Capacity : 〈그림 9〉의 3지점. 즉, 유량 압력 조절이 가능한 상태에서의 최대 유량을 말한다. 4 지점은 PRV가 최대로 열렸을 경우의 유량이나, 3 지점 이후에서는 압력 조절 능력이 떨어지므로 capacity에 포함하지 않는다.

② Lockup : PL과 Ps의 차이. PRV의 Seating Force와 연관이 있으며 작을 수록 좋다. Metal seat의 경우 Lockup이 크다.

③ Droop : Ps-Pd의 차이. 〈그림9〉에서 2-3 사이의 평평한 구간으로 Droop이 작을수록 압력 유지의 정밀도가 높으며 일반적으로 direct-operated type의 경우 10~20%, pilot-operated type의 경우 1-5% 정도이다. 〈그림9〉에서 보면 B유량 곡선이 A유량 곡선보다 Droop이 작아 정밀도가 좋다고 볼 수 있다.

④ Spring Range : Setting Range라고도 하며 PRV의 세팅 스프링을 조절하여 세팅 압력을 조절할 수 있는 범위를 말한다.

12-6 PRV 선정시 주의사항

[1] 사용 application

배관 압력 강하용, 밸브 전단 압력 유지용, 차압 유지용 등 압력 조절을 원하는 방식에 따라 선정되어야 하는 모델이 다르며, 사용하는 용도, 허용 리크량, 요구하는 정확도, 유체의 차압 조건, 취부 장소 조건 등에 따라서도 선정 모델이 달라질 수 있다.

[2] 유체 압력, 온도와 유체 특성

유체의 압력과 온도에 따른 재질 선정이 필요하며 유체 특성에 따라 재질 선정을 해야한다. PRV에 PTFE, 고무 등과 같은 탄성체로 만들어진 부품이 들어가는 경우가 많으므로 유체 특성 (부식성, 내열성 등)을 충분히 파악하고 세부 부품의 재질 선정을 해야한다. 또한 PRV의 감압비에는 한계가 있어 제품의 감압비를 넘어가는 경우 여러 PRV를 단계적으로 사용하여 다단 감압을 해야 할 수도 있다.

[3] Strainer 설치

정기 정비 뿐 만 아니라 시운전 시 이물질에 의한 손상 등이 발생 할 가능성이 많아 이때도 수리가 용이 하도록 PRV 전단에 반드시 strainer를 설치 해야한다. PRV는 외부의 구동력 없이유체의 힘 만으로 작동하기 때문에 이물질에 의해 파트의 움직임에 필요한 힘이 커지게 되면 구동력이 부족해져 동작에 문제가 생길 수 있다. 또한 pilot valve, restrictor와 같이 작은 부품들이 많이 있기 때문에 이물질이 부품 사이에 들어가 leak가 생기거나 오동작을 일으킬 수 있다.

[4] Leak Class

PRV도 Control Valve와 같이 leak class가 존재한다. PRV는 외부의 구동력 없이 유체의 힘으로만 움직이기 때문에 필요한 seating force 대비 충분한 구동력을 갖기가 control valve에 비해 어렵다. 일반적인 온도, 유체에 사용하는 고무 재질의 시트의 경우 zero-leak가 가능하여 문제가 없지만 metal seat를 사용해야 하는 경우leak class III나 IV 가 일반적이다. 특히 고온용 steam valve의 경우 반드시 metal seat를 사용하고 모든 탄성체 사용이 불가하므로 제조사들은 leak class를 특정하지 않고 항상 흐르는 경우에서 압력을 유지해 주는 용도로만 사용하도록 하는 경우도 있다.

유체가 흐르고 있는 상황에서의 압력 조절은 leak class의 영향을 크게 받지 않으나, PRV가 완전히 닫힌 상태에서 압력을 반드시 세팅 값으로 유지해야 한다면 leak가 조금만 있어도 문제가 된다. 예를들어 10 BarG에서 5 BarG로 압력을 낮추어 주는 Pressure reducing regulator의 경우, 유체가 흐르고 있는 상태에서 regulator가 밸브 후단의 압력을 5 BarG로 잘 유지해 주더라도 regulator 후단이 완전히 밀폐된 상황이 발생하면 regulator의 허용 leak가 있다면 regulator 후단 배관은 결국 10 BarG까지 올라가게 된다. 따라서 배관 시스템 구성 시에는 PRV의 허용 leak class를 반드시 고려해야 한다.

[5] Capacity

Capacity는 PRV가 일정한 droop이내에서 보장하는 유량이다. PRV가 압력 조절을 원활히 하기 위하여는 적절한 Capacity의 PRV를 선정하는 것이 매우 중요하다. 만약 필요한 유량에 비해 PRV의 capacity가 너무 작으면 PRV가 세팅 압력에 정확히 동작을 하더라도 충분한 유량을 흘려보내지 못하여 압력 조절이 제대로 되지 않을 수 있다. 또한 필요한 유량에 비해 PRV의 capacity 가 너무 크면 PRV의 작은 움직임에도 배관 압력이 위아래로 크게 요동치는 문제가 발생할 수 있다. PRV의 capacity는 PRV의 바디 사이즈, 트림 사이즈, PRV 타입에 따라 달라지므로 필요한 유량과 PRV의 capacity를 비교하여 적절히 선정해야 한다.

[6] Fail action

PRV의 fail action은 Control valve의 fail action과 그 성격이 다르다.

Control valve에서는 control valve 자체의 fail이 아닌 supply air fail 또는 signal fail을 말하며 supply air나

signal이 fail 된 경우 control valve를 open 또는 close 로 움직이기 위해 스프링이나 air tank를 구동부에 사용하게 된다.

하지만 PRV에는 외부에서 공급되는 supply air나 signal이 없기 때문에 fail의 정의가 control valve와는 다르게 PRV 자체에 문제가 생긴 경우를 의미한다. PRV 자체 fail 유형을 크게 나누면 다음과 같다. 1) 압력 감지부 diaphragm 이 손상된 경우, 2) Main spring이 손상된 경우 3) pilot spring이 손상된 경우 4) 압력 감지 line이 손상된 경우 5) pilot valve 와 main valve 사이의 line이 끊어지거나 막힌 경우

하나의 PRV에도 여러 가지 fail 유형에 따라 open 또는 close가 다르게 되므로, PRV의 fail position을 논하는 경우에는 fail 유형을 반드시 특정하여야 한다.

12-7 디지털 자동제어 밸브 (Digital control valve)

서론 자동 제어 밸브는 배관에 흐르는 유체의 압력, 온도, 유량 및 수위를 조절하는 밸브를 말한다. 대부분 발전소, 석유화학, 등 대규모 장치 산업에서는 외부의 에너지, 즉 공기, 전기, 유압을 이용 제어 하고 있다. 여기에는 압력. 온도 등을 감지하여 전송하는 전송기 (Transmitter)와 이를 대조하여 설정치를 결정해 다시 밸브로 신호를 보내는 제어기 (controller)가 함께 작동 자동으로 제어 한다. 제어량은 언제나 제어기에서 조정이 가능하다

그러나 이런 외부 에너지 없이 배관 내에 흐르는 유체의 압력을 이용 제어하는 자주식 밸브 (Self regulator)가 있다. 이 자주식 밸브는 처음 정한 값 (Setting point)에 따라서 작동한다.

여기에 반하여 디지털 자동제어 밸브 (Digital Control valves)는 외부 에너지 없이 배관 내 유체의 힘을 이용 제어를 하는데 그 설정치는 제어기를 통하여 밸브에 설치된 전자변 (Solenoid)밸브를 제어 주 밸브를 움직이도록 설계 되어 있는 밸브를 말한다. 이 디지털 자동제어 밸브는 프로그람 된 PLC 나 컨트롤러를 이용 일정한 유량을 이송하는데 많이 사용 하고 있다.

제어기, 송신기, 컨트롤 밸브와 같이 루프를 만들어 사용할 때에 장점은 제어 속도가 빠르고 ,제어 정밀도가 약 +/- 1% 이내에서 가능하고 제어 값을 상황에 따라 마음대로 변경 할 수 있다.

자주식 밸브는 처음 정한 제어 값을 임의로 바꿀 수 없으며 제어 속도도 늦고, 정밀도도 +/- 3 - 10% 로서 정밀 제어가 안 된다.

이에 반하여 디지털 컨트롤 밸브는 외부 에너지가 없는 곳에서 일정한 프로그

람에 의하여 유량제어, 압력 제어, 배치 컨트롤 등에 제어용으로 사용하고 있다. 물론 사용 중에 전자변을 조정 밸브를 조절 할 수 있으나 프로그람을 미리 정하여 조정하는 컨트롤러(PLC)가 필요하다. 이것도 제어 속도가 컨트롤 시스템에 비하여 늦고 제어 정도도 최대 +/- 2% 이다.

작동 원리

이 밸브는 대체로 45도 꺾인 글로브를 사용하는데 이는 유체 압력 손실이 적고 흐르는 유량이 많고 구동부 설치가 용이하기 때문이다. 대개는 2개의 전자변(Solenoid) 밸브나 파이로트 밸브를 취부 정확도와 제어 속도를 좀 더 빠르게 하여 사용한다. 2개의 전자변은 하나는 평상시에 닫혀있는(Normal close) 것과 열려있는(Normal Open) 것을 달아서 제어 하고 있다.

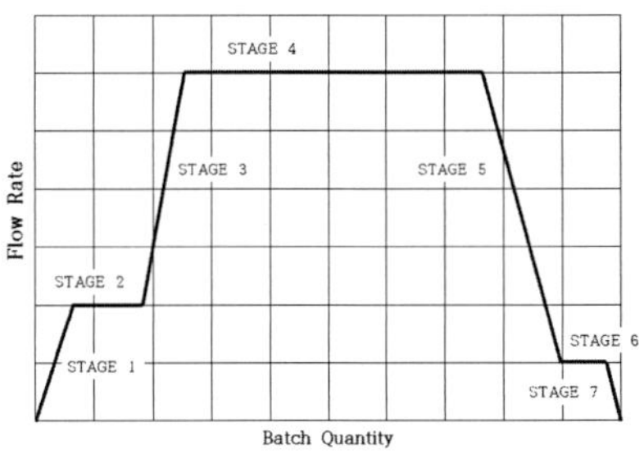

1. 유체가 밸브로 들어가는 방향에 평상시 열려있는 (N/O) 전자변과 밸브의 출구 쪽에 평상시 닫혀있는 (N/C) 전자변을 달아놓으면 유체 압력이 밸브 위쪽에 밸브 포트와 연결 되어 있는 피스톤에 힘을 가하게 된다. 이때 피스톤 면적이 밸브 포트 면적보다 넓어 피스톤이 아래로 움직이고 여기에 피스톤 위쪽에 설치된 스프링 힘이 더하여 밸브는 닫혀 있게 된다.

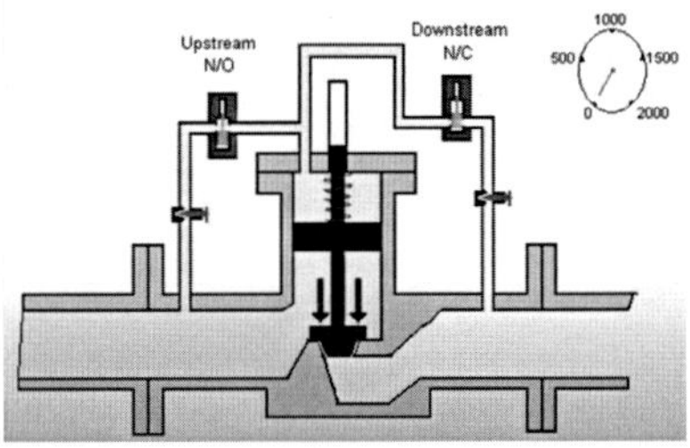

2. 밸브를 열어 유량을 조절 하려하면 입구 쪽 전원을 넣어 (energized) N/O 전자변을 닫고 출구 쪽 N/C 전원을 넣어 전자변을 열면 피스톤 위쪽의 유체가 빠져나가 압력이 낮아져 밸브가 서서히 열리게 된다. 이 때 밸브 열리는 속도는 전자변 출구 쪽에 있는 니들 밸브로 조정 할 수 있다.

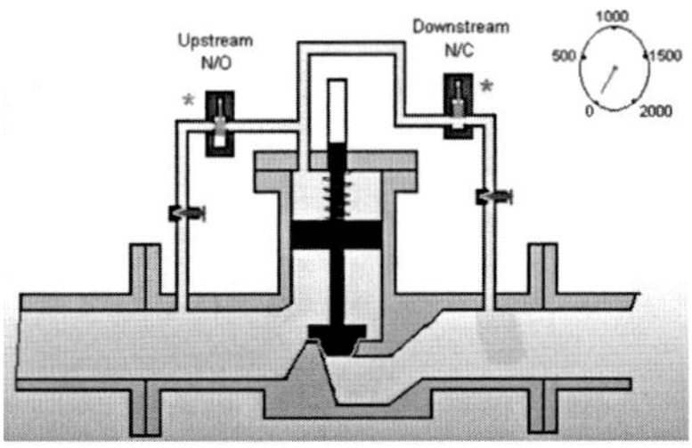

3. N/O 전자변이 완전히 닫히고 N/C 전자변이 완전히 열리면 밸브의 흐르는 유량은 최대치가 되어 일정한 유량을 유지한다.

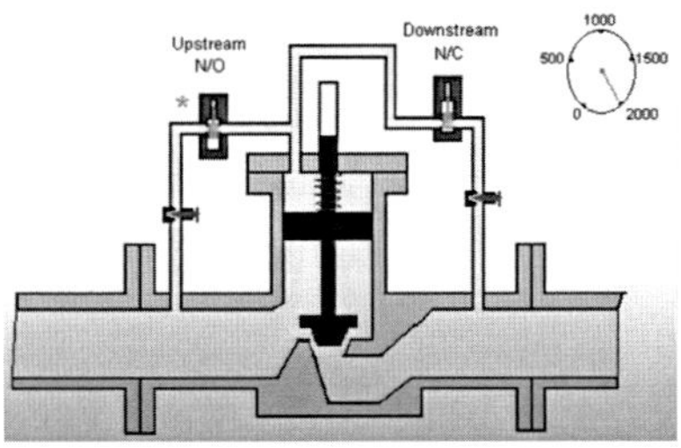

4. 밸브를 닫으려면 전원을 끊어 (deenergized) N/C 전자변을 닫고, N/O 전자변을 열면 밸브가 닫히게 된다. 이때 밸브를 서서히 닫히게 하려면 N/C 밸브 전단에 있는 니들 밸브로 조정 할 수 있다.

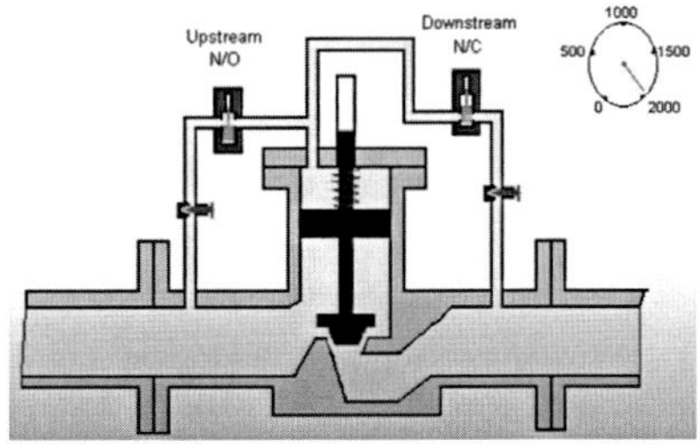

5. N/C 밸브를 전원을 끄면 N/C밸브는 닫히고 N/O 전자변은 전원을 넣으면 닫혀 피스톤의 압력은 변하지 않아 원하는 유량을 흐르게 할 수 있다.

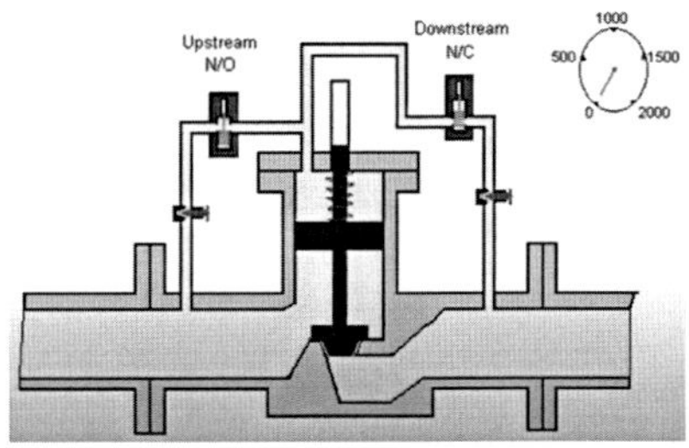

Chapter 13

디지털 자동제어밸브 (Digital control valve)

13-1 서론

자동제어 밸브는 배관에 흐르는 유체의 압력, 온도, 유량 및 수위를 조절하는 밸브를 말한다. 자동제어 밸브는 압력, 온도, 유량 등을 감지하여 전송하는 전송기(Transmitter)와 이를 대조하여 설정치를 결정해 다시 밸브로 신호를 보내는 제어기(controller)가 함께 하나의 control loop를 이루며, 제어량은 언제나 제어기에서 조정이 가능하다. 대부분 발전소, 석유화학, 등 대규모 장치 산업에서는 자동제어 밸브를 외부의 에너지, 즉 압축공기, 전기 또는 유압을 이용하여 구동하고 있다.

또한 이러한 외부 에너지 없이 배관 내에 흐르는 유체의 압력을 이용하여 동작하는 자주식 감압밸브(Self-acting pressure regulator)가 있다. 다만 자주식 감압밸브는 최소 정한 압력(Setting pressure)에 따라서 작동하므로 원격으로 제어할 수 없다.

여기에 반하여 디지털 자동제어 밸브(Digital Control valves)는 외부 에너지 없이 배관 내 유체의 힘을 이용 제어를 하지만 반면 그 설정치는 제어기를 통하여 밸브에 설치된 전자밸브(Solenoid valve)를 통해 주 밸브(Main valve)를 제어할 수 있도록 설계 되어 있는 밸브를 말한다. 이 디지털 자동제어 밸브는 프로그램 된 PLC 나 컨트롤러를 이용하여 일정한 유량을 이송하는데 많이 사용되고 있다.

전송기, 제어기, 컨트롤 밸브의 control loop를 만들어 사용할 때에 장점은 제어속도가 빠르고, 제어 정밀도가 약 +/- 1% 로 매우 높으며 제어 값을 상황에 따라 마음대로 변경할 수 있다.

자주식 밸브는 처음 정한 제어 값을 임의로 바꿀 수 없으며 제어 속도가 늦고, 일반적으로 정밀도도 +/- 3~15% 로서 정밀 제어가 어렵다.

이에 반하여 디지털 컨트롤 밸브는 외부 에너지가 없는 곳에서 일정한 프로그램에 의하여 유량제어, 압력 제어, 배치 컨트롤 등에 제어용으로 사용하고 있다. 사용 중에 전자밸브를 통해 세팅 값을 조절 할 수 있으나 프로그램을 미리 정하여 조정하는 컨트롤러(PLC)가 필요하다. 제어 정밀도는 최대 +/- 2% 정도로 자주식 밸브 보다는 높으나 자동제어 밸브의 control loop 시스템 보다는 낮다.

디지털 자동제어 밸브는 탱크에 유류를 주입하는 등 배치 형태의 유체 이송에 주로 사용되며, 컨트롤러에 미리 정해진 저유량, 고유량 세팅값에 따라 유량을 조절하게 된다.

13-2 구조 및 작동 원리

디지털 자동제어 밸브 (Digital control valve) 대체로 45도 꺾인 글로브 형태를 사용하는데 이는 유체 압력 손실이 적으며 흐르는 유량이 많고 구동부 설치가 용이하기 때문이다. 대개는 정확도와 제어 속도를 높이기 위해 2개의 전자밸브(Solenoid valve)를 취부하여 사용한다. 2개의 전자밸브는 하나는 평상시 닫혀있는 N/C(Normal Close) 타입이고 다른 하나는 평상시 열려있는 N/O(Normal Open) 타입이며 이 두 개의 전자밸브의 움직임으로 주 밸브 상단에 피스톤 (또는 다이아프램)으로 분리되어 있는 챔버 위쪽의 압력을 조절하여 주 밸브의 움직임을 제어한다. 또한 두 개의 니들밸브를 사용하여 열리고 닫히는 속도도 조절할 수 있다.

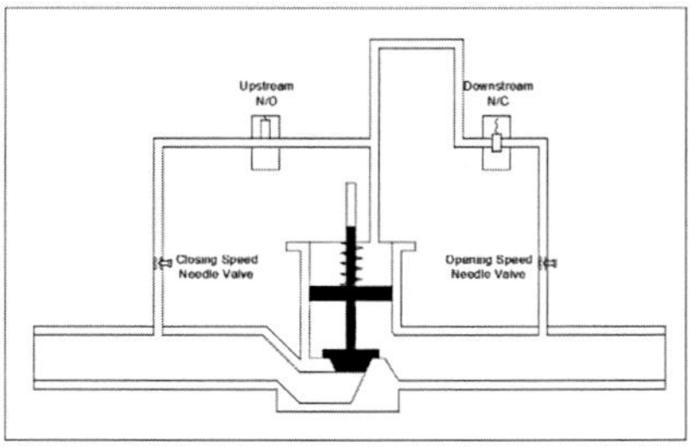

| 그림 1 | 디지털 자동제어 밸브 구조도

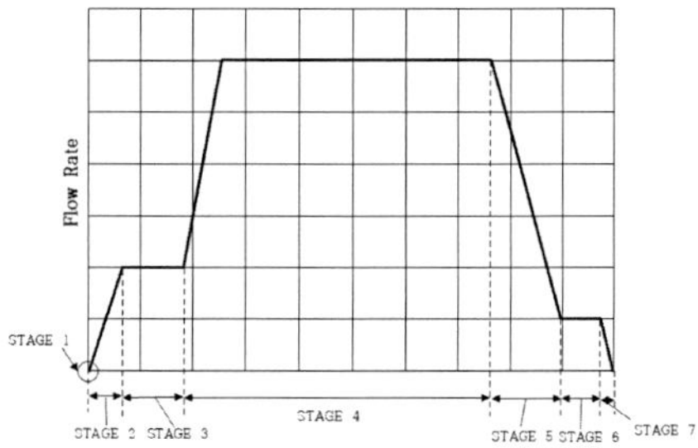

| 그림 2 | 운전 단계 별 유량 곡선

〈그림 2〉에서 보이듯이 디지털 자동제어 밸브는 최대 단순히 on/off의 기능만 있는 것이 아니라 유량 값을 원하는 지점에서 유지하는 제어 기능까지 할 수가 있다. 단계별 자세한 동작 원리를 설명하면 다음과 같다.

Stage 1. 밸브가 닫혀있는 상태 : 유체가 밸브로 들어가는 입구쪽의 (N/O) 전자밸브와 밸브의 출구 쪽의 (N/C) 전자밸브를 연결하면 평상시 유체 압력이 밸브 포트와 연결되어있는 밸브 위쪽의 피스톤에 힘을 가하게 된다. 이때 피스톤 면적이 밸브 포트 면적보다 넓어 피스톤이 아래로 움직이고 여기에 피스톤 위쪽에 설치된 스프링 힘이 더하여 밸브는 닫혀있게 된다.

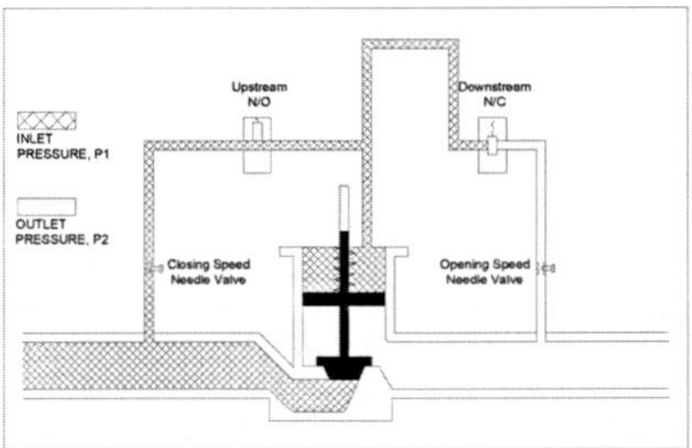

| 그림 3 | Stage 1 다이아그램

Stage 2. 밸브가 열리기 시작하는 단계 : 입구쪽 N/O 전자밸브를 닫고 출구쪽 N/C 전자밸브를 열면 피스톤 위쪽의 유체가 빠져나가 압력이 낮아져 주 밸브가 서서히 열리게 된다. 이 때 밸브가 열리는 속도는 전자밸브 출구 쪽에 있는 니들 밸브로 조정 할 수 있다.

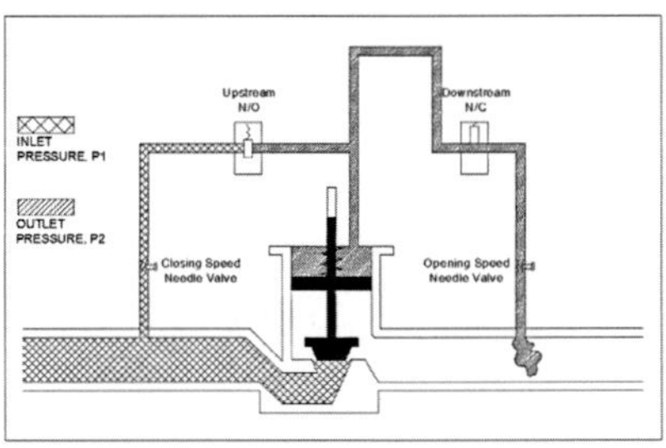

| 그림 4 | Stage 2 다이아그램

Stage 3. 컨트롤 단계 : 원하는 중간 유량 값에서 주 밸브를 멈추고 싶을 때 입,출구 양쪽 전자밸브를 모두 닫으면 피스톤 위쪽의 유체가 갇혀 움직일 수 없으므로 주 밸브의 위치 또한 그 상태로 고정되어 일정한 유량을 유지하게 된다.

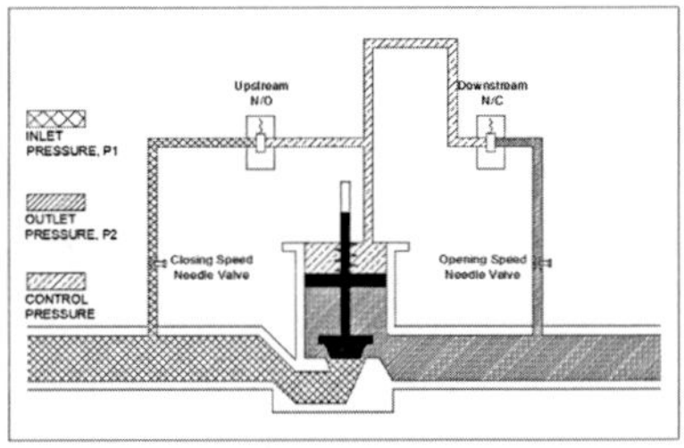

| 그림 5 | Stage 3 다이아그램

Stage 4. 최대 유량 단계 : N/O 전자밸브를 닫은 상태에서 다시 N/C 전자밸브를 열면 피스톤 위의 압력은 밸브 하단의 압력까지 완전히 낮아지게 되며, 주 밸브는 완전히 열려 주 밸브에 흐르는 유량을 최대치로 일정하게 유지한다.

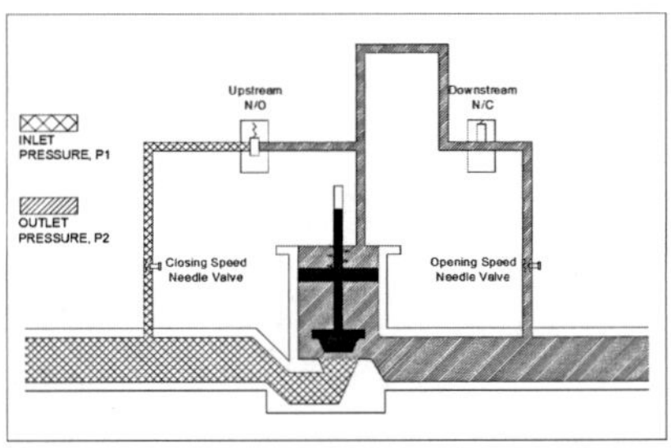

| 그림 5 | Stage 4 다이아그램

Stage 5. 밸브를 다시 닫기 시작하는 단계 : N/C 전자밸브가 닫힌 상태에서

N/O 전자밸브를 열면 피스톤 상단에 압력이 차면서 주밸브가 닫히게 된다. 이때 밸브가 닫히는 속도는 전자밸브 입구쪽에 있는 니들 밸브로 조정 할 수 있다.

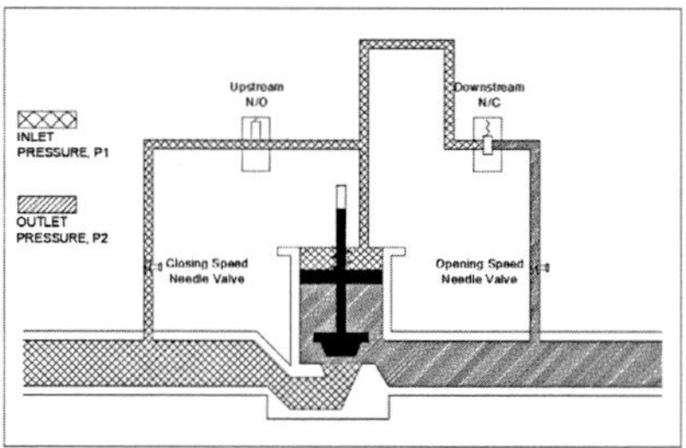

| 그림 7 | Stage 5 다이아그램

Stage 6. 컨트롤 단계 : 다시 원하는 중간 유량 값에서 주 밸브를 멈추고 싶을 때 입,출구 양쪽 전자밸브를 모두 닫으면 피스톤 위쪽의 유체가 갇혀 움직일 수 없으므로 주 밸브의 위치 또한 그 상태로 고정되어 일정한 유량을 유지하게 된다.

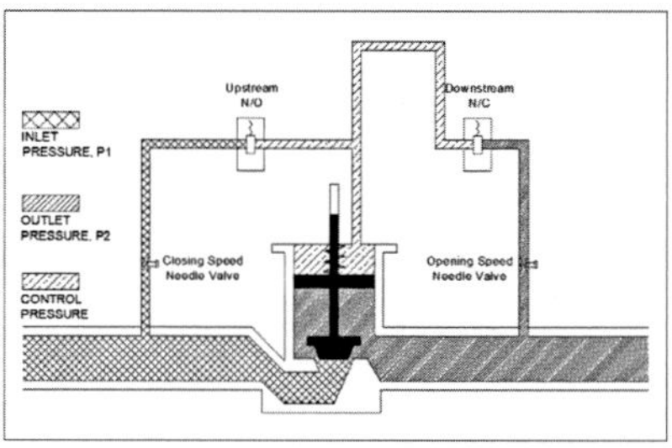

| 그림 8 | Stage 6 다이아그램

Stage 7. 밸브를 완전히 닫는 단계 : N/C 전자밸브가 닫힌 상태에서 N/O 전자밸브를 다시 열면 피스톤 상단에 압력이 차면서 주밸브가 완전히 닫히게 된다.

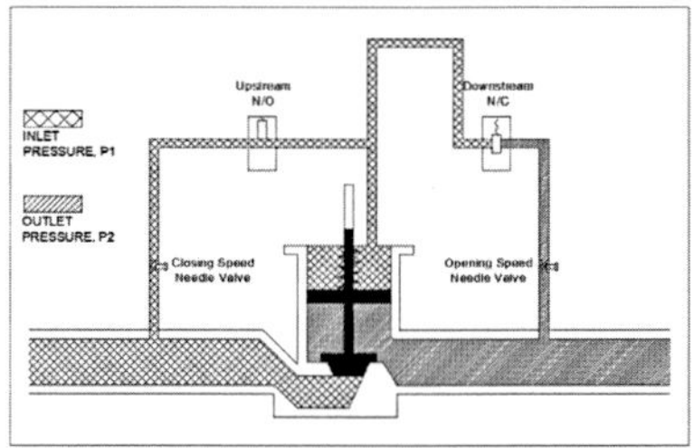

| 그림 9 | Stage 7 다이아그램

Chapter 14

누설 제로인 밸브 팩킹(K-packing) 개발

발전소, 석유화학, 화학 공장 등에서 가스를 생산, 수송 및 사용 시 유독 물질이나 가스가 많이 누출 되고 있다. 이 누출을 획기적으로 막을 수 있는 방법이 세계 최초로 개발 되었다.

(국내 특허 출원 번호 10-200-00346340) 이 획기적인 발명은 대기 오염이나 유독 물질로 인한 인체 위험이나 화재 위험의 재해를 많이 줄이게 되었다.

현재 사용하는 밸브 씰링 (밀봉) 방법은 일정량의 누출을 허용하고 있다. ISO 15848-1 의 국제 규격에 의하면 누출 규정에 의하면 Class I,II,III 단계로 규정되어 있다. 고압 헤륨 가스를 밸브에 넣고 스템을 통하여 공기 중 누출이 얼마나 되는 가를 규정한 것이다. 또 API 598 Valve Inspection and Testing 에 의하면 일정 시간 내에 공기나 물이 육안으로 볼 때 새어 나오지 안 는 것을 규정하고 있다. 모든 나라가 산업 보건법 상 누출 허용량을 규제하고 있어 유해물질에 대한 완전한 씰링이 필요하다.

밸브 스템은 대부분 테프론이나 그라파이트로 감싸서 움직이는 스템과 팩킹 사이가 간격이 항상 존재, 구조적으로 유체가 공기 중으로 유출 될 수밖에 없는 구조를 갖고 있다.

이에 독성 가스나 유체의 누출을 막기 위하여 특별히 주름관 팩킹(Bellow seal packing)을 사용하고 있다. 이는 스텐레스나 인코넬 재질의 얇은 판을 주름 관으로 만들어 밸브 스템에 용접하여 만드는데 사용 수명이 짧고, 고압에는 사용이 제한되는 등 구조가 복잡하고 고가여서 사용이 제한 적이다. 이것도 용접 부위 등으로부터 미세한 누출이 있어 ISO-15848-1 에 누출 량을 규정하고 있다. 또 팩킹과 팩킹 사이에 고압의 물이나 가스를 넣어 사용하는 시스템이 있으나 너무 불편하고 경제적이지 못하여 특수할 때 만 사용 되고 있다.

위 열거한 팩킹 방법 중 가장 많이 사용하는 팩킹 씰 방법은 구조상 틈이 생겨 누출이 조금이라도 없을 수 없으며, 이 틈새를 작게하기 위하여 많은 팩킹 힘을 가 하여야 하고, 주름관 방법은 완전 밀봉이 가능하나 주름관 수명이 최대 3000 -5000회 만 사용이 가능하여 수명이 짧고 팩킹 씰 방법에 비하여 수 십배 비싸 사용이 제한적이다. 또 팩킹 중간에 수압(water seal)이나 가스 압(Gas Seal) 넣는 것은 완전 밀봉은 가능하나 사용하는 밸브 유체, 압력에 따라 압력이나 사용 유체를 달리해야 하므로 특별한 장치가 필요 가격과 수명에 한계가 있다.

현재 국내 및 국외 특허 출원 중인 K-packing은 기존 팩킹 박스 내에 작은 피스톤을 장착, 이 피스톤이 밸브 내에 흐르는 압력에 의하여 자력으로 피스톤을 밀어 올려 피스톤 상부 내에 있는 액체를 가압함으로써 밸브 내에 흐르는 유체 압력보다 상부에 충진한 액체 압력이 높아 물리적으로 밸브 내 유체가 스템을 통하여 유출이 될 수 없는 구조다.

K-packing 의 원리

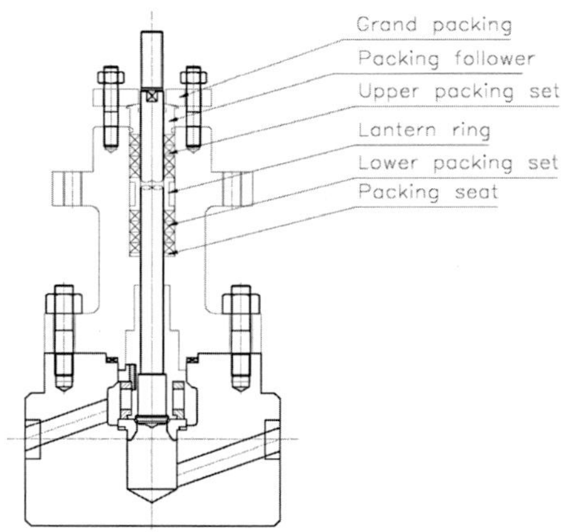

기존 밸브

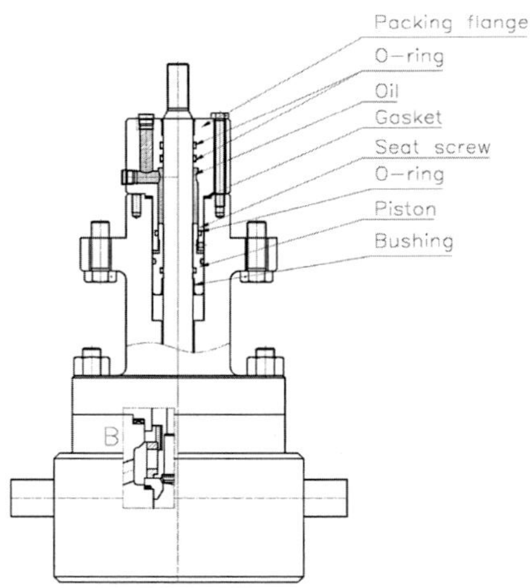

K-Packing

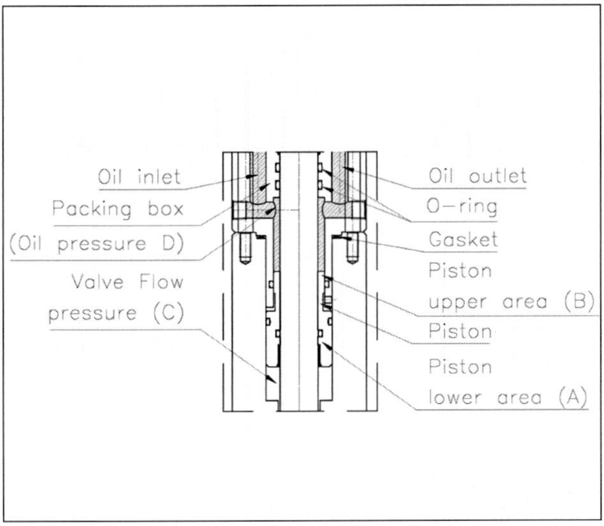

Piston 밑부분 면적을 A'

Piston 윗부분 면적을 B'라 하면

A'부분의 면적이 B' 부분의 면적보다 피스톤 단면적이 크다면 즉 A' 〉 B' 이고

밸브 유체 압력 - C

Packing Box 압력 _ D 하면

압력 밸런스 : A' x C = B' x D

면적이 A' 〉 B' 이므로 압력은 C 〈 D

즉 Packing Box 내 압력(D) 이 밸브 유체 압력(C)보다 높아 절대로 밸브 유체가 팩킹 박스를 뚫고 나갈 수가 없다. 즉 물리적으로 스템 누출이 있을 수 없는 구조다.

구조도 간단하여 기존 팩킹 박스를 기존 사용하고 있는 것을 그대로 사용할 수 있다.

K-packing 의 특징 -

1. 외부누출이 절대 없다
2. 밸브 자체 유체 압력을 이용 미압 부터 고압까지 사용가능하다.
3. 수명이 Bellow Seal 보다 10배 이상 길다.
4. 온도에 따라서 맞는 오링 재질 선정으로 호환이 가능하다,
5. 팩킹 프릭션(packing friction)이 모든 압력에 같으며 V-teflon packoing 의 30% graphite packing 의 10% 이하로 월등히 적어 에너지 절약형이다.

Stem size	V-teflon packing	Graphite packing	K-packing
25.4mm	50 kgf	250 kgf	18 kgf
기존팩킹대비 K-packing	36 %	7%	

Typical stem packing friction 비교

6. 가격이 Bellow Seal의 10 - 30%로서 획기적으로 저렴하다.
7. 구조가 간단하고 작아서 기존 팩킹 박스 설계로도 사용이 가능하다.
8. 모든 종류의 밸브, 애지테이터등 구동부가 외부에 있고 스템으로 연결된 모든 기계의 외부 누출을 방지하기 위한 장치로 사용 가능하다.

본 특허는 시제품을 만들어 API 15848-1 에 의한 입회 검사 후 시험 검사를 받았으며 누출이 전혀 없고 사용 기간도 기존에 비하여 2배 이상 향상 되었다. 또한 스템 프릭션이 적어 에너지 절약형이다.

표

1. SGS Fugitive emission Test Report
2. SGS Fugitive Emission Test Certificate.

SGS

FUGITIVE EMISSION TEST CERTIFICATE

Date: July 31, 2020
Certificate No. B-50/2018-0230/018-02
Page 1 of 1

Applicant / Manufacturer	: Korea Motoyama Inc.
Date and place of test	: July 23 ~ 25, 2020 at the manufacturer's premises in Gimpo, Korea
Kind of test	: Witness of Fugitive Emission Test
Test valve	: Cast Stainless Steel Actuator Operated Valve (ASTM A351 CF8) Butterfly Valve NPS 8 (DN200), Class 900 : 1 unit
Applicable drawing	: KMT-20-FET-3
Test standard	: ISO 15848 Part1, 2015 Edition
Test condition	
- Test medium	: Helium Gas (Purity : 99.999%)
- Test pressure	: 148.9 bar (Room Temperature), 103.4 bar (200°C)
- Test Temperature	: R.T. / 200°C / R.T. / 200°C / R.T.
- Test Cycle	: 5000 Cycle / 5000 Cycle / 5000 Cycle / 5000 Cycle
- Stem Seal Material	: O-Ring (FKM) + Thermal Oil (SKSG-315)
- Body Seal Material	: O-Ring (VITON)
- Check Point	: Valve Stem Seal and Valve Body Seal
- Tightness class	: AH (Stem : Max. 5.60x10-6 mbar.l.s-1 , Body : Max. 50 ppmv)
- Stem diameter	: 31.5 mm (Qualified 15.7 ~ 63 mm)
Performance class	**: ISO FE AH-CC1-SSA0- t(RT,200°C)-CL900-ISO 15848-1**

** ** ** **

This is to conform that the Fugitive Emission Test was performed by the manufacturer under witness as above, and the results were satisfied within acceptance criteria.

Note
The details of the test condition and data are as per manufacturer's Test Report No. KMT-FET-BT-02, which were verified and endorsed by us.

In accordance with Client's instructions, the Company's involvement has been limited to witnessing/observing a third party's intervention(s) at the third party's laboratory/test house or other facilities and installations used for the intervention(s). The Company's sole responsibility was to be present at the time of the third party's intervention(s) to forward the results, or confirm the occurrence, of the intervention(s). The Company is not responsible for the condition or calibration of apparatus, instruments and measuring devices used, the analysis methods applied the qualifications, actions or omissions of the third party's personnel or the analysis results.

This document is issued by the Company under its General Conditions of Service accessible at http://www.sgs.com/en/Terms-and-Conditions.aspx. Attention is drawn to the limitation of liability, indemnification and jurisdiction issues defined therein.

Any holder of this document is advised that information contained hereon reflects the Company's findings at the time of its intervention only and within the limits of Client's instructions, if any. The Company's sole responsibility is to its Client and this document does not exonerate parties to a transaction from exercising all their rights and obligations under the transaction documents. Any unauthorized alteration, forgery or falsification of the content or appearance of this document is unlawful and offenders may be prosecuted to the fullest extent of the law.

** ** ** **

SGS Korea Co., Ltd.

Michael Kang
Business Manager, Industrial Division

MSK/jhs

FUGITIVE EMISSION TEST REPORT

10. Test Results

Step	Temp. (°C)	Press(bar)	Cycle	Stem leakage ($mbar.l.s^{-1}$)		Body leakage (ppmv)		Results
				Acceptable	Actual	Acceptable	Actual	
1	RT	148.9	0	5.60×10^{-6}	2.0×10^{-8}	≤50	20	Accept
2	RT	148.9	5000		1.4×10^{-9}	N/A	N/A	Accept
3	200°C	103.4	0		3.5×10^{-9}	N/A	N/A	Accept
4	200°C	103.4	5000		2.4×10^{-8}	N/A	N/A	Accept
5	RT	148.9	0		1.0×10^{-8}	≤50	40	Accept
6	RT	148.9	5000		2.0×10^{-9}	N/A	N/A	Accept
7	200°C	103.4	0		2.0×10^{-9}	N/A	N/A	Accept
8	200°C	103.4	5000		3.1×10^{-6}	N/A	N/A	Accept
9	RT	148.9	0		1.6×10^{-7}	≤50	10	Accept

11. Post test examination

The valve was disassembled after completion of testing & was examined for any wear & tear or any other visible damage on shaft & sealing areas. No significant observation was made.

12. Test Conclusion

The valve has met the requirements as per following :

- Endurance class : CC1
- Tightness Class : "AH" for temp Class. (RT up to 200°C)
- Stem seal adjustment : SSA0

13. Enclosure (attached certificate)

- Material Test Certificate
- Hydrostatic Test Report
- Calibration certification of Helium Leak Detector
- Helium gas Certificate of analysis
- Calibration certification of Pressure Gauge.
- Calibration certification of Temperature Controller

SGS KOREA/KR13 REVIEWED WITNESSED 2020 .07. 25

KOMOTO

FUGITIVE EMISSION TEST

FUGITIVE EMISSION TEST REPORT

10. Test Results

Step	Temp. (℃)	Press(bar)	Cycle	Stem leakage (mbar.l.s^{-1})		Body leakage (ppmv)		Results
				Acceptable	Actual	Acceptable	Actual	
1	RT	344.7	0	4.52×10^{-6}	1.1×10^{-10}	≤50	20	Accept
2	RT	344.7	5000		1.3×10^{-9}	N/A	N/A	Accept
3	200℃	243	0		2.2×10^{-10}	N/A	N/A	Accept
4	200℃	243	5000		2.0×10^{-9}	N/A	N/A	Accept
5	RT	344.7	0		2.3×10^{-10}	≤50	10	Accept
6	RT	344.7	5000		1.4×10^{-9}	N/A	N/A	Accept
7	200℃	243	0		2.5×10^{-8}	N/A	N/A	Accept
8	200℃	243	5000		4.3×10^{-8}	N/A	N/A	Accept
9	RT	243	0		1.4×10^{-7}	≤50	30	Accept

11. Post test examination

The valve was disassembled after completion of testing & was examined for any wear & tear or any other visible damage on shaft & sealing areas. No significant observation was made.

12. Test Conclusion

The valve has met the requirements as per following :

- Endurance class : CC1
- Tightness Class : "AH" for temp Class. (RT up to 200℃)
- Stem seal adjustment : None-SSA0

13. Enclosure (attached certificate)

- Assembled Drawing
- Material Test Certificate
- Hydrostatic Test Report
- Helium gas Certificate of analysis
- Calibration certification of Pressure Gauge.
- Calibration certification of Temperature Controller

KOREA/KR13 REVIEWED WITNESSED

2020.07.25

부 록

INSTRUCTION MANUAL for GLOBE VALVE

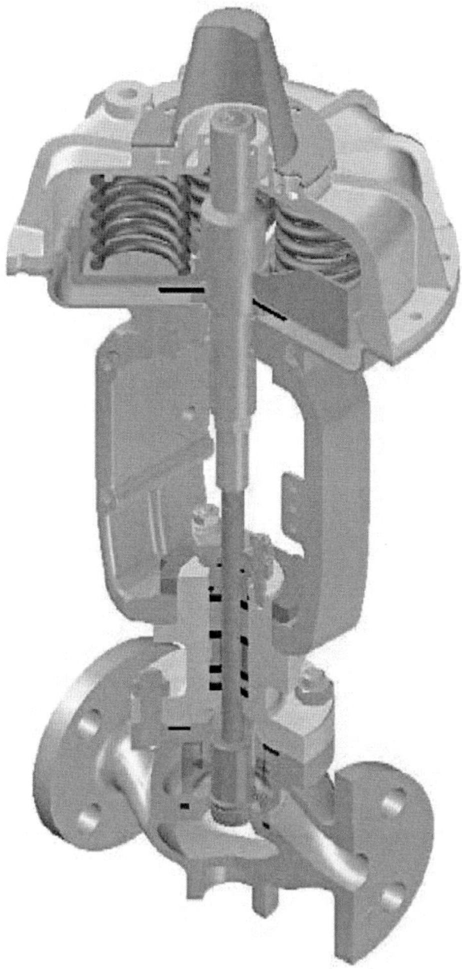

Date: 2007/7/31

File Size: 1,036 KB

Revision: 0.10

부록 A Instruction Manual of Globe Valve

1. 일반사항 (General)

1.1 Valve 개론

A) Globe Valve는 배관상 필요한 요구 조건과 응용에 맞추어 만들어진 밸브입니다. 유속을 효과적으로 조절함으로써 Cavitations 현상과 소음, 부식 현상과 진동이 없습니다.

B) Globe Valve는 유지, 보수하기 쉽고 나사를 쓰거나 용접하지 않고 Quick Change Trim 스타일로 설계되었습니다.

C) Globe Valve Trim은 수명이 오래가고 잔고장이 없습니다. 정상적인 수명대로 사용하시려면 설명서에 따라 올바르게 설치하고 사용 중에는 정해진 절차대로 유지, 보수하여야 합니다.

D) Globe Valve의 가장 큰 특징은 배관상의 요구 조건에 맞추어 알맞은 크기로 제작된 Valve의 Body 부분입니다. ; 속도를 조절하는 Cage, Seat Ring을 포함한 Body, Bonnet 그리고 Valve Trim을 조절하는 Actuator로 구성되어 있습니다.

☀ 권장사항

Globe Valve를 유지, 보수하기 위해서는 특수한 장비 및 공구가 필요하며 전문적인 조립기능이 필요하므로 수리를 해야 하는 Valve에 대해서는 가능한 한 Maker에 수리 및 의뢰하는 것이 경제적이며 Maker에서 수리하는 Valve는 새 Valve의 경우와 같이 철저하게 Test되고 또 품질보증이 되므로 Maker에 수리 의뢰하는 것이 바람직합니다.

1.2 Valve 구조

A) Globe Valve는 크게 Single Contoured Plug Type과 Cage Plug Type으로 구분된다. 〈Fig. 1-1, 1-2 참조〉

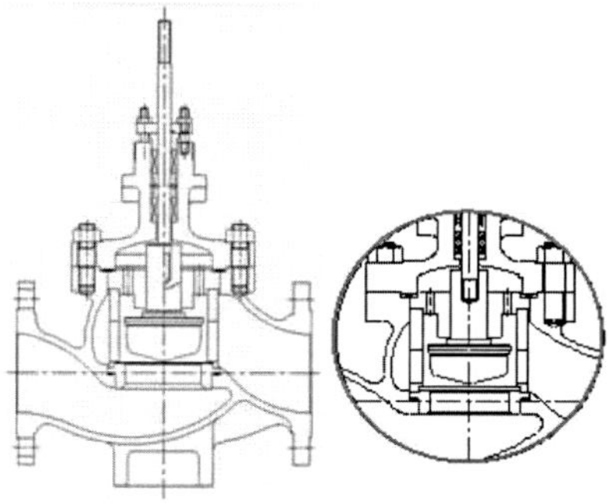

Ⅰ FIG. 1-1 Ⅰ SINGLE CONTOURED PLUG TYPE

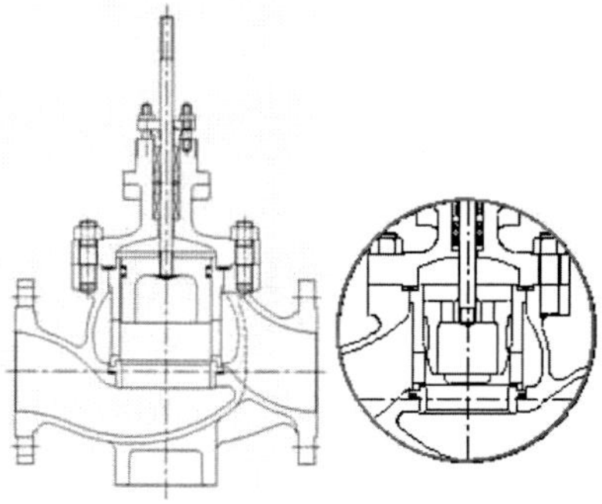

Ⅰ FIG. 1-2 Ⅰ CAGE PLUG TYPE

1.3 Valve 특성

A) Control Valve의 특성은 밸브의 Action을 현장에서 간단히 바꿀 수 있는 Reversible 방식이다. 〈Fig. 1-3 참조〉 Air Fail Close ⇆ Air To Open

B) Action 교체방법은 7절에서 설명한다.

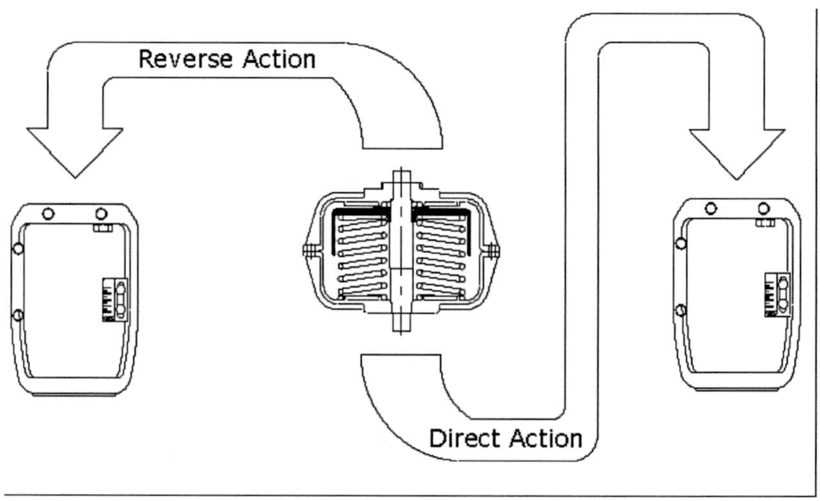

Ⅰ FIG. 1-3 Ⅰ Valve Action 교체

2. 보관 (Storage)

A) Control Valve를 운반 시 던지거나, 떨어뜨리거나, 넘어뜨리거나, 끌지 않도록 한다.

B) Control Valve의 모든 부분은 화재와 비바람으로 보호되며 통풍이 잘 되는 곳에 보관하시오.

- 29℃(-20°F)에서 48℃(120°F)사이에 보관한다.

보관지역은 범람으로부터 보호되어야 한다.

C) 공압식 Actuator의 Elastomer(O-Ring 류)의 기능 저하현상을 피하기 위해 적어도 6개월에 한번씩 작동한다. 일반 운전상태에서도 적어도 월 3회는 Full Stroke 까지 작동 해본다.

D) Valve를 Line에 설치하기 전까지는 Flange면의 이물질 침투 방지를 위해 붙여진 Flange Cap을 제거하지 않는다.

3. 설치 (Installation)

모든 Valve와 마찬가지로 Control Valve를 여러 해 동안 고장 없이 사용하려면 최초 설치 시 다음 사항에 따라 주의하여 설치한다.

※ 주의사항

① Control Valve를 운반할 때에는 부속품과 공기 배관이 손상을 입지 않도록 설치하는 사람이 조심스럽게 다루지 않으면 Solenoid V/V, Positioner, Limit Switch등과 같은 전자 전기 제품 등 부품들이 손상을 입거나 밸브 궤도가 바뀌게 된다.

② Valve Flange Sealing 표면이 손상되지 않도록 주의한다.

③ 필요에 의하여 보온을 하되 Cooling Fin이나 Extension된 부위는 보온을 하지 않는다.

④ 밸브 설치 시 수평 배관은 작동 시 밸브의 기능이나 성능에 영향을 미칠 수 있음으로 되도록이면 수평 배관은 하지 않도록 한다.

▸ 밸브 Trim 부(Port)가 아래 방향으로 편중되어 운전의 안정성에 영향을 줄 수 있다.

A) Flange Cap을 제거한 후 Body 내부에 이물질이 없는지 검사한다. 이 물질을 발견 시에는 제거 후 설치 작업을 진행한다.

B) 주강 제품은 부식 방지를 위해 출하 전에 방청유 처리를 함으로 배관 설치 전에 방청유를 제거하고 세척한 후 Line에 설치를 한다.

C) 설치 전에 배관 내에 있는 모든 용접 칩을 비롯한 이물질을 불어낸다.

- 경 고 -

PLUG와 SEAT의 손상을 예방하기 위하여 GLOBE VALVE를 설치하기 전에 PIPE LINE을 반드시 규정에 의하여 BLOW OUT(FLASHING)을 하여 배관 내에 있을 수 있는 용접 똥, SCALE, CHIP등 이물질을 불어낸 후 설치한다.

D) 밸브 설치 시 Body에 표시된 화살표 방향대로 설치한다.

E) Flange형 Valve를 조립할 때에는 규정의 Gasket를 사용하여야 하며 상대편 Flange와 서로 평행하도록 설치되어야 하고 Bolt는 대각선 방향으로 연속적으로 균형 있게 순서에 따라 돌아가며 여러 번에 나누어서 체결하는 것이 바람직하다. 〈Fig 3-1참조〉

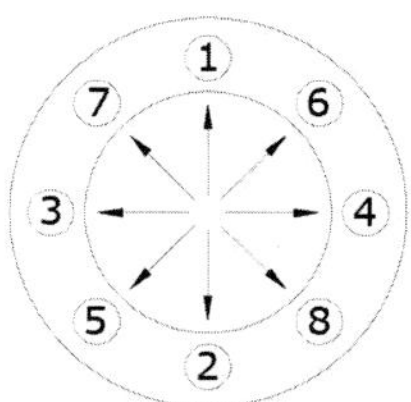

I Fig. 3-1 I Flange Bolt 체결 방법

F) Valve 설치 시 가능한 한 지면과 수직으로 설치하며 수직 설치가 불가능한 경우에는 Valve에 지지대를 설치한 후 Valve를 설치한다. 〈 Fig 3-2, 3-3 참조〉

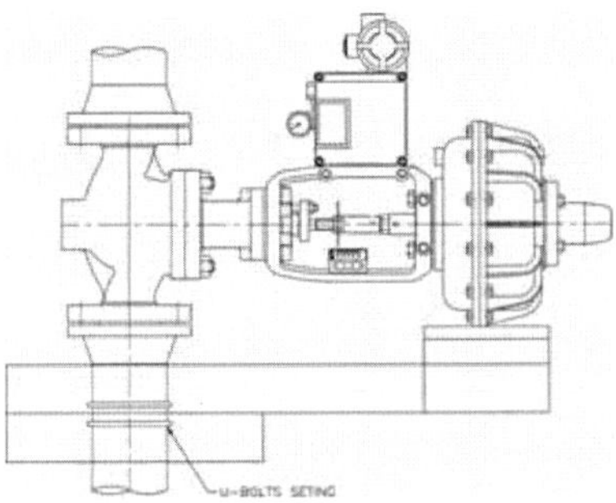

| Fig. 3-2 | 지지대 설치

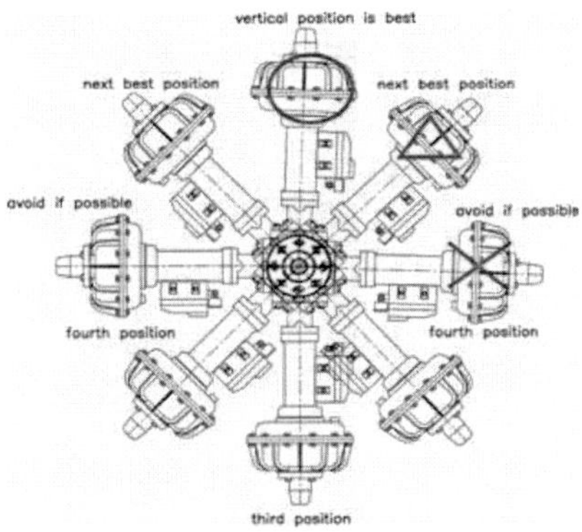

| Fig. 3-3 | 구동부 설치 위치

G) Valve가 설치될 곳의 유지보수를 위한 최소한의 공간이 필요하다. 〈Fig. 3-4 참조〉 또한 수동 Hand Wheel이 장착되어 있으면 수동조작을 위한 공간이 필요하다.

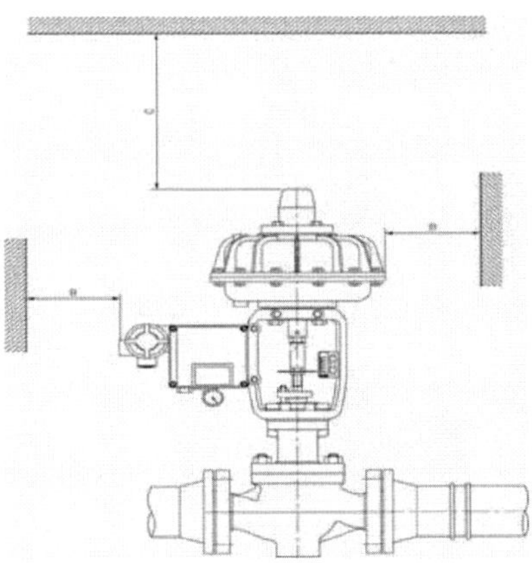

☞ A: 면간거리
B: 장애물로부터 최단거리 (약 30cm)
C: 구동부를 떼어낼 수 있는 공간 (약 40cm)

| Fig. 3-4 | 자동 밸브 설치 시 필요한 공간

H) Valve의 유지보수 시 필요한 By-Pass Line을 설치한다. 〈Fig. 3-5 참조〉

☀ 참고사항

자동밸브가 이상이 생겼을 때에는 Block Valve를 잠그고 By-Pass 밸브를 열어 유체를 조절할 경우가 생긴다. 따라서 By-Pass밸브를 열어 유체를 조절하는 기능을 가진 Globe Type Valve를 사용한다. 또한 유량특성과 크기도 자동 조절 밸브와 같은 특성 같은 크기로 선택하는 것이 이상적이다. 이상적인 자동밸브 설치 예를 보시오. 〈Fig. 3-6〉

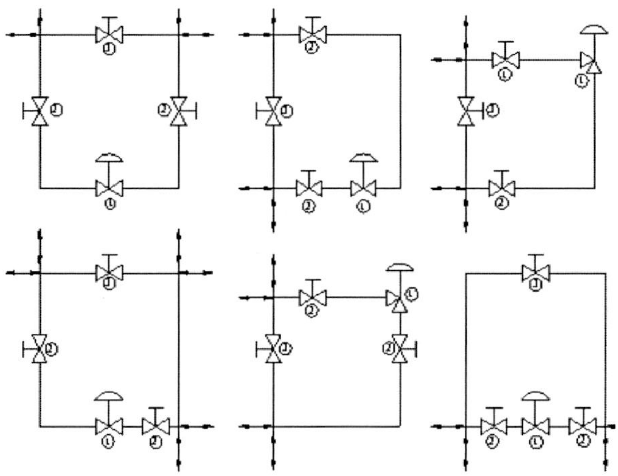

| Fig. 3-5 | 자동밸브 설치 예

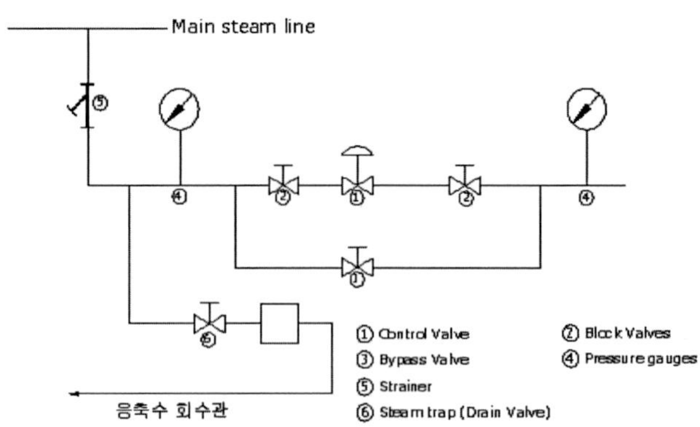

| Fig. 3-6 | 자동밸브 설치 예

☀ 참고사항

밸브의 모든 궤도에서 입구측 압력을 되도록 일정하게 유지하기 위하여는 밸브 입구측에서 직선 배관이 최소한 배관 직경의 10~20배는 되어야 한다. 유체가 밸브를 통과하여 주어진 차압을 유지하고 난류 현상을 방지하기 위하여는 밸브 출구 측에서 직선 배관이 최소한 배관경의 3~5배는 되어야 한다. 이것은 입구 측, 출구 측 직선 배관을 함으로써 입, 출구 측의 압력을 정확히 측정할 수 있게 되어 정확한 운전 상태를 유지할 수 있다. 〈Fig 3-7 참조〉

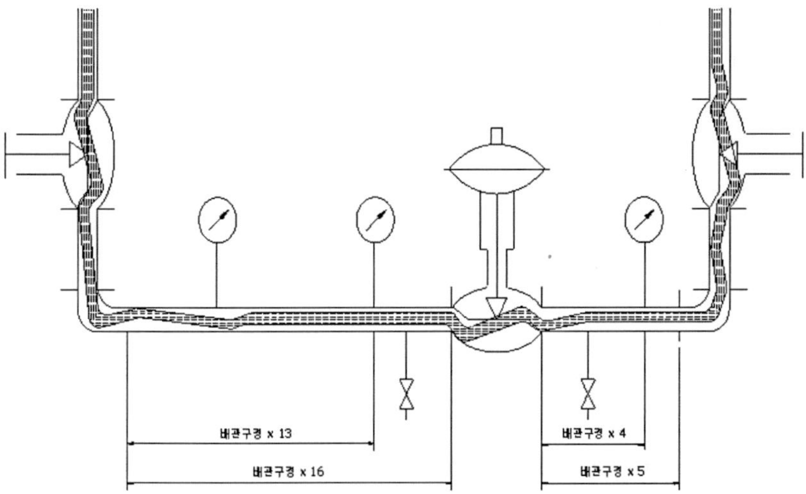

Ⅰ Fig. 3-7 Ⅰ 밸브 성능과 압력측정을 위한 최소 직관거리

4. 운전 (Operation)

4.1 운전 전 점검 사항

① 공기 배관 연결부위 등 모든 연결부의 누설여부를 점검한다.

② Gland Packing, Gasket 부위에서 누설이 되는지를 검사하기 위하여 Pipe Line에 가압을 해보고 만일 누설이 있으면 Pipe Line에 압력을 제거한 후 Gland Flange Nut를 조인다.

③ 밸브 Stem과 구동부의 Spindle에 Nut(Clamp)가 이완되지 않았는지 점검한다.

④ 전기적 신호 계통의 단락 여부를 점검한다.

⑤ 수동 Hand Wheel이 부착되어 있다면 중립(Neutral) 위치에 있는지 확인한다.

⑥ Controller에서 신호를 받아 정확히 유연하게 동작되는지 확인한다.

⑦ 밸브에 온도나 압력을 올릴 때는 서서히 올리고 갑자기 온도나 압력을 올리거나 내리는 것은 피한다.

⑧ 밸브의 구동 시 필요한 공기압력의 Setting이 정확히 되었는지 확인한다. (Diaphragm Actuator : 4.0 Kg/Cm^2 → 명판에 명기되어 있다.)

⑨ 자동밸브는 Positioner, Limit S/W, Solenoid V/V등 전장 제품이 취부되어 있어 일단 제조회사에서 조정을 했다 해도 운반시 심한 충격이나 취부시 부주의로 인하여 Tubing이 휘거나 밸브 Stem의 위치가 맞지 않는 경우가 있다.

- 경 고 -

❶ 수동 핸드 휠 사용 전 ACTUATOR에 공급된 공기압을 제거한 후 사용한다. 공기압을 제거하지 않고 사용시 핸드 휠이 정상 작동이 되지 않고 무리하게 작동하면 취약 부위가 파손될 수 있다 .

❷ 자동 운전시 수동 핸드 휠이 중립위치에 있지 않으면 정상 운전이 되지 않고 취약부위가 파손될 수 있다.

❸ 명판에 명기된 규정 압력보다 그 이상의 압력을 올려서 사용하면 ACTUATOR 구성품 중 RUBBER 및 O-RING에 손상을 주어 정상 운전에 문제가 발생할 수 있다.

5. 유지 및 보수(Maintenance And Repair)

*** 정기점검**

아래와 같이 수리 점검하고 이상현상이 발생한 때에는 6절에 서술한 예방 유지보수와 문제해결의 방법에 따라 조치한다. 또 정기 Over Haul 기간에는 정기적으로 구동부를 분해 점검하여 교체할 부분은 교체하고 점검한다.

☀ 권장사항

- 일정한 부품 교환 주기에 따라 부품을 교체하여 사용하면 밸브의 성능이 오래 유지될 수 있다. 아래의 부품 교환 주기표를 참조하십시오.

부품 교환 주기표		
품명	교환주기	기타
Diaphragm Rubber	5년	
Diaphragm O-Ring	3년	
Packing	2년	
Gasket	2년	
Port & Seat		유체 조건 및 사용 환경에 따라 점검 후 필요 시 교체

* 수시점검

A) 비정상적인 소음, 진동, Hunting이 있는가?
B) Valve 외부로 유체가 새는가?
C) 기타 Bolt & Nut가 풀리지 않았는가?

5.1 밸브 분해 및 조립

– 경 고 –

인명사고와 제어 시스템의 손상을 피하기 위해 INSTRUMENT AIR, SIGNAL을 밸브로부터 분리한 후 BLOCK 밸브를 잠그고 BY-PASS 밸브를 열어 LINE에 걸린 압력을 BY-PASS로 전환한 후 배관의 볼트를 서서히 풀어 BODY 내부의 압력을 완벽히 방출하고 밸브를 분리한 후 구동부를 분해한다.

※ 필요한 Gland Packing, Gasket(Seat, Bonnet)을 준비한다. (기 사용하였던 Part는 사용하지 않는다.)

5.2 Valve Body와 구동부 분해 및 조립

※ 참고사항

- 중요 부분은 조립 시에 분해 전과 같이 조립하기 위하여 표시를 한다.
- 분해 작업 시 Direct Action인 경우에는 ②번 과정을 거치지 않고 ③번으로 진행한다.

◈ 밸브 분해 순서 〈 Fig. 5-1참조 〉

Reverse Action ①➜②➜③➜④➜⑤➜⑥번 순에 따라 분해한다.
(Air Fail Close)
Direct Action ①➜③➜④➜⑥ 번 순에 따라 분해한다.(Air Fail Open)

5.2.1 분해 방법

① Actuator에서 Positioner 등 Accessory를 전부 분리한다.

② Actuator에 약 2.0kg/Cm^{2}를 공급하여 Valve를 50%정도 Open한다.

③ 육각 렌지를 사용하여 Clamp에 채워진 Bolt를 풀어낸 후 Clamp를 제거한다.
- Clamp에 결합된 밸브 Stem과 Spindle의 체결 위치를 표시하고 분리한다.

④ ☞ Yoke Nut 조립 방식
Actuator의 Yoke와 밸브 Body를 고정하는 Yoke Nut를 반시계방향으로 돌려 풀어내고 Yoke의 Set Screw를 풀어낸다.
☞ Bolt 조립 방식
Actuator의 Yoke와 밸브 Body를 고정하는 Bolt를 풀어낸다.

⑤ Actuator 에 공급된 2.0 kg/cm^{2}의 Air를 제거한다.

⑥ Actuator를 위로 들어내어 밸브와 완전히 분리한다.

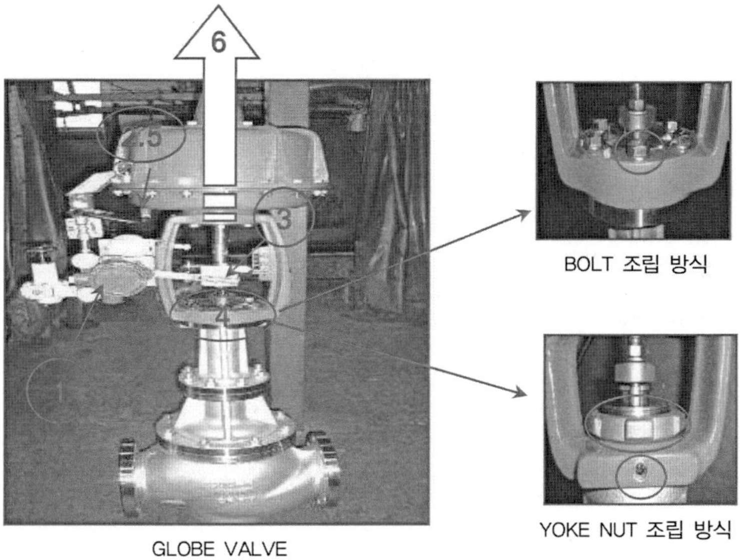

| Fig. 5-1 | Actuator & Body 분해 사진

◈ Globe 밸브 분해 순서

1. Accessory 분리 ⇒ 2. Actuator Air 공급 ⇒ 3. Clamp 분리 ⇒
4. Yoke + Body 고정 (볼트 / Yoke Nut 분리) ⇒ 5. Actuator 공급 Air 제거 ⇒ 6. Actuator + Body 분리

5.2.2 밸브 조립 방법

① 분해의 과정을 반대로 수행한다.
② Positioner등 Accessory를 설치한 다음 다시 Calibration한다.

※ 주의사항

A) Actuator Spindle과 밸브 Stem을 Clamp로 체결 시 Actuator에 4kg/cm^{2}의 공기압을 공급하여 구동부의 총 행정거리에서 밸브 Stroke 만큼의 공기압을 제거한 후 고정하여 Clamp를 체결한다.

B) 밸브의 Stroke를 확인한다. (Seat Leak 주의)
- Stroke가 짧다면 Clamp를 분리하여 Stroke를 맞춘 후 다시 체결한다.

※ 참고사항

A) Stroke는 Valve가 완전히 닫혔다가 완전히 열리는 것이며 구간의(Travel)의 끝과 상관없습니다. 요구 Travel을 벗어나지 않고 Travel의 최대 Stroke에 도달하도록 조절이 필요합니다.
B) 올바른 Valve Travel은 Valve의 Name Plate에 쓰여 있습니다.

5.3 Actuator 분해 및 조립

◈ Actuator 분해 및 조립은 현장에서 임의대로 분해하지 않고 본사 기술부로 문의한 후 조치를 하시기 바랍니다.

- 경 고 -

인명부상이나 시스템의 손상을 막기 위하여 분해하기 전에 LINE 압력을 제거한 후 밸브를 LINE에서 분리한다.

5.4 Body 분해 및 조립

5.4.1 분해 방법

① 5절의 5.2항에 서술한 것과 같이 Valve로부터 Actuator를 Valve Body 구성품으로부터 부속품과 배관이 손상되지 않도록 들어낸다.

② Bonnet에 조여진 Hex. Nut를 풀어낸다.

③ Stem Packing Nut를 풀고 Valve Stem을 아래로 밀면서 Body로부터 Bonnet을 분리하고 Body안의 Valve Trim을 남겨둔다.

④ Body로부터 Plug의 구성품 및 Valve Gasket을 분리한다.

⑤ Bonnet에서 Packing을 분리한다.

⑥ 각각의 부품을 깨끗이 하고 손상여부를 점검하십시오. 추후의 보수를 위하여 이용 가능한 부품을 확보한다.

– 경 고 –

PACKING 교체 시 PACKING BOX 내부 표면이 손상되지 않도록 주의하여 PACKING을 분리한다.

• **분해 후 점검방법**

i) Seat Ring에 접촉되는 면과 Plug 또는 Cage, Stem, Guide에 손상이 있는가?
ii) Body 부분에 Sealing되는 표면에 손상이 있는가?
iii) Gasket, Gland Packing에는 손상이 있는가?

5.4.2 조립방법

※ 권장사항

재 조립 하기 전에 반드시 마모된 부품은 검사하고 교체하십시오. 매번 재조립하기 전에 모든 Soft 제품 즉 Stem Packing, Gasket등은 교체할 것을 권합니다.

① 분해의 과정을 반대로 수행한다. 〈Fig. 5-4, 5-5를 보시오.〉

② Body 내부의 턱에 Seat Gasket을 놓는다.

③ Seat Gasket위에 Seat Ring을 올려놓는다.

④ Seat Ring 위에 Seat Retainer(Single Contoured Type) 또는 Cage (Cage Plug Type)를 올려놓는다.

⑤ Port를 Body에 삽입한다.

⑥ Single Contoured Type은 Seat Retainer위에 Guide를 설치한다. 〈Cage Plug Type은 제외〉

⑦ 상부에 Bonnet Gasket을 설치한다.

⑧ Valve Body위에 Bonnet을 놓고 Bonnet Nut를 조인다.

⑨ Packing을 설치한다.〈 Packing의 배치는 Fig. 5-6를 보시오.〉

⑩ 5절의 5.2항에 서술한 것과 같이 Actuator를 Valve에 다시 조립한다.

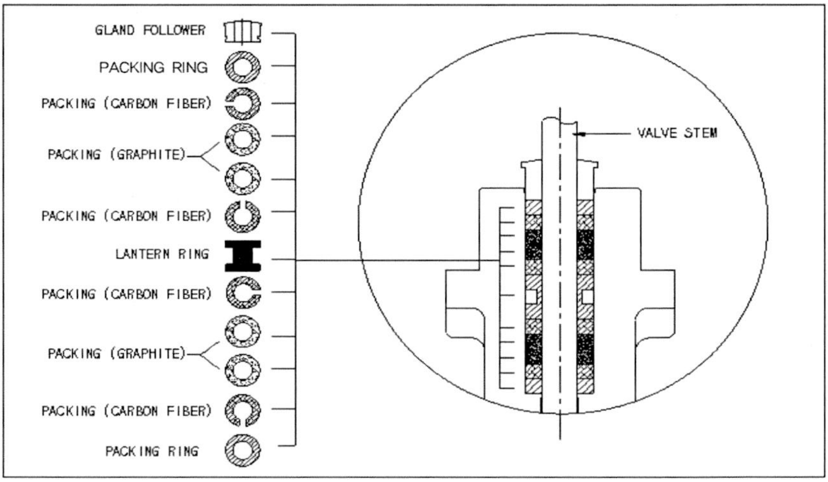

| Fig. 5-2 | Packing Arrangement

◈ Body Trim Part 구성품

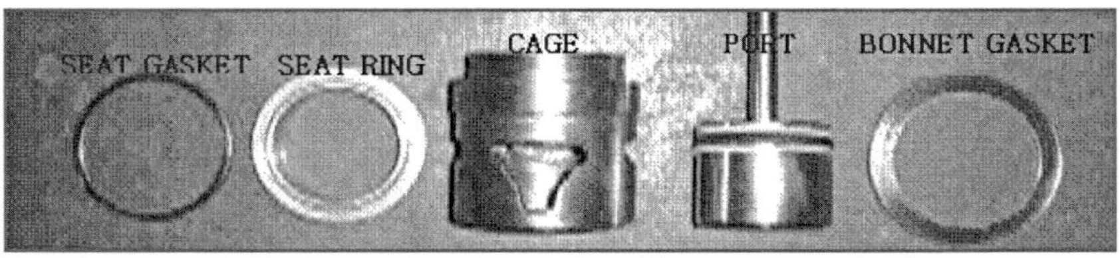

〈 C-B Type 〉

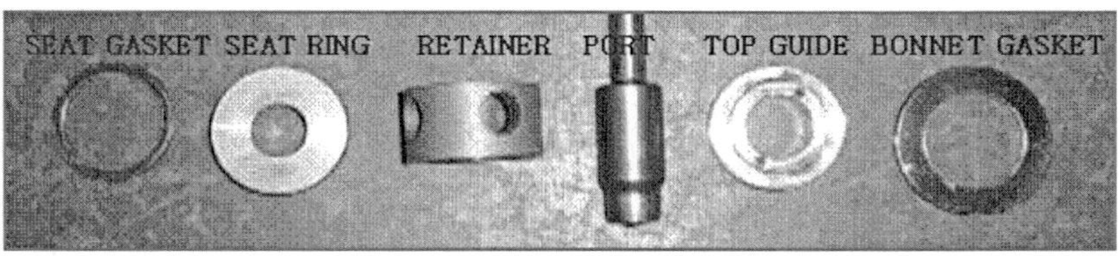

〈 S-P Type 〉

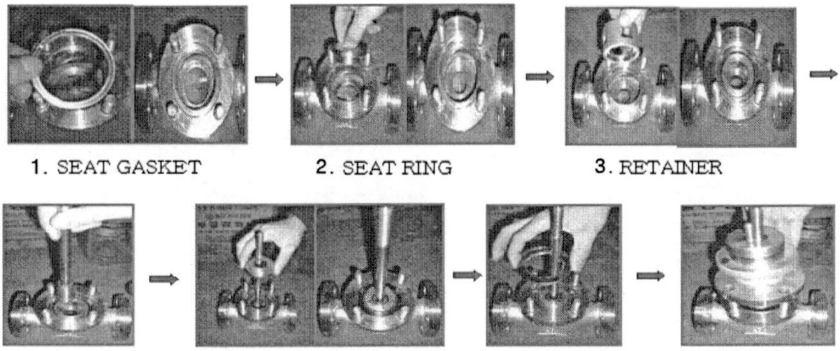

1. SEAT GASKET → 2. SEAT RING → 3. RETAINER →

4. PORT → 5. TOP GUIDE → 6. BONNET GASKET → 7. BONNET

| Fig. 5-3 | Body 조립사진(S-P Type)

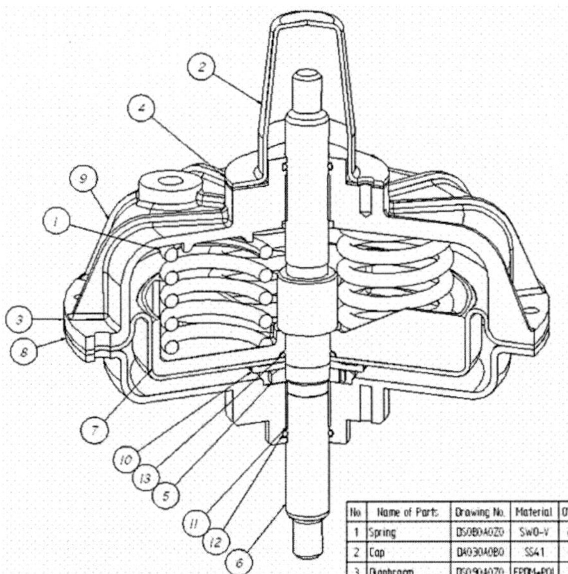

No	Name of Parts	Drawing No.	Material	QTY	Referance
1	Spring	DS0B0A0Z0	SWO-V	4	
2	Cap	DA030A0B0	SS41	1	
3	Diaphragm	DS090A0Z0	EPDM+POLYESTER	1	
4	Gasket	DAG00A0Z0	OILET	1	
5	Bearing Nut	DA0T000Z0	SUS 304	1	
6	Spindle	DS0C0A030	SUS 304	1	
7	Diaphragm Plate	DS040A0N0	AC4C	1	
8	Diaphragm Case	DS0ND A0Z0	SS41	1	
9	Spring Case	DA0ND A0N0	AC4C	1	
10	Back Plate	DA080A0B0	SS41	1	
11	Du Bush	DA0T000Z0	BC6	2	
12	O-Ring	DA0UD00Z0	NBR	2	
13	O-Ring	DA0UD00Z0	NBR	1	

| Fig. 5-4 | Actuator 조립도

NO.	NAME OF PARTS	MATERIALS	Q'TY	REMARKS
23	POINTER	CF8	1	
22	STEM LOCK NUT	CF8	2	
21	HEX. NUT	CF8	2	
20	CONED DISC SPRING	SK5M	8	
19	GLAND BOLT	CF8	2	
18	GLAND FLANGE	CF8	1	
17	DUST RING	TEFLON	1	
16	GLAND FOLLOWER	CF8	1	
15	LANTURN RING	CF8	1	
14	GLAND PACKING	GRAPHITE	3	
13	GLAND PACKING	CARBON FIBER	4	
12	PACKING RING	CF8	1	
11	STEM	CF8M	1	
10	INNER VALVE	CF8M	1	
9	BONNET GASKET	CF8M/GRAPHITE	1	
8	GUIDE	CF8	1	
7-2	TEFLON SEAT	TEFLON	1	
7-1	SEAT RETAINER (2)	CF8	1	
7	SEAT RETAINER (1)	CF8	1	
6	SEAT RING	CF8M	1	
5	SEAT GASKET	CF8M/GRAPHITE	1	
4	HEX. NUT	2H	4	
3	STUD BOLT	B7	4	
2	PLAIN BONNET	WCB	1	
1	BODY	WCB	1	

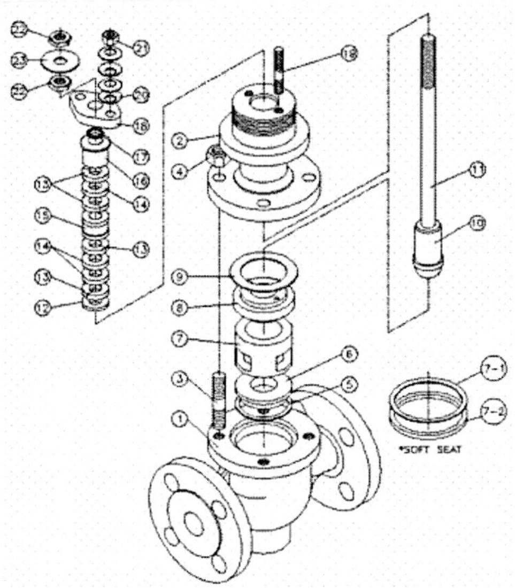

I Fig. 5-5 I Body 분해 및 조립도 (S-P Type)

NO.	NAME OF PARTS	MATERIALS	Q'TY	REMARKS
24	POINTER	CF8	1	
23	STEM LOCK NUT	CF8	2	
22	HEX. NUT	CF8	2	
21	CONED DISC SPRING	SK5M	8	
20	GLAND BOLT	CF8	2	
19	GLAND FLANGE	CF8	1	
18	DUST RING	TEFLON	1	
17	GLAND FOLLOWER	CF8	1	
16	LANTURN RING	CF8	1	
15	GLAND PACKING	GRAPHITE	3	
14	GLAND PACKING	CARBON FIBER	4	
13	PACKING RING	CF8	1	
12	BONNET GASKET	CF8M/GRAPHITE	1	
11	O-RING	NBR	1	
10	BACK-UP RING	TEFLON	2	
9	STEM	CF8M	1	
8	INNER VALVE	CF8	1	
7	CAGE BALANCE	CF8	1	
6	SEAT RING	CF8M	1	
5	SEAT GASKET	CF8M/GRAPHITE	1	
4	HEX. NUT	2H	4	
3	STUD BOLT	B7	4	
2	PLAIN BONNET	WCB	1	
1	BODY	WCB	1	

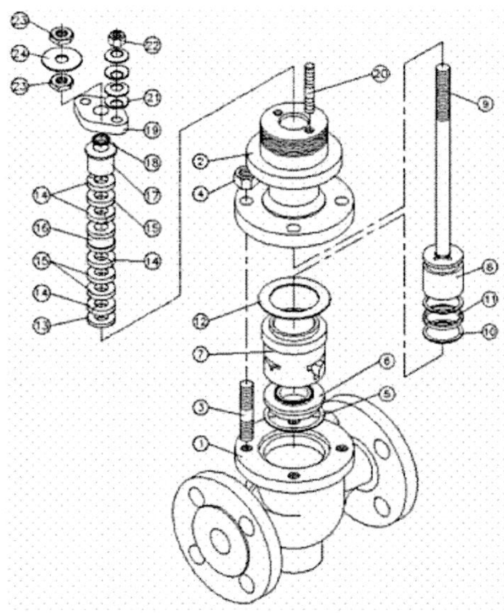

I Fig. 5-6 I Body 분해 및 조립도 (C-B Type)

6. 예방 유지 보수와 문제 해결

* 참고사항

5절의 부품 교환 주기표를 참조하여 점검 후 교체하십시오. 그 외의 부품은 마멸의 징후가 보일 때 다른 장치의 손상을 방지하기 위하여 점검 후 교체하십시오.

6.1 문제해결

표 6-1은 Control Valve의 사용기간 중 발생되는 현장의 일반적인 문제를 푸는 몇 가지 방법입니다. 더 심각한 문제는 지원을 받아 공장으로 이송하십시오.

[표 6-1]

문제	해결요령
Stem Packing의 누설	1. Packing Flange를 조이시오. 누설을 체크하시오. 2. Stem의 손상이 의심되면 다음 3번 항으로 가시오. 그렇지 않으면 모든 작업장의 안전 예방조치를 취한 후, Packing과 Gland Flange의 O-Ring을 교환하시오. 3. Valve를 분해하시오. 시각적으로 Stem을 검사하고 Plug 구성품이 손상되었는지 확인하고 교체하시오. 또한 Gland Packing도 교체하시오.
Valve가 차단 될 때 과다한 내부 누설	1. Valve로부터 공급되는 공기압을 점검하시오. 2. Valve가 닫혔을 때 - Positioner의 Output 압력게이지 눈금이 Filter Regulator의 설정 압력과(4.0kg/cm2) 같은지 확인하시오. (Direct Action) - Positioner의 Output 압력게이지 눈금이 Zero에 와 있는지 확인하시오. (Reverse Action) 3. Valve가 꽉 닫히도록 Stroke를 다시 맞추어 Clamp를 재조립하시오. (Reverse Action인 경우 구동부에 2.0kg/cm^2 의 Air를 공급한 후 실시하시오.)
Bonnet 누설	1. Line 압력을 제거하고 Bonnet을 조이시오. 2. Valve를 분해하여 Bonnet Gasket을 점검하시오.

[표 6-1] (계속)

문제	해결요령
Plug가 움직이지 않을 때	1. Valve로 공급되는 공기압을 점검하고 Filter Regulator의 상태를 점검하시오. 2. Volume Booster(증폭기) / Solenoid 밸브 / Air Operated 밸브와 같은 부속품의 동작을 점검하시오. 3. Valve를 분해하고 Plug와 Cage(Guide), Seat에 이물질이 끼었는지 점검하시오. 4. 설계온도와 실제 Line의 온도를 점검하시오. 5. Actuator를 분리하여 Actuator만 작동해 보시오.
Valve가 Positioner의 입력신호에 따르지 않을 때	1. Valve로 공급되는 공기압을 점검하시오. 2. Positioner의 교정과 작동을 점검하시오. 3. Acuator에 적정 공기압을 넣어 작동이 되는지 또는 누설이 되는지 점검하시오. (누설 시 Diaphragm Cover 볼트를 조이시오.) 4. Positioner의 Feedback Lever가 풀려 있는지 점검하시오.
Valve 유량이 적을 때	1. Valve의 입구 및 출구 압력을 확인하시오. 2. 신호에 대해 Valve가 응답을 하는지 눈으로 검사하시오. 3. Valve가 최대 Stroke로 운전하는지 확인하시오. 4. 만일 최대 Stroke에 닿지 않으면 재교정하시오.
Stroke의 시간이 늦어질 때	1. Valve로 공급되는 공기압을 점검하시오. 2. Filter Regulator의 압력을 점검하시오. Positioner의 Nozzle을 청소하시오. 3. Booster의 Solenoid와 같은 부속품의 조절을 점검하시오.
Overshoot(지나침)와 Hunting	1. Valve로부터 공급되는 공기압을 점검하시오. 2. Positioner의 교정을 점검하시오. 3. Booster의 조정이 너무 민감한지 점검하시오. 4. Packing Friction이 강한지 점검하시오.

7. 기 타

7.1 Action 교체 방법 〈 Reverse Action ↔ Direct Action 〉

5.2항의 밸브 Body와 구동부 분해 및 조립 방법을 참조하여 분해를 한 후 Actuator를 반대로 뒤집어 조립을 한 후 Positioner 및 Accessory를 설치한 후 다시 Calibration한다.

부록 B Control Valve Data Sheet

CONTROL VALVE DATA SHEET

Company	한국본산	Item No	1
End User		Tag No	
Project	ddd	Q'ty	1
Inquiry No	ddd	Model No	AO-3507
MFR Serial		Dwg No	
Document No		Page No	

No		Item	Air (Liquid)				
1	SERVICE CONDITIONS	Fluid	Units	Max	Nor	Min	
2		Flow Rate	m^3/h				
3		Inlet Pressure	kgf/cm^2(A)				
4		Outlet Pressure	kgf/cm^2(A)				
5		Diff. Pressure	kgf/cm^2				
6		Inlet Temperature	°C				
7		Max. Shut-off Pressure	kgf/cm^2(A)	0.00			
8		Specific Gravity		0.86			
9		Molecular Weight		0.00			
10		Vapor Press. Pv	kgf/cm^2(A)				
11		Critical Press. Pc	psi	0.00			
12		Calculated Cv					
13		Travel	%				
14		Predicted SPL					

No		Item	Value	No		Item	Value
15	LINE	Pipe Size In/Sch		45	ACTUATOR	Actuator Type	Diaphragm - SR
16		Pipe Size Out/Sch		46		Model No	AO-3500
17	VALVE BODY / BONNET	Type	Globe	47		Actuator Size	T-0
18		Model No	HL-0007	48		Air Failure - Valve Mode	Close
19		Size	15A (1/2")	49		Operation Supply	4.0 kgf/cm2G
20		Material	A216WCB	50		Available Supply (Min)	4.0 kgf/cm2G
21		Rating	ANSI 150#	51		Available Supply (Max)	6.0 kgf/cm2G
22		Connection In/Out	RF	52		Actuator Orientation	Vertical Up
23		Flow Direction	Flow to Open	53		Handwheel Type	
24		Bonnet Type	Plain	54		Tubing / Fitting Material	PVC Coated Copper / BS
25		Packing Type	P6610+P6528	55			
26		Packing Material	Graphite Fiber	56	POSITIONER	Positioner Type	
27		Gasket type	P2600	57		Model / Enclosure	
28		Gasket Material	SUS316+Graphite	58		Input Signal	
29				59		Increasing Signal	
30				60		Positioner Motion	
31				61		With Position Transmitter	
32				62			
33	VALVE TRIM	Trim Type	S-P / Top	63	ACCESSORIES	Filter & Regulator	MR-5000R
34		Trim Size	S-1	64		Limit Switch	
35		Trim Characteristic	EQ%	65		Solenoid Valve	
36		Plug / Ball / Disc Material	A351 CF8	66			
37		Stem Material	SUS304	67			
38		Seat Material	SUS304	68			
39		Cage / Guide Material	SUS304	69			
40				70	OTHERS	Electric Connection	1/2PF
41				71		Air Connection	1/4PT
42				72		Hydraulic test	ANSI B 16.37 - 1980
43				73			
44				74		Leakage Class <ANSI>	IV

Notes / Special Requirements

75						
76						
77						
78						
79						
80						
81						
82						
83		2007-07-31				
84	No	Date	Revision	Prepared by	Checked by	Approved by

부록 C Valve Selection Guide

Valve type			Globe			Ball	Butter-fly	Diaph-ragm	Discha-rge	V-notched
			Contoured	Cage	Angle					
Valve body Model			07 SG	07 CB CD	02	20	10	50	61	23
Fluid	Liquid	Clean	A	A	A	A	A	A	A	A
		Dirty	B	C	B	A	A	A	B	A
		Viscosity	B	C	A	B	C	B	C	B
		Slurry	C	C	A	B	C	A	C	A
		Flashing	C	A	A	C	C	C	C	C
	Gas		A	A	A	A	A	A	A	A
	Steam		A	A	A	B	B	C	C	A
Capacity	Small flow		A	B	B	C	C	B	C	B
	Mid. Capacity		B	A	A	A	B	A	B	A
	Large capacity		C	C	C	B	A	C	C	B
	High rangeability		B	A	C	B	C	C	C	A
Pressure	Vacuum		A	B	A	C	C	B	C	C
	Mid. press.		A	A	A	B	A	B	B	B
	High press.		A	A	A	C	B	C	C	C
	Very high press.		B	A	A	C	B	C	C	C
Press Drop	Mid. press. drop		A	A	A	A	B	B	B	A
	High press. drop		B	A	A	C	C	C	C	C
	Low Noise		B	A	A	C	C	C	C	C
Temper-ature	Low temp.		A	A	A	B	B	C	C	B
	High temp.		B	B	A	B	B	C	C	B
	throttling		A	A	A	B	B	B	C	B

A : Good B : Fair C : Caution

부록 D Valve 손실 계수표

D.1 글로브 및 앵글 밸브

완전 개방시 글로브 밸브와 앵글 밸브의 용량계수 C_v 그리고 손실계수 K_L은 다음과 같다.

[표 D.1] 글로브 및 앵글 밸브 용량계수

크기(인치)		4	6	8	10	12	14	16	24
C_v	글로브	200	460	770	1245	1725	2300	2940	7655
	앵글	240	541	990	1575	2500*	3060*	4200*	–
K_L	글로브	5.8	5.7	6.1	5.8	6.1	5.0	5.2	4.0
	앵글	4.1	4.1	3.7	3.6	2.9	2.8	2.6	–

* 추정치

용량계수 C_v는 압력 차 1lb/in^{2}가 발생되면서 분당 통과하는 유량(gal/min)으로 이때의 수온은 60°F이다. C_v와 관련된 공식은 유량 Q, 그리고 압력 저하 $\triangle p$와 함께 다음과 같이 표현된다.

$$C_v = \frac{Q}{\sqrt{\triangle p}} Q = C_v \sqrt{\triangle p} \triangle p = (\frac{Q}{C_v})^2 \tag{D.1}$$

밸브의 저항계수 K_L의 수치는 다음의 계산으로 구할 수 있다.

$$h = K_L \frac{V^2}{2g} \tag{D.2}$$

여기서 h는 마찰 저항, V는 평균 유속으로 단위는 ft/s, 그리고 g =32.2ft/s^2 이다. C_v와 K_L의 관계는 다음과 같다.

$$K_L = 890 \frac{D^4}{C_v^{@}} \tag{D.3}$$

여기서 D는 배관 직경이며 단위는 인치이다.

상기 자료는 CLA-VAL, Newport Beach, CA의 협찬 Cla-Val Automatic Control Valve Data Catalog로부터 발췌한 것임. GA industries에서 제작한 글로브밸브와 앵글밸브의 완전 개방시 유량계수 C_v는 다음 표와 같다. C_v 계수는 공식 B.1에서 정의되었다.

[표 D.2] 글로브 및 앵글 밸브 용량계수

크기(인치)		6	8	10	12	14	16	18	24
C_v	글로브	447	831	1175	1750	2500	3260	4130	5100
	앵글	460	1060	1800	2385	3245	4240	5365	6620

그림 D.1은 밸브 행정과 유량계수가 어떻게 다른지를 보여준다. 그림은 글로브와 앵글밸브 모두에 적용된다.

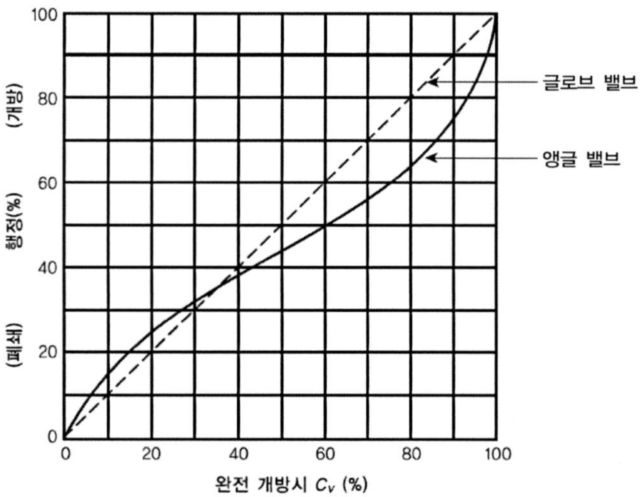

※ 상기 그래프와 표는 GA Industries, Inc., Cranberry Township, PA의 협찬으로 제공되었음.

[그림 D.1] 행정의 퍼센트의 함수로써 유량계수 C_V

D.2 버터플라이 밸브

버터플라이밸브의 개방 퍼센트의 함수로 손실계수는 공식 D.2에서 정의된 바와 같이 표에 나타내었다.

[표 D.3] 버터플라이 밸브 손실계수

개방 도(°)	3인치부터 8인치 밸브 K_L	10인치부터 20인치 밸브 K_L
5	15625	15625
10	3860	3860
15	935	935
20	337	337
25	145	145
30	71.8	71.8
35	39.6	39.6
40	21.6	21.6
45	12.7	12.7
50	6.61	7.42
55	4.00	4.41
60	2.62	2.64
65	1.79	1.59
70	1.25	0.952
75	0.948	0.620
80	0.800	0.496
85	0.718	0.460
90	0.689	0.447

D.3 볼 밸브

볼 밸브를 위해 다음의 2개의 표는 ① 밸브 완전 개방시 C_V 수치 ② 밸브 개방 도(°)의 숫자의 함수로서 완전 개방 C_V의 퍼센트. C_V 계수는 공식 D.1에 정의되었다.

[표 D.4] 볼 밸브 용량계수

밸브 크기(인치)	C_V
6	5250
8	9330
10	14600
12	21000
14	28600
16	37300
18	47300
20	58300
24	84000
30	131300
36	189000
42	257300
48	336000
54	425300
60	525100

개방 도(°)	완전 개방 C_V의 퍼센트
5	0.16
10	0.88
15	1.40
20	1.80
25	2.40
30	3.10
35	3.70
40	4.70
45	5.90
50	7.02
55	9.00
60	11.2
65	14.12
70	18.00
75	24.50
80	41.50
85	73.00
90	100.00

[표 D.3]과 [표 D.4]에 있는 자료는 Henry Pratt co., Aurora, IL.사의 협찬으로 제공되었음.

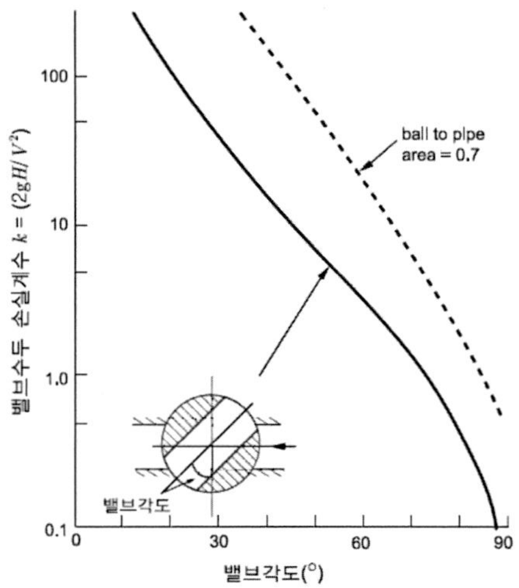

[그림 D.2] 볼 밸브 손실계수

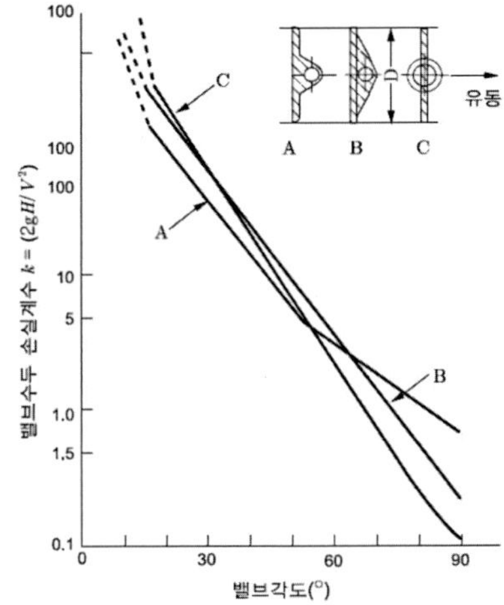

[그림 D.3] 버터플라이 밸브 손실계수

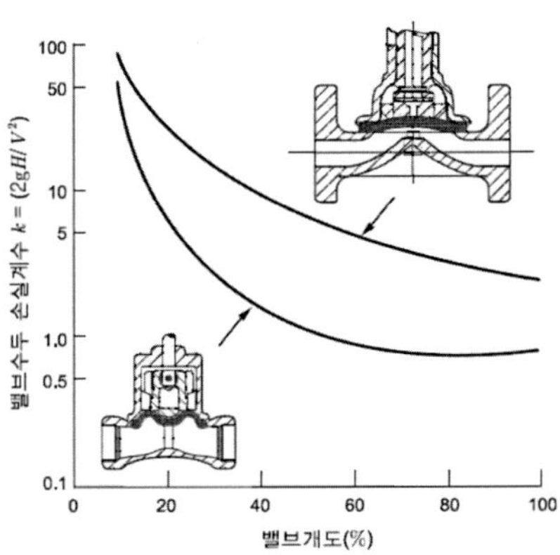

[그림 D.4] 다이어프램 밸브 손실계수

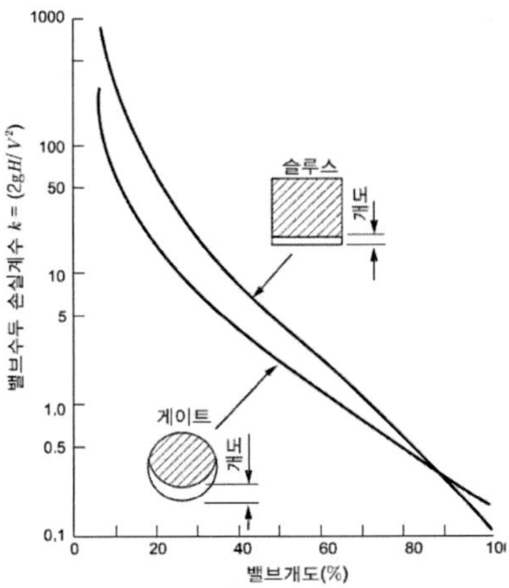

[그림 D.5] 게이트 밸브 손실계수

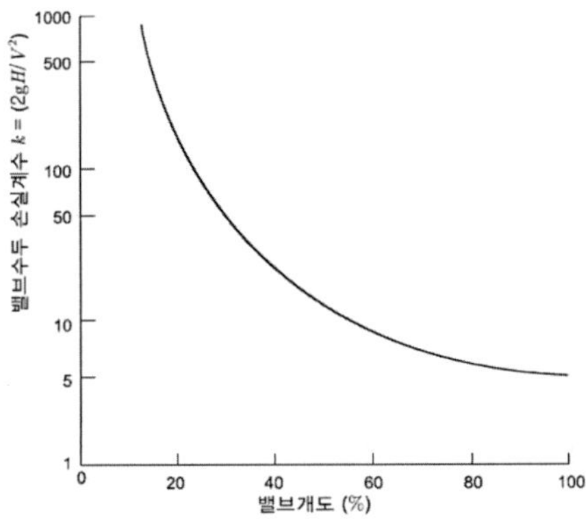

[그림 D.6] 플로트 밸브 유출 특성

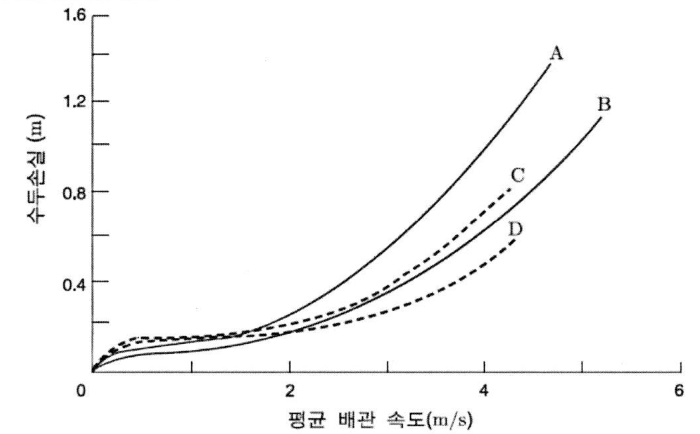

곡선 A : 리코일 역지밸브 $D=100\sim500$mm
곡선 B : 다중 디스크 리코일 역지밸브 $D=600\sim1600$mm
곡선 C : 리프트 디스크 리코일 역지밸브 $D=25\sim80$mm

[그림 D.7] 역지 밸브 수두손실(Glenfield & Kennedy사 제공)

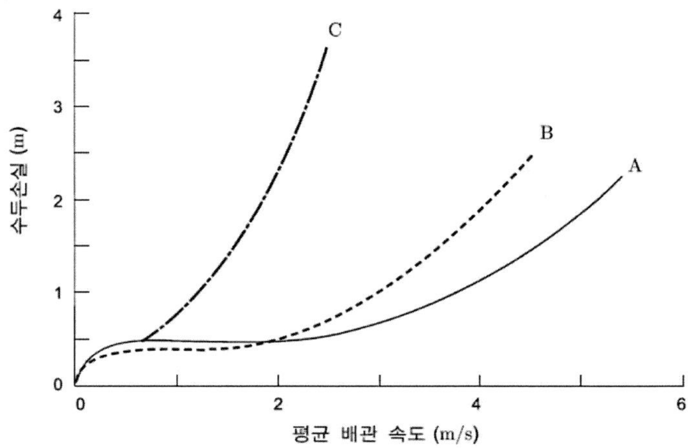

곡선 A : 리코일 역지밸브 $D=100\sim500$mm
곡선 B : 다중 디스크 리코일 역지밸브 $D=600\sim1600$mm
곡선 C : 리프트 디스크 리코일 역지밸브 $D=25\sim80$mm

[그림 D.8] 역지 밸브 수두손실(Glenfield & Kennedy사 제공)

부록 E Valve 누수 등급

제어밸브 시트 누수 등급

(ANSI B16.104-1976 규정에 따름)

누수 등급 분류	허용 최대 누수	실험 매체	실험 압력	실험 절차
I	-	-	-	사용자 및 공급자 동의시 실험이 필요하지 않음.
II	정격용량의 0.5%	50~125°F (10~52°C)의 공기 또는 물	40~60psig 또는 최대 운전 차압 중 작은 것	유출부를 대기 또는 작은 수두손실 측정 장치에 연결시키고 밸브 유입측에 압력을 가한다. 정상적인 폐쇄 추력은 작동기에 의해 제공된다.
III	정격용량의 0.1%	상동	상동	상동
IV	정격용량의 0.01%	상동	상동	상동
V	1psi 차압당 포트 직경 인치당 물의 누수량 0.0005ml/분	50~125°F (10~52°C)의 물	밸브 플러그를 통과하면서 발생하는 최대 사용 압력 저하, ANSI 몸체 등급을 초과하지 않는다(100 psi 압력 저하 최소).	밸브 몸체 및 연결 배관의 공간을 채운 후 그리고 밸브 플러그를 폐쇄시킨 후 밸브 유입측에 압력을 가한다. 실험 도중 명시된 순수 최대 작동기 추력만을 사용하여야 한다. 누수량이 안정화되도록 시간을 고려한다.
VI	포트 직경을 기초로 한 아래 표에 나타낸 수치를 초과하지는 않을 것	50~125°F (10~52°C)의 물	50psig 또는 밸브 플러그를 통과하면서 발생하는 정격 차압 중 가장 낮은 것	밸브 플러그 시트에 작용하는 정격 폐쇄 추력으로 명시된 운전 조건에 작동기를 조정하여야 한다. 누수량이 안정화되도록 시간을 고려하고 측정 장비를사용한다.

허용 가능한 누수 등급 VI

(ANSI B16.104-1976 규정에 따름)

공칭 포트 직경		누수율	
인치	mm	ml/min	분당 기포수
1	25	0.15	1
1-1/2	38	0.30	2
2	51	0.45	3
2-1/2	64	0.60	4
3	76	0.90	6
4	102	1.70	11
6	152	4.00	27
8	203	6.75	45

부록 F Valve 온도-압력 등급

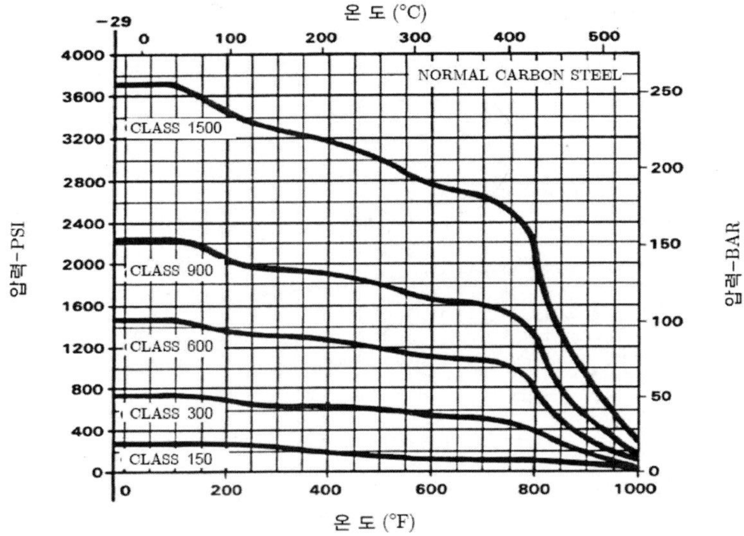

[그림 F.1] NORMAL CARBON STEEL

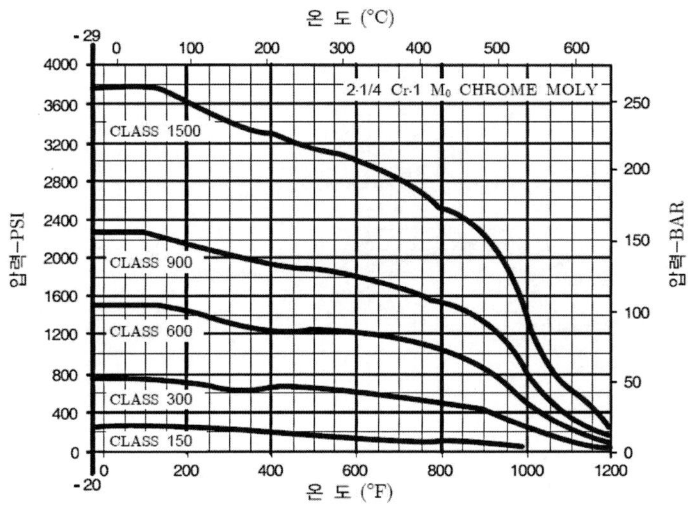

[그림 F.2] 2-1/4 Cr-1 Mo CHROME MOLY

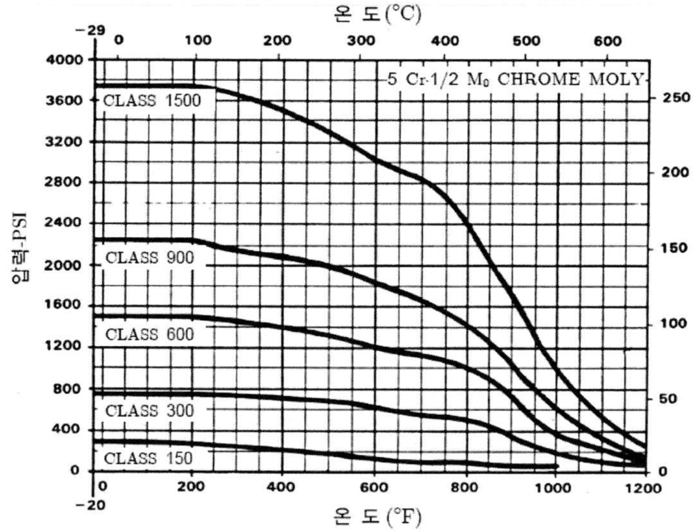

[그림 F. 3] 5 Cr-1/2 Mo CHROME MOLY

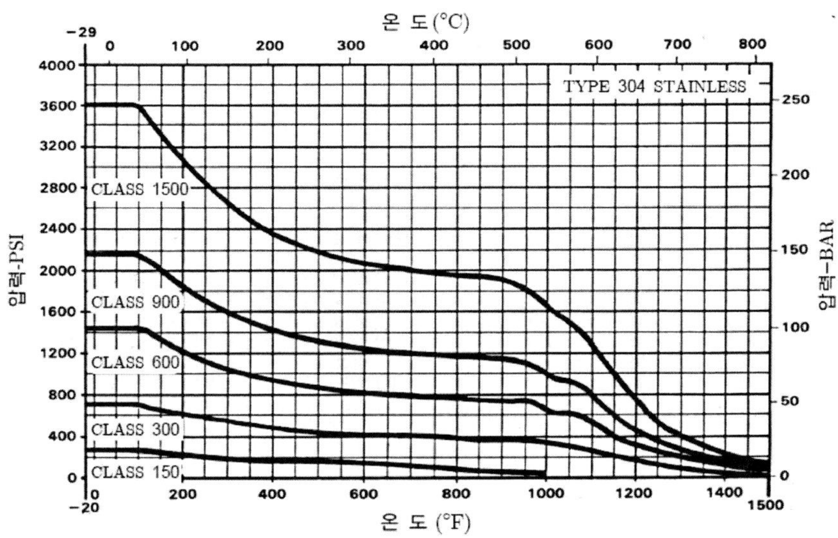

[그림 F. 4] TYPE 304 STAINLESS

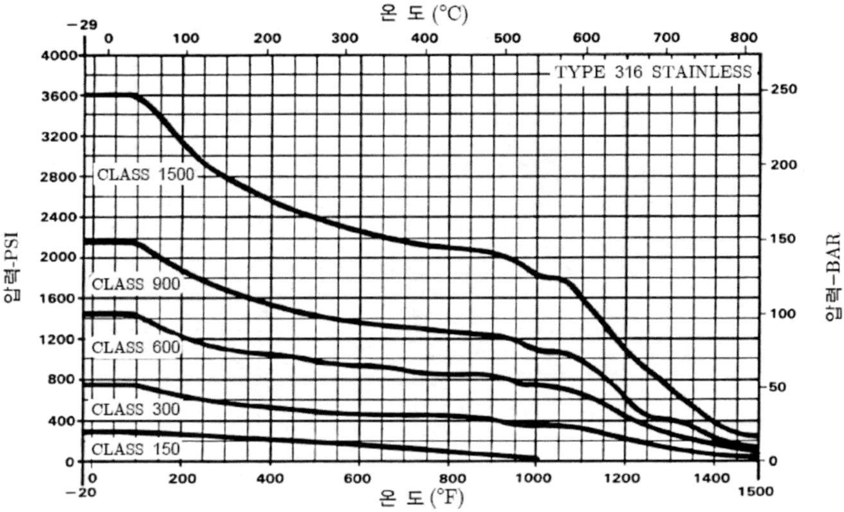

[그림 F. 5] TYPE 316 STAINLESS

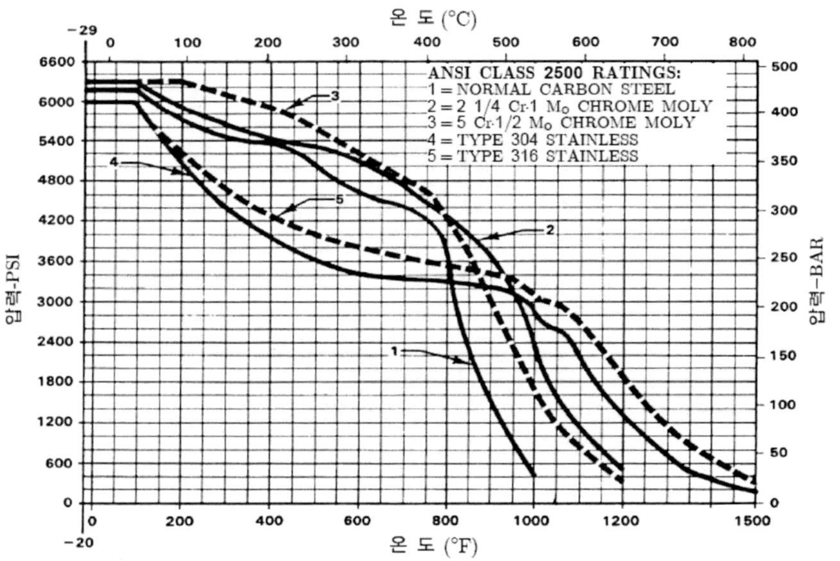

[그림 F. 6] ANSI CLASS 2500 RATING

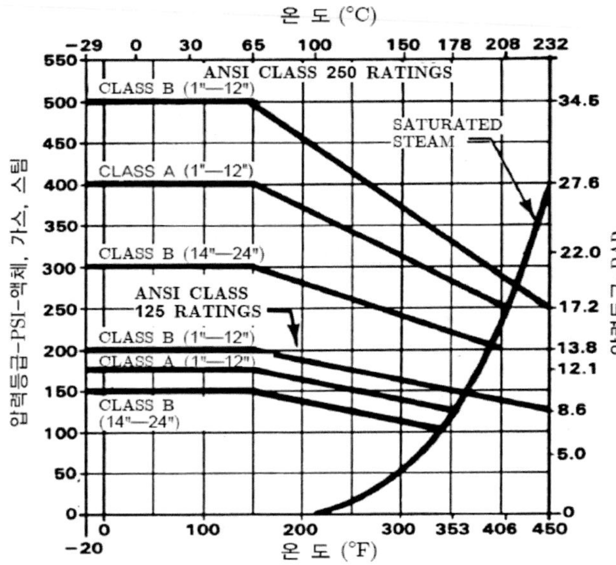

[그림 F. 7] ANSI CLASS 250 RATING

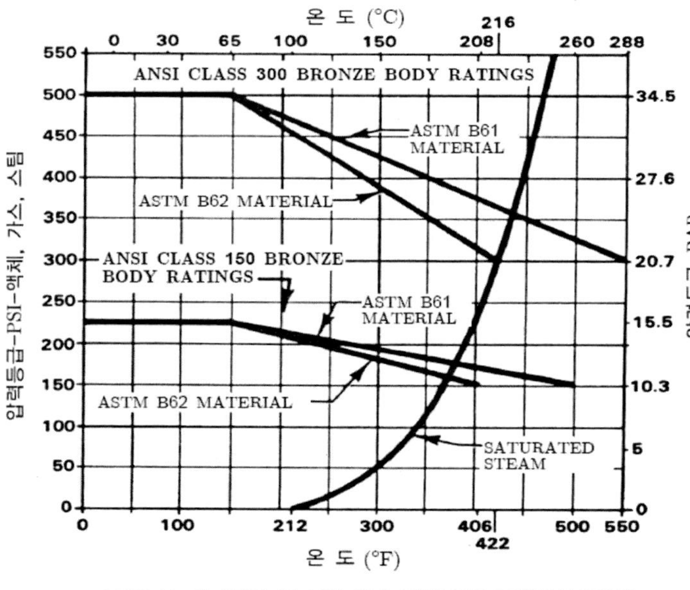

[그림 F. 8] ANSI CLASS 300 BRONZE BODY RATING

부록 G PRESSURE-TEMPERATURE RATINGS

Table 2-1.1 Ratings for Group 1.1 Materials

A105 (1), (2)	A515 Gr. 70 (1)	A696 Gr. C (3)	A672 Gr. B70 (1)
A216 Gr. WCB (1)	A516 Gr. 70 (1), (4)	A350 Gr. LF6 Cl. 1 (5)	A672 Gr. C70 (1)
A350 Gr. LF2 (1)	A537 Cl. 1 (3)	A350 Gr. LF3 (6)	

A – Standard Class

Temperature, °C	Working Pressures by Class, bar						
	150	300	600	900	1500	2500	4500
−29 to 38	19.6	51.1	102.1	153.2	255.3	425.5	765.9
50	19.2	50.1	100.2	150.4	250.6	417.7	751.9
100	17.7	46.6	93.2	139.8	233.0	388.3	699.0
150	15.8	45.1	90.2	135.2	225.4	375.6	676.1
200	13.8	43.8	87.6	131.4	219.0	365.0	657.0
250	12.1	41.9	83.9	125.8	209.7	349.5	629.1
300	10.2	39.8	79.6	119.5	199.1	331.8	597.3
325	9.3	38.7	77.4	116.1	193.6	322.6	580.7
350	8.4	37.6	75.1	112.7	187.8	313.0	563.5
375	7.4	36.4	72.7	109.1	181.8	303.1	545.5
400	6.5	34.7	69.4	104.2	173.6	289.3	520.8
425	5.5	28.8	57.5	86.3	143.8	239.7	431.5
450	4.6	23.0	46.0	69.0	115.0	191.7	345.1
475	3.7	17.4	34.9	52.3	87.2	145.3	261.5
500	2.8	11.8	23.5	35.3	58.8	97.9	176.3
538	1.4	5.9	11.8	17.7	29.5	49.2	88.6

Table 2-1.8 Ratings for Group 1.8 Materials

A335 Gr. P22 (1)	A387 Gr. 11 Cl. 1 (1)	A387 Gr. 12 Cl. 2 (1)	A691 Gr. 1¼CR (1)
A369 Gr. FP 22 (1)	A387 Gr. 22 Cl. 1 (1)	A691 Gr. 2¼CR (1)	

A – Standard Class

Temperature, °C	Working Pressures by Class, bar						
	150	300	600	900	1500	2500	4500
−29 to 38	16.3	42.6	85.1	127.7	212.8	354.6	638.3
50	16.1	41.9	83.9	125.8	209.6	349.4	628.9
100	15.2	39.6	79.2	118.7	197.9	329.8	593.7
150	14.8	38.6	77.1	115.7	192.9	321.4	578.6
200	13.8	38.2	76.4	114.6	190.9	318.2	572.8
250	12.1	38.2	76.3	114.5	190.8	317.9	572.3
300	10.2	38.2	76.3	114.5	190.8	317.9	572.3
325	9.3	38.2	76.3	114.5	190.8	317.9	572.3
350	8.4	38.0	76.0	114.0	189.9	316.5	569.8
375	7.4	37.3	74.7	112.0	186.7	311.2	560.2
400	6.5	36.5	73.3	109.8	183.1	304.9	548.5
425	5.5	35.2	70.0	105.1	175.1	291.6	524.7
450	4.6	33.7	67.7	101.4	169.0	281.8	507.0
475	3.7	31.7	63.4	95.1	158.2	263.9	474.8
500	2.8	25.6	51.3	76.9	128.2	213.7	384.7
538	1.4	14.9	29.8	44.7	74.5	124.1	223.4
550	1.4 (2)	12.7	25.4	38.1	63.5	105.9	190.6
575	1.4 (2)	8.8	17.6	26.4	44.0	73.4	132.0
600	1.4 (2)	6.1	12.1	18.2	30.3	50.4	90.8
625	1.4 (2)	4.0	8.0	12.1	20.1	33.5	60.4
650	1.0 (2)	2.6	5.2	7.8	13.0	21.7	39.0

Table 2-1.9 Ratings for Group 1.9 Materials

A182 Gr. F11 Cl. 2 (1), (2)	A217 Gr. WC6 (1), (3), (4)	A387 Gr. 11 Cl. 2 (2)	A739 Gr. B11 (2)

A – Standard Class

Temperature, °C	Working Pressures by Class, bar						
	150	300	600	900	1500	2500	4500
−29 to 38	19.8	51.7	103.4	155.1	258.6	430.9	775.7
50	19.5	51.7	103.4	155.1	258.6	430.9	775.7
100	17.7	51.5	103.0	154.4	257.4	429.0	772.2
150	15.8	49.7	99.5	149.2	248.7	414.5	746.2
200	13.8	48.0	95.9	143.9	239.8	399.6	719.4
250	12.1	46.3	92.7	139.0	231.8	386.2	694.8
300	10.2	42.9	85.7	128.6	214.4	357.1	642.6
325	9.3	41.4	82.6	124.0	206.6	344.3	619.6
350	8.4	40.3	80.4	120.7	201.1	335.3	603.3
375	7.4	38.9	77.6	116.5	194.1	323.2	581.8
400	6.5	36.5	73.3	109.8	183.1	304.9	548.5
425	5.5	35.2	70.0	105.1	175.1	291.6	524.7
450	4.6	33.7	67.7	101.4	169.0	281.8	507.0
475	3.7	31.7	63.4	95.1	158.2	263.9	474.8
500	2.8	25.7	51.5	77.2	128.6	214.4	385.9
538	1.4	14.9	29.8	44.7	74.5	124.1	223.4
550	1.4 (5)	12.7	25.4	38.1	63.5	105.9	190.6
575	1.4 (5)	8.8	17.6	26.4	44.0	73.4	132.0
600	1.4 (5)	6.1	12.2	18.3	30.5	50.9	91.6
625	1.4 (5)	4.3	8.5	12.8	21.3	35.5	63.9
650	1.1 (5)	2.8	5.7	8.5	14.2	23.6	42.6

Table 2-2.1 Ratings for Group 2.1 Materials

A182 Gr. F304 (1)	A312 Gr. TP304 (1)	A351 Gr. CF8 (1)	A430 Gr. FP304 (1)
A182 Gr. F304H	A312 Gr. TP304H	A358 Gr. 304 (1)	A430 Gr. FP304H
A240 Gr. 304 (1)	A351 Gr. CF10	A376 Gr. TP304 (1)	A479 Gr. 304 (1)
A240 Gr. 304H	A351 Gr. CF3 (2)	A376 Gr. TP304H	A479 Gr. 304H

A – Standard Class

Temperature, °C	Working Pressures by Class, bar						
	150	300	600	900	1500	2500	4500
−29 to 38	19.0	49.6	99.3	148.9	248.2	413.7	744.6
50	18.3	47.8	95.6	143.5	239.1	398.5	717.3
100	15.7	40.9	81.7	122.6	204.3	340.4	612.8
150	14.2	37.0	74.0	111.0	185.0	308.4	555.1
200	13.2	34.5	69.0	103.4	172.4	287.3	517.2
250	12.1	32.5	65.0	97.5	162.4	270.7	487.3
300	10.2	30.9	61.8	92.7	154.6	257.6	463.7
325	9.3	30.2	60.4	90.7	151.1	251.9	453.3
350	8.4	29.6	59.3	88.9	148.1	246.9	444.4
375	7.4	29.0	58.1	87.1	145.2	241.9	435.5
400	6.5	28.4	56.9	85.3	142.2	237.0	426.6
425	5.5	28.0	56.0	84.0	140.0	233.3	419.9
450	4.6	27.4	54.8	82.2	137.0	228.4	411.1
475	3.7	26.9	53.9	80.8	134.7	224.5	404.0
500	2.8	26.5	53.0	79.5	132.4	220.7	397.3
538	1.4	24.4	48.9	73.3	122.1	203.6	366.4
550	1.4 (3)	23.6	47.1	70.7	117.8	196.3	353.4
575	1.4 (3)	20.8	41.7	62.5	104.2	173.7	312.7
600	1.4 (3)	16.9	33.8	50.6	84.4	140.7	253.2
625	1.4 (3)	13.8	27.6	41.4	68.9	114.9	206.8
650	1.4 (3)	11.3	22.5	33.8	56.3	93.8	168.9
675	1.4 (3)	9.3	18.7	28.0	46.7	77.9	140.2
700	1.4 (3)	8.0	16.1	24.1	40.1	66.9	120.4
725	1.4 (3)	6.8	13.5	20.3	33.8	56.3	101.3
750	1.4 (3)	5.8	11.6	17.3	28.9	48.1	86.7
775	1.4 (3)	4.6	9.0	13.7	22.8	38.0	68.4
800	1.2 (3)	3.5	7.0	10.5	17.4	29.2	52.6
816	1.0 (3)	2.8	5.9	8.6	14.1	23.8	42.7

Table 2-2.2 Ratings for Group 2.2 Materials

A182 Gr. F316 (1)	A312 Gr. TP316 (1)	A351 Gr. CG3M (3)	A430 Gr. FP316 (1)
A182 Gr. F316H	A312 Gr. TP316H	A351 Gr. CF8A (2)	A430 Gr. FP316H
A182 Gr. F317 (1)	A312 Gr. TP317 (1)	A351 Gr. CF8M (1)	A479 Gr. 316 (1)
A240 Gr. 316 (1)	A351 Gr. CF3A (2)	A358 Gr. 316 (1)	A479 Gr. 316H
A240 Gr. 316H	A351 Gr. CF3M (3)	A376 Gr. TP316 (1)	A351 Gr. CG8M (4)
A240 Gr. 317 (1)	A351 Gr. CF10M	A376 Gr. TP316H	

A – Standard Class

Temperature, °C	Working Pressures by Class, bar						
	150	300	600	900	1500	2500	4500
−29 to 38	19.0	49.6	99.3	148.9	248.2	413.7	744.6
50	18.4	48.1	96.2	144.3	240.6	400.9	721.7
100	16.2	42.2	84.4	126.6	211.0	351.6	632.9
150	14.8	38.5	77.0	115.5	192.5	320.8	577.4
200	13.7	35.7	71.3	107.0	178.3	297.2	534.9
250	12.1	33.4	66.8	100.1	166.9	278.1	500.6
300	10.2	31.6	63.2	94.9	158.1	263.5	474.3
325	9.3	30.9	61.8	92.7	154.4	257.4	463.3
350	8.4	30.3	60.7	91.0	151.6	252.7	454.9
375	7.4	29.9	59.8	89.6	149.4	249.0	448.2
400	6.5	29.4	58.9	88.3	147.2	245.3	441.6
425	5.5	29.1	58.3	87.4	145.7	242.9	437.1
450	4.6	28.8	57.7	86.5	144.2	240.4	432.7
475	3.7	28.7	57.3	86.0	143.4	238.9	430.1
500	2.8	28.2	56.5	84.7	140.9	235.0	423.0
538	1.4	25.2	50.0	75.2	125.5	208.9	375.8
550	1.4 (5)	25.0	49.8	74.8	124.9	208.0	374.2
575	1.4 (5)	24.0	47.9	71.8	119.7	199.5	359.1
600	1.4 (5)	19.9	39.8	59.7	99.5	165.9	298.6
625	1.4 (5)	15.8	31.6	47.4	79.1	131.8	237.2
650	1.4 (5)	12.7	25.3	38.0	63.3	105.5	189.9
675	1.4 (5)	10.3	20.6	31.0	51.6	86.0	154.8
700	1.4 (5)	8.4	16.8	25.1	41.9	69.8	125.7
725	1.4 (5)	7.0	14.0	21.0	34.9	58.2	104.8
750	1.4 (5)	5.9	11.7	17.6	29.3	48.9	87.9
775	1.4 (5)	4.6	9.0	13.7	22.8	38.0	68.4
800	1.2 (5)	3.5	7.0	10.5	17.4	29.2	52.6
816	1.0 (5)	2.8	5.9	8.6	14.1	23.8	42.7

부록 H 온도-압력별 Packing 방법

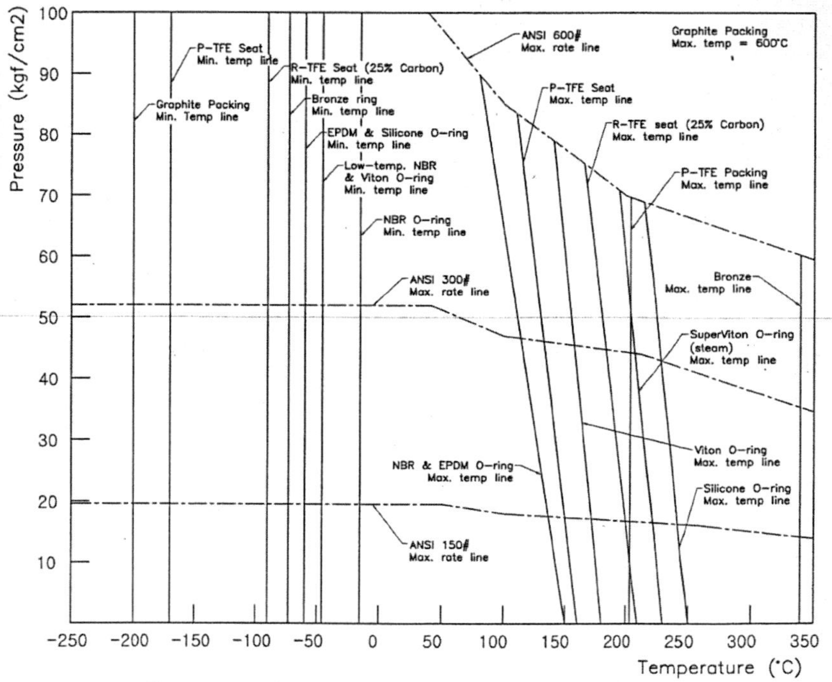

Temperature-Pressure graph for O-ring, Seat, Packing

A : Non-Stellite
B : Stellite Seat
C : Stellite Face
D : Stellite face with guide

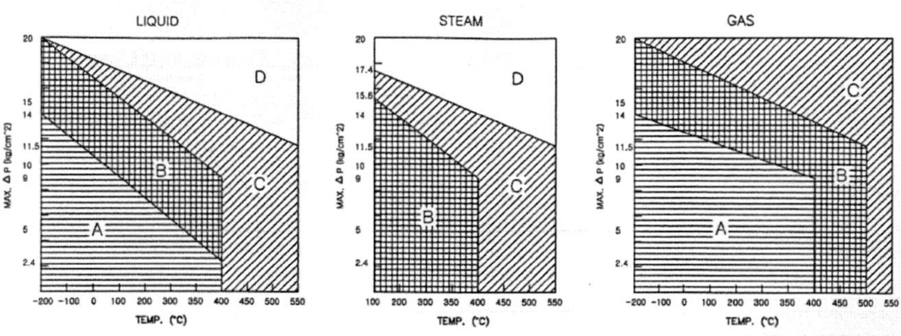

Temperature-Pressure graph for Stellite

부록 I 압력-온도별 사용 재질

Pressure-Temperature Ratings

Maximum Allowable Non-Shock Pressure, psig. ANSI B 16.34—1981

Service Temperature		Class 150					Class 300					Class 600				
°F	°C	WCB (a)	WC1 (b)(c)	WC6 (c)	WC9 (c)	C5 (c)	WCB (a)	WC1 (b)(c)	WC6 (c)	WC9 (c)	C5 (c)	WCB (a)	WC1 (b)(c)	WC6 (c)	WC9 (c)	C5 (c)
−20 to 100	−29 to 38	285	265	290	290	290	740	695	750	750	750	1480	1390	1500	1500	1500
200	93	260	260	260	260	260	675	680	710	715	750	1350	1360	1425	1430	1500
300	149	230	230	230	230	230	655	655	675	675	730	1315	1305	1345	1355	1455
400	204	200	200	200	200	200	635	640	660	650	705	1270	1280	1315	1295	1410
500	260	170	170	170	170	170	600	620	640	640	665	1200	1245	1285	1280	1330
600	316	140	140	140	140	140	550	605	605	605	605	1095	1210	1210	1210	1210
650	343	125	125	125	125	125	535	590	590	590	590	1075	1175	1175	1175	1175
700	371	110	110	110	110	110	535	570	570	570	570	1065	1135	1135	1135	1135
750	399	95	95	95	95	95	505	530	530	530	530	1010	1065	1065	1065	1065
800	427	80	80	80	80	80	410	510	510	510	500	825	1015	1015	1015	995
850	454	65	65	65	65	65	270	485	485	485	440	535	975	975	975	880
900	482	50	50	50	50	50	170	450	450	450	355	345	900	900	900	705
950	510	35	35	35	35	35	105	280	380	380	260	205	560	755	755	520
1000	538	20	20	20	20	20	50	165	225	270	190	105	330	445	535	385
1050	566			20*	20*	20*			140	200	140			275	400	280
1100	593			20*	20*	20*			95	115	105			190	225	205
1150	621					20*					70					140
1200	649					20*					45					90
Hydrostatic Shell Test Pressure		450	400	450			1125	1050	1125			2225	2100	2250		
Valve Closure Test Pressure	Fluid	314	292	319			814	765	825			1628	1529	1650		
	Gas	80					80					80				

Service Temperature		Class 900					Class 1500					Class 2500				
°F	°C	WCB (a)	WC1 (b)(c)	WC6 (c)	WC9 (c)	C5	WCB (a)	WC1 (b)(c)	WC6 (c)	WC9 (c)	C5	WCB (a)	WC1 (b)(c)	WC6 (c)	WC9 (c)	C5
−20 to 100	−29 to 38	2220	2085	2250	2250	2250	3705	3470	3750	3750	3750	6170	5785	6250	6250	6250
200	93	2025	2035	2135	2150	2250	3375	3395	3560	3580	3750	5625	5660	5930	5965	6250
300	149	1970	1955	2020	2030	2185	3280	3260	3365	3385	3640	5470	5435	5605	5640	6070
400	204	1900	1920	1975	1945	2115	3170	3200	3290	3240	3530	5280	5330	5485	5400	5880
500	260	1795	1865	1925	1920	1995	2995	3105	3210	3200	3325	4990	5180	5350	5330	5540
600	316	1640	1815	1815	1815	1815	2735	3025	3025	3025	3025	4560	5040	5040	5040	5040
650	343	1610	1765	1765	1765	1765	2685	2940	2940	2940	2940	4475	4905	4905	4905	4905
700	371	1600	1705	1705	1705	1705	2665	2840	2840	2840	2840	4440	4730	4730	4730	4730
750	399	1510	1595	1595	1595	1595	2520	2660	2660	2660	2660	4200	4430	4430	4430	4430
800	427	1235	1525	1525	1525	1490	2060	2540	2540	2540	2485	3430	4230	4230	4230	4145
850	454	805	1460	1460	1460	1315	1340	2435	2435	2435	2195	2230	4060	4060	4060	3660
900	482	515	1350	1350	1350	1060	860	2245	2245	2245	1765	1430	3745	3745	3745	2945
950	510	310	845	1130	1130	780	515	1405	1885	1885	1305	860	2345	3145	3145	2170
1000	538	155	495	670	805	575	260	825	1115	1340	960	430	1370	1860	2230	1600
1050	566			410	595	420			685	995	705			1145	1660	1170
1100	593			290	340	310			480	565	515			800	945	860
1150	621					205					345					570
1200	649					135					225					370
Hydrostatic Shell Test Pressure		3350	3150	3375			5575	5225	5625			9275	8700	9375		
Valve Closure Test Pressure	Fluid	2442	2294	2475			4076	3817	4125			6787	6365	6875		
	Gas	80					80					80				

Notes: (a)—Permissible, but not recommended for prolonged usage above about 800°F. Upon prolonged exposure to temperature above about 800°F, the carbide phase of carbon steel may be converted to graphite.

(b)—Permissible, but not recommended for prolonged usage above about 850°F.

(c)—Use normalized and tempered material only.

* For welding end valves only. Flanged end ratings terminate at 1,000°F.

Pressure – Temperature rating of shell material

Unit : Mpa (ANSI B16.5)

Material Group	Class 150				Class 300				Class 600				Class 900				Class 1500				Class 2500				
	1.1	1.9	2.1	2.2	1.1	1.9	2.1	2.2	1.1	1.9	2.1	2.2	1.1	1.9	2.1	2.2	1.1	1.9	2.1	2.2	1.1	1.9	2.1	2.2	
Material / Temperature	Carbon Steel	1Cr–0.5Mo 1.25Cr–0.5Mo	Type 304	Type 316	Carbon Steel	1Cr–0.5Mo 1.25Cr–0.5Mo	Type 304	Type 316	Carbon Steel	1Cr–0.5Mo 1.25Cr–0.5Mo	Type 304	Type 316	Carbon Steel	1Cr–0.5Mo 1.25Cr–0.5Mo	Type 304	Type 316	Carbon Steel	1Cr–0.5Mo 1.25Cr–0.5Mo	Type 304	Type 316	Carbon Steel	1Cr–0.5Mo 1.25Cr–0.5Mo	Type 304	Type 316	Temperature
−29~38	1.96	2.00	1.90	1.90	5.10	5.17	4.96	4.96	10.2	10.3	9.93	9.93	15.3	15.5	14.9	14.9	25.5	25.9	24.8	24.8	42.5	43.1	41.4	41.4	−29~38
93	1.79	1.79	1.62	1.65	4.65	4.90	4.14	4.27	9.31	9.63	8.27	8.55	14.0	14.7	12.4	12.8	23.3	24.5	20.7	21.3	38.8	40.9	34.5	35.6	93
149	1.59	1.59	1.41	1.48	4.52	4.65	3.65	3.86	9.07	9.27	7.27	7.72	13.6	13.9	10.9	11.6	22.6	23.2	18.2	19.3	37.7	38.6	30.3	32.1	149
204	1.38	1.38	1.24	1.34	4.38	4.55	3.24	3.55	8.76	9.07	6.48	7.10	13.1	13.6	9.72	10.6	21.9	22.7	16.2	17.7	36.4	37.8	27.0	29.5	204
260	1.17	1.17	1.17	1.17	4.41	1.17	3.00	3.31	8.27	8.86	6.03	6.58	12.4	13.3	9.03	9.89	20.6	22.1	15.1	16.5	34.4	36.9	25.1	27.4	260
316	0.965	0.965	0.965	0.965	3.79	4.17	2.86	3.10	7.55	8.34	5.72	6.24	11.3	12.5	8.58	9.34	18.9	20.9	14.3	15.5	31.4	34.7	23.9	2.59	316
343	0.862	0.862	0.862	0.862	3.69	4.07	2.83	3.07	7.41	8.10	5.62	6.14	11.1	12.2	8.45	9.17	18.5	20.3	14.1	15.3	30.9	33.8	23.4	25.5	343
371	0.758	0.758	0.758	0.758	3.69	3.93	2.79	2.96	7.34	7.83	5.55	5.96	11.0	11.8	8.34	8.93	18.4	19.6	13.9	14.9	30.6	32.6	23.2	24.8	371
399	0.655	0.655	0.655	0.655	3.48	3.65	2.76	2.93	6.96	7.34	5.48	5.83	10.4	11.0	8.24	8.76	17.4	18.3	13.7	14.5	29.0	30.5	22.9	24.3	399
427	0.552	0.552	0.552	0.552	2.83	3.52	2.72	2.86	5.69	7.00	5.45	5.72	8.52	10.5	8.14	8.58	14.2	17.5	13.6	14.3	23.6	29.2	22.6	23.9	427
454	0.448	0.448	0.448	0.448	1.86	3.34	2.69	2.79	3.69	6.72	5.38	5.58	5.55	10.1	8.03	8.38	9.24	16.8	13.4	14.0	15.4	28.0	22.3	23.3	454
482	0.345	0.345	0.345	0.345	1.17	3.10	2.65	2.72	2.38	6.21	5.31	5.45	3.55	9.31	7.93	8.14	5.93	15.5	13.2	13.6	9.86	25.8	22.1	22.6	482
510	0.241	0.241	0.241	0.241	0.724	2.62	2.59	2.65	1.41	5.21	5.17	5.34	2.41	7.79	7.76	8.00	3.55	13.0	12.9	13.3	5.93	21.7	21.5	22.2	510
538	0.138	0.138	0.138	0.138	0.345	1.55	2.24	2.52	0.724	3.07	4.45	5.00	1.07	4.62	6.65	7.52	1.79	7.69	11.1	12.5	2.96	12.8	18.5	20.9	538
566						0.965	2.14	2.48		1.90	4.27	4.96		2.83	6.38	7.45		4.72	10.7	12.4		7.89	17.7	20.7	566
593						0.655	1.79	2.24		1.31	3.55	4.45		2.00	5.31	6.65		3.31	8.86	11.1		5.52	14.8	18.5	593
621						0.345	1.34	1.90		0.724	2.69	3.79		1.07	4.03	5.69		1.79	6.75	9.45		2.96	11.2	15.8	621
649						0.241	1.07	1.41		0.483	2.14	2.83		0.724	3.21	4.27		1.17	5.31	7.10		1.97	8.86	11.8	649
677							0.758	1.24			1.52	2.52			2.28	3.76			3.79	6.27			6.31	10.4	677
704							0.586	0.965			1.14	1.90			1.69	2.83			2.83	4.72			4.72	7.89	704
732							0.414	0.724			0.862	1.41			1.28	2.14			2.14	3.55			3.55	5.93	732
760							0.345	0.517			0.655	1.03			1.00	1.55			1.65	2.62			2.76	4.34	760
788							0.241	0.414			0.483	0.793			0.724	1.21			1.17	2.00			1.97	3.34	788
816							0.172	0.276			0.345	0.586			0.483	0.862			0.827	1.41			1.38	2.38	816

Group	JIS	Group	ASTM
1.1	SFVC2A, SCPH2, SFL2	1.1	A105, A216–WCB, A350–LF2
1.5	SFVA F1, SCPH11	1.5	A182–F1, A217–WC1
1.9	SFVA F11A, SFVA F12, SCPH21	1.9	A182–F11, A182–F12, A217–WC6
1.13	SFVA F5B, SFVA F5D, SCPH61	1.13	A181–F5, A182–F5a, A217–C5
2.1	SUS F304, SUS F304H, SCS13A, SCS19A	2.1	A182–F304, A182–F304H, A351–CF8, A351–CF3
2.2	SUS F316, SUS F316H, SCS14A, SCS16A	2.2	A182–F316, A182–F316H, A351–CF8M, A351–CF3M

부록 J Valve Body 볼트 재질

Valve Rody Bolting Materials

Body Materials	Temperature Degrees F	Material Specification	
		Bolts	Nuts
Carbon Steel(Grade WCB)	−20 to 800	ASTM A193 Gr B7	ASTM A194 Gr 2H
Type 304(Grade CF8)	−425 to 100	ASTM A320 Gr B8	ASTM A320 Gr B8
	100 to 1500	ASTM A193 Gr B8	ASTM A194 Gr B8
Type 316(Grade CF8M)	−325 to 100	ASTM A320 Gr B8	ASTM A320 Gr B8
	100 to 1500	ASTM A193 Gr B8	ASTM A194 Gr B8

■ Maximum velocity for fluid

Valve Type		Globe	Cage Guide Angle	Butterfly Diaphragm
Liguid	m/sec	7.5	15	3.0
Saturated Steam	Mach	0.22	0.33	0.15
	m/sec	120	200	80
Gas Vapor Superheated Steam	Mach	0.66	0.9	0.22
	m/sec	(350)	(500)	(120)

* calculation Mach

$$Ua = 91\sqrt{\frac{kT}{MW}}$$

$$Mach = \sqrt{\frac{Velocity}{Ua}}$$

부록 K 금속 재질 비교

Comparison List Casting materials

General Classification	JIS	ASTM	DIN
Cast Iron	FC200	A216Cl.A	GG25
Ductile Iron	FCD450	A395	
Carbon Steel	SCPH2	A216Gr.WCB	1.0619
	SCPH11	A217Gr.WC1	1.7357
	SCPH21	A217Gr.WC6	
	SCPH32	A217Gr.WC9	1.046
Carbon Steel for Low Temperature	SCPL1	A352Gr.LCB	
	SCPL11	A352Gr.LC1	
	SCPL21	A352Gr.LC2	
	SCPL31	A352Gr.LC3	
18Cr-8Ni(C0.08)	SCS13A	A351Gr.CF8	1.4308
18Cr-8Ni-2Mo(C0.08)	SCS14A	A351Gr.CF8M	1.4408
18Cr-8Ni(C0.03)	SCS16A	A351Gr.CF3M	
18Cr-8Ni-2Mo(C0.03)	SCS19A	A351Gr.CF3	
Forging	SF440A	A105	
Round Bar	SUS304	304SS	1.4301
	SUS304L	304LSS	1.4306
	SUS316	316SS	1.4401
	SUS316L	316LSS	1.4404
	SUS317	317SS	1.4449
	SUS317L	317LSS	1.4438
	SUS410	410SS	1.4006
	SUS420	420SS	1.4034
	SUS420J2		
	SUS430	430SS	1.4016
	SUS630	630SS	
19Cr-27Ni-2Mo-3Cu	ALLOY-20		
	Monel		
	Inconel 600		
	Hastelloy-B	A494 CW-12MW	
	Hastelloy-C		

■ CHEMICAL COMPOSITION & PHYSICAL PROPERTIES (CASTINGS)

Description	C Steel		0.5% Mo Steel		1% Cr - 0.5% Mo Steel		2.5% Cr - 1% Mo Steel		C Steel	
Symbol	JIS G5151	ASTM A216	JIS G5151	ASTM A217	JIS G5151	ASTM A217	JIS G5151	ASTM A217	JIS G5152	ASTM A352
Grade	SCPH 2	WC B	SCPH 11	WC 1	SCPH 21	WC 6	SCPH 32	WC 9	SCPL 1	LC B
C % Max.	0.30	0.30	0.25	0.25	0.20	0.20	0.20	0.18	0.30	0.30
Mn % Max.	1.00	1.00	0.50 to 0.80	0.50 to 0.80	0.50 to 0.80	0.50 to 0.80	0.50 to 0.80	0.40 to 0.70	1.00	1.00
P % Max.	0.040	0.040	0.040	0.040	0.040	0.040	0.040	0.040	0.040	0.040
S % Max.	0.040	0.045	0.040	0.045	0.040	0.045	0.040	0.045	0.040	0.045
Si % Max.	0.60	0.60	0.60	0.60	0.60	0.60	0.60	0.60	0.60	0.60
Mo %	–	–	0.45 to 0.65	0.45 to 0.65	0.45 to 0.60	0.45 to 0.65	0.90 to 1.20	0.90 to 1.20	–	–
Cr %	–	–	–	–	1.00 to 1.50	1.00 to 1.50	2.00 to 2.75	2.00 to 2.75	–	–
Ni %	–	–	–	–	–	–	–	–	–	–
Tensile Strength Min. Psi (kg /mm²)	70,000 (49)	70,100 (49.3)	64,000 (45)	65,000 (45.7)	70,000 (49)	70,100 (49.3)	70,000 (49)	70,100 (49.3)	65,400 (46)	65,000 (45.7)
Yield Point Min. Psi (kg /mm²)	35,600 (25)	36,000 (25.3)	35,600 (25)	35,000 (24.6)	39,800 (28)	40,000 (28.1)	39,800 (28)	40,000 (28.1)	35,600 (25)	35,000 (24.6)
Elongation in 2 in % Min.	22	22	25	24	20	20	20	20	24	24
Reduction of Area % Min.	35	35	40	35	35	35	35	35	35	35

■ CHEMICAL COMPOSITION & PHYSICAL PROPERTIES (CASTINGS)

Description	0.5% Mo Steel		3.5% Ni Steel		19% Cr -9% Ni St. Steel		19% Cr - 10% Ni - 2% Mo St. Steel		19% Cr - 10% Ni - 2% Mo St Steel (Low C)	
Symbol	JIS G5152	ASTM A352	JIS G5152	ASTM A352	JIS G5121	ASTM A351	JIS G5121	ASTM A351	JIS G5121	ASTM A351
Grade	SCPL 11	LC 1	SCPL 31	LC 3	SCS 13	CF 8	SCS 14	CF 8M	SCS 16	CF 3M
C % Max.	0.25	0.25	0.15	0.15	0.08	0.08	0.08	0.08	0.030	0.030
Mn % Max.	0.50 to 0.80	0.50 to 0.80	0.50 to 0.80	0.50 to 0.80	2.00	1.50	2.00	1.50	2.00	1.50
P % Max.	0.040	0.040	0.040	0.040	0.040	0.040	0.040	0.040	0.040	0.040
S % Max.	0.040	0.045	0.040	0.045	0.040	0.040	0.040	0.040	0.040	0.040
Si % Max.	0.60	0.60	0.60	0.60	2.00	2.00	1.50	2.00	1.50	1.50
Mo %	0.45 to 0.65	0.45 to 0.65	–	–	–	–	2.00 to 3.00	2.00 to 3.00	2.00 to 3.00	2.00 to 3.00
Cr %	–	–	–	–	18.00 to 21.00	18.00 to 21.00	17.00 to 20.00	18.00 to 21.00	17.00 to 20.00	17.00 to 21.00
Ni %	–	–	3.00 to 4.00	3.00 to 4.00	8.00 to 11.00	8.00 to 11.00	10.00 to 14.00	9.00 to 12.00	12.00 to 16.00	9.00 to 13.00
Tensile Strength Min. Psi(kg /mm²)	65,400 (46)	65,000 (45.7)	65,400 (46)	70,000 (49.2)	64,000 (45)	65,000 (45.7)	64,000 (45)	70,100 (49.3)	56,900 (40)	70,100 (49.3)
Yield Point Min. Psi(kg /mm²)	35,600 (25)	35,000 (24.6)	39,800 (28)	40,000 (28.1)	27,000 (19)	28,000 (19.7)	27,000 (19)	30,000 (21.1)	25,600 (18)	30,000 (21.1)
Elongation in 2 in % Min.	24	24	24	24	30	35	30	30	35	30
Reduction of Area % Min.	35	35	35	35	–	–	–	–	–	–

■ CHEMICAL COMPOSITION & PHYSICAL PROPERTIES (FORGINGS)

Description	C Steel		18% Cr - 8% Ni St. Steel		18% Cr - 8% Ni - 2% Mo St. Steel		18% Cr - 8% Ni - 2% Mo St. Steel (Low C)	
Symbol	JIS G3201	ASTM A105	JIS G3214	ASTM A182	JIS G3214	ASTM A182	JIS G3214	ASTM A182
Grade	SF45	–	SUSF304	F304	SUSF316	F316	SUSF316L	F316L
C % Max.	0.22 to 0.28	0.22 to 0.35	0.08	0.08	0.08	0.08	0.03	0.035
Mn % Max.	0.30 to 0.60	0.60 to 1.05	2.00	2.00	2.00	2.00	2.00	2.00
P % Max.	0.030	0.040	0.040	0.040	0.040	0.040	0.040	0.040
S % Max.	0.035	0.050	0.030	0.030	0.030	0.030	0.030	0.030
Si % Max.	0.15 to 0.35	0.35	1.00	1.00	1.00	1.00	1.00	1.00
Mo %	–	–	–	–	2.00 to 3.00	2.00 to 3.00	2.00 to 3.00	2.00 to 3.00
Cr %	–	–	18.00 to 20.00	18.00 to 20.00	16.00 to 18.00	16.00 to 18.00	16.00 to 18.00	16.00 to 18.00
Ni %	–	–	8.00 to 11.00	8.00 to 11.00	10.00 to 14.00	10.00 to 14.00	12.00 to 15.00	10.00 to 15.00
Tensile Strength Min. Psi (kg /mm²)	64,000 (45)	70,000 (49.2)	75,400 (53)	74,900 (52.7)	75,400 (53)	74,900 (52.7)	65,400 (46)	65,000 (45.7)
Yield Point Min. Psi (kg /mm²)	32.700 (23)	36,000 (25.3)	30,000 (21.1)	30,000 (21.1)	30,000 (21.1)	30,000 (21.1)	25,600 (18)	25,000 (17.5)
Elongation in 2 in % Min.	27	22	45	45	45	45	30	30
Reduction of Area % Min.	–	30	50	50	50	50	50	50

■ CHEMICAL COMPOSITION & PHISICAL PROPERTIES

Description	Steel		C Steel		Cr - Mo Steel		13% Cr - 0.15% C St. Steel		18% Cr - 8% Ni St. Steel	
Symbol	JIS G3101	ASTM A36	JIS G4051	ASTM A194	JIS G4107	ASTM A193	JIS G4303	ASTM A479	JIS G4303	ASTM A479
Grade	SS41	–	S45C	2H	SNB7	B7	SUS403	403	SUS304	304
C % Max.	–	0.26	0.48	0.40	0.38 to 0.48	0.38 to 0.48	0.15	0.15	0.08	0.08
Mn % Max.	–	–	0.90	–	0.75 to 1.00	0.75 to 1.00	1.00	1.00	2.00	2.00
P % Max.	0.050	0.040	0.030	0.040	0.040	0.040	0.040	0.040	0.040	0.045
S % Max.	0.050	0.050	0.035	0.050	0.040	0.040	0.030	0.030	0.030	0.030
Si % Max.	–	–	0.35	–	0.2 to 0.35	0.20 to 0.35	0.50	0.50	1.00	1.00
Mo %	–	–	–	–	0.15 to 0.25	0.15 to 0.25	–	–	–	–
Cr %	–	–	–	–	0.80 to 1.10	0.80 to 1.10	11.50 to 13.00	11.50 to 13.00	18.00 to 20.00	18.00 to 20.00
Ni %	–	–	–	–	–	–	–	–	8.00 to 10.50	8.00 to 12.00
Tensile Strength Min. Psi (kg /mm²)	58,300 (41)	58,000 (40.8)	82,500 (58)	–	135,000 (95)	125,000 (87.9)	85,300 (60)	70,000 (49)	75,400 (53)	75,000 (52.7)
Yield Point Min. Psi (kg /mm²)	35,600 (25)	36,100 (25.4)	49,800 (35)	–	114,000 (80)	105,000 (73.8)	56,900 (40)	40,000 (28)	30,000 (21.1)	30,000 (21.1)
Elongation in 2 in % Min.	24	23	20	–	15	16	23	20	40	30
Reduction of Area % Min.	–	–	–	–	50	50	55	45	60	40

■ CHEMICAL COMPOSITION & PHYSICAL PROPERTIES

Description	18% Cr - 10% Ni - 2% Mo St. Steel		18% Cr - 8% Ni - 2% Mo St. Steel (Low C)		Piano Wire		1.8% Si - 1% Mn Spring Steel	
Symbol	JIS G4303	ASTM A479	JIS G4303	ASTM A479	JIS G3522	ASTM A230	JSMA No. 5	ASTM A331
Grade	SUS316	316	SUS316L	316L	SWPA	–	SWOSM	9255
C % Max.	0.08	0.08	0.030	0.030	0.80	0.60 to 0.75	0.65	0.51 to 0.59
Mn % Max.	2.00	2.00	2.00	2.00	0.60	0.60 to 0.90	1.00	0.70 to 0.95
P % Max.	0.040	0.045	0.040	0.045	0.025	0.025	0.035	0.035
S % Max.	0.030	0.030	0.030	0.030	0.025	0.030	0.035	0.040
Si % Max.	1.00	1.00	1.00	1.00	0.32	0.15 to 0.35	1.80	1.80 to 2.20
Mo %	2.00 to 3.00	2.00 to 3.00	2.00 to 3.00	2.00 to 3.00	Cu Max. 0.20	–	–	–
Cr %	16.00 to 18.00	16.00 to 18.00	16.00 to 18.00	16.00 to 18.00	–	–	–	–
Ni %	10.00 to 14.00	10.00 to 14.00	12.00 to 15.00	10.00 to 14.00	–	–	–	–
Tensile Strength Min. Psi (kg /mm²)	75,400 (53)	75,000 (52.7)	70,000 (49)	70,000 (49)	206,000 (145)	215,000 (151)	213,000 (150)	–
Yield Point Min. Psi (kg /mm²)	30,000 (21.1)	30,000 (21.1)	25,600 (18)	25,000 (17.5)	–	–	–	–
Elongation in 2 in % Min.	40	30	40	30	–	–	–	–
Reduction of Area % Min.	60	40	60	40	–	40	30	–

■ CHEMICAL COMPOSITION & PHYSICAL PROPERTIES

Description	0.8% Cr - 0.15% V Spring Steel		0.8% Cr - 0.15% V Spring Steel		2% Cr - 5% W Steel	
Symbol	JIS G3565	ASTM A232	JIS G4801	ASTM A552	JIS G4404	–
Grade	SWOCV-V	–	SUP10	6150	SKD4	–
C % Max.	0.55	0.48 to 0.53	0.55	0.48 to 0.53	0.35	–
Mn % Max.	0.95	0.70 to 0.90	0.95	0.70 to 0.90	0.60	–
P % Max.	0.030	0.020	0.035	0.035	0.030	–
S % Max.	0.030	0.032	0.035	0.040	0.030	–
Si % Max.	0.35	0.20 to 0.35	0.35	0.20 to 0.35	0.40	–
W %	Cu Max. 0.20	–	–	–	5.00 to 6.00	–
Cr %	0.80 to 1.10	0.80 to 1.10	0.80 to 1.10	0.80 to 1.10	2.00 to 3.00	–
V %	0.15 to 0.25	0.15	0.15 to 0.25	0.15 Min.	0.30 to 0.50	–
Tensile Strength Min. Psi (kg /mm²)	199,000 (140)	195,000 (137)	178,000 (125)	–	–	–
Yield Point Min. Psi (kg /mm²)	–	–	156,000 (110)	–	–	–
Elongation in 2 in % Min.	–	–	10	–	–	–
Reduction of Area % Min.	40	40	30	–	–	–

Body Material

Material		Material		Material			Main cornponent	Applicotion
		JIS	ASTM	JIS(B8243)	High pressure gas control act	ANSI(B1634)		
Gray castiron		FC 20	A126 GradeA	0~250 220 and under	0~250			Low pressure
Nodual castiron		FCD 45	A536 Gr,65-45-12	0~350	0~250			
Bronze casting		BC3	B584	-196~225	-196 and over			Sewwater, corrosion resistance low temperature
		BC6	B584	-196~225	-196 and over			
Cast or forged steel for high tern perature and high pressure service	Cast	SCPH2	A216-WCB	0~450 425 and under	-5 and over	-29-425		High temperature and high pressure
	Forged	S25C		-10~450	-10 and over 425 and under			
	Cast	SCPH11	A217-WC1	0~550 475 and under	-5 and over	-29-455	0.5Mo	
	Forged		A182-F1			-29~455		
	Cast	SCPH21	A217-WC6	0~575 510 and under	-5 and over	-29-593	1.25Cr-0.5Mo	
	Forged		A182-F11			-29~593		
	Cast	SCPH31	A217-WC9	0~650	-5 and over	-29~593	2.5Cr-1Mo	
	Forged		A182-F22			-29~593		
	Cast	SCPH61	A217-C5	0~650	-5 and over	-29~650	5.25Cr-0.5Mo	
	Forged		A182-F5a			-29~650		
Cast or forged stainless steel		SCS13	A351-CF8	-196~800	-196 and over	~800	18Cr-8Ni	Corrosion resistance, high temperature and high pressure and low tem perature
		SUS304	-	-253~800	-253 and over	-		
		SCS14	A351-CF8M	-196~800	-196 and over	~800	18Cr-12Ni 2.5Mo	
		SUS316	-	-253~800	-253 and over	-		
		SCS16	A351-CF3M	-196~450	-196 and over	~455		
		SUS316L	-	-268~450	-	-		
		SCS19	A351-CF3	-196~425	-196 and over	~425		
		SUS304L	-	-268~425	-	-		
Cast steel for low temperature ans high pressure service		SCPL1	A352-LCB	-45~350	-45 and over	-		Low temprature
		SCPL11	-45~350	-45 and over	-	-	0.5Mo	
		SCPL21	A352-LC2	-70~350	-70 and over	-	2.5Ni	
		SCPL31	A352-LC3	-100~350	-100 and over	-	3.5Ni	

부록 L 재질 조합에 의한 마모 및 긁힘 저항 정도

Wear & galling Resistance Chart Of Material Combinations

	304 SST	316 SST	Bronze	Inconel	Monel	Hastelloy B	Hastelloy C	Titanium 75A	Nickel	Alloy 20	Type 416	Type 440	17-4PH	Alloy 6	ENC*	Cr Plate	Al Bronze
304 SST	P	P	F	P	P	P	F	P	P	P	F	F	F	F	F	F	F
316 SST	P	P	F	P	P	P	F	P	P	P	F	F	F	F	F	F	F
Bronze	F	F	S	S	S	S	S	S	S	S	F	F	F	F	F	F	F
Inconel	P	P	S	P	P	P	F	P	F	F	F	F	F	F	F	F	S
Monel	P	P	S	P	P	P	F	F	F	F	F	F	F	S	F	F	S
Hastelloy B	P	P	S	P	P	P	F	F	S	F	F	F	F	S	F	S	S
Hastelloy C	F	F	S	F	F	F	F	F	F	F	F	F	F	S	F	S	S
Titanium 75A	P	P	S	P	F	F	F	P	F	F	F	F	F	S	F	F	S
Nickel	P	P	S	F	F	S	F	F	P	P	F	F	F	S	F	F	S
Alloy 20	P	P	S	F	F	F	F	F	P	P	F	F	F	S	F	F	S
Type 416 Hard	F	F	F	F	F	F	F	F	F	F	F	F	F	S	S	S	S
Type 440 Hard	F	F	F	F	F	F	F	F	F	F	S	F	S	S	S	S	S
17-4 PH	F	F	F	F	F	F	F	F	F	F	F	S	P	S	S	S	S
Alloy 6 (co-cr)	F	F	F	F	S	S	S	S	S	S	S	S	S	F	S	S	S
ENC*	F	F	F	F	F	F	F	F	F	F	S	S	S	S	P	S	S
Cr Plate	F	F	F	F	F	S	S	F	F	F	S	S	S	S	S	P	S
Ai Bronze	F	F	F	S	S	S	S	S	S	S	S	S	S	S	S	S	P

* Electroless nickel coating
S-Satisfactory

부록 M Valve Part 재질에 따른 온도 한계

재질	하한		상한	
	°F	°C	°F	°C
Type 304 Stainless Steel	−450	−268	600	316
Type 316 Stainless Steel	−450	−268	600	316
Bronze	−460	−273	450	232
Inconel[1]	−400	−240	1200	649
K Monel[1]	−400	−240	900	482
Monel	−400	−240	900	482
Hastelloy B[2]			700	371
Hastelloy C[2]			1000	538
Titanium			600	316
Nickel	−325	−198	600	316
Alloy 20	−50	−46	600	316
Type 416 Stainless Steel 40RC	−20	−29	800	427
CA−6NM	−20	−29	800	427
Nitronic 50[3]	−325	−198	1000	538
Type 440 Stainless Steel 60RC	−20	−29	800	427
17−4 PH(CB−7CU)	−40	−40	800	427
Alloy 6(co−cr)	−460	−273	1500	816
Electroless Nickel Plating	−450	−268	800	427
Chrome Plating	−450	−268	1100	593
Aluminum Bronze	−460	−273	600	316
Nitrile	−40	−40	200	93
Fluoroelastomer(Viton[4] and Fluorel[5])	−10	−23	400	204
TFE	−450	−268	450	232
Nylon	−100	−73	200	93
Polyethylene	−100	−73	200	93
Neoprene	−40	−40	180	82

1. Trademark of International Nickel Co.
2. Trademark of Stellite Div., Cabot Corp.
3. Trademark of Armco Steel Corp.
4. Trademark of E.I. DuPont Co.
5. Trademark of 3M Co.

부록 N Valve 재질별 내부식 특성

부식 정보

이 부식 표는 다양한 재질들이 특정 유체와 접촉할 때 어떻게 반응하는지를 나타내는 지표만을 보여주는 데 목적이 있다. 집중, 온도, 압력, 그리고 다른 조건들은 특정 재질의 특성을 변화시킬 수 있기 때문에 이 권장 사항은 절대적인 것은 아니다. 또한 재질 선정에 영향을 미치는 경제적인 고려사항들도 있으므로 이 표는 오직 참고사항으로만 사용하여야 한다.

FLUID	MATERIAL													
	Carbon Steel	Cast Iron	302 or 304 Stainless Steel	316 Stainless Steel	Bronze	Monel*	Hastelloyl† B	Hatelloyt† C	Durimet† 20	Titanium	Cobalt-Base Alloy 6	416 Stainless Steel	440C Hard Stainless Steel	17-4PH °4PH Hard Stainless
Acetaldehyde	A	A	A	A	A	A	I.L.	A	A	I.L.	I.L.	A	A	A
Acetic Acid, Air Free	C	C	B	B	B	B	A	A	A	A	A	C	C	B
Acetic Acid, Aerated	C	C	A	A	A	A	A	A	A	A	A	C	C	B
Acetic Acid Vapors	C	C	A	A	B	B	I.L.	A	B	A	A	C	C	B
Acetone	A	A	A	A	A	A	A	A	A	A	A	A	A	A
Acetylene	A	A	A	A	I.L.	A	A	A	A	I.L.	A	A	A	A
Alcohols	A	A	A	A	A	A	A	A	A	A	A	A	A	A
Aluminum Sulfate	C	C	A	A	B	B	A	A	A	A	I.L.	C	C	I.L.
Ammonia	A	A	A	A	C	A	A	A	A	A	A	A	A	I.L.
Ammonium Chloride	C	C	B	B	B	B	A	A	A	A	B	C	C	I.L.
Ammonium Nitrate	A	C	A	A	C	C	A	A	A	A	A	C	B	I.L.
Ammonium Phosphate(Mono-Basic)	C	C	A	A	B	B	A	A	B	A	A	B	B	I.L.
Ammonium Sulfate	C	C	B	A	B	A	A	A	A	A	A	C	C	I.L.
Ammonium Sulfite	C	C	A	A	C	C	I.L.	A	A	A	A	B	B	I.L.
Aniline	C	C	A	A	C	B	A	A	A	A	A	C	C	I.L.
Asphalt	A	A	A	A	A	A	A	A	A	I.L.	A	A	A	A
Beer	B	B	A	A	B	B	A	A	A	A	A	B	B	A
Benzene(Benzol)	A	A	A	A	A	A	A	A	A	A	A	A	A	A
Benzoic Acid	C	C	A	A	A	A	I.L.	A	A	A	I.L.	A	A	A
Boric Acid	C	C	A	A	A	A	A	A	A	A	A	B	B	I.L.

Butane	A	A	A	A	A	A	A	A	A	I.L.	A	A	A	A
Calcium Chloride(Alkaline)	B	B	C	B	C	A	A	A	A	A	I.L.	C	C	I.L
Calcium Hypochlorite	C	C	B	B	B	B	C	A	A	A	I.L.	C	C	I.L
Carbolic Acid	B	B	A	A	A	A	A	A	A	A	A	I.L.	I.L.	I.L
Carbon Dioxide, Dry	A	A	A	A	A	A	A	A	A	A	A	A	A	A
Carbon Dioxide, Wet	C	C	A	A	B	A	A	A	A	A	A	A	A	A
Carbon Disulfide	A	A	A	A	C	B	A	A	A	A	A	B	B	I.L
Carbon Tetrachloride	B	B	B	B	A	A	B	A	A	A	I.L	C	A	I.L
Carbonic Acid	C	C	B	B	B	A	A	A	A	I.L	I.L	A	A	A
Chlorine Gas, Dry	A	A	B	B	B	A	A	A	A	C	B	C	C	C
Chiorine Gas, Wet	C	C	C	C	C	C	C	B	C	A	B	C	C	C
Chlorine, Liquid	C	C	C	C	B	C	C	A	B	C	B	C	C	C
Chromic Acid	C	C	C	B	C	A	C	A	C	A	B	C	C	C
Citric Acid	I.L	C	B	A	A	B	A	A	A	A	I.L	B	B	B
Coke Oven Gas	A	A	A	A	B	B	A	A	A	A	A	A	A	A
Copper Sulfate	C	C	B	B	B	C	I.L	A	A	A	I.L	A	A	A
Cottonseed Oil	A	A	A	A	A	A	A	A	A	A	A	A	A	A
Creosote	A	A	A	A	C	A	A	A	A	I.L	A	A	A	A
Ethane	A	A	A	A	A	A	A	A	A	A	A	A	A	A
Ether	B	B	A	A	A	A	A	A	A	A	A	A	A	A
Ethyl Chloride	C	C	A	A	A	A	A	A	A	A	A	B	B	I.L
Ethylene	A	A	A	A	A	A	A	A	A	A	A	A	A	A
Ethylene Glycol	A	A	A	A	A	A	I.L	I.L	A	I.L	A	A	A	A
Ferric Chloride	C	C	C	C	C	C	C	B	C	A	B	C	C	I.L
Formaldehyde	B	B	A	A	A	A	A	A	A	A	A	A	A	A
Formic Acid	I.L	C	B	B	A	A	A	A	A	C	B	C	C	B
Freon, Wet	B	B	B	A	A	A	A	A	A	A	A	I.L	I.L	I.L
Freon, Dry	B	B	A	A	A	A	A	A	A	A	A	I.L	I.L	I.L
Furfural	A	A	A	A	A	A	A	A	A	A	A	B	B	I.L
Gasoline, Refined	A	A	A	A	A	A	A	A	A	A	A	A	A	I.L

* Trademark of International Nickel Co.
† Trademark of Stellite Division, Cabot Corp.
‡ Trademark of Duriron Co.
A-Recommended.
B-Minor to moderate effect, proceed with caution.
C-Unsatisfactory.
I.L.-Information lacking.

FLUID	MATERIAL													
	Carbon Steel	Cast Iron	302 or 304 Stainless Steel	316 Stainless Steel	Bronze	Monel*	Hastelloyl† B	Hatelloyt† C	Durimet† 20	Titanium	Cobalt-Base Alloy 6	416 Stainless Steel	440C Hard Stainless Steel	17-4PH ∘4PH Hard
Glucose	A	A	A	A	A	A	A	A	A	A	A	A	A	A
Hydrochloric Acid(Aerated)	C	C	C	C	C	C	A	B	C	C	B	C	C	C
Hydrochloric Acid(Air Free)	C	C	C	C	C	C	A	B	C	C	B	C	C	C
Hydrofluoric Acid(Aerated)	B	C	C	B	C	C	A	A	B	C	B	C	C	C
Hydrofluoric Acid(Air Free)	A	C	C	B	C	A	A	A	B	C	I.L.	C	C	I.L.
Hydrogen	A	A	A	A	A	A	A	A	A	A	A	A	A	A
Hydrogen Peroxide	I.L.	A	A	A	C	A	B	B	A	A	I.L.	B	B	I.L.
Hydrogen Sulfide, Liquid	C	C	A	A	C	C	A	A	B	A	A	C	C	I.L.
Magnesium Hydroxide	A	A	A	A	B	A	A	A	A	A	A	A	A	I.L.
Mercury	A	A	A	A	C	B	A	A	A	A	A	A	A	B
Methanol	A	A	A	A	A	A	A	A	A	A	A	A	B	A
Methyl Ethyl ketone	A	A	A	A	A	A	A	A	A	I.L.	A	A	A	A
Milk	C	C	A	A	A	A	A	A	A	A	A	C	C	C
Natural Gas	A	A	A	A	A	A	A	A	A	A	A	A	A	A
Nitric Acid	C	C	A	B	C	C	C	B	A	A	C	C	C	B
Oleic Acid	C	C	A	A	B	A	A	A	A	A	A	A	A	I.L.
Oxalic Acid	C	C	B	B	B	B	A	A	A	B	B	B	B	I.L.
Oxygen	A	A	A	A	A	A	A	A	A	A	A	A	A	A
Petroleum Oils, Refined	A	A	A	A	A	A	A	A	A	A	A	A	A	A
Phosphoric Acid(Aerated)	C	C	A	A	C	C	A	A	A	B	A	C	C	I.L.
Phosphoric Acid(Air Free)	C	C	A	A	C	B	A	A	A	B	A	C	C	I.L.
Phosphoric Acid Vapors	C	C	B	B	C	C	A	I.L.	A	B	C	C	C	I.L.
Picric Acid	C	C	A	A	C	C	A	A	A	I.L.	I.L.	B	B	I.L.
Potassium Chloride	B	B	A	A	B	B	A	A	A	A	I.L.	C	C	I.L.
Potassium Hydroxide	B	B	A	A	B	A	A	A	A	A	I.L.	B	B	I.L.

Propane	A	A	A	A	A	A	A	A	A	A	A	A	A	A
Rosin	B	B	A	A	A	A	A	A	A	I.L.	A	A	A	A
Silver Nitrate	C	C	A	A	C	C	A	A	A	A	B	B	B	I.L.
Sodium Acetate	A	A	B	A	A	A	A	A	A	A	A	A	A	A
Sodium Carbonate	A	A	A	A	A	A	A	A	A	A	A	B	B	A
Sodium Chloride	C	C	B	B	A	A	A	A	A	A	A	B	B	B
Sodium Chromate	A	A	A	A	A	A	A	A	A	A	A	A	A	A
Sodium Hydroxide	A	A	A	A	C	A	A	A	A	A	A	B	B	A
Sodium Hypocchloride	C	C	C	C	B-C	B-C	C	A	B	A	I.L.	C	C	I.L.
Sodium Thiosulfate	C	C	A	A	C	C	A	A	A	A	I.L.	B	A	I.L.
Stannous Chloride	B	B	C	A	C	B	A	A	A	A	I.L.	C	C	I.L.
Stearic Acid	A	C	A	A	B	B	A	A	A	A	B	B	B	I.L.
Sulfate Liquor(Black)	A	A	A	A	C	A	A	A	A	A	A	I.L.	I.L.	I.L.
Sulfur	A	A	A	A	C	A	A	A	A	A	A	A	A	A
Sulfur Dioxide, Dry	A	A	A	A	A	A	B	A	A	A	A	B	B	I.L.
Sulfur Trioxide, Dry	A	A	A	A	A	A	B	A	A	A	A	B	B	I.L.
Sulfuric Acid(Aerated)	C	C	C	C	C	C	A	A	A	B	B	C	C	C
Sulfuric Acid(Air Free)	C	C	C	C	B	B	A	A	A	B	B	C	C	C
Sulfurous Acid	C	C	B	B	B	C	A	A	A	A	B	C	C	I.L.
Tar	A	A	A	A	A	A	A	A	A	A	A	A	A	A
Trichloroethylene	B	B	B	A	A	A	A	A	A	A	A	B	B	I.L.
Turpentine	B	B	A	A	A	B	A	A	A	A	A	A	A	A
Vinegar	C	C	A	A	B	A	A	A	A	I.L.	A	C	C	A
Water, Boller Feed	B	C	A	A	C	A	A	A	A	A	A	B	A	A
Water, Distilled	A	A	A	A	A	A	A	A	A	A	A	B	B	I.L.
Water, Sea	B	B	B	B	A	A	A	A	A	A	A	C	C	A
Whiskey and Wines	C	C	A	A	A	B	A	A	A	A	A	C	C	I.L.
Zinc Chloride	C	C	C	C	C	C	A	A	A	A	B	C	C	I.L.
Zinc Sulfate	C	C	A	A	B	A	A	A	A	A	A	B	B	I.L.

* Trademark of International Nickel Co.
† Trademark of Stellite Division, Cabot Corp.
‡ Trademark of Duriron co.
A-Recommended.
B-Minor to moderate offect, proceed with caution.
C-Unsatisfactory.
I.L.-Information lacking.

부록 O Elastomer 재질 특성

엘라스토머 정보

엘라스토머 선정

제어밸브에 사용할 적정 엘라스트머 재질을 선정하려면 사용조건에 대한 지식과 재질 자체의 일반적인 특성에 대한 지식이 필요하다. 사용 온도, 압력 조건, 유량, 밸브 동작 형식(교축 또는 단순 개폐), 그리고 유동 유체의 화학 성분에 대해서도 알아야 한다. 특정 성분은 용도 등급을 변화시킬 수 있기 때문에 아래의 용도 등급(Good, Fair 등)은 오직 참고사항으로만 사용되어야 한다.

일반특성

Property		Natural Rubber	Buna-S	Nitrile	Neo-prene	Butyl	Thioko[1]	Silicone	Hypalon[2]	Viton[2,3,4]	Poly-urethane[4]	Poly-acrylic	Ethylene Propylene[5]
Tensile Strength, Psi (Bar)	Pure Gum	3000 (207)	400 (28)	600 (41)	3500 (241)	3000 (207)	300 (21)	200-450 (14-31)	4000 (276)	...	...	100 (7)	...
	Rein forced	4500 (310)	3000 (207)	4000 (276)	3500 (241)	3000 (207)	1500 (103)	1100 (76)	4400 (303)	2300 (159)	6500 (448)	1800 (124)	2500 (172)
Tear Resistance		Excellent	Poor-Fair	Fair	Good	Good	Fair	Poor-Fair	Excellent	Good	Excellent	Fair	Poor
Abrasion Resistance		Excellent	Good	Good	Excellent	Fair	Poor	Poor	Excellent	Very Good	Excellent	Good	Good
Aging : Sunlight Oxidation		Poor Good	Poor Fair	Poor Fair	Excellent Good	Excellent Good	Good Good	Good Very Good	Excellent Very Good	Excellent Excellent	Excellent Excellent	Excellent Excellent	Excellent Good
Heat (Max, Temp.)		200°F (93°C)	200°F (93°C)	250°F (121°C)	200°F (93°C)	200°F (93°C)	140°F (60°C)	450°F (232°C)	300°F (149°C)	400°F (204°C)	200°F (93°C)	350°F (177°C)	350°F (177°C)
Static (Shelf)		Good	Good	Good	Very Good	Good	Fair	Good	Good	...	...	Good	Good
Fiex Cracking Resistance		Excellent	Good	Good	Excellent	Excellent	Fair	Fair	Excellent	...	Excellent	Good	...
Compression Set Resistance		Good	Good	Very Good	Excellent	Fair	Poor	Good	Poor	Poor	Good	Good	Fair

Solvent Resistance:												
Aliphatic Hydrocarbon	Very Poor	Very Poor	Good	Fair	Poor	Excellent	Poor	Fair	Excellent	Very Poor	Good	Poor
Aromatic Hydrocarbon	Very Poor	Very Poor	fair	Poor	Very Poor	Good	Very Poor	Poor	Very Poor	Fair	Poor	Fair
Oxygenared Solvent	Good	Good	Poor	Fair	Good	Fair	Poor	Poor	Good	Poor	Poor	
Halogenated Solivent	Very Poor	Very Poor	Very Poor	Very Poor	Poor	Poor	Very Poor	Very Poor		Poor	Poor	Poor
Oil Resistance:												
Low Aniline Mineral Oil	Very Poor	Very Poor	Excellent	Fair	Very Poor	Excellent	Poor	Fair	Excellent	Excellent	Excellent	Poor
High Aniline Mineral Oil	Very Poor	Very Poor	Excellent	Good	Very Poor	Excellent	Good	Good	Excellent	Excellent	Excellent	Poor
Synthetic Lubricarnts	Very Poor	Very Poor	Fair	Very Poor	Poor	Poor	Fair	Poor		Fair	Fair	Poor
Organic Phosphates	Very Poor	Very Poor	Very Poor	Very Poor	Good	Poor	Poor	Poor	Poor	Poor	Poor	Very Good
Gasoline Resistance:												
Aromatic:	Very Poor	Very Poor	Good	Poor	Very Poor	Excellent	Poor	Poor	Good	Fair	Fair	Fair
Non-Aromatic	Very Poor	Very Poor	Excellent	Good	Very Poor	Excellent	Good	Fair	Very Poor	Poor	Poor	Poor
Acid Resistance:												
Diluted(Under 10%)	Good	Good	Good	Fair	Good	Poor	Fair	Good	Excellent	Poor	Poor	Very Good
Concentrated[6]	Fair	Poor	Poor	Fair	Fair	Very Poor	Poor	Good	Very Poor	Poor	Poor	Good
Low Temperature Flexibility(Max.)	−65°F (−54°C)	−50°F (−46°C)	−40°F (−40°C)	−40°F (−40°C)	−40°F (−40°C)	−40°F (−40°C)	−100°F (−73°C)	−20°F (−29°C)	−30°F (−34°C)	−40°F (−40°C)	−10°F (−23°C)	−50°F (−45°C)
Permeability to Gases	Fair	Fair	Fair	Very Poor	Very Poor	Good	Fair	Very Poor	Good	Good	Good	Good
Water Resistance	Good	Very Poor	Very Poor	Fair	Very Poor	Fair	Fair	Fair	Excellent	Fair	Fair	Very Good
Alkali Resistance:												
Diluted(under 10%)	Good	Good	Good	Good	Very Poor	Poor	Fair	Good	Excellent	Poor	Poor	Excellent
Concentrated	Fair	Fair	Fair	Fair	Very Poor	Poor	Poor	Good	Very Poor	Poor	Poor	Good
Resilience	Very Poor	Fair	Fair	Very Poor	Very Poor	Poor	Good	Good	Good	Very Poor	Very Poor	Very good
Elongation(Max.)	700%	500%	500%	500%	700%	400%	300%	300%	425%	2005	200%	500%

1. Trademark of Thiokol Chemical Co.
2. Trademark of E.I. DuPont Co.
3. Do not use with steam.
4. Do not use with ammonia.
5. Do not use with petroleum base fluids, Use with ester base non-flammable hydraulic oils and low pressure steam applications to 300°F (149°C)
6. Except for nitric and sulfuric acid.

부록 P Elastomer와 유체의 호환특성

엘라스토머와 유체의 호환특성

다음 표는 엘라스토머 재질의 압축성을 특성 유체와 비교하여 등급을 분류한다. 이 정보는 단지 참고사항으로만 사용되어야 한다. 유체와 호환성이 있는 엘라스토머는 온도 호환성의 전체 범위에 걸쳐 부적합하게 될 수 있다. 일반적으로 사용 온도가 증가하면서 화학적 호환성은 감소한다.

Fluid	Natural Rubber	Neoprene	Nitrile	EPT	Poly-urethane	Viton*	Hypalon*	Butyl	Silicone
Acetic Acid(30%)	B	C	B	A+	C	B	B	A	A
Acetone	B	B	C	A	C	C	B	A	B
Air, Ambient	B	A	A	A	A	A	A	A	A
Air, Hot(200°F) (93°C)	C	C	A	A	B	A	A	A	C
Air, Hot(400°F) (204°C)	C	C	C	C	C	B	C	C	C
Alcohol, Ethyl	A	A	A	A	B	B	A	A	A
Alcohol, Methyl	A	A+	A	A	C	C	A	A	A
Ammonia, Gas(Hot)	C	A	C	A	C	C	B	A	C
Beer(Beverage)	C	B	C	B	C	C	B	C	B
	A	A	B	A	C	A	A	A	A
Benzene	C	C	C	C	C	A	C	C	C
Black Liquor	B	B	A	B	C	A+	C	C	C
Blast Furnace Gas	C	C	B	C	C	A	C	C	A
Brine(Calcium Chloride)	A	A	A	A	A	B	A	A	A
Butadiene Gas	C	B	C	C	C	B	B	C	C
Butane, Gas	C	A	A+	C	B	A	A	C	C
Butane, Liquid	C	B	A	C	C	A	C	C	C
Carbon Tetrachloride	C	C	C	C	C	A	C	C	C
Chlorine, Dry	C	C	C	C	C	A	C	B	C
Chlorine, Wet	C	C	C	C	C	A	C	C	C
Coke Oven Gas	C	C	B	C	C	A+	B	C	B
Dowtherm† A	C	C	C	C	C	A	C	C	C
Ethyl Acetate	C	C	C	B	C	C	C	B	B
Ethylene Glycol	A	A	A	A+	B	A	A	A	A
Freon 11	C	B	A	C	C	A+	A	C	C
Freon 12	B	A+	A	B	A	B	A	B	C
Freon 22	C	A+	C	A	C	C	A	A	C

Freon 114	A	A	A	A	A	B	B	A	C
Gasoline	C	B	A+	C	B	A	B	C	C
Hydrogen Gas	B	A	A	A	A	A	A	A	C
Hydrogen Sulfide(Dry)	B	A	C	A+	B	C	A	A	C
Hydrogen Sulfide(Wet)	C	B	C	A+	C	C	C	A	C
Jet Fuel(JP-4)	C	C	A	C	B	A	C	C	C
Methylene Chloride	C	C	C	C	C	B	C	C	C
Milk	A	A	A+	A	C	A	A	A	A
Natural Gas	C	A	A+	C	B	A	A	C	C
Natural Gas + H_2S(Sour Gas)	C	A	B	C	B	C	A	C	C
Natural Gas, Sour+Ammonia	C	B	B	C	C	C	B	C	C
Naphthalene	C	C	C	C	B	A	C	C	C
Nitric Acid(10%)	C	B	C	B	C	A	B	B	B
Nitric Acid(50 to 100%)	C	C	C	C	C	A	C	C	C
Nitric Acid Vapor	C	B	C	B	C	A	B	B	C
Nitrogen	A	A	A	A	A	A	A	A	A
Oil(Fuel)	C	B	A+	C	C	A	A	C	C
Ozone	C	B	C	A	A	A	A	B	A
Paper Stock	C	B	B	B	C	A	B	B	C
Propane	C	A	A	C	B	A	A	C	C
Sea Water	B	B	A	A	B	A	B	A	B
Sea Water+Sulfuric Acid	C	B	C	B	B	A	B	B	C
Soap Solution	B	A	A	A	A	A	A	A	A
Steam	C	C	C	B	C	C	C	B	C
Sulfur Dioxide	C	A	C	A+	B	A	C	B	A
Sulfuric Acid(to 50%)	C	B	C	B	B	A	B	B	C
Sulfuric Acid(50 to 100%)	C	C	C	B	C	A	C	B	C
Water(Ambient)	A	A	A	A	A	A	A	A	A
Water(200°F)(93°C)	C	C	B	A+	C	B	B	B	C
Water(300°F)(149°C)	C	C	C	B	C	C	C	B	C
Water(De-ionized)	A	A	A	A	A	A	A	A	A
Water, White	B	B	A	A	B	A	B	A	B

* Trademark of E.I. DuPont Co.
† Trademark of Dow Chemical Co.
A+ — Best possible selection.

A – Recommended.
B – Minor to moderate effect. Proceed with caution.
C – Unsatisfactory.

부록 Q Flange 규격표

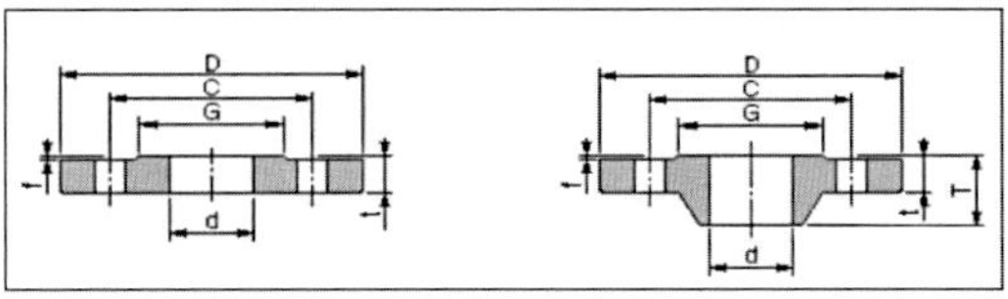

SLIP-ON　　WELDING NECK

ANSI 150 lbs

ANSI B16.5 FORGED FLANGED　　Unit : mm

Size (inch)	Size (mm)	D	t	G	T1	T2	B2	C	Number of holes	Bolting Dia. of holes	Stud Bolt Size
1/2	15	88.9	11.2	35.1	47.8	15.7	22.4	60.4	4	16	1/2-13UNCx65L
3/4	20	98.6	12.7	42.9	52.3	15.7	27.7	69.9	4	16	1/2-13UNCx65L
1	25	108	14.2	50.8	55.6	17.5	34.5	79.2	4	16	1/2-13UNCx70L
1 1/4	32	117.3	15.7	63.5	57.2	20.6	43.2	88.9	4	16	1/2-13UNCx70L
1 1/2	40	127	17.5	73.2	62	22.4	49.5	98.5	4	16	1/2-13UNCx75L
2	50	152.4	19.1	92	63.5	25.4	62	120.6	4	19	5/8-11UNCx85L
2 1/2	65	177.8	22.4	104.6	69.9	28.4	74.7	139.7	4	19	5/8-11UNCx90L
3	80	190.5	23.9	127	69.9	30.2	90.7	152.4	4	19	5/8-11UNCx95L
3 1/2	90	215.9	23.9	139.7	71.4	31.8	103.4	177.8	8	19	5/8-11UNCx95L
4	100	228.6	23.9	157.2	76.2	33.3	116.1	190.5	8	19	5/8-11UNCx95L
5	125	254	23.9	185.7	88.9	36.6	143.8	215.9	8	22	3/4-10UNCx105L
6	150	279.4	25.4	215.9	88.9	39.6	170.7	241.3	8	22	3/4-10UNCx105L
8	200	342.9	28.5	269.7	101.6	44.5	221.5	298.4	8	22	3/4-10UNCx110L
10	250	406.4	30.2	323.8	101.6	49.3	276.4	361.9	12	25	7/8-9UNCx120L
12	300	482.6	31.8	381	114.3	55.6	327.2	431.8	12	25	7/8-9UNCx120L
14	350	533.4	35.1	412.8	127	57.2	359.2	476.2	12	28	1-8UNCx135L
16	400	596.9	36.6	469.9	127	63.5	410.5	539.7	16	28	1-8UNCx140L
18	450	635	39.6	533.4	139.7	68.3	461.8	577.8	16	32	1 1/8-8UNx155L
20	500	698.5	42.9	584.2	144.5	73.2	513.1	635	20	32	1 1/8-8UNx160L
22	550	749.3	46	641.3	149.2	79.4	564.4	692.1	20	35	1 1/4-8UNx165L
24	600	812.8	47.8	692.1	152.4	82.6	616	749.3	20	35	1 1/4-8UNx180L
26	650	870	50.8	723.9	127	85.7	666.8	806.5	24	35	1 1/4-8UNx180L
28	700	927.1	52.4	793.7	128.6	87.3	717.5	863.6	28	35	1 1/4-8UNx180L
30	750	984.3	54	857.3	130.2	88.9	768.4	914.4	28	35	1 1/4-8UNx185L

ANSI 300 lbs

ANSI B16.5 FORGED FLANGED　　Unit : mm

Size (inch)	Size (mm)	D	t	G	T1	T2	B2	C	Number of holes	Bolting Dia. of holes	Stud Bolt Size
1/2	15	95.2	14.2	35	52.3	22.4	22.4	66.5	4	16	1/2-13UNCx70L
3/4	20	117.3	15.7	42.9	57.2	25.4	27.7	82.5	4	19	5/8-11UNCx80L
1	25	123.9	17.5	50.8	62	26.9	34.5	88.9	4	19	5/8-11UNCx85L
1 1/4	32	133.3	19.1	63.5	65	26.9	43.2	98.5	4	19	5/8-11UNCx85L
1 1/2	40	155.4	20.6	73.1	68.3	30.2	49.5	114.3	4	22	3/4-10UNCx95L
2	50	165.1	22.3	91.9	69.9	33.3	62	127	8	19	5/8-11UNCx95L
2 1/2	65	190.5	25.4	104.6	76.2	38.1	74.7	149.3	8	22	3/4-10UNCx105L
3	80	209.5	28.4	127	79.2	42.9	90.7	168.1	8	22	3/4-10UNCx110L
3 1/2	90	228.6	30.2	139.7	81	44.5	103.4	184.1	8	22	3/4-10UNCx115L
4	100	254	31.7	157.2	85.9	47.8	116.1	200.1	8	22	5/8-11UNCx115L
5	125	279.4	35.1	185.7	98.6	50.8	143.8	234.9	8	22	3/4-10UNCx120L
6	150	317.5	36.6	215.9	98.6	52.3	170.7	269.7	12	22	3/4-10UNCx130L
8	200	381	41.1	269.7	111.3	62	221.5	330.2	12	25	7/8-9UNCx140L
10	250	444.5	47.7	323.8	117.3	66.5	276.4	387.3	16	28	1-8UNCx160L
12	300	520.7	50.8	381	130	73.2	327.2	450.8	16	32	1 1/8-8UNx175L
14	350	584.2	53.8	412.7	142.7	76.2	359.2	514.3	20	32	1 1/8-8UNx180L
16	400	647.7	57.1	469.9	146.1	82.6	410.5	571.5	20	35	1 1/4-8UNx190L
18	450	711.2	60.4	533.4	158.8	88.9	461.8	628.6	24	35	1 1/4-8UNx200L
20	500	774.7	63.5	584.2	162.1	95.3	513.1	685.8	24	35	1 1/4-8UNx210L
22	550	838.2	66.7	641.3	165.1	101.6	564.4	742.9	24	42	1 1/2-8UNx225L
24	600	914.4	69.8	692.1	168.1	106.4	616	812.8	24	42	1 1/2-8UNx235L
26	650	971.6	79.4	749.3	184.2	184.2	666.8	876.3	28	45	1 5/8-8UNx255L
28	700	1035	85.7	800.1	196.8	196.8	717.5	939.8	28	45	1 5/8-8UNx270L

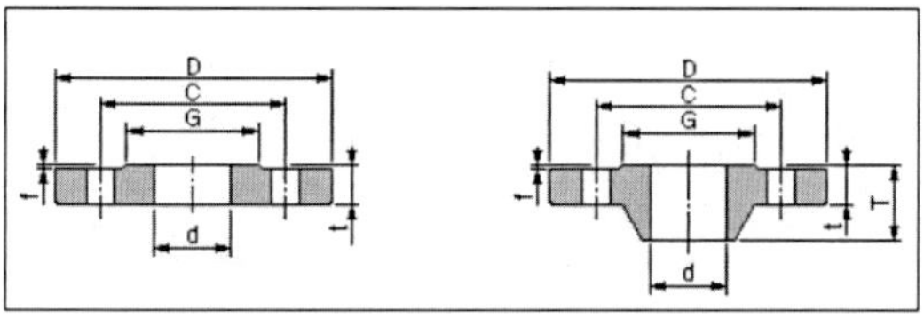

SLIP-ON　　　　WELDING NECK

ANSI 600 lbs

ANSI B16.5 FORGED FLANGE　　　　Unit : mm

Size (inch)	Size (mm)	D.	t	G	T1	T2	B2	C	Number of holes	Bolting Dia. of holes	Stud Bolt Size
1/2	15	95.2	14.2	35	52.3	22.4	22.4	66.5	4	16	1/2-13UNCx85L
3/4	20	117.3	15.7	42.9	57.2	25.4	27.7	82.5	4	19	5/8-11UNCx90L
1	25	123.9	17.5	50.8	62	26.9	34.5	88.9	4	19	5/8-11UNCx95L
1 1/4	32	133.3	20.6	63.5	66.5	28.4	43.2	98.5	4	19	5/8-11UNCx105L
1 1/2	40	155.4	22.3	73.1	69.9	31.8	49.5	114.3	4	22	3/4-10UNCx110L
2	50	165.1	25.4	91.9	73.2	36.6	62	127	8	19	5/8-11UNCx110L
2 1/2	65	190.5	28.4	104.6	79.2	41.1	74.7	149.3	8	22	3/4-10UNCx120L
3	80	209.5	31.7	127	82.6	46	90.7	168.1	8	22	3/4-10UNCx130L
3 1/2	90	228.6	35	139.7	85.9	49.3	103.4	184.1	8	25	7/8-9UNCx140L
4	100	273	38.1	157.2	101.6	53.8	116.1	215.9	8	25	7/8-9UNCx150L
5	125	330.2	44.4	185.7	114.3	60.5	143.8	266.7	8	28	1-8UNCx165L
6	150	355.6	47.7	215.9	117.3	66.5	170.7	292.1	12	28	1-8UNCx175L
8	200	419.1	55.6	269.7	133.4	76.2	221.5	349.2	12	32	1 1/8-8UNx200L
10	250	508	63.5	323.8	152.4	85.9	276.4	431.8	16	35	1 1/4-8UNx220L
12	300	558.8	66.5	381	155.4	91.9	327.2	488.9	20	35	1 1/4-8UNx225L
14	350	603.2	69.8	412.7	165.1	93.7	359.2	527	20	39	1 3/8-8UNx235L
16	400	685.8	76.2	469.9	177.8	106.4	410.5	603.2	20	42	1 1/2-8UNx255L
18	450	742.9	82.5	533.4	184.2	117.3	461.8	654	20	45	1 5/8-8UNx275L
20	500	812.8	88.9	584.2	190.5	127	513.1	723.9	24	45	1 5/8-8UNx295L
22	550	869.9	95.3	641.3	196.8	133.3	564.3	777.9	24	48	1 3/4-8UNx305L
24	600	939.8	101.6	692.1	203.2	139.7	616	838.2	24	51	1 7/8-8UNx330L
26	650	1016	108	749.3	222.3	222.3	666.8	914.4	28	51	1 7/8-8UNx340L
28	700	1073.1	111.1	800.1	234.9	234.9	717.5	965.2	28	54	2-8UNx350L

ANSI 900 lbs

ANSI B16.5 FORGED FLANGE　　　　Unit : mm

Size (inch)	Size (mm)	D	t	G	T1	T2	B2	C	Number of holes	Bolting Dia. of holes	Stud Bolt Size
1/2	15	120.7	22.4	35.1	60.5	31.8	22.4	82.6	4	22	3/4-10UNCx115L
3/4	20	130	25.4	42.9	69.9	35.1	27.7	88.9	4	22	3/4-10UNCx120L
1	25	149.4	28.4	50.8	73.2	41.1	34.5	101.6	4	25	7/8-9UNCx135L
1 1/4	32	158.8	28.4	63.5	73.2	41.1	43.2	111.3	4	25	7/8-9UNCx135L
1 1/2	40	177.8	31.8	73.2	82.6	44.5	49.5	124	4	28	1-8UNCx145L
2	50	215.9	38.1	91.9	101.6	57.2	62	165.1	8	25	7/8-9UNCx155L
2 1/2	65	244.3	41.1	104.6	104.6	63.5	74.7	190.5	8	28	1-8UNCx165L
3	80	241.3	38.1	127	101.6	53.8	90.7	190.5	8	25	7/8-9UNCx155L
4	90	292.1	44.5	157.2	114.3	69.9	116.1	235	8	32	1 1/8-8UNx180L
5	100	349.3	50.8	185.7	127	79.2	143.8	279.4	8	35	1 1/4-8UNx200L
6	125	381	55.6	215.9	139.7	85.9	170.7	317.5	12	32	1 1/8-8UNx200L
8	150	469.9	63.5	269.7	162.1	101.6	221.5	393.7	12	38	1 3/8-8UNx230L
10	200	546.1	69.9	323.9	184.2	108	276.4	469.9	16	38	1 3/8-8UNx240L
12	250	609.6	79.2	381	200.2	117.3	327.2	533.4	20	38	1 3/8-8UNx260L
14	300	641.4	85.9	412.8	212.9	130	359.2	558.8	20	41	1 1/2-8UNx280L
16	350	704.9	88.9	469.9	215.9	133.4	410.5	616	20	45	1 5/8-8UNx295L
18	400	787.4	101.6	533.4	228.6	152.4	461.8	685.8	20	51	1 7/8-8UNx330L

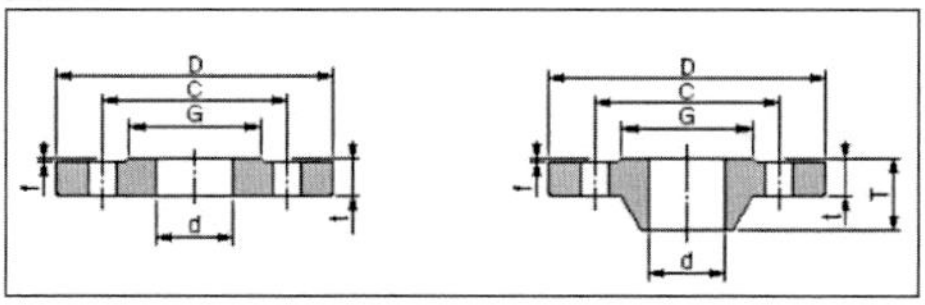

JIS B 2220 ~ 1984 Unit : mm

Class	Size	D	t	f	G	T	T1	d	Bolting			
									C	Number of Holes	Dia. Of Holes	Bolt Size
JIS 10K	10	90	12	1	48	-	-	17.8	65	4	15	M12
	15	95	12	1	52	-	-	22.2	70	4	15	M12
	20	100	14	1	58	-	-	27.7	75	4	15	M12
	25	125	14	1	70	-	-	34.5	90	4	19	M16
	32	135	16	2	80	-	-	43.2	100	4	19	M16
	40	140	16	2	85	-	-	49.1	105	4	19	M16
	50	155	16	2	100	-	-	61.1	120	4	19	M16
	65	175	18	2	120	-	-	77.1	140	4	19	M16
	80	185	18	2	130	-	-	90	150	8	19	M16
	100	210	18	2	155	-	-	115.4	175	8	19	M16
	125	250	20	2	185	-	-	141.2	210	8	23	M20
	150	280	22	2	215	-	-	166.6	240	8	23	M20
	200	330	22	2	265	-	-	218	290	12	23	M20
	250	400	24	2	325	36	-	269.5	355	12	25	M22
	300	445	24	3	370	38	-	321	400	16	25	M22
	350	490	26	3	415	42	-	358.1	445	16	25	M22
	400	560	28	3	475	44	-	409	510	16	27	M24
	450	620	30	3	530	48	-	460	565	20	27	M24
	500	675	30	3	585	48		511	620	20	27	M24
	600	795	32	3	-	52	-	613	730	24	33	
JIS 20K	10	90	14	1	48	20	-	17.8	65	4	15	M12
	15	95	14	1	52	20	-	22.2	70	4	15	M12
	20	100	16	1	58	22	-	27.7	75	4	15	M12
	25	125	16	1	70	24	-	34.5	90	4	19	M16
	32	135	18	2	80	26	-	43.2	100	4	19	M16
	40	140	18	2	85	26	-	49.1	105	4	19	M16
	50	155	18	2	100	26	-	61.1	120	8	19	M16
	65	175	20	2	120	30	-	77.1	140	8	19	M16
	80	200	22	2	135	34	-	90	160	8	23	M20
	100	225	24	2	160	36	-	115.4	185	8	23	M20
	125	270	26	2	195	40	-	141.2	225	8	25	M22
	150	305	28	2	230	42	-	166.6	260	12	25	M22
	200	350	30	2	275	46	-	218	305	12	25	M22
	250	430	34	2	345	52	-	269.5	380	12	27	M24
	300	480	36	3	395	56	-	321	430	16	27	M24
	350	540	40	3	440	62	-	358.1	480	16	33	M30
	400	605	46	3	495	70	-	409	540	16	33	M30
	450	675	48	3	560	78	-	460	605	20	33	M30
	500	730	52	3	615	84	-	511	660	20	33	M30
JIS 30K	10	110	16	1	52	24	-	17.8	75	4	19	M16
	15	115	18	1	55	26	45	22.2	80	4	19	M16
	20	120	18	1	60	28	45	27.7	85	4	19	M16
	25	130	20	1	70	30	48	34.5	95	4	19	M16
	32	140	22	2	80	32	52	43.2	105	4	19	M16
	40	160	22	2	90	34	54	49.1	120	4	23	M20
	50	165	22	2	105	36	57	61.1	130	8	19	M16
	65	200	26	2	130	40	69	77.1	160	8	23	M20
	80	210	28	2	140	44	73	90	170	8	23	M20
	100	240	32	2	160	48	76	115.4	195	8	25	M22
	125	275	36	2	195	54	86	141.2	230	8	25	M22
	150	325	38	2	235	58	95	166.6	275	12	27	M24
	200	370	42	2	280	64	102	218	320	12	27	M24
	250	450	48	2	345	72	118	269.5	390	12	33	M30
	300	515	52	3	405	78	127	321	450	16	33	M30
	350	560	54	3	450	84	134	358.1	495	16	33	M30

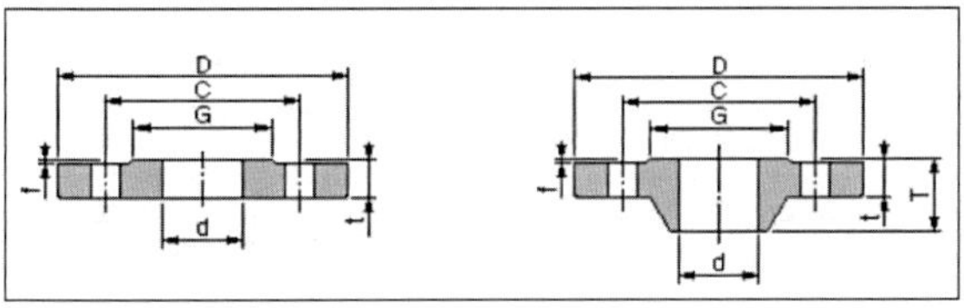

DIN - PN10

DIN 2543, 2527, 2544, 2545, 2527, 2634 FORGED

Unit : mm

Size	D	t			G	#f	T	d (O.D. of Pipe)	Bolting		
		W.N.	Slip-On	Blind					C	Dia. Of Holes	Numbers - Size
10	90	14	14	14	40	2	35	14	60	14	4 - M12
15	95	14	14	14	45	2	35	20	65	14	4 - M12
20	105	16	16	16	58	2	38	25	75	14	4 - M12
25	115	16	16	16	68	2	38	30	85	14	4 - M12
32	140	16	16	16	78	2	40	38	100	18	4 - M16
40	150	16	16	16	88	3	42	44.5	110	18	4 - M16
50	165	18	18	18	102	3	45	57	125	18	4 - M16
65	185	18	18	18	122	3	45	76.1	145	18	4 - M16
80	200	20	20	20	138	3	50	88.9	160	18	4 - M16
100	220	20	20	20	158	3	52	108	180	18	8 - M16
125	250	22	22	22	188	3	55	133	210	18	8 - M16
150	285	22	22	22	212	3	55	159	240	23	8 - M20
200	340	24	24	24	268	3	62	216	295	23	8 - M20
250	395	26	26	26	320	3	68	267	350	23	12 - M20
300	445	26	26	28	370	4	68	318	400	23	12 - M20
350	505	26	28	30	430	4	68	368	460	23	16 - M20
400	565	26	32	32	482	4	72	419	515	27	16 - M24
500	670	28	38	34	585	4	75	521	620	27	20 - M24
600	780	28	-	-	685	5	80	622	725	30	20 - M27
700	895	30	-	-	800	5	80	720	840	30	24 - M27
800	1015	32	-	-	905	5	90	820	950	33	24 - M30
900	1115	34	-	-	1005	5	95	920	1050	33	28 - M30

DIN - PN16

DIN 2543, 2527, 2544, 2545, 2527, 2634 FORGED

Unit : mm

Size	D	t			G	#f	T	d (O.D. of Pipe)	Bolting		
		W.N.	Slip-On	Blind					C	Dia. Of Holes	Numbers - Size
10	90	14	14	14	40	2	35	14	60	14	4 - M12
15	95	14	14	14	45	2	35	20	65	14	4 - M12
20	105	16	16	16	58	2	38	25	75	14	4 - M12
25	115	16	16	16	68	2	38	30	85	14	4 - M12
32	140	16	16	16	78	2	40	38	100	18	4 - M16
40	150	16	16	16	88	3	42	44.5	110	18	4 - M16
50	165	18	18	18	102	3	45	57	125	18	4 - M16
65	185	18	18	18	122	3	45	76.1	145	18	4 - M16
80	200	20	20	20	138	3	50	88.9	160	18	8 - M16
100	220	20	20	20	158	3	52	108	180	18	8 - M16
125	250	22	22	22	188	3	55	133	210	18	8 - M16
150	285	22	22	22	212	3	55	159	240	23	8 - M20
200	340	24	24	24	268	3	62	216	295	23	12 - M20
250	405	26	26	26	320	3	70	267	355	27	12 - M24
300	460	28	28	28	378	4	78	318	410	27	12 - M24
350	520	30	30	30	438	4	82	368	470	27	16 - M24
400	580	32	32	32	490	4	85	419	525	30	16 - M27
500	715	34	36	34	610	4	90	521	650	33	20 - M30
600	840	36	40	-	725	5	95	622	770	36	20 - M33
700	910	36	-	-	795	5	100	720	840	36	24 - M33
800	1025	38	-	-	900	5	105	820	950	39	24 - M36
900	1125	40	-	-	1000	5	110	920	1050	39	28 - M36

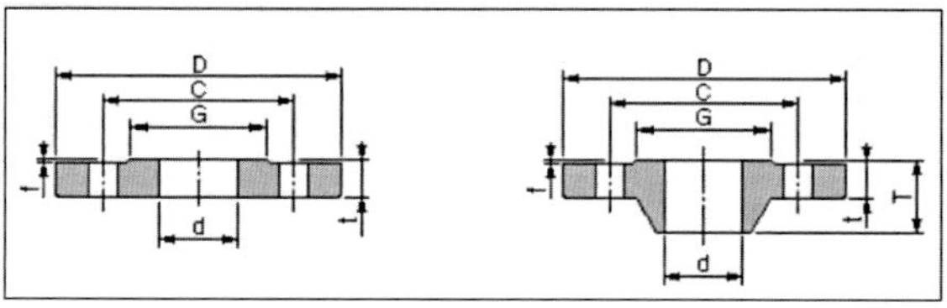

DIN - PN25

DIN 2543, 2527, 2544, 2545, 2527, 2634 FORGED

Unit : mm

Size	D	t			G	#f	T	d (O.D. of Pipe)	Bolting		
		W.N.	Slip-On	Blind					C	Dia. Of Holes	Numbers - Size
10	90	16	-	16	40	2	35	14	60	14	4 - M12
15	95	16	16	16	45	2	38	20	65	14	4 - M12
20	105	18	18	18	58	2	40	25	75	14	4 - M12
25	115	18	18	18	68	2	40	30	85	14	4 - M12
32	140	18	18	18	78	2	42	38	100	18	4 - M16
40	150	18	18	18	88	3	45	44.5	110	18	4 - M16
50	165	20	20	20	102	3	48	57	125	18	4 - M16
65	185	22	22	22	122	3	52	76.1	145	18	8 - M16
80	200	24	24	24	138	3	58	88.9	160	18	8 - M16
100	235	24	24	24	162	3	65	108	190	23	8 - M20
125	270	26	26	26	188	3	68	133	220	27	8 - M24
150	300	28	28	28	218	3	75	159	250	27	8 - M24
200	360	30	30	30	278	3	80	216	310	27	12 - M24
250	425	32	32	32	335	3	88	267	370	30	12 - M27
300	485	34	34	34	395	4	92	318	430	30	16 - M27
350	555	38	38	38	450	4	100	368	490	33	16 - M30
400	620	40	40	40	505	4	110	419	550	36	16 - M33
500	730	44	44	44	615	4	125	521	660	36	20 - M33
600	845	46	-	-	720	5	125	622	770	39	20 - M36
700	960	46	-	-	820	5	125	720	875	42	24 - M39
800	1085	50	-	-	930	5	135	820	990	48	24 - M45
900	1185	54	-	-	1030	5	145	920	1090	48	28 - M45
1000	1320	58	-	-	1140	5	155	1020	1210	56	28 - M52

DIN - PN40

DIN 2543, 2527, 2544, 2545, 2527, 2634 FORGED

Unit : mm

Size	D	t			G	#f	T	d (O.D. of Pipe)	Bolting		
		W.N.	Slip-On	Blind					C	Dia. Of Holes	Numbers - Size
10	90	16	-	16	40	2	35	14	60	14	4 - M12
15	95	16	16	16	45	2	38	20	65	14	4 - M12
20	105	18	18	18	58	2	40	25	75	14	4 - M12
25	115	18	18	18	68	2	40	30	85	14	4 - M12
32	140	18	18	18	78	2	42	38	100	18	4 - M16
40	150	18	18	18	88	3	45	44.5	110	18	4 - M16
50	165	20	20	20	102	3	48	57	125	18	4 - M16
65	185	22	22	22	122	3	52	76.1	145	18	8 - M16
80	200	24	24	24	138	3	58	88.9	160	18	8 - M16
100	235	24	24	24	162	3	65	108	190	23	8 - M20
125	270	26	26	26	188	3	68	133	220	27	8 - M24
150	300	28	28	28	218	3	75	159	250	27	8 - M24
200	375	34	34	34	285	3	88	216	320	30	12 - M27
250	450	38	38	38	345	3	105	267	385	33	12 - M30
300	515	42	42	42	410	4	115	318	450	33	16 - M30
350	580	46	46	46	465	4	125	368	510	36	16 - M33
400	660	50	50	50	535	4	135	419	585	39	16 - M36
500	755	52	52	52	615	4	140	521	670	42	20 - M39

부록 R Valve 결합 방법 및 종류

Figure 12. PRINCIPAL VALVE END CONNECTIONS, FLANGE FACINGS AND GASKETS.

Connection	Application: Use	Application: Size Range	Application: Pressure Ratings	Temp. Limits	Gasket & Remarks
SCREWED 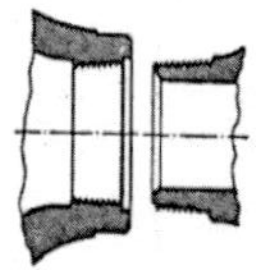	1) General service at moderate pressure & steady temperature w/o severe shock or vibration. 2) Male threads used on a few valves through 2 inches.	¼ in. to 4 inches	Gas 3000 psi Liq. 5000 psi	400°F	1) Metal loaded thread seal to 600°F. 2) TFE tape thread seal to 450°F. Provide union in piping for valve removal for service.
GROOVED 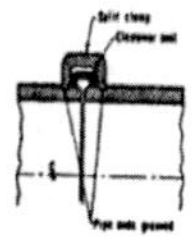	1) Valve easily replaceable in piping. 2) Lightweight joint. 3) Used to construct manifolds.	¾ in. to 24 inches 2, 2½ & 3 inches	1000* psi W.P. 2500* psi W.P.	Rating of Elastomer seal 0° to 300°F	1) Working pressure w/o external piping loads.* 2) Lightweight. 3) Pressure energized seal.
FOOD INDUSTRY Male Half Union 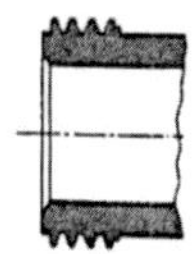	Quick Disconnect for Cleaning For Thin Wall Stainless Pipe	1 in. to 4 inches		Elastomer Limit	

Figure 12. Continue

Connection	Application: Use	Application: Size Range	Application: Pressure Ratings	Temp. Limits	Gasket & Remarks
Grooved Flange Hub with Split Ring Clamp 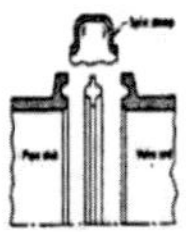	For Thin Wall Stainless Pipe	1 in. to 4 inches		Elastomer Limit	Rubber O-ring w/wings to eliminate crevices. Also with TFE outer jacket.
FLANGELESS 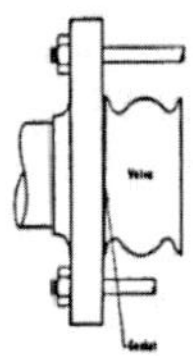	1) Allows one body to serve 150, 300 & 600 lb. ratings. 2) Savings in cost of both valve & installation. 3) Used on: Butterfly to 24 inches Ball to 16 inches Rotary Eccentric plug to 12 inches Globe to 4 inches	1 to 12 inches	to 600 lb. Not suitable for Iron Flanges		Standard Flange Gaskets (Through bolting eliminates outer flange on valve body. Standard raised face on body for standard flange gasket).

Connection	Use	Application Size Range	Pressure Ratings	Temp. Limits	Gasket & Remarks
Tongue & Groove 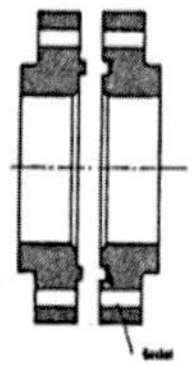	1) Chemical Service. 2) To restrain gaskets which cold flow.	½ in. to 24 inches	250 to 2500 lb.	See ANSI B16.5	1) TFE, filled TFE 2) Elastomer
Ring Joint 	1) High pressure. 2) High temperature (1500°F)	1 in. to 24 inches	150 to 2500 lb. 10,000 & 15,000 W.O.G. API Figs.	-320°F to 1500°F	1) Oval or octagonal soft metal ring. 2) Ring may have bonded elastomer seals to reduce corrosion. 3) Requires axial movement of piping to disassemble.
Lens Ring with Threaded Flange 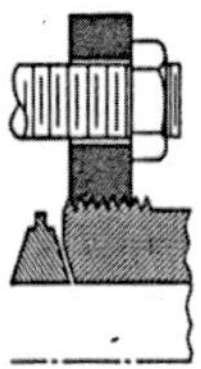	Extreme pressure	–	to 50,000 psi	–	Soft metal tapered lens ring.

Connections	Use	Application Size Range	Pressure Ratings	Temp. Limits	Gaskets & Remarks
FLANGED					Serrated facing on flange aids in sealing gaskets. Concentric "V" groove is standard. Phonographic finish is special.
Flat Face 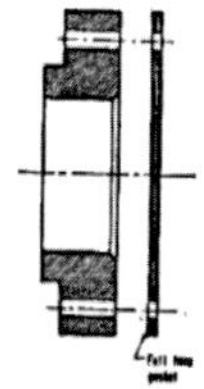	Iron, bronze & aluminum flanges to prevent breakage or bending	½ in. to 24 inches	125 lb. 150 lb.	400°F	1) Use full dia. gasket to flange O.D. 2) Rubberized asbestos. 3) Elastomer, TFE.
Raised Face (Includes loose flange held on flange hub by split key ring) 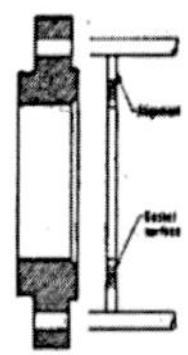	General Service	½ in. to 24 inches	250 lb. to 2500 lb.	See ANSI B16.5	1) Rubberized asbestos to 500°F. 2) Metal-spiral wound, with asbestos to 1050°F. Flange face finish 125 microinch.

Connection	Use	Application Size Range	Pressure Ratings	Temp. Limits	Gasket & Remarks
WELDED Socket 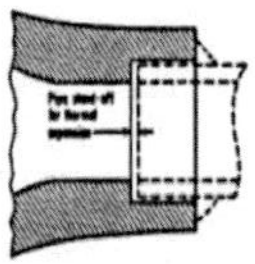	Tight Joint for: 1) High temperature. 2) Vibration. 3) Hazardous Fluids.	¼ in. to 2 inches	Piping	Piping	Note: Carbon steel nipples often furnished with Chrome-Moly steel body valves to simplify welding into steel piping.
Butt 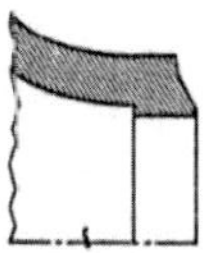	1) High Temperature. 2) Vibration. 3) Hazardous Fluids. *Also for smaller sizes for severe thermal cyclic and corrosive service.	2½* & up	Piping	Piping	Note: Carbon steel nipples often furnished with Chrome-Moly steel body valves to simplify welding into steel piping.

Connection	Use	Application Size Range	Pressure Ratings	Temp. Limits	Gasket & Remarks
Van Stone or Lapped Joint Flange 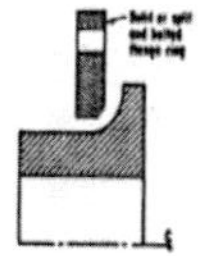	Thin wall stainless steel or alloy piping for paper or chemical industry service handling corrosive products.[1]	3-12 inches	125 psi W.P. 250 psi W.P.	200°F 200°F	Rubber or TFE
SPLIT CLAMP 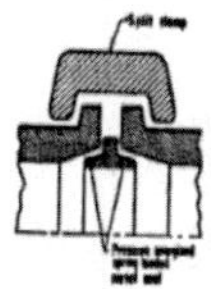	1) Pressure energized metal seal. 2) Much lighter in weight than flanged. 3) Stronger than pipe in bending, compression and tension. 4) Vibration will not cause leakage. 5) Withstands 500°F instantaneous thermal shock w/o leaking. (Valve body & flange hub of piping should be of similar mat'l). 6) Meets ANSI & ASME code requirements.	½ in. to 30 inches	to 2500 lb. in some sizes	to 1800°F in special matl's	1) Carbon steel gasket. 2) 17-4PH gasket.

7) Has higher pressure rating than standard flanged joints since load is less due to smaller sealing diameter of gasket.

[1] A loose steel or ductile iron flange ring (solid or split in half and bolted) backs up the Van Stone lapped joint pipe stub. Make sure the pipe I.D. will allow clearance for vane of butterfly valve.

부록 S Buttwelding End 상세도

ANSI B16.25—1979

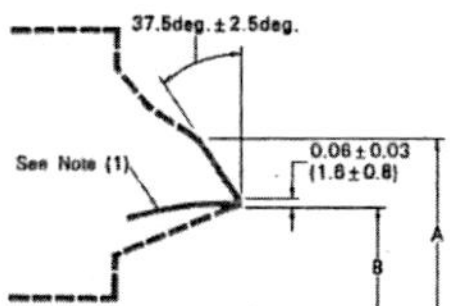

Welding End Detail for Joint
Without Backing Ring

WELDING END DETAILS INTENDED FOR USE ON 0.88 in. (22 mm) AND THINNER NOMINAL WALL THICKNESSES

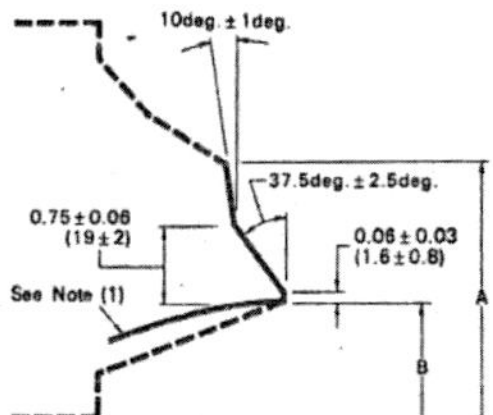

Welding End Detail for Joint
Without Backing Ring

WELDING END DETAILS INTENDED FOR USE ON NOMINAL WALL THICKNESSES GREATER THAN 0.88 in. (22 mm)

NOTES: (1) Internal surface may be as-formed or machined for dimension B at root face. Contour within the envelope is manufacturer's option unless otherwise specifically ordered.

		Pipe Schedule No.	Nominal Pipe Size									
			2½	3	4	5	6	8	10	12	14	16
A	in	All	2.96	3.59	4.62	5.69	6.7[illegible]	8.78	10.94	12.97	14.25	16.25
	mm		75.18	91.19	117.35	144.53	172.21	223.01	277.88	329.44	361.95	412.75
B	in	STD								12.000	13.250	15.250
	mm									304.80	336.55	387.35
	in	40	2.469	3.068	4.026	5.047	6.065	7.981	10.020	11.938	13.124	15.000
	mm		62.71	77.93	102.26	128.19	154.05	202.72	254.51	303.23	333.35	381.00
	in	XS								11.750	13.000	
	mm									298.45	330.20	
	in	60						7.813	9.750	11.626	12.814	14.688
	mm							198.45	247.65	295.30	325.48	373.08
	in	80	2.323	2.900	3.826	4.813	5.761	7.625	9.562	11.376	12.500	14.314
	mm		59.00	73.66	97.18	122.25	146.33	193.68	242.87	288.95	317.50	363.58
	in	100						7.437	9.312	11.064	12.126	13.938
	mm							188.90	236.52	281.03	308.00	354.03
	in	120			3.624	4.563	5.501	7.187	9.062	10.750	11.814	13.564
	mm				92.05	115.90	139.73	182.55	230.17	273.05	300.08	344.53
	in	140						7.001	8.750	10.500	11.500	13.124
	mm							177.83	222.25	266.70	292.10	333.35
	in	160	2.125	2.624	3.438	4.313	5.187	6.875	8.500	10.126	11.188	12.814
	mm		53.98	66.65	87.33	109.55	131.75	174.63	215.90	257.20	284.18	325.48
	in	XXS	1.771	2.300	3.152	4.063	4.897	6.813				
	mm		44.98	58.42	80.06	103.20	124.38	173.05				

		Pipe Schedule No.	Nominal Pipe Size									
			18	20	22	24	26	28	30	32	34	36
A	in	All	18.28	20.31	22.34	24.38	26.38	28.38	30.38	32.50	34.50	36.50
	mm		464.31	515.87	567.44	619.25	670.05	720.85	771.65	825.50	876.30	927.10
B	in	10					25.376	27.376	29.376	31.376	33.376	35.376
	mm						644.55	695.35	746.15	796.95	847.75	898.55
	in	20					25.000	27.000	29.000	31.000	33.000	35.000
	mm						635.00	685.80	736.60	787.40	838.20	889.00
	in	STD	17.250	19.250	21.250	23.250						
	mm		438.15	488.95	539.75	590.55						
	in	XS	17.000	19.000	21.000	23.000						
	mm		431.80	482.60	533.40	584.20						
	in	30				22.876		26.750	28.750	30.750	32.750	34.750
	mm					581.05		679.45	730.25	781.05	831.85	882.65
	in	40	16.876	18.812		22.624				30.624	32.624	34.500
	mm		428.65	477.82		574.65				777.85	828.65	876.30
	in	60	16.500	18.376	20.250	22.062						
	mm		419.10	466.75	514.35	560.37						
	in	80	16.124	17.938	19.750	21.562						
	mm		409.55	455.63	501.65	547.67						
	in	100	15.688	17.438	19.250	20.938						
	mm		398.48	442.93	488.95	531.83						
	in	120	15.250	17.000	18.750	20.376						
	mm		387.35	431.80	476.25	517.55						
	in	140	14.876	16.500	18.250	19.876						
	mm		377.85	419.10	463.55	504.85						
	in	160	14.438	16.062	17.750	19.312						
	mm		366.73	407.97	450.85	490.52						

부록 T 배관기호 및 예제

1. SYMBOL LIST

STEAM PIPE

PIPE FOR FLUIDS
E.G. WATER, GAS, OIL ETC.

SIGNAL LINE,
INSTRUMENT AIR

CAPILLARY TUBE

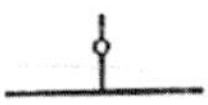

PRESSURE MEASURING
POINT

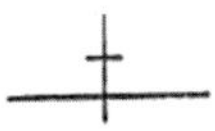

TEMPERATURE MEASURING
SENSOR

PIG TAIL TUBE

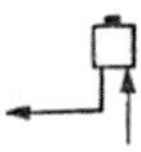

SEPARATING LIQUID
VESSEL

CONDENSATE VESSEL

STOP VALVE

FILTER AND REDUCING
STATION

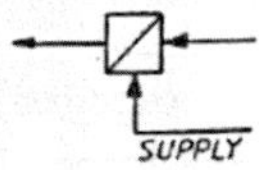

PNEUMATIC TRANSMITTER

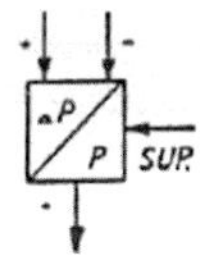

PNEUMATIC
DIFFERENTIAL PRESSURE
TRANSMITTER

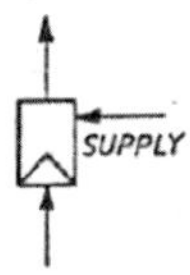

PNEUMATIC CONTROLLER
(GENERALLY)

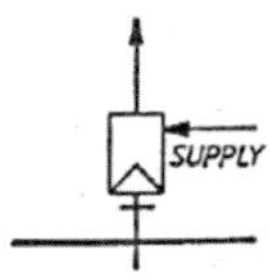

PNEUMATIC TEMPERATURE
CONTROLLER
WITH INTEGRATED SENSOR
(INCL. SET POINT ADJ.)

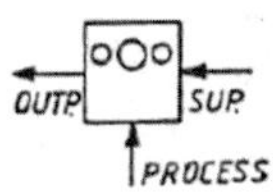

PNEUMATIC INDICATING
CONTROLLER
(INCL. SET POINT ADJ.)

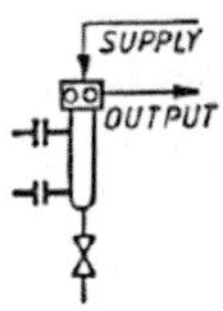

PNEUMATIC INDICATING
LEVEL CONTROLLER
(INCL. SET POINT ADJ.)

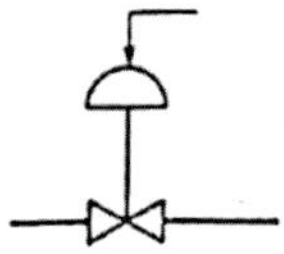

CONTROL VALVE WITH DIAPHRAGM ACTUATOR

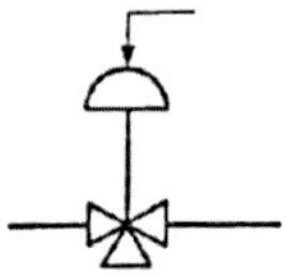

3-WAY-VALVE, DESUPERHEATING VALVE, SEALING STEAM CONTROL VALVE WITH DIAPHRAGM ACTUATOR

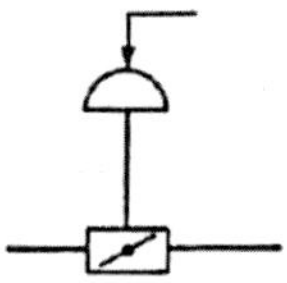

BUTTERFLY VALVE WITH DIAPHRAGM ACTUATOR

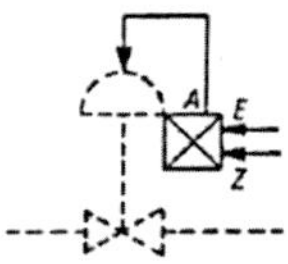

PNEUMATIC POSITIONER

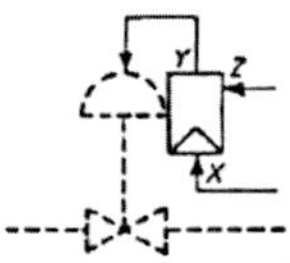

PNEUMATIC PRESSURE CONTROLLER "ROBOTER" (INCL. SET POINT ADJ.)

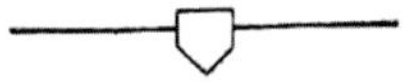

STRAINER, FILTER

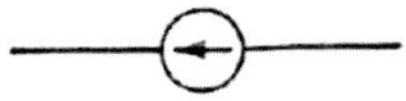

PUMP

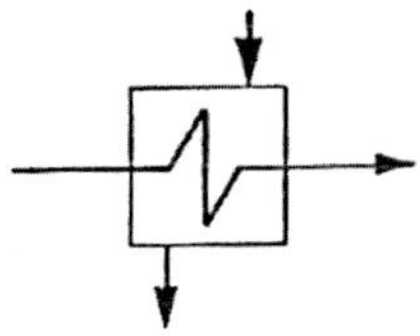

HEAT EXCHANGER, CONDENSER

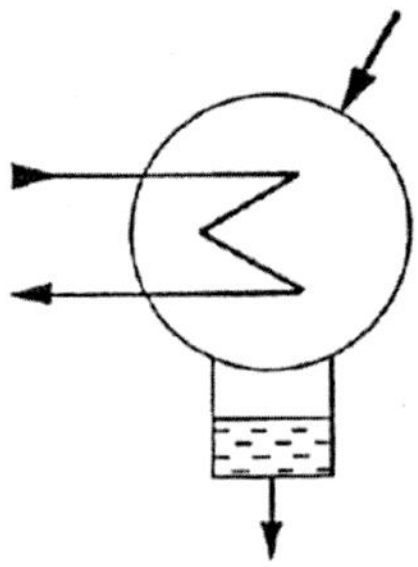

CONDENSER

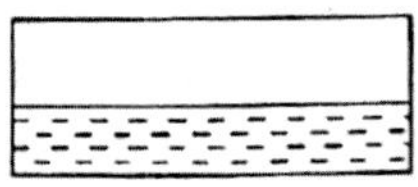

TANK, RESERVOIR

SYSTEM "A"

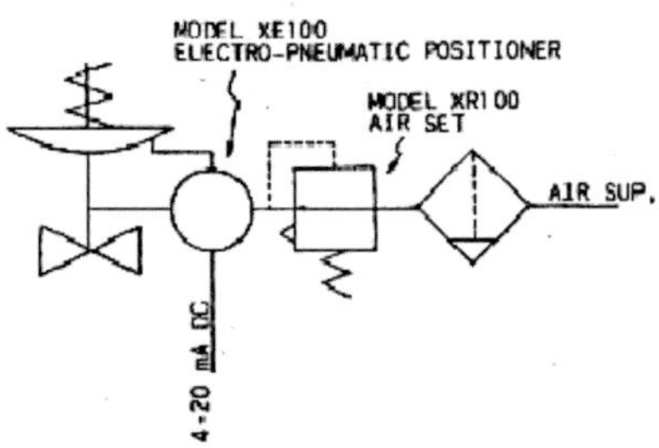

SYSTEM "B"

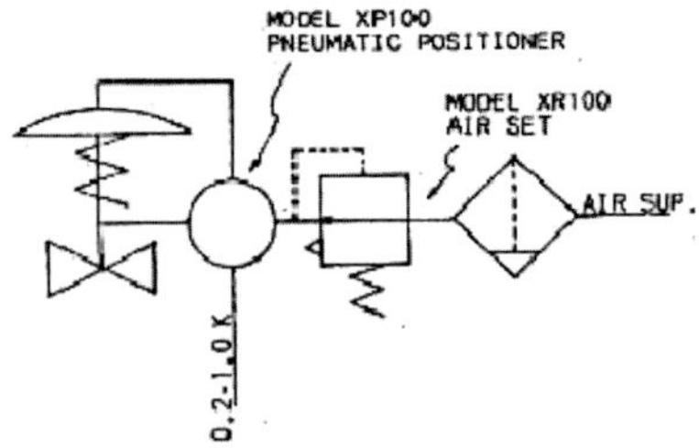

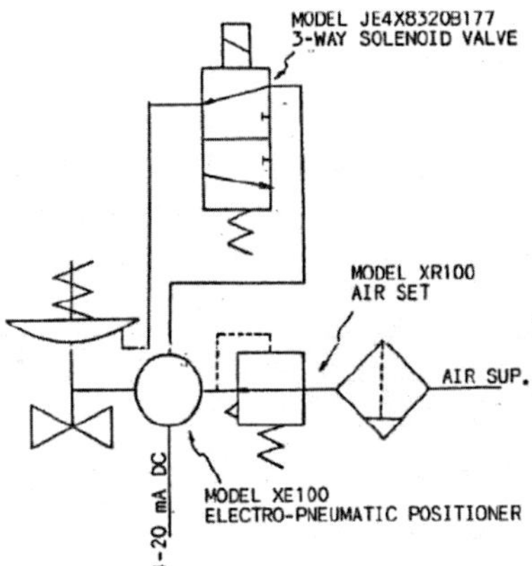

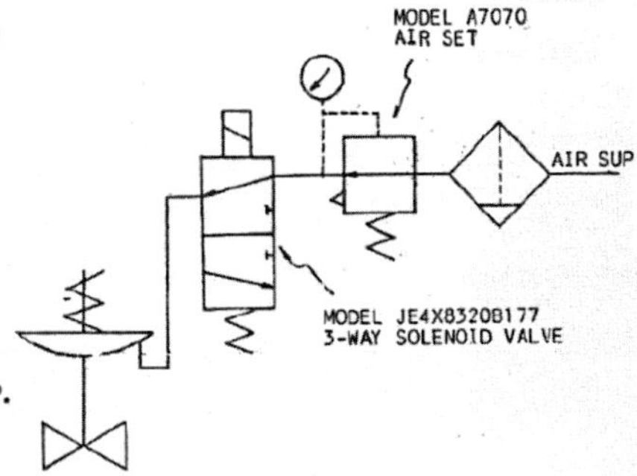

SYSTEM "E"

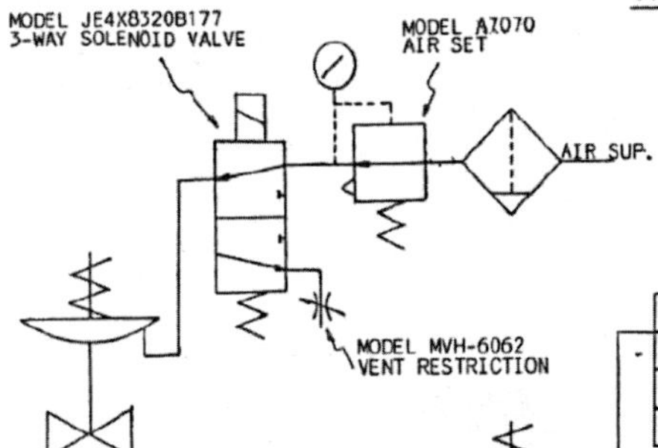

SYSTEM "F"

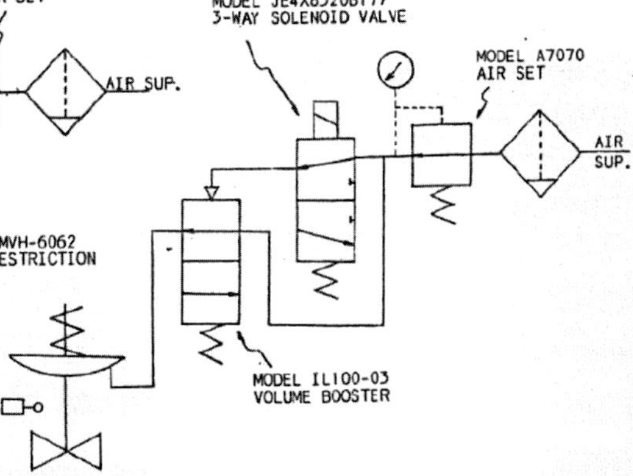

SYSTEM "G"

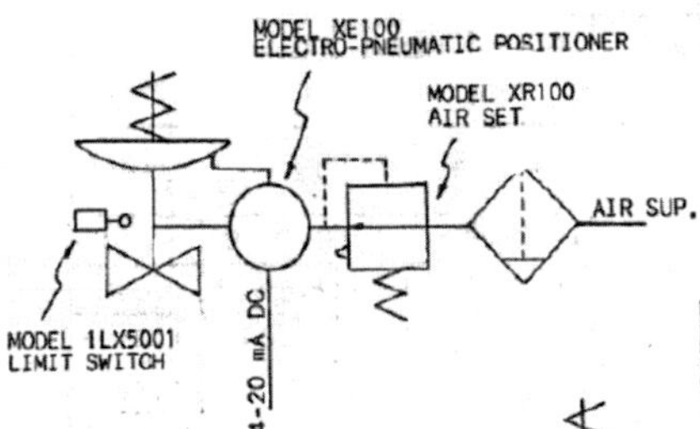

SYSTEM "H"

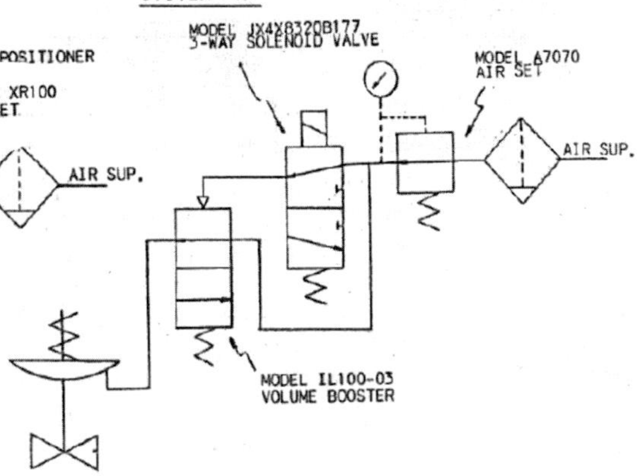

부록 U 물특성

물 온도 (°F)	포화증기압력 (Pounds Per Square Inch Absolute)	중량 (Pounds Per gallon)	비중 60/60 F	환산계수 lbs./hr. to gpm
32	.0885	8.345	1.0013	.00199
40	.1217	8.345	1.0013	.00199
50	.1781	8.340	1.0007	.00199
60	.2653	8.334	1.0000	.00199
70	.3631	8.325	.9989	.00200
80	.5069	8.314	.9976	.00200
90	.6982	8.303	.9963	.00200
100	.9492	8.289	.9946	.00201
110	1.2748	8.267	.9919	.00201
120	1.6924	8.253	.9901	.00201
130	2.2225	8.227	.9872	.00202
140	2.8886	8.207	.9848	.00203
150	3.718	8.182	.9818	.00203
160	4.741	8.156	.9786	.00204
170	5.992	8.127	.9752	.00205
180	7.510	8.098	.9717	.00205
190	9.339	8.068	.9681	.00206
200	11.526	8.039	.9646	.00207
210	14.123	8.005	.9605	.00208
212	14.696	7.996	.9594	.00208
220	17.186	7.972	.9566	.00209
241	24.969	7.901	.9480	.00210
260	35.429	7.822	.9386	.00211
280	49.203	7.746	.9294	.00215
300	67.013	7.662	.9194	.00217
350	134.63	7.432	.8918	.00224
400	247.31	7.172	.8606	.00232
450	422.6	6.892	.8270	.00241
500	680.8	6.553	.7863	.00254
550	1045.2	6.132	.7358	.00271
600	1542.9	5.664	.6796	.00294
700	3093.7	3.623	.4347	.00460

- 유량(pound/hr)에 환산계수를 곱하면 유량(gallon/nin)을 구할 수 있다.
- gallon당 중량은 7.48gallon/ft^{3}에 기초를 두었다.

부록 V 포화증기특성

포화증기특성

절대압력		진공 (INCHES OF Hg)	온도 t (°F)	액체열 (BTU/lb)	기화잠열 (BTU/lb)	증기총열 Hg (BTU/lb)	비체적 $\overline{V}$ (CU ft PER lb)
lbs Par Sq in. P'	Inches of Hg						
0.20	0.41	29.51	53.14	21.21	1063.8	1085.0	1526.0
0.25	0.51	29.41	59.30	27.36	1060.3	1087.7	1235.3
0.30	0.61	29.31	64.47	32.52	1057.4	1090.0	1039.5
0.35	0.71	29.21	68.93	36.97	1054.9	1091.9	898.5
0.40	0.81	29.11	72.86	40.89	1052.7	1093.6	791.9
0.45	0.92	29.00	76.38	44.41	1050.7	1095.1	708.5
0.50	1.02	28.90	79.58	47.60	1048.8	1096.4	641.4
0.60	1.22	28.70	85.21	53.21	1045.7	1098.9	540.0
0.70	1.43	28.49	90.08	58.07	1042.9	1101.0	466.9
0.80	1.63	28.29	94.38	62.36	1040.4	1102.8	411.7
0.90	1.83	28.09	98.24	66.21	1038.3	1104.5	368.4
1.0	2.04	27.88	101.74	69.70	1036.3	1106.0	333.6
1.2	2.44	27.48	107.92	75.87	1032.7	1108.6	280.9
1.4	2.85	27.07	113.26	81.20	1029.6	1110.8	243.0
1.6	3.26	26.66	117.99	85.91	1026.9	1112.8	214.3
1.8	3.66	26.26	122.23	90.14	1024.5	1114.6	191.8
2.0	4.07	25.85	126.08	93.99	1022.2	1116.2	173.73
2.2	4.48	25.44	129.62	97.52	1020.2	1117.7	158.85
2.4	4.89	25.03	132.89	100.79	1018.3	1119.1	149.38
2.6	5.29	24.63	135.94	103.83	1016.5	1120.3	135.78
2.8	5.70	24.22	138.79	106.68	1014.8	1121.5	126.65
3.0	6.11	23.81	141.48	109.37	1013.2	1122.6	118.71
3.5	7.13	22.79	147.57	115.46	1009.6	1125.1	102.72
4.0	8.14	21.78	152.97	120.86	1006.4	1127.3	90.63
4.5	9.16	20.76	157.83	125.71	1003.6	1129.3	81.16
5.0	10.18	19.74	162.24	130.13	1001.0	1131.1	73.52
5.5	11.20	18.72	166.30	134.19	998.5	1132.7	67.24
6.0	12.22	17.70	170.06	137.96	996.2	1134.2	61.98
6.5	13.23	16.69	173.56	141.47	994.1	1135.6	57.50
7.0	14.25	15.67	176.85	144.76	992.1	1136.9	53.64
7.5	15.27	14.65	179.94	147.86	990.2	1138.1	50.29
8.0	16.29	13.63	182.86	150.79	988.5	1139.3	47.34
8.5	17.31	12.61	185.64	153.57	986.8	1140.4	44.73
9.0	18.32	11.60	188.28	156.22	985.2	1141.4	42.40
9.5	19.34	10.58	190.80	158.75	983.6	1142.3	40.31
10.0	20.36	9.56	193.21	161.17	982.1	1143.3	38.42
11.0	22.40	7.52	197.75	165.73	979.3	1145.0	34.14
12.0	24.43	5.49	201.96	169.96	976.6	1146.6	32.40
13.0	26.47	3.45	205.88	173.91	974.2	1148.1	30.06
14.0	28.50	1.42	209.56	177.61	971.9	1149.5	28.04

포화증기특성(계속 – 1)

압력 (lbS PER SQ IN.)		온도 t (°F)	액체열 (BTU/lb)	기화잠열 (BTU/lb)	증기총열 Hg (BTU/lb)	비체적 $\overline{V}$ (CU ft PER lb)
Absolute P'	Gauge P					
14.696	0.0	212.00	180.07	970.3	1150.4	26.80
15.0	0.3	213.03	181.11	969.7	1150.8	26.29
16.0	1.3	216.32	184.42	967.6	1152.0	24.75
17.0	2.3	219.44	187.56	965.5	1153.1	23.39
18.0	3.3	222.41	190.56	963.6	1154.2	22.17
19.0	4.3	225.24	193.42	961.9	1155.3	21.08
20.0	5.3	227.96	196.16	960.1	1156.3	20.089
21.0	6.3	230.57	198.79	958.4	1157.2	19.192
22.0	7.3	233.07	201.33	956.8	1158.1	18.375
23.0	8.3	235.49	203.78	955.2	1159.0	17.627
24.0	9.3	237.82	206.14	953.7	1159.8	16.938
25.0	10.3	240.07	208.42	952.1	1160.6	16.303
26.0	11.3	242.25	210.62	950.7	1161.3	15.715
27.0	12.3	244.36	212.75	949.3*	1162.0	15.170
28.0	13.3	246.41	214.83	947.9	1162.7	14.663
29.0	14.3	248.40	216.86	946.5	1163.4	14.189
30.0	15.3	250.33	218.82	945.3	1164.1	13.746
31.0	16.3	252.22	220.73	944.0	1164.7	13.330
32.0	17.3	254.05	222.59	942.8	1165.4	12.940
33.0	18.3	255.84	224.41	941.6	1166.0	12.572
34.0	19.3	257.58	226.18	940.3	1166.5	12.226
35.0	20.3	259.28	227.91	939.2	1167.1	11.898
36.0	21.3	260.95	229.60	938.0	1167.6	11.588
37.0	22.3	262.57	231.26	936.9	1168.2	11.294
38.0	23.3	264.16	232.89	935.8	1168.7	11.015
39.0	24.3	265.72	234.48	934.7	1169.2	10.750
40.0	25.3	267.25	236.03	933.7	1169.7	10.498
41.0	26.3	268.74	237.55	932.6	1170.2	10.258
42.0	27.3	270.21	239.04	931.6	1170.7	10.029
43.0	28.3	271.64	240.51	930.6	1171.1	9.810
44.0	29.3	273.05	241.95	929.6	1171.6	9.601
45.0	30.3	274.44	243.36	928.6	1172.0	9.401
46.0	31.3	275.80	244.75	927.7	1172.4	9.209
47.0	32.3	277.13	246.12	926.7	1172.9	9.025
48.0	33.3	278.45	247.47	925.8	1173.3	8.848
49.0	34.3	279.74	248.79	924.9	1173.7	8.678
50.0	35.3	281.01	250.09	924.0	1174.1	8.515
51.0	36.3	282.26	251.37	923.0	1174.4	8.359
52.0	37.3	283.49	252.63	922.2	1174.8	8.208
53.0	38.3	284.70	253.87	921.3	1175.2	8.062
54.0	39.3	285.90	255.09	920.5	1175.6	7.922

포화증기특성(계속 – 2)

압력 (lbS PER SQ IN.)		온도 t (°F)	액체열 (BTU/lb)	기화잠열 (BTU/lb)	증기총열 Hg (BTU/lb)	비체적 $\overline{V}$ (CU ft PER lb)
Absolute P'	Gauge P					
55.0	40.3	287.07	256.30	919.6	1175.9	7.787
56.0	41.3	288.23	257.50	918.8	1176.3	7.656
57.0	42.3	289.37	258.67	917.9	1176.6	7.529
58.0	43.3	290.50	259.82	917.1	1176.9	7.407
59.0	44.3	291.61	260.96	916.3	1177.3	7.289
60.0	45.3	292.71	262.09	915.5	1177.6	7.175
61.0	46.3	293.79	263.20	914.7	1177.9	7.064
62.0	47.3	294.85	264.30	913.9	1178.2	6.957
63.0	48.3	295.90	265.38	913.1	1178.5	6.853
64.0	49.3	296.94	266.45	912.3	1178.8	6.752
65.0	50.3	297.97	267.50	911.6	1179.1	6.655
66.0	51.3	298.99	268.55	910.8	1179.4	6.560
67.0	52.3	299.99	269.58	910.1	1179.7	6.468
68.0	53.3	300.98	270.60	909.4	1180.0	6.378
69.0	54.3	301.96	291.61	908.7	1180.3	6.291
70.0	55.3	302.92	272.61	907.9	1180.6	6.206
71.0	56.3	303.88	273.60	907.2	1180.8	6.124
72.0	57.3	304.83	274.57	906.5	1181.1	6.044
73.0	58.3	305.76	275.54	905.8	1181.3	5.966
74.0	59.3	306.68	276.49	905.1	1181.6	5.890
75.0	60.3	307.60	277.43	904.5	1181.9	5.816
76.0	61.3	308.50	278.37	903.7	1182.1	5.743
77.0	62.3	309.40	279.30	903.1	1182.4	5.673
78.0	63.3	310.29	280.21	902.4	1182.6	5.604
79.0	64.3	311.16	281.12	901.7	1182.8	5.537
80.0	65.3	312.03	282.02	901.1	1183.1	5.472
81.0	66.3	312.89	282.91	900.4	1183.3	5.408
82.0	67.3	313.74	283.79	899.7	1183.5	5.346
83.0	68.3	314.59	284.66	899.1	1183.8	5.285
84.0	69.3	315.42	285.53	898.5	1184.0	5.226
85.0	70.3	316.25	286.39	897.8	1184.2	5.168
86.0	71.3	317.07	287.24	897.2	1184.4	5.111
87.0	72.3	317.88	288.08	896.5	1184.6	5.055
88.0	73.3	318.68	288.91	895.9	1184.8	5.001
89.0	74.3	319.48	289.74	895.3	1185.1	4.948
90.0	75.3	320.27	290.56	894.7	1185.3	4.896
91.0	76.3	321.06	291.38	894.1	1185.5	4.845
92.0	77.3	321.83	292.18	893.5	1185.7	4.796
93.0	78.3	322.60	292.98	892.9	1185.9	4.747
94.0	79.3	323.36	293.78	892.3	1186.1	4.699
95.0	80.3	324.12	294.56	891.7	1186.2	4.652
96.0	81.3	324.87	295.34	891.1	1186.4	4.606
97.0	82.3	325.61	296.12	890.5	1186.6	4.561
98.0	83.3	326.35	296.89	889.9	1186.8	4.517
99.0	84.3	327.08	297.65	889.4	1187.0	4.474

포화증기특성(계속 – 3)

압력 (lbS PER SQ IN.)		온도 t (°F)	액체열 (BTU/lb)	기화잠열 (BTU/lb)	증기총열 Hg (BTU/lb)	비체적 $\overline{V}$ (CU ft PER lb)
Absolute P'	Gauge P					
100.0	85.3	327.81	298.40	888.8	1187.2	4.432
101.0	86.3	328.53	299.15	888.2	1187.4	4.391
102.0	87.3	329.25	299.90	887.6	1187.5	4.350
103.0	88.3	329.96	300.64	887.1	1187.7	4.310
104.0	89.3	330.66	301.37	886.5	1187.9	4.271
105.0	90.3	331.36	302.10	886.0	1188.1	4.232
106.0	91.3	332.05	302.82	885.4	1188.2	4.194
107.0	92.3	332.74	303.54	884.9	1188.4	4.157
108.0	93.3	333.42	304.26	884.3	1188.6	4.120
109.0	94.3	334.10	304.97	883.7	1188.7	4.084
110.0	95.3	334.77	305.66	883.2	1188.9	4.049
111.0	96.3	335.44	306.37	882.6	1189.0	4.015
112.0	97.3	336.11	307.06	882.1	1189.2	3.981
113.0	98.3	336.77	307.75	881.6	1189.4	3.947
114.0	99.3	337.42	308.43	881.1	1189.5	3.914
115.0	100.3	338.07	309.11	880.6	1189.7	3.882
116.0	101.3	338.72	309.79	880.0	1189.8	3.850
117.0	102.3	339.36	310.46	879.5	1190.0	3819
118.0	103.3	339.99	311.12	879.0	1190.1	3.788
119.0	104.3	340.62	311.78	878.4	1190.2	3.758
120.0	105.3	341.25	312.44	877.9	1190.4	3.728
121.0	106.3	341.88	313.10	877.4	1190.5	3.699
122.0	107.3	342.50	313.75	876.9	1190.7	3.670
123.0	108.3	343.11	314.40	876.4	1190.8	3.642
124.0	109.3	343.72	315.04	875.9	1190.9	3.614
125.0	110.3	344.33	315.68	875.4	1191.1	3.587
126.0	111.3	344.94	316.31	874.9	1191.2	3.560
127.0	112.3	345.54	316.94	874.4	1191.3	3.533
128.0	113.3	346.13	317.57	873.9	1191.5	3.507
129.0	114.3	346.73	318.19	873.4	1191.6	3.481
130.0	115.3	347.32	318.81	872.9	1191.7	3.455
131.0	116.3	347.90	319.43	872.5	1191.9	3.430
132.0	117.3	348.48	320.04	872.0	1192.0	3.405
133.0	118.3	349.06	320.65	871.5	1192.1	3.381
134.0	119.3	349.64	321.25	871.0	1192.2	3.357
135.0	120.3	350.21	321.85	870.6	1192.4	3.333
136.0	121.3	350.78	322.45	870.1	1192.5	3.310
137.0	122.3	351.35	323.05	869.6	1192.6	3.287
138.0	123.3	351.91	323.64	869.1	1192.7	3.264
139.0	124.3	352.47	324.23	868.7	1192.9	3.242
140.0	125.3	353.02	324.82	868.2	1193.0	3.220
141.0	126.3	353.57	325.40	867.7	1193.1	3.198
142.0	127.3	354.12	325.98	867.2	1193.2	3.177
143.0	128.3	354.67	326.56	866.7	1193.3	3.155
144.0	129.3	355.21	327.13	866.3	1193.4	3.134

포화증기특성(계속 – 4)

압력 (lbS PER SQ IN.)		온도 t (°F)	액체열 (BTU/lb)	기화잠열 (BTU/lb)	증기총열 Hg (BTU/lb)	비체적 $\overline{V}$ (CU ft PER lb)
Absolute P'	Gauge P					
145.0	130.3	355.76	327.70	865.8	1193.5	3.114
146.0	131.3	356.29	328.27	865.3	1193.6	3.094
147.0	132.3	356.83	328.83	864.9	1193.8	3.074
148.0	133.3	357.36	329.39	864.5	1193.9	3.054
149.0	134.3	357.89	329.95	864.0	1194.0	3.034
150.0	135.3	358.42	330.51	863.6	1194.1	3.015
152.0	137.3	359.46	331.61	862.7	1194.3	2.977
154.0	139.3	360.49	332.70	861.8	1194.5	2.940
156.0	141.3	361.52	333.79	860.9	1194.7	2.904
158.0	143.3	362.53	334.86	860.0	1194.9	2.869
160.0	145.3	363.53	335.93	859.2	1195.1	2.834
162.0	147.3	364.53	336.98	858.3	1195.3	2.801
164.0	149.3	365.51	338.02	857.5	1195.5	2.768
166.0	151.3	366.48	339.05	856.6	1195.7	2.736
168.0	153.3	367.45	340.07	855.7	1195.8	2.705
170.0	155.3	368.41	341.09	854.9	1196.0	2.675
172.0	157.3	369.35	342.10	854.1	1196.2	2.645
174.0	159.3	370.29	343.10	853.3	1196.4	2.616
176.0	161.3	371.22	344.09	852.4	1196.5	2.587
178.0	163.3	372.14	345.06	851.6	1196.7	2.559
180.0	165.3	373.06	346.03	850.8	1196.9	2.532
182.0	167.3	373.96	347.00	850.0	1197.0	2.505
184.0	169.3	374.86	347.96	849.2	1197.2	2.479
186.0	171.3	375.75	348.92	848.4	1197.3	2.454
188.0	173.3	376.64	349.86	847.6	1197.5	2.429
190.0	175.3	377.51	350.79	846.8	1197.6	2.404
192.0	177.3	378.38	351.72	846.1	1197.8	2.380
194.0	179.3	379.24	352.64	845.3	1197.9	2.356
196.0	181.3	380.10	353.55	844.5	1198.1	2.333
198.0	183.3	380.95	354.46	843.7	1198.2	2.310
200.0	185.3	381.79	355.36	843.0	1198.4	2.288
205.0	190.3	383.86	357.58	841.1	1198.7	2.234
210.0	195.3	385.90	359.77	839.2	1199.0	2.183
215.0	200.3	387.89	361.91	837.4	1199.3	2.134
220.0	205.3	389.86	364.02	835.6	1199.6	2.087
225.0	210.3	391.79	366.09	833.8	1199.9	2.0422
230.0	215.3	393.68	368.13	832.0	1200.1	1.9992
235.0	220.3	395.54	370.14	830.3	1200.4	1.9579
240.0	225.3	397.37	372.12	828.5	1200.6	1.9183
245.0	230.3	399.18	374.08	826.8	1200.9	1.8803
250.0	235.3	400.95	376.00	825.1	1201.1	1.8438
255.0	240.3	402.70	377.89	823.4	1201.3	1.8086
260.0	245.3	404.42	379.76	821.8	1201.5	1.7748
265.0	250.3	406.11	381.60	820.1	1201.7	1.7422
270.0	255.3	407.78	383.42	818.5	1201.9	1.7107

포화증기특성(계속 – 5)

압력 (lbS PER SQ IN.)		온도 t (°F)	액체열 (BTU/lb)	기화잠열 (BTU/lb)	증기총열 Hg (BTU/lb)	비체적 $\overline{V}$ (CU ft PER lb)
Absolute P'	Gauge P					
275.0	260.3	409.43	385.21	816.9	1202.1	1.6804
280.0	265.3	411.05	386.98	815.3	1202.3	1.6511
285.0	270.3	412.65	388.73	813.7	1202.4	1.6228
290.0	275.3	414.23	390.46	812.1	1202.6	1.5954
295.0	280.3	415.79	392.16	810.5	1202.7	1.5689
300.0	285.3	417.33	393.84	809.0	1202.8	1.5433
320.0	305.3	423.29	400.39	803.0	1203.4	1.4485
340.0	325.3	428.97	406.66	797.1	1203.7	1.3645
360.0	345.3	434.40	412.67	791.4	1204.1	1.2895
380.0	365.3	439.60	418.45	785.8	1204.3	1.2222
400.0	385.3	444.59	424.0	780.5	1204.5	1.1613
420.0	405.3	449.39	429.4	775.2	1204.6	1.1061
440.0	425.3	454.02	434.6	770.0	1204.6	1.0556
460.0	445.3	458.50	439.7	764.9	1204.6	1.0094
480.0	465.3	462.82	444.6	759.9	1204.5	0.9670
500.0	485.3	467.01	449.4	755.0	1204.4	0.9278
520.0	505.3	471.07	454.1	750.1	1204.2	0.8915
540.0	525.3	475.01	458.6	745.4	1204.0	0.8578
560.0	545.3	478.85	463.0	740.8	1203.8	0.8265
580.0	565.3	482.58	467.4	736.1	1203.5	0.7973
600.0	585.3	486.21	471.6	731.6	1203.2	0.7698
620.0	605.3	489.75	475.7	727.2	1202.9	0.7440
640.0	625.3	493.21	479.8	722.7	1202.5	0.7198
660.0	645.3	496.58	483.8	718.3	1202.1	0.6971
680.0	665.3	499.88	487.7	714.0	1201.7	0.6757
700.0	685.3	503.10	491.5	709.7	1201.2	0.6554
720.0	705.3	506.25	495.3	705.4	1200.7	0.6362
740.0	725.3	509.34	499.0	701.2	1200.2	0.6180
760.0	745.3	512.36	502.6	697.1	1199.7	0.6007
780.0	765.3	515.33	506.2	692.9	1199.1	0.5843
800.0	785.3	518.23	509.7	688.9	1198.6	0.5687
820.0	805.3	521.08	513.2	684.8	1198.0	0.5538
840.0	825.3	523.88	516.6	680.8	1197.4	0.5396
860.0	845.3	526.63	520.0	676.8	1196.8	0.5260
880.0	865.3	529.33	523.3	672.8	1196.1	0.5130
900.0	885.3	531.98	526.6	668.8	1195.4	0.5006
920.0	905.3	534.59	529.8	664.9	1194.7	0.4886
940.0	925.3	537.16	533.0	661.0	1194.0	0.4772
960.0	945.3	539.68	536.2	657.1	1193.3	0.4663
980.0	965.3	542.17	539.3	653.3	1192.6	0.4557
1000.0	985.3	544.61	542.4	649.4	1191.8	0.4456
1050.0	1035.3	550.57	550.0	639.9	1189.9	0.4218
1100.0	1085.3	556.31	557.4	630.4	1187.8	0.4001
1150.0	1135.3	561.86	564.6	621.0	1185.6	0.3802
1200.0	1185.3	567.22	571.7	611.7	1183.4	0.3619

포화증기특성(계속 - 6)

압력 (lbS PER SQ IN.)		온도 t (°F)	액체열 (BTU/lb)	기화잠열 (BTU/lb)	증기총열 Hg (BTU/lb)	비체적 $\overline{V}$ (CU ft PER lb)
Absolute P'	Gauge P					
1250.0	1235.3	572.42	578.6	602.4	1181.0	0.3450
1300.0	1285.3	577.46	585.4	593.2	1178.6	0.3293
1350.0	1335.3	582.35	592.1	584.0	1176.1	0.3148
1400.0	1385.3	587.10	598.7	574.7	1173.4	0.3012
1450.0	1435.3	591.73	605.2	565.5	1170.7	0.2884
1500.0	1485.3	596.23	611.6	556.3	1167.9	0.2765
1600.0	1585.3	604.90	624.1	538.0	1162.1	0.2548
1700.0	1685.3	613.15	636.3	519.6	1155.9	0.2354
1800.0	1785.3	621.03	648.3	501.1	1149.4	0.2179
1900.0	1885.3	628.58	660.1	482.4	1142.4	0.2021
2000.0	1985.3	635.82	671.7	463.4	1135.1	0.1878
2100.0	2085.3	642.77	683.3	444.1	1127.4	0.1746
2200.0	2185.3	649.46	694.8	424.4	1119.2	0.1625
2300.0	2285.3	655.91	706.5	403.9	1110.4	0.1513
2400.0	2385.3	662.12	718.4	382.7	1101.1	0.1407
2500.0	2485.3	668.13	730.6	360.5	1091.1	0.1307
2600.0	2585.3	673.94	743.0	337.2	1080.2	0.1213
2700.0	2685.3	679.55	756.2	312.1	1068.3	0.1123
2800.0	2785.3	684.99	770.1	284.7	1054.8	0.1035
2900.0	2885.3	690.26	785.4	253.6	1039.0	0.0947
3000.0	2985.3	695.36	802.5	217.8	1020.3	0.0858
3100.0	3085.3	700.31	825.0	168.1	993.1	0.0753
3200.0	3185.3	705.11	872.4	62.0	934.4	0.0580
3206.2	3191.5	705.40	902.7	0.0	902.7	0.0503

부록 W 배관자료

M.1 압력배관용 탄소강관(KSD 3562)

수압시험압력(kg/cm^2)

SCH	10	20	30	40	60	80
시험압력	20	35	50	60	90	120

기계적 성질(kg/cm^2)

기호	인장강도	항복점
SPPS38	38	22
SPPS42	42	25

호칭지름 mm	바깥지름 mm	SCH10		SCH20		SCH30		SCH40		SCH60		SCH80	
		두께 mm	무게 kg	두께 mm	무게 kg	두께 mm	무게 kg	두께 mm	무게 kg	두께 mm	무게 kg	두께 mm	무게 kg
6	10.5	–	–	–	–	–	–	1.7	0.369	2.2	0.450	2.4	0.479
8	13.8	–	–	–	–	–	–	2.2	0.629	2.4	0.675	3.0	0.799
10	17.3	–	–	–	–	–	–	2.3	0.851	2.8	1.00	3.2	1.11
15	21.7	–	–	–	–	–	–	2.8	1.31	3.2	1.46	3.7	1.64
20	27.2	–	–	–	–	–	–	2.9	1.74	3.4	2.00	3.9	2.24
25	34.0	–	–	–	–	–	–	3.4	2.57	3.9	2.89	4.5	3.27
32	42.7	–	–	–	–	–	–	3.6	3.47	4.5	4.24	4.9	4.57
40	48.6	–	–	–	–	–	–	3.7	4.10	4.5	4.89	5.1	5.47
50	60.5	–	–	3.2	4.52	–	–	3.9	5.44	4.9	6.72	5.5	7.45
65	76.3	–	–	4.5	7.97	–	–	5.2	9.12	6.0	10.4	7.0	12.0
80	89.1	–	–	4.5	9.39	–	–	5.5	11.3	6.6	13.4	7.6	15.3
90	106.6	–	–	4.5	10.8	–	–	5.7	13.5	7.0	16.3	8.1	18.7
100	114.3	–	–	4.9	13.2	–	–	6.0	16.0	7.1	18.8	8.6	22.4
125	139.8	–	–	5.1	16.9	–	–	6.6	21.7	8.1	26.3	9.5	30.5
150	165.2	–	–	5.5	21.7	–	–	7.1	27.7	9.3	35.8	11.0	41.8
200	216.3	–	–	6.4	33.1	7.0	36.1	8.2	42.1	10.3	52.3	12.7	63.8
250	267.4	–	–	6.4	41.2	7.8	49.9	9.3	59.2	12.7	79.8	15.1	93.9
300	318.5	–	–	6.4	49.3	8.4	64.2	10.3	78.3	14.3	107	17.4	129
350	355.6	6.4	55.1	7.9	67.7	9.5	81.1	11.1	94.3	15.1	127	19.0	158
400	406.4	6.4	63.1	7.9	77.6	9.5	93.0	12.7	123	16.7	160	21.4	203
450	457.2	6.4	71.1	7.9	87.5	11.1	122	14.3	156	19.0	205	23.8	254
500	508.0	6.4	79.2	9.5	117	12.7	155	15.1	184	20.6	248	26.2	311
550	558.8	6.4	87.2	9.5	129	12.7	171	15.9	213	–	–	–	–
600	609.6	6.4	95.2	9.5	141	14.3	228	–	–	–	–	–	–
650	660.4	7.9	103	12.7	203	–	–	–	–	–	–	–	–

M.2 배관용 탄소강관(KSD 3507)

기 호	구 분	비 고
SPP	흑 관	아연도금을 하지 않은 것
	백 관	아연도금 한 것

호칭지름 mm	바깥지름 mm	두께 mm	무게 kg	호칭지름 mm	바깥지름 mm	두께 mm	무게 kg
6	10.5	2.0	0.419	100	114.3	4.50	12.2
8	13.8	2.35	0.664	125	139.8	4.85	16.1
10	17.3	2.35	0.866	150	165.2	4.85	19.2
15	21.7	2.65	1.25	200	216.5	5.85	30.4
20	27.2	2.65	1.60	250	267.4	6.40	41.2
25	34.0	3.25	2.45	300	318.5	7.00	53.8
32	42.7	3.25	3.16	350	355.6	7.60	65.2
40	48.6	3.25	3.63	400	406.4	7.90	77.6
50	60.5	3.65	5.12	450	457.2	7.90	87.5
65	76.3	3.65	6.34	500	508.0	7.90	97.4
80	89.1	4.05	8.49	550	558.8	7.90	–
90	101.6	4.05	9.74	600	609.6	7.90	–

M.3 상수도용 도복장 강관(KSD 3565)

● 종류 및 기계적 성질(N/mm^2)

종 류	인장강도	항 복 점
STWW 290	294	–
STWW 370	373	216
STWW 400	402	226

● 수압 시험 압력(MPa)

구 분	STWW 290	STWW 370	STWW 400	
			A	B
시험압력	2.5	3.4	2.5	2.0

호칭 지름 mm	바깥 지름 mm	STWW 290		STWW 370		STWW 400			
						A		B	
		두께 mm	무게 kg	두께 mm	무게 kg	두께 mm	무게 kg	두께 mm	무게 kg
80	89.1	4.2	8.79	4.5	9.39	–	–	–	–
100	114.3	4.5	12.2	4.9	13.2	–	–	–	–
125	139.8	4.5	15.0	5.1	16.9	–	–	–	–
150	165.2	5.0	19.8	5.5	21.7	–	–	–	–
200	216.3	5.8	30.1	6.4	33.1	–	–	–	–
250	267.4	6.6	42.4	6.4	41.2	–	–	–	–
300	318.5	6.9	53.0	6.4	49.3	–	–	–	–
350	355.6	–	–	–	–	6	51.7	–	–
400	406.4	–	–	–	–	6	59.2	–	–
450	457.2	–	–	–	–	6	66.8	–	–
500	508.0	–	–	–	–	6	74.3	–	–
600	609.6	–	–	–	–	6	89.3	–	–
700	711.2	–	–	–	–	7	122	6	104
800	812.8	–	–	–	–	8	159	7	139
900	914.4	–	–	–	–	8	179	7	157
1000	1016.0	–	–	–	–	9	223	8	199
1100	1117.6	–	–	–	–	10	273	8	219
1200	1219.2	–	–	–	–	11	328	9	269
1350	1371.6	–	–	–	–	12	402	10	336
1500	1524.0	–	–	–	–	14	521	11	410
1600	1625.6	–	–	–	–	15	596	12	477
1650	1676.4	–	–	–	–	15	615	12	493
1800	1828.8	–	–	–	–	16	715	13	582
1900	1930.4	–	–	–	–	17	802	14	662
2000	2032.0	–	–	–	–	18	894	15	746
2100	2133.6	–	–	–	–	19	991	16	836
2200	2235.2	–	–	–	–	20	1093	16	876
2300	2336.8	–	–	–	–	21	1199	17	973
2400	2438.4	–	–	–	–	22	1311	18	1074
2500	2540.0	–	–	–	–	23	1428	18	1119
2600	2641.6	–	–	–	–	24	1549	19	1229
2700	2743.2	–	–	–	–	25	1676	20	1343
2800	2844.8	–	–	–	–	26	1807	21	1462
2900	2946.4	–	–	–	–	27	1944	21	1515
3000	3048.0	–	–	–	–	29	2159	22	1642

M.4 배관용 아크 용접 탄소강 강관(KSD 3583)

● 기계적 성질(kg/cm^2)

기 호	인장강도	항 복 점
SPW 400	41	23

호칭 지름 mm	바깥 지름 mm	두 께(mm)												
		6.0	6.4	7.1	7.9	8.7	9.5	10.3	11.1	11.9	12.7	13.1	15.1	15.9
350	355.6	51.7	55.1	61.0	67.7	–	–	–	–	–	–	–	–	–
400	406.4	59.2	63.1	69.9	77.6	–	–	–	–	–	–	–	–	–
450	457.2	66.8	71.1	78.8	87.5	–	–	–	–	–	–	–	–	–
500	508.0	74.3	79.2	87.7	97.4	107	117	–	–	–	–	–	–	–
550	558.8	81.8	87.2	96.6	107	118	129	139	150	160	171	–	–	–
600	609.6	89.3	95.2	105	117	129	141	152	164	175	187	–	–	–
650	660.4	96.8	103	114	127	140	152	165	178	190	203	–	–	–
700	711.2	104	111	123	137	151	164	178	192	205	219	–	–	–
750	762.0	–	119	132	147	162	176	191	206	220	235	–	–	–
800	812.8	–	127	141	157	173	188	204	219	235	251	258	297	312
850	863.6	–	–	–	167	183	200	217	233	250	266	275	316	332
900	914.4	–	–	–	177	194	212	230	247	265	282	291	335	352
1000	1016.0	–	–	–	196	216	236	255	275	295	314	324	373	392
1100	1117.6	–	–	–	–	–	260	281	303	324	346	357	411	432
1200	1219.2	–	–	–	–	–	283	307	331	354	378	390	448	472
1350	1371.6	–	–	–	–	–	–	–	–	399	426	439	505	532
1500	1524.0	–	–	–	–	–	–	–	–	444	473	488	562	591
1600	1625.6	–	–	–	–	–	–	–	–	–	–	521	600	631
1800	1828.8	–	–	–	–	–	–	–	–	–	–	587	675	711
2000	2032.0	–	–	–	–	–	–	–	–	–	–	–	751	791

M.5 일반 배관용 스테인리스 강관(KSD 3595)

호칭구경 mm	바깥지름 mm	두께 mm	무게(kg)	
			STS 304 TPD	STS 316 TPD
8	9.52	0.7	0.154	0.155
10	12.70	0.8	0.237	0.239
13	15.88	0.8	0.301	0.303
20	22.22	1.0	0.529	0.532
25	28.58	1.0	0.687	0.691
30	34.0	1.2	0.980	0.986
40	42.7	1.2	1.24	1.25
50	48.6	1.2	1.42	1.43
60	60.5	1.5	2.20	2.21
75	76.3	1.5	2.79	2.81
80	89.1	2.0	4.34	4.37
100	114.3	2.0	5.59	5.63
125	139.8	2.0	6.87	6.91
150	165.2	3.0	12.1	12.2
200	216.3	3.0	15.9	16.0
250	267.4	3.0	19.8	19.9
300	318.5	3.0	23.6	23.8

M.6 배관용 스테인리스 강관(KSD 3576)

● 종류 및 기계적 성질

종류의 기호	인장강도(N/mm^2)	항복강도(N/mm^2)
STS304TP	520 이상	205 이상
STS304HTP	520 이상	205 이상
STS304LTP	480 이상	175 이상
STS309TP	520 이상	205 이상
STS309STP	520 이상	205 이상
STS310TP	520 이상	205 이상
STS310STP	520 이상	205 이상
STS316TP	520 이상	205 이상
STS316HTP	520 이상	205 이상
STS316LTP	480 이상	175 이상
STS316TiTB	520 이상	205 이상
STS317TP	520 이상	205 이상
STS317LTP	480 이상	175 이상
STS836LTP	520 이상	205 이상
STS890LTP	490 이상	215 이상
STS321TP	520 이상	205 이상
STS321HTP	520 이상	205 이상
STS347TP	520 이상	205 이상
STS347HTP	520 이상	205 이상
STS350TP	674 이상	330 이상
STS329J1TP	590 이상	390 이상
STS329J3LTP	620 이상	450 이상
STS329J4LTP	620 이상	450 이상
STS405TP	410 이상	205 이상
STS409LTP	360 이상	175 이상
STS430TP	410 이상	245 이상
STS430LXTP	360 이상	175 이상
STS430J1LTP	390 이상	205 이상
STS436LTP	410 이상	245 이상
STS444TP	410 이상	245 이상

● 수압시험압력

Sch	5S	10S	20S	40	80	120	160
시험압력	1.5	2.0	3.5	6.0	12	18	20

호칭 구경 mm	바깥 지름 mm	두께 mm						
		5S	10S	20S	40	80	120	160
6	10.5	1.0	1.2	1.5	1.7	2.4	–	–
8	13.8	1.2	1.65	2.0	2.2	3.0	–	–
10	17.3	1.2	1.65	2.0	2.3	3.2	–	–
15	21.7	1.65	2.1	2.5	2.8	3.7	–	4.7
20	27.2	1.65	2.1	2.5	2.9	3.9	–	5.5
25	34.0	1.65	2.8	3.0	3.4	4.5	–	6.4
32	42.7	1.65	2.8	3.0	3.6	4.9	–	6.4
40	48.6	1.65	2.8	3.0	3.7	5.1	–	7.1
50	60.5	1.65	2.8	3.5	3.9	5.5	–	8.7
65	76.3	2.1	3.0	3.5	5.2	7.0	–	9.5
80	89.1	2.1	3.0	4.0	5.5	7.6	–	11.1
90	101.6	2.1	3.0	4.0	5.7	8.1	–	12.7
100	114.3	2.1	3.0	4.0	6.0	8.6	11.1	13.5
125	139.8	2.8	3.4	5.0	6.6	9.5	12.7	15.9
150	165.2	2.8	3.4	5.0	7.1	11.0	14.3	18.2
200	216.3	2.8	4.0	6.5	8.2	12.7	18.2	23.0
250	267.4	3.4	4.0	6.5	9.3	15.1	21.4	28.6
300	318.5	4.0	4.5	6.5	10.3	17.4	25.4	33.3
350	355.6	–	–	–	11.1	19.0	27.8	35.7
400	406.4	–	–	–	12.7	21.4	30.9	40.5
450	457.2	–	–	–	14.3	23.8	34.9	45.2
500	508.0	–	–	–	15.1	26.2	38.1	50.0
550	558.8	–	–	–	15.9	28.6	41.3	54.0
600	609.6	–	–	–	17.5	31.0	46.0	59.5
650	660.4	–	–	–	18.9	34.0	49.1	64.2

M.7 덕타일 주철관(KSD 4311)

● 시험수압(MPa)

호칭지름 mm	1종	2종	3종	4종
300 이하	7	6	5	–
350~600	6	5	4	3.2
700~1000	5	4	3.2	2.5
1100~2000	4	3.2	2.5	1.8
2200~2600	3.2	2.8	1.8	1.1

호칭 (A)	외경 (mm)	1종두께 (mm)	2종(일반) 두께(mm)	3종두께 (mm)	4종두께 (mm)	라이닝두께 (mm) '98 ~ '01년	라이닝두께 (mm) '02~현재
80	98	7.4	6.7	6	–	4	3
100	118	7.5	6.8	6.1	–	4	3
125	144	7.6	6.9	6.2	–	4	3
150	170	7.7	7.0	6.3	–	4	3
200	222	7.8	7.1	6.4	–	4	3
250	274	8.3	7.5	6.8	–	4	3
300	326	8.8	8.0	7.2	–	6	5
350	378	9.4	8.5	7.7	–	6	5
400	429	9.9	9	8.1	–	6	5
450	480	10.5	9.5	8.6	–	6	5
500	532	11	10	9	–	6	5
600	635	12.1	11	9.9	8.8	6	5
700	738	13.2	12	10.8	9.6	8	6
800	842	14.3	13	11.7	10.5	8	6
900	945	15.4	14	12.6	10.4	8	6
1000	1048	16.5	15	13.5	11.2	10	6
1100	1144	17.6	16	14.4	12.8	10	6
1200	1255	18.7	17	15.3	13.6	10	6

부록 X 단위 환산표

길이 환산

To obtain by / Multiply Number of	m	인치	피트	mm	마일	km
m	1	39.37	3.2808	1,000	0.0006214	0.001
인치	0.0254	1	0.0833	25.4	0.00001578	0.0000254
피트	0.3048	12	1	304.8	0.0001894	0.0003048
mm	0.0001	0.03937	0.0032808	1	0.0000006214	0.000001
마일	1,609.35	63,360	5,280	1,609,350	1	1.60935
km	1,000	39,370	3280.83	1,000,000	0.62137	1

인치-mm 길이 환산

In.	0	1	2	3	4	5	6	7	8	9
	mm									
0	0.0	25.4	50.8	76.2	101.6	127.0	152.4	177.8	203.2	228.6
10	254.0	279.4	304.8	330.2	355.6	381.0	406.4	431.8	457.2	482.6
20	508.0	533.4	558.8	584.2	609.6	635.0	660.4	685.8	711.2	736.6
30	762.0	787.4	812.8	838.2	863.6	889.0	914.4	939.8	965.2	990.6
40	1016.0	1041.4	1066.8	1092.2	1117.6	1143.0	1168.4	1193.8	1219.2	1244.6
50	1270.0	1295.4	1320.8	1346.2	1371.6	1397.0	1422.4	1447.8	1473.2	1498.6
60	1524.0	1549.4	1574.8	1600.2	1625.6	1651.0	1676.4	1701.8	1727.2	1752.6
70	1778.0	1803.4	1828.8	1854.2	1879.6	1905.0	1930.4	1955.8	1981.2	2006.6
80	2032.0	2057.4	2082.8	2108.2	2133.6	2159.0	2184.4	2209.8	2235.2	2260.6
90	2286.0	2311.4	2336.8	2362.2	2387.6	2413.0	2438.4	2463.8	2489.2	2514.6
100	2540.0	2565.4	2590.8	2616.2	2641.6	2667.0	2692.4	2717.8	2743.2	2768.6

인치-mm 길이 환산

(1 인치 = 25.4 mm)

	0	1/16	1/8	3/16	1/4	5/16	3/8	7/16	1/2	9/16	5/8	11/16	3/4	13/16	7/8	15/16
	mm															
0	0.0	1.6	3.2	4.8	6.4	7.9	9.5	11.1	12.7	14.3	15.9	17.5	19.1	20.6	22.2	23.8
1	25.4	27.0	28.6	30.2	31.8	33.3	34.9	36.5	38.1	39.7	41.3	42.9	44.5	46.0	47.6	49.2
2	50.8	52.4	54.0	55.6	57.2	58.7	60.3	61.9	63.5	65.1	66.7	68.3	69.9	71.4	73.0	74.6
3	76.2	77.8	79.4	81.0	82.6	84.1	85.7	87.3	88.9	90.5	92.1	93.7	95.3	96.8	98.4	100.0
4	101.6	103.2	104.8	106.4	108.0	109.5	111.1	112.7	114.3	115.9	117.5	119.1	120.7	122.2	123.8	125.4
5	127.0	128.6	130.2	131.8	133.4	134.9	136.5	138.1	139.7	141.3	142.9	144.5	146.1	147.6	149.2	150.8
6	152.4	154.0	155.6	157.2	158.8	160.3	161.9	163.5	165.1	166.7	168.3	169.9	171.5	173.0	174.6	176.2
7	177.8	179.4	181.0	182.6	184.2	185.7	187.3	188.9	190.5	192.1	193.7	195.3	196.9	198.4	200.0	201.6
8	203.2	204.8	206.4	208.0	209.6	211.1	212.7	214.3	215.9	217.5	219.1	220.7	222.3	223.8	225.4	227.0
9	228.6	230.2	231.8	233.4	235.0	236.5	238.1	239.7	241.3	242.9	244.5	246.1	247.7	249.2	250.8	252.4
10	254.0	255.6	257.2	258.8	260.4	261.9	263.5	265.1	266.7	268.3	269.9	271.5	273.1	274.6	276.2	277.8

인치-mm 길이 환산

인치		mm	인치		mm	인치		mm
Fractions	Decimals		Fractions	Decimals		Fractions	Decimals	
	.00394	.1		.2	5.08		.44	11.176
	.00787	.2	13/64	.203125	5.1594		.45	11.430
	.01	.254		.21	5.334	29/64	.453125	11.5094
	.01181	.3	7/32	.21875	5.5562		.46	11.684
1/64	.015625	.3969		.22	5.588	15/32	.46875	11.9062
	.01575	.4		.23	5.842		.47	11.938
	.01969	.5	15/64	.234375	5.9531		.47244	12.0
	.02	.508		.23622	6.0		.48	12.192
	.02362	.6		.24	6.096	31/64	.484375	12.3031
	.02756	.7	1/4	.25	6.35		.49	12.446
	.03	.762		.26	6.604	1/2	.50	12.7
1/32	.03125	.7938	17/64	.265625	6.7469		.51	12.954
	.0315	.8		.27	6.858		.51181	13.0
	.03543	.9		.27559	7.0	33/64	.515625	13.0969
	.03937	1.0		.28	7.112		.52	13.208
	.04	1.016	9/32	.28125	7.1438		.53	13.462
3/64	.046875	1.1906		.29	7.366	17/32	.53125	13.4938
	.05	1.27	19/64	.296875	7.5406		.54	13.716
	.06	1.524		.30	7.62	35/64	.546875	13.8906
1/16	.0625	1.5875		.31	7.874		.55	13.970
	.07	1.778	5/16	.3125	7.9375		.55118	14.0
5/64	.078125	1.9844		.31496	8.0		.56	14.224
	.07874	2.0		.32	8.128	9/16	.5625	14.2875
	.08	2.032	21/64	.328125	8.3344		.57	14.478
	.09	2.286		.33	8.382	37/64	.578125	14.6844
3/32	.09375	2.3812		.34	8.636		.58	14.732
	.1	2.54	11/32	.34375	8.7312		.59	14.986
7/64	.109375	2.7781		.35	8.89		.59055	15.0
	.11	2.794		.35433	9.0	19/32	.59375	15.0812
	.11811	3.0	23/64	.359375	9.1281		.60	15.24
	.12	3.048		.36	9.144	39/64	.609375	15.4781
1/8	.125	3.175		.37	9.398		.61	15.494
	.13	3.302	3/8	.375	9.525		.62	15.748
	.14	3.556		.38	9.652	5/8	.625	15.875
9/64	.140625	3.5719		.39	9.906		.62992	16.0
	.15	3.810	25/64	.390625	9.9219		.63	16.002
5/32	.15625	3.9688		.39370	10.0		.64	16.256
	.15748	4.0		.40	10.16	41/64	.640625	16.2719
	.16	4.064	13/32	.40625	10.3188		.65	16.510
	.17	4.318		.41	10.414	21/32	.65625	16.6688
11/64	.171875	4.3656		.41	10.668		.66	16.764
	.18	4.572	27/64	.421875	10.7156		.66929	17.0
3/16	.1875	4.7625		.43	10.922		.67	17.018
	.19	4.826		.43307	11.0	43/64	.671875	17.0656
	.19685	5.0	7/16	.4375	11.1125		.68	17.272

인치-mm 길이 환산(계속)

인치		mm	인치		mm	인치		mm
Fractions	Decimals		Fractions	Decimals		Fractions	Decimals	
11/16	.6875	17.4625	51/64	.796875	20.2406		.90551	23.0
	.69	17.526		.80	20.320	29/32	.90625	23.0188
	.70	17.78		.81	20.574		.91	23.114
45/64	.703125	17.8594	13/16	.8125	20.6375		.92	23.368
	.70866	18.0		.85	20.828	59.64	.921875	23.4156
	.71	18.034		.82677	21.0		.93	23.622
23/32	.71875	18.2562	53/64	.828125	21.0344	15/16	.9375	23.8125
	.72	18.288		.83	21.082		.94	23.876
	.73	18.542		.84	21.336		.94488	24.0
47/64	.734375	18.6531	27/32	.84375	21.4312		.95	24.130
	.74	18.796		.85	21.590	61/64	.953125	24.2094
	.74803	19.0	55/64	.859375	21.8281		.96	24.384
3/4	.75	19.050		.86	21.844	31/32	.96875	24.6062
	.76	19.304		.86614	22.0		.97	24.638
49/64	.765625	19.4469		.87	22.098		.98	24.892
	.77	19.558	7/8	.875	22.225		.98425	25.0
	.78	19.812		.88	22.352	63/64	.984375	25.0031
25/32	.78125	19.8438		.89	22.606		.99	25.146
	.78740	20.0	57/64	.890625	22.6219	1	1.00000	25.4000
	.79	20.066		.90	22.860			

면적 환산

	m^2	in^2	ft^2	$mile^2$	km^2
m^2	1	1549.99	10.7639	3.861×10^{-7}	1×10^{-6}
in^2	0.0006452	1	6.944×10^{-3}	2.491×10^{-10}	6.452×10^{-10}
ft^2	0.0929	144	1	3.587×10^{-8}	9.29×10^{-8}
$mile^2$	2,589,999	...	27,878,400	1	2.59
km^2	1,000,000	...	10,763,867	0.3861	1

압력 환산

	kg. Per Sq. Cm.	lb. Per Sq. In.	Atm.	Bar	In. of Hg.	Kilopascals	In. of Water	ft. of Water
kg. Per Sq. Cm.	1	14.22	0.9678	0.98067	28.96	98.067	394.05	32.84
lb. Per Sq. In.	0.07031	1	0.06804	0.06895	2.036	6.895	27.7	2.309
Atm.	1.0332	14.696	1	1.01325	29.92	101.325	407.14	33.93
Bar	1.01972	14.5038	0.98692	1	29.53	100	402.156	33.513
In. of Hg.	0.03453	0.4912	0.03342	0.033864	1	3.3864	13.61	1.134
Kilopascals	0.0101972	0.145038	0.0098696	0.01	0.2953	1	4.02156	0.33513
In. of Water	0.002538	0.0361	0.002456	0.00249	0.07349	0.249	1	0.0833
ft. of Water	0.03045	0.4332	0.02947	0.029839	0.8819	2.9839	12	1

1 ounce/sq. inch = 0.0625 lbs./sq. inch.

체적 환산

	Cubic Decimeters (Liters)	Cubic Inches	Cubic Feet	U.S. Quart	U.S. gallon	Imperial gallon	U.S. Barrel (Petro-leum)
Cubic Cecimeters (Liters)	1	61.0234	0.03531	1.05668	0.264178	0.220083	0.00629
Cubic Inches	0.01639	1	5.787×10^{-4}	0.01732	0.004329	0.003606	0.000103
Cubic Feet	28.317	1728	1	29.9221	7.48055	6.22888	0.1781
U.S. Quart	0.94636	57.75	0.03342	1	0.25	0.2082	0.00595
U.S. gallon	3.78543	231	0.13368	4	1	0.833	0.02381
Imperial gallon	4.54374	277.274	0.16054	4.80128	1.20032	1	0.02877
U.S. Barrel (Petroleum)	158.98	9702	5.6146	168	42	34.973	1

1 cubic meter = 1,000,000 cubic centimeters.
1 liter = 1,000 millimeter = 1,000 cubic centimeters.

유량 환산

	Liters Per Minute	Cubic Meters Per Hour	Cubic Feet Per Hour	Liters Per Hour	U.S. gallon Per Minute	U.S. Barrel Per Day
Liters Minute	1	0.06	2.1189	60	0.264178	9.057
Cubic Meters Per Hour	16.667	1	35.314	1000	4.403	151
Cubic Feet Per Hour	0.4719	0.028317	1	28.317	0.1247	4.2746
Liters Per Hour	0.016667	0.001	0.035314	1	0.004403	0.151
U.S. gallon Per Minute	3.785	0.2273	8.0208	227.3	1	34.28
U.S. Barrel Per Day	0.1104	0.006624	0.23394	6.624	0.02917	1

질량 환산(poun of-kilogram)

(1 pound = 0.4536 kilogram)

Pounds	0	1	2	3	4	5	6	7	8	9
	Kilograms									
0	0.00	0.45	0.91	1.36	1.81	2.27	2.72	3.18	3.63	4.08
10	4.54	4.99	5.44	5.90	6.35	6.80	7.26	7.71	8.16	8.62
20	9.07	9.53	9.98	10.43	10.89	11.34	11.79	12.25	12.70	13.15
30	13.61	14.06	14.52	14.97	15.42	15.88	16.33	16.78	17.24	17.69
40	18.14	18.60	19.05	19.50	19.96	20.41	20.87	21.32	21.77	22.23
50	22.68	23.13	23.59	24.04	24.49	24.95	25.40	25.86	26.31	26.76
60	27.22	27.67	28.12	28.58	29.03	29.48	29.94	30.39	30.84	31.30
70	31.75	32.21	32.66	33.11	33.57	34.02	34.47	34.93	35.38	35.83
80	36.29	36.74	37.20	37.65	38.10	38.56	39.01	39.46	39.92	40.37
90	40.82	41.28	41.73	42.18	42.64	43.09	43.55	44.00	44.45	44.91

압력 환산(Pounds per Square Inch to Bar)*

Pounds Per Square Inch	0	1	2	3	4	5	6	7	8	9
	Bar									
0	0.000000	0.068948	0.137895	0.206843	0.275790	0.344738	0.413685	0.482633	0.551581	0.620528
10	0.689476	0.758423	0.827371	0.896318	0.965266	1.034214	1.103161	1.172109	1.241056	1.310004
20	1.378951	1.447899	1.516847	1.585794	1.654742	1.723689	1.792637	1.861584	1.930532	1.999480
30	2.068427	2.137375	2.206322	2.275270	2.344217	2.413165	2.482113	2.551060	2.620008	2.688955
40	2.757903	2.826850	2.895798	2.964746	3.033693	3.102641	3.171588	3.240536	3.309484	3.378431
50	3.447379	3.516326	3.585274	3.654221	3.723169	3.792117	3.861064	3.930012	3.998959	4.067907
60	4.136854	4.205802	4.274750	4.343697	4.412645	4.481592	4.550540	4.619487	4.688435	4.757383
70	4.826330	4.895278	4.964225	5.033173	5.102120	5.171068	5.240016	5.308963	5.377911	5.446858
80	5.515806	5.584753	5.653701	5.722649	5.791596	5.860544	5.929491	5.998439	6.067386	6.136334
90	6.205282	6.274229	6.343177	6.412124	6.481072	6.550019	6.618967	6.687915	6.756862	6.825810
100	6.894757	6.963752	7.03252	7.101600	7.170548	7.239495	7.308443	7.377390	7.446338	7.515285

Kilopascal로 환산하기 위해서 소수점을 오른쪽으로 두 칸 이동한다.
Megapascal로 환산하기 위해서 소수점을 왼쪽으로 한 칸 이동한다.
예 : 30psi = 2.068427bar = 206.8427KPa = 0.2068427MPa

온도 환산표

온도 환산 공식

To Convert From	To	Substitute in Formula
Degrees Celsius	Degrees Fahrenheit	(°C × 9/5) + 32
Degrees Celsius	Kelvin	(°C + 273.16)
Degrees Fahrenheit	Degrees Celsius	(°F − 32)×5/9
Degrees Fahrenheit	Degrees Rankin	(°F + 459.69)

온도 환산

°C	Temp. in °C or °F to be Converted	°F	°C	Temp. in °C or °F to be Converted	°F	°C	Temp. in °C or °F to be Converted	°F
-273.16	-459.69		-90.00	-130	-202.0	-17.8	0	32.0
-267.78	-450		-84.44	-120	-184.0	-16.7	2	35.6
-262.22	-440		-78.89	-110	-166.0	-15.6	4	39.2
-256.67	-430		-73.33	-100	-148.0	-14.4	6	42.8
-251.11	-420		-70.56	-95	-139.0	-13.3	8	46.4
-245.56	-410		-67.78	-90	-130.0	-12.2	10	50.0
-240.00	-400		-65.00	-85	-121.0	-11.1	12	53.6
-234.44	-390		-62.22	-80	-112.0	-10.0	14	57.2
-228.89	-380		-59.45	-75	-103.0	-8.89	16	60.8
-223.33	-370		-56.67	-70	-94.0	-7.78	18	64.4
-217.78	-360		-53.89	-65	-85.0	-6.67	20	68.0
-212.22	-350		-51.11	-60	-76.0	-5.56	22	71.6
-206.67	-340		-48.34	-55	-67.0	-4.44	24	75.2
-201.11	-330		-45.56	-50	-58.0	-3.33	26	78.8
-195.56	-320		-42.78	-45	-49.0	-2.22	28	82.4
-190.00	-310		-40.00	-40	-40.0	-1.11	30	86.0
-184.44	-300		-38.89	-38	-36.4	0	32	89.6
-178.89	-290		-37.78	-36	-32.8	1.11	34	93.2
-173.33	-280		-36.67	-34	-29.2	2.22	36	96.8
-169.53	-273.16	-459.69	-35.56	-32	-25.6	3.33	38	100.4
-168.89	-272	-457.6	-34.44	-30	-22.0	4.44	40	104.0
-167.78	-270	-454.0	-33.33	-28	-18.4	5.56	42	107.6
-162.22	-260	-436.0	-32.22	-26	-14.8	6.67	44	111.2
-156.67	-250	-418.0	-31.11	-24	-11.2	7.78	46	114.8
-151.11	-240	-400.0	-30.00	-22	-7.6	8.89	48	118.4
-145.56	-230	-382.0	-28.89	-20	-4.0	10.0	50	122.0
-140.00	-220	-364.0	-27.78	-18	-0.4	11.1	52	125.6
-134.44	-210	-346.0	-26.67	-16	3.2	12.2	54	129.2
-128.89	-200	-328.0	-25.56	-14	6.8	13.3	56	132.8
-123.33	-190	-310.0	-24.44	-12	10.4	14.4	58	136.4
-117.78	-180	-292.0	-23.33	-10	14.0	15.6	60	140.0
-112.22	-170	-274.0	-22.22	-8	17.6	16.7	62	143.6
-106.67	-160	-256.0	-21.11	-6	21.2	17.8	64	147.2
-101.11	-150	-238.0	-20.00	-4	24.8	18.9	66	150.8
-95.56	-140	-220.0	-18.89	-2	28.4	20.0	68	154.4

온도 환산(계속)

°C	Temp. in °C or °F to be Converted	°F	°C	Temp. in °C or °F to be Converted	°F	°C	Temp. in °C or °F to be Converted	°F
21.1	70	158.0	204.4	400	752.0	454.4	850	1562.0
22.2	72	161.6	210.0	410	770.0	460.0	860	1580.0
23.3	74	165.2	215.6	420	788.0	465.6	870	1598.0
24.4	76	168.8	221.1	430	806.0	471.1	880	1616.0
25.6	78	172.4	226.7	440	824.0	476.7	890	1634.0
26.7	80	176.0	232.2	450	842.0	482.2	900	1652.0
27.8	82	179.6	237.8	460	860.0	487.8	910	1670.0
28.9	84	183.2	243.3	470	878.0	493.3	920	1688.0
30.0	86	186.8	248.9	480	896.0	498.9	930	1706.0
31.1	88	190.4	254.4	490	914.0	504.4	940	1724.0
32.2	90	194.0	260.0	500	932.0	510.0	950	1742.0
33.3	92	197.6	265.6	510	950.0	515.6	960	1760.0
34.4	94	201.2	271.1	520	968.0	521.1	970	1778.0
35.6	96	204.8	276.7	530	986.0	526.7	980	1796.0
36.7	98	208.4	282.2	540	1004.0	532.2	990	1814.0
37.8	100	212.0	287.8	550	1022.0	537.8	1000	1832.0
43.3	110	230.0	293.3	560	1040.0	543.3	1010	1850.0
48.9	120	248.0	298.9	570	1058.0	548.9	1020	1868.0
54.4	130	266.0	304.4	580	1076.0	554.4	1030	1886.0
60.0	140	284.0	310.0	590	1094.0	560.0	1040	1904.0
65.6	150	302.0	315.6	600	1112.0	565.6	1050	1922.0
71.1	160	320.0	321.1	610	1130.0	571.1	1060	1940.0
76.7	170	338.0	326.7	620	1148.0	576.7	1070	1958.0
82.2	180	356.0	332.2	630	1166.0	582.2	1080	1976.0
87.8	190	374.0	337.8	640	1184.0	587.8	1090	1994.0
93.3	200	392.0	343.3	650	1202.0	593.3	1100	2012.0
98.9	210	410.0	348.9	660	1220.0	598.9	1110	2030.0
104.4	220	428.0	354.4	670	1238.0	604.4	1120	2048.0
110.0	230	446.0	360.0	680	1256.0	610.0	1130	2066.0
115.6	240	464.0	365.6	690	1274.0	615.6	1140	2084.0
121.1	250	482.0	371.1	700	1292.0	621.1	1150	2102.0
126.7	260	500.0	376.7	710	1310.0	626.7	1160	2120.0
132.2	270	518.0	382.2	720	1328.0	632.2	1170	2138.0
137.8	280	536.0	387.8	730	1346.0	637.8	1180	2156.0
143.3	290	554.0	393.3	740	1364.0	643.3	1190	2174.0
148.9	300	572.0	398.9	750	1382.0	648.9	1200	2192.0
154.4	310	590.0	404.4	760	1400.0	654.4	1210	2210.0
160.0	320	608.0	410.0	770	1418.0	660.0	1220	2228.0
165.6	330	626.0	415.6	780	1436.0	665.6	1230	2246.0
171.1	340	644.0	421.1	790	1454.0	671.1	1240	2264.0
176.7	350	662.0	426.7	800	1472.0	676.7	1250	2282.0
182.2	360	680.0	432.2	810	1490.0	682.2	1260	2300.0
187.8	370	698.0	437.8	820	1508.0	687.8	1270	2318.0
193.3	380	716.0	443.3	830	1526.0	693.3	1280	2336.0
198.9	390	734.0	448.9	840	1544.0	698.9	1290	2354.0

온도 환산(계속)

°C	Temp. in °C or °F to be Converted	°F	°C	Temp. in °C or °F to be Converted	°F	°C	Temp. in °C or °F to be Converted	°F
704.4	1300	2372.0	760.0	1400	2552.0	815.6	1500	2732.0
710.0	1310	2390.0	765.6	1410	2570.0			
715.6	1320	2408.0	771.1	1420	2588.0			
721.1	1330	2426.0	776.7	1430	2606.0			
726.7	1340	2444.0	782.2	1440	2624.0			
732.2	1350	2462.0	787.0	1450	2642.0			
737.8	1360	2480.0	793.3	1460	2660.0			
743.3	1370	2498.0	798.9	1470	2678.0			
748.9	1380	2516.0	804.4	1480	2696.0			
754.4	1390	2534.0	810.0	1490	2714.0			

A.P.I. and Baume 중력표 및 중량요소

A.P.I. Gravity	Baum Gravity	Specific Gravity	lb/U.S. gal	U.S. gal/lb	A.P.I Gravity	Baum Gravity	Specific Gravity	lb/U.S. gal	U.S. gal/lb
0	10.247	1.0760	8.962	0.1116					
1	9.223	1.0679	8.895	0.1124	31	30.78	0.8708	7.251	0.1379
2	8.198	1.0599	8.828	0.1133	32	31.77	0.8654	7.206	0.1388
3	7.173	1.0520	8.762	0.1141	33	32.76	0.8602	7.163	0.1396
4	6.148	1.0443	8.698	0.1150	34	33.75	0.8550	7.119	0.1405
5	5.124	1.0366	8.634	0.1158	35	34.73	0.8498	7.076	0.1413
6	4.099	1.0291	8.571	0.1167	36	35.72	0.8448	7.034	0.1422
7	3.074	1.0217	8.509	0.1175	37	36.71	0.8398	6.993	0.1430
8	2.049	1.0143	8.448	0.1184	38	37.70	0.8348	6.951	0.1439
9	1.025	1.0071	8.388	0.1192	39	38.69	0.8299	6.910	0.1447
10	10.00	1.0000	8.328	0.1201	40	39.68	0.8251	6.870	0.1456
11	10.99	0.9930	8.270	0.1209	41	40.67	0.8203	6.830	0.1464
12	11.98	0.9861	8.212	0.1218	42	41.66	0.8155	6.790	0.1473
13	12.97	0.9792	8.155	0.1226	43	42.65	0.8109	6.752	0.1481
14	13.96	0.9725	8.099	0.1235	44	43.64	0.8063	6.713	0.1490
15	14.95	0.9659	8.044	0.1243	45	44.63	0.8017	6.675	0.1498
16	15.94	0.9593	7.989	0.1252	46	45.62	0.7972	6.637	0.1507
17	16.93	0.9529	7.935	0.1260	47	50.61	0.7927	6.600	0.1515
18	17.92	0.9465	7.882	0.1269	48	50.60	0.7883	6.563	0.1524
19	18.90	0.9402	7.830	0.1277	49	50.59	0.7839	6.526	0.1532
20	19.89	0.9340	7.778	0.1286	50	50.58	0.7796	6.490	0.1541
21	20.88	0.9279	7.727	0.1294	51	50.57	0.7753	6.455	0.1549
22	21.87	0.9218	7.676	0.1303	52	51.55	0.7711	6.420	0.1558
23	22.86	0.9159	7.627	0.1311	53	52.54	0.7669	6.385	0.1566
24	23.85	0.9100	7.578	0.1320	54	53.53	0.7628	6.350	0.1575
25	24.84	0.9042	7.529	0.1328	55	54.52	0.7587	6.316	0.1583
26	25.83	0.8984	7.481	0.1337	56	55.51	0.7547	6.238	0.1592
27	26.82	0.8927	7.434	0.1345	57	56.50	0.7507	6.249	0.1600
28	27.81	0.8871	7.387	0.1354	58	57.49	0.7467	6.216	0.1609
29	28.80	0.8816	7.341	0.1362	59	58.48	0.7428	6.184	0.1617
30	29.79	0.8762	7.296	0.1371	60	59.47	0.7389	6.151	0.1626

A.P.I. and Baume 중력표 및 중량요소(계속)

A.P.I. Gravity	Baum Gravity	Specific Gravity	lb/U.S. gal	U.S. gal/lb	A.P.I Gravity	Baum Gravity	Specific Gravity	lb/U.S. gal	U.S. gal/lb
61	60.46	0.7351	6.119	0.1634	81	80.25	0.6659	5.542	0.1804
62	61.45	0.7313	6.087	0.1643	82	81.24	0.6628	5.516	0.1813
63	62.44	0.7275	6.056	0.1651	83	82.23	0.6597	5.491	0.1821
64	63.43	0.7238	6.025	0.1660	84	83.22	0.6566	5.465	0.1830
65	64.42	0.7201	6.994	0.1668	85	84.20	0.6536	5.440	0.1838
66	65.41	0.7165	5.964	0.1677	86	85.19	0.6506	5.415	0.1847
67	66.40	0.7128	5.934	0.1685	87	86.18	0.6476	5.390	0.1855
68	67.39	0.7093	5.904	0.1694	88	87.17	0.6446	5.365	0.1864
69	68.37	0.7057	5.874	0.1702	89	88.16	0.6417	5.341	0.1872
70	69.36	0.7022	5.845	0.1711	90	89.15	0.6388	5.316	0.1881
71	70.35	0.6988	5.817	0.1719	91	90.14	0.6360	5.293	0.1889
72	71.34	0.6953	5.788	0.1728	92	91.13	0.6331	5.269	0.1898
73	72.33	0.6919	5.759	0.1736	93	92.12	0.6303	5.246	0.1906
74	73.32	0.6886	5.731	0.1745	94	93.11	0.6275	5.222	0.1915
75	74.31	0.6852	5.703	0.1753	95	94.10	0.6247	5.199	0.1924
76	75.30	0.6819	5.676	0.1762	96	95.09	0.6220	5.176	0.1932
77	76.29	0.6787	5.649	0.1770	97	96.08	0.6193	5.154	0.1940
78	77.28	0.6754	5.622	0.1779	98	97.07	0.6166	5.131	0.1949
79	78.27	0.6722	5.595	0.1787	99	98.06	0.6139	5.109	0.1957
80	79.26	0.6690	5.568	0.1796	100	99.05	0.6112	5.086	0.1966

A.P.I. 또는 Degrees Baume와 비중과의 관계는 다음 식으로 나타낸다.

- 물보다 가벼운 액체

$$\text{Degrees Baumé} = \frac{140}{G} - 130, \qquad G = \frac{140}{130 + \text{degreesBaume}}$$

$$A.P.I. = \frac{141.5}{G} - 131.5 \qquad G = \frac{145}{145 + \text{degrees}\,A.P.I}$$

- 물보다 무거운 액체

$$\text{Degrees Baumé} = 145 - \frac{145}{G} \qquad G = \frac{145}{145 - \text{degreesBaume}}$$

G = 비중 = 60°F에서의 임의 오일의 중량과 60°F에서의 동일한 체적의 물의 중량과의 비.

상기 표는 대기압 760mm, 습도 50%의 대기에서 60°F에서의 체적 231in3인 오일 1갤론(u.s)의 중량을 기초로 작성되었다. 대기 중 60°F, 물 1갤론의 중량은 8.32828파운드로 추정된다.

비중이 다른 오일과 혼합될 경우 비중을 결정하기 위해서는 다음 공식을 사용한다.

$$D = \frac{md_1 + nd_2}{m + n}$$

D = 혼합체의 밀도 또는 비중

m = 밀도 d_1, 오일의 비

n = 밀도 d_2, 오일의 비

d_1 = m 오일의 비중

d_2 = n 오일의 비중

압축성 유체의 등가 체적 및 중량 유동률

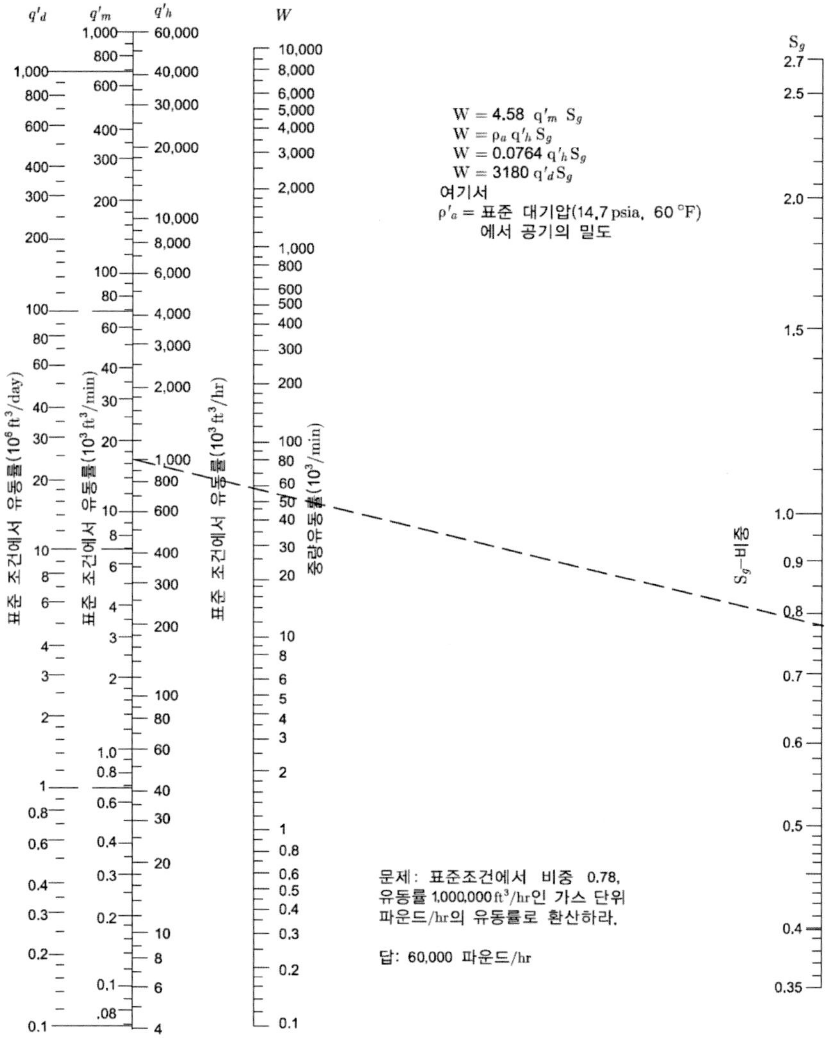

$W = 4.58\ q'_m\ S_g$
$W = \rho_a\ q'_h\ S_g$
$W = 0.0764\ q'_h\ S_g$
$W = 3180\ q'_d\ S_g$

여기서

ρ'_a = 표준 대기압(14.7 psia, 60 °F)에서 공기의 밀도

문제 : 표준조건에서 비중 0.78, 유동률 1,000,000 ft³/hr인 가스 단위 파운드/hr의 유동률로 환산하라.

답: 60,000 파운드/hr

점성 환산 그래프

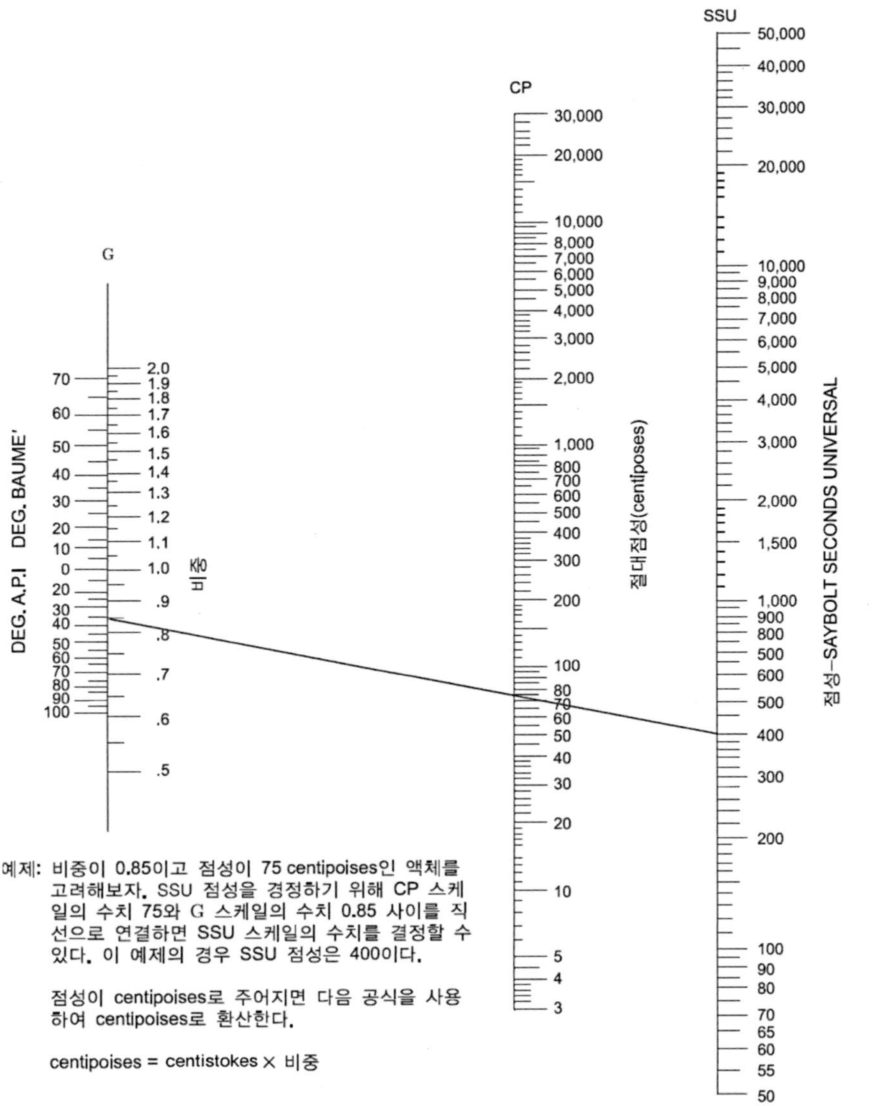

예제: 비중이 0.85이고 점성이 75 centipoises인 액체를 고려해보자. SSU 점성을 경정하기 위해 CP 스케일의 수치 75와 G 스케일의 수치 0.85 사이를 직선으로 연결하면 SSU 스케일의 수치를 결정할 수 있다. 이 예제의 경우 SSU 점성은 400이다.

점성이 centipoises로 주어지면 다음 공식을 사용하여 centipoises로 환산한다.

centipoises = centistokes × 비중

점성 환산 그래프

기타 환산계수

To Convert From	To	Multiply By
Cu ft (Methane)	B.T.U.	1000 (approx.)
Cu ft of Water	lbs of Water	62.4
Degrees	Radians	0.01745
gals	lbs of Water	8.336
Grams	Ounces	0.0352
Horsepower (mech.)	ft lbs per Min	33,000
Horsepower (elec.)	Watts	746
kg	lbs	2.205
kg per Cu Meter	lbs per Cu ft	0.06243
Kilowatts	Horsepower	1.341
lbs	kg	0.4536
lbs of Air (14.7 psia and 60°F)	Cu ft of Air	13.1
lbs per Cu ft	kg per Cu Meter	16.0184
lbs per Hr (Gas)	Std Cu ft per Hr	$\frac{13.1}{\text{Specific Gravity}}$
lbs per Hr (Water)	gals per Min	0.002
lbs per Sec (Gas)	Std Cu ft per Hr	$\frac{46,160}{\text{Specific Gravity}}$
Radians	Degrees	57.3
Scfh Air	Scfh Propane	0.81
Scfh Air	Scfh Butane	0.71
Scfh Air	Scfh 0.6 Natural Gas	1.29
Scfh	Cu Meters per Hr	0.028317

REFERENCES

ISA Handbook of Control Valves, 2nd edition, 1976.

ISA S5, 1-1973, Instrumentation Symbols and Identification.

ISA S51.1-1979, Process Instrumentation Terminology.

ISA Control Valve Sizing Equations, 1981.

ISA S75, 05(draft), Control Valve Terminology.

ANSI B16.1-1975, Cast Iron Pipe Flanges and Flanged Fitting.

ANSI B16.5-1977, Steel Pipe Flange and Flanged Fitting.

ANSI B16.104-1976, Control Valve Seat Leakage.

ISA Introduction to control valvess-1981

유체의 흐름 - CRANE - 장기진 역(한국이공학사)

CONTROL VALVE HANDBOOK - Y. KITAMURA

자동제어 시스템 - ITO 외 2인 - 박원기 역

금속 재료학 - 문수홍·강인찬 공저(성문사)

밸브 핸드북 - 박한영·정태희 역(홍릉과학출판사)

기타참고 CATALOGUES : MOTOYAMA, MASONEILAN, FISHER, NELES, HONEYWELL, KTM, KITZ, NAKAKITA, JORDAN, COOPER, ARCA

Technical book & Catalogue

Flowserve handbook